U0301562

TUJIE
JIANZHU GONGCHENG

SHIGONG SHOUCE

图解
建筑工程
施工手册

段玉顺　徐长伟　主编

杨霖华　闫振　副主编

化学工业出版社

·北京·

内 容 简 介

本书针对建筑工程中各分项工程的特点，系统地介绍了各工种工程的基本施工方法和施工要点，也介绍了近年来应用日广的新技术和新工艺。本书共十六章，内容包括有工程施工准备与管理、施工测量、土方工程、基坑工程、地基与基础工程、砌体工程、模板工程、脚手架工程、混凝土工程、钢筋工程、预应力混凝土工程、钢结构和结构吊装工程、装饰装修工程、防水工程、防腐蚀工程、保温隔热工程等的具体实施过程、实施方法和实施技术。本书通过使用大量简明易懂的实际工程图片和简练的文字对施工过程的各个工序进行了清晰直观的介绍，并对重点施工技术和要点，配有视频讲解，使读者能直观易懂地掌握各施工工序要点，满足各类相关人员的需求，对工程技术人员和现场施工人员具有很强的指导价值。

本书可作为建筑施工工程技术人员、管理人员等工程技术人员和相关岗位人员的学习用书，也可作为施工人员操作的参考书籍，同时还可作为大中专院校建筑工程专业师生的参考用书。

图书在版编目（CIP）数据

图解建筑工程施工手册/段玉顺，徐长伟主编. —北京：化学工业出版社，2020.12（2024.4 重印）
ISBN 978-7-122-37762-3

Ⅰ.①图… Ⅱ.①段… ②徐… Ⅲ.①建筑工程-工程施工-图解 Ⅳ.①TU7-64

中国版本图书馆 CIP 数据核字（2020）第 176947 号

责任编辑：彭明兰　　　　　　　　　　装帧设计：史利平
责任校对：李　爽

出版发行：化学工业出版社（北京市东城区青年湖南街 13 号　邮政编码 100011）
印　　装：北京建宏印刷有限公司
880mm×1230mm　1/32　印张 22¼　字数 624 千字
2024 年 4 月北京第 1 版第 5 次印刷

购书咨询：010-64518888　　　　　　售后服务：010-64518899
网　　址：http://www.cip.com.cn
凡购买本书，如有缺损质量问题，本社销售中心负责调换。

定　　价：99.00 元

本书编委会名单

主　编：段玉顺　中铁十五局集团路桥建设有限公司
　　　　徐长伟　沈阳建筑大学
副主编：史红军　河南中瑞建设工程有限公司
　　　　杨霖华　鸿图教育集团
　　　　闫　振　中建七局郑州发展公司
委　员：朱志明　福建省九龙建设集团
　　　　王小召　河南城建学院
　　　　孙玉龙　黄河水利职业技术学院
　　　　李　强　沈阳建筑大学
　　　　任腾飞　焦作工贸职业学院
　　　　高利森　中煤邯郸特殊凿井有限公司
　　　　高　胜　南水北调中线干线工程建设管理局河南分局
　　　　张　慧　广东省重工建筑设计院有限公司
　　　　刘　涛　北京铁城建设监理有限责任公司
　　　　刘建文　郑州市交通规划勘察设计研究院
　　　　赵作霖　江苏省地质工程勘察院
　　　　张兴平　中煤邯郸特殊凿井有限公司
　　　　高　起　中建三局集团有限公司
　　　　翟会朝　南水北调中线干线工程建设管理局河南分局
　　　　黄　华　绿地集团南京益江置业有限公司
　　　　李文荣　河南华英房地产开发有限责任公司

贺相祯　北京城建集团有限责任公司
朱志航　开封黄河河务局兰考黄河河务局
施　炎　长江三峡勘测研究院有限公司（武汉）
王天佐　绍兴文理学院
郭军伟　华诚博远工程技术集团有限公司
赵小云　河南中鸿文化传播有限公司
郭华伟　周口职业技术学院
刘　瀚　西北综合勘察设计研究院
刘铁峰　长江三峡勘测研究院有限公司（武汉）
张　鑫　中水北方勘测设计研究有限责任公司
张梦雨　黄河水利职业技术学院
王广庆　河南鲁班装饰安装工程有限公司
苗　龙　吉林省建筑科学研究设计院
张鹏举　新疆交通科学研究院
尚东明　北京鑫恒景元房地产投资有限公司

随着我国经济与社会的不断发展，工程建设的速度不断加快，规模逐渐扩大，如何保证工程施工的质量，确保施工人员的安全，提高工程建设的效率，降低工程建设的成本，这些问题成了贯穿建设工程的核心问题。由于建筑施工技术是一项较复杂的学科，并同其他专业有较密切联系，施工工艺、操作方法又随着施工条件、对象和使用原材料的不同而经常变化，新的施工工艺和机具也日新月异，本手册中仅有选择地着重介绍我国建筑施工中采用过而又比较有成效和典型的施工方法，以及近几年来出现的新技术、新工艺、新材料、新机具等快速施工经验，希望能为从事现场施工的建筑施工人员提供一份实用且有价值的参考资料。

本书中融合了各工种工程的基本施工方法和施工要点，也介绍了近年来应用日广的新技术和新工艺。从施工准备工作、施工测量开始讲起，分别介绍了土方工程、基坑工程、地基与基础工程、砌体工程、模板工程、脚手架工程、混凝土工程、钢筋工程、预应力混凝土工程、钢结构和结构吊装工程、装饰装修工程、防水工程、防腐蚀工程、保温隔热工程等。为了方便读者查阅，全书采用大量实际工程图进行讲解，将各施工工艺和技术简化成基础知识、施工工艺流程、具体施工过程和注意事项几大块内容来讲解，形式新颖，读者一看就懂，一学就会。相比于同类图书，本书具有以下特色。

1. 全面性。内容全面，包括建筑施工的各分部分项工程，涵盖面比较广，通俗易懂。

2. 针对性。针对施工的流程过程均有流程操作图，清晰明了。

3. 简明性。采用图片加旁注文字的形式，简单明了，别出心裁。

4. 缜密性。工艺流程严格按照施工工序编写，操作工艺简明扼要，满足材料、机具、人员等资源和施工条件要求，在施工过程中可直接引用。

5. 知识性。对新材料、新产品、新技术、新工艺进行了较全面的介绍，淘汰已经落后的、不常用的施工工艺和方法。

6. 直观性。本书对重要的施工技术和施工要点，配有视频讲解，读者可以扫描书中的二维码进行观看，直观易懂。

本书在编写过程中得到了有关高等院校、建设主管部门、建设单位、工程咨询单位、设计单位、施工单位等方面的领导和工程技术、管理人员，以及对本书提供宝贵意见和建议的学者、专家的大力支持，在此向他们表示由衷的感谢！

由于编者水平有限和时间紧迫，书中难免有不妥之处，望广大读者批评指正。如有疑问，可发邮件至 zjyjr1503@163.com 或是申请加入 QQ 群 909591943 与编者联系。

编 者

2020 年 10 月

目录

目录

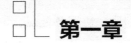

第一章
工程施工准备与管理

第一节　工程施工准备

一、施工准备工作的目的和意义

施工准备工作是为了保证工程顺利开工和施工活动正常进行而必须事先做好的各项准备工作。它是施工程序中的重要环节，不仅存在于开工之前，而且贯穿在整个施工过程之中。为了保证工程项目顺利进行，必须做好施工准备工作。

做好施工准备工作具有以下意义。

1. 遵循建筑施工程序

施工准备是建筑施工程序的一个重要阶段。现代工程施工是一项十分复杂的生产活动，其技术规律和社会主义市场经济规律要求工程施工必须严格按建筑施工程序进行。只有认真做好施工准备工作，才能取得良好的建设效果。

2. 降低施工风险

就工程项目施工的特点而言，其生产受外界干扰及自然因素的影响较大，因而施工中可能遇到的风险也多。只有充分做好施工准备工作、采取预防措施，加强应变能力，才能有效地降低风险损失。

3. 创造顺利的施工条件

工程项目施工中不仅需要耗用大量材料，使用许多机械设备，组织安排各工种人力，涉及广泛的社会关系，而且还要处理各种复杂的技术问题，协调各种配合关系，因而需要通过统筹安排和周密准备，才能使工程顺利开工，以及开工后能连续顺利地进行，且能得到各方面条件的保证。

4. 提高经济效益

认真做好工程项目施工准备工作，能调动各方面的积极因素，合理组织资源进度、提高工程质量、降低工程成本，从而提高企业经济效益和社会效益。

二、施工准备工作的实施

1. 施工准备工作计划的编制

为了落实各项施工准备工作，加强检查和监督，必须根据各项施工准备工作的内容、时间和人员，编制出施工准备工作计划。

由于各准备工作之间有相互依存的关系，还可采用编制施工准备工作网络计划的方法，以明确各项准备工作之间的关系，找出关键路线，并在网络计划图上进行施工准备期的调整，尽量缩短准备工作的时间，使各项工作有领导、有组织、有计划和分期分批地进行。

2. 施工准备工作责任制的建立

由于施工准备工作范围广、项目多，故必须有严格的责任制度。把施工准备工作的责任落实到有关部门和个人，以便按计划要求的内容和时间进行工作。现场施工准备工作应由项目经理部全权负责，建立严格的施工准备工作责任制。

3. 施工准备工作的持续开展

施工准备工作必须贯穿施工全过程的始终。工程开工以后，要随时做好作业条件的施工准备工作。施工能否顺利进行，就看施工准备工作是否及时和完善。因此，企业各职能部门要面向施工现场，像重视施工活动一样重视施工准备工作，及时解决施工准备工作中的技术、机械设备、材料、人力、资金、管理等各种问题，以提供工程施工的保证措施。项目经理应十分重视施工准备工作，加强施工准备工作的计划性，及时做好协调、平衡工作。

此外，由于施工准备工作涉及面广，除施工单位本身的努力外，还要取得建设单位、监理单位、设计单位、供应单位、银行及其他协作单位的大力支持，分工负责，统一步调，共同做好施工准备工作。

三、物资条件准备

1. 基础须知

建筑施工所需要用到的材料、构配件和制品、施工机具设备、生产工艺设备，品种多、数量大。物资条件准备会直接影响到工期、质量和成本，所以保证按计划供应相关物资，对整个工程来讲是至关重要的。

施工物资条件准备——材料准备

2. 施工准备

（1）材料准备

① 根据施工方案中的施工进度计划和施工预算中的工料分析，编制工程所需材料用量计划，作为备料、供料和确定仓库、堆场面积及组织运输的依据。建筑材料堆放如图 1-1 所示。

材料进场后，要做好保管工作

图 1-1　建筑材料堆放

② 根据材料需用量计划，做好材料的申请、订货和采购工作，使计划得到落实。

③ 材料进场。

（2）构配件及设备加工订货准备

① 根据施工进度计划及施工预算所提供的各种构配件及设备数量，

做好加工翻样工作，并编制相应的需用量计划。

② 根据需用量计划，向有关厂家提出加工订货计划要求，并签订订货合同。

③ 组织构配件和设备按计划进场，按施工平面布置图做好存放及保管工作。

构配件和制品加工准备如图 1-2 所示。构配件和制品加工如图 1-3 所示。

构配件和设备按计划进场后，做好存放及保管工作

图 1-2　构配件和制品加工准备

按照设备需用量计划，进行构配件的制品加工

图 1-3　构配件和制品加工

（3）施工机具准备

① 根据施工方案中确定的施工方法，对施工机具配备的要求数量以及施工进度安排，编制施工机具需用量计划。

② 拟由本企业内部负责解决的施工机具，应根据需用量计划组织落实，确保按期供应。

③ 对于大型施工机械（如塔式起重机、挖土机、桩基设备等）的需求量和时间，应向有关方面（如专业分包单位）联系，提出要求，落实

后签订有关分包合同，并为大型机械按期进场做好现场有关准备工作。

建筑施工机具的准备如图1-4所示。

生产工艺设备的准备如图1-5所示。

根据需用量计划，组织落实施工机具

图1-4　建筑施工机具的准备

按照设备需用量计划进行生产工艺设备的准备工作

图1-5　生产工艺设备的准备

（4）运输准备

① 根据上述三项需用量计划，编制运输需用量计划，并组织落实运输工具。

② 按照上述三项需用量计划明确的进场日期，联系和调配所需运输工具，确保材料、构配件和机具设备按期进场。运输准备如图1-6所示。

3. 注意事项

① 材料、构配件分期分批进场时，应根据有关规定做好检查验收工作，对于重要部位使用的材料以及对质量有怀疑的材料，应做好抽样检验鉴定工作。对于进场的各种材料、构配件，应按施工平面图指定的位置进行堆放。

确保施工所需机具设备按期进场

图 1-6　运输准备

② 进场的机械设备，必须经过检查验收，根据需要准备好基础、轨道或操作棚，接通动力和照明线路，提前保养、试运转，以达到所有设备运转正常。

四、施工组织准备

1. 基础须知

组织准备的范围既有整个施工企业的施工组织准备，又有大型综合的拟建建设项目的施工组织准备，也有小型简单的拟建单位工程的施工组织准备。

2. 施工准备

下面仅以一个拟建工程项目为例，说明其施工组织准备工作的内容。

① 建立拟建工程项目的组织机构。

② 建立精干的施工班组。

③ 集结施工力量，组织劳动力进场，进行安全、防火和文明施工等方面的教育，并安排好职工的生活。

④ 向施工班组、工人进行施工组织设计进度计划、质量、安全等方面的技术交底。

⑤ 建立健全各项管理制度。工地的各项管理制度是否建立、健全，直接影响各项施工活动的开展。

3. 注意事项

① 施工组织准备应有计划、分阶段、有步骤地进行。

② 应建立严格的施工准备工作责任制及相应的检查制度，具体有：

a. 定期自查，发现薄弱环节，不断改进工作；

b. 定期检查施工准备工作计划的执行情况。

五、现场施工准备

1. 基础须知

现场施工准备工作，就是指工程施工前所做的一切工作。它不仅在开工前要做，而且在开工后也要做，它是有组织、有计划、有步骤、分阶段地贯穿于整个工程建设的始终。认真细致地做好施工准备工作，对充分发挥各方面的积极因素、合理利用资源、加快施工速度、提高工程质量、确保施工安全、降低工程成本及获得较好经济效益都起着重要作用。

2. 施工准备

现场施工准备包括以下内容。

① 做好施工测量控制网的复测和加密工作，敷设施工导线和水准点。

② 建立工地试验室，开展原材料检测和施工配合比确定工作。

③ 施工现场的补充钻探。

④ "三通一平"，即通水、通电、通路、场地平整。

⑤ 建造临时设施。按照施工总平面图的布置，建造三区分离的生产、生活、办公和储存等临时房屋，以及施工便道、便桥、码头、沥青混合料、路面基层（底基层）、结构层混合料、水泥混凝土搅拌站和构件预制场等大型临时设施。

⑥ 安装调试施工机具。

⑦ 落实原材料的储存堆放工作。

⑧ 做好冬雨季施工安排。

⑨ 落实消防和安保措施。

3. 注意事项

① 现场施工准备的重点在于拆除障碍物，建立测量控制网，"三通一平"与搭设临时设施。

② 设置临时设施时，还需要按当时当地统一标准设置"五牌一

图"。在工地围墙上设置工程名称、建设单位、监理单位、质监单位、设计单位、施工单位等明显的标志,实行统一规范的对外宣传与管理。

③ 施工中严禁抛撒、滴漏、粉尘飞扬、噪声、污染等野蛮施工,并建立严格完善的防火、防噪声、保卫制度和岗位责任制,保持道路畅通。

六、技术准备

1. 基础须知

技术准备是施工准备的核心,包括熟悉和审查施工图纸、原始资料的调查分析、编制施工图预算和施工预算(俗称"两算")等。

2. 具体工作

(1)熟悉、审查施工图纸和有关设计资料

建筑物或构筑物的施工依据就是施工图纸,施工技术人员必须在施工前熟悉施工图纸中各项设计的技术要求。在熟悉施工图纸的基础上,由建设、施工、设计单位共同对施工图纸进行会审。图纸会审是指工程开工之前,由建设单位组织,设计单位对图纸技术要求和有关问题进行交底,施工单位也参加施工图纸的审查。经充分协商,最终将各方意见形成图纸会审纪要,由建设单位正式行文,参加会议的各单位加盖公章,作为与设计图纸同时使用的技术文件。

(2)原始资料的调查分析

① 自然条件的调查分析 建设地区自然条件的调查分析的主要内容有:地区水准点和绝对标高等情况;地质构造、土的性质和类别、地基土的承载力、地震级别和烈度等情况;河流流量和水质、最高洪水和枯水期的水位等情况;地下水位的高低变化情况,含水层的厚度、流向、流量和水质等情况;气温、雨、雪、风和雷电等情况;土的冻结深度和冬、雨季的期限等情况。

② 技术经济条件的调查分析 建设地区技术经济条件的调查分析的主要内容有:当地施工企业的状况;施工现场的动迁状况;当地可利用的地方材料状况;地方能源和交通运输状况;地方劳动力的技术水平状况;当地生活供应、教育和医疗卫生状况;当地消防、治安状况和施

工承包企业的力量状况。

（3）编制施工图预算和施工预算

① 编制施工图预算　这是按照工程预算定额及其取费标准而确定的有关工程造价的经济文件，它是施工企业签订工程承包合同、工程结算、建设银行拨付工程价款、进行成本核算、加强经营管理等工作的重要依据。

② 编制施工预算　施工预算是根据施工图预算、施工定额等文件进行编制的，它直接受施工图预算的控制。它是施工企业内部控制各项成本支出、考核用工、"两算"对比、签发施工任务单、限额领料、基层进行经济核算的依据。

（4）编制施工组织设计　施工组织设计是指导施工的重要技术文件。由于土木工程的技术经济特点，土木工程没有一个通用的、一成不变的施工方法，所以，每个工程项目都要分别确定施工方案和施工组织方法，也就是要分别编制施工组织设计文件。

3. 注意事项

① 施工图要完整齐全，符合国家有关工程设计规范和施工要求，符合城市总体规划要求。

② 注意各个专业施工图纸之间是否有矛盾，图纸与设计说明书之间是否一致。

③ 注意审查设备安装图与其匹配的土建图纸在坐标和标高等尺寸关系上是否保持一致。

④ 施工质量标准要满足设备安装的工艺和精度要求。

第二节　建筑工地临时设施

一、工地临时房屋设施

1. 基础须知

现场所需临时设施，应报请规划、市政、消防、交通、环保等有关部门审查批准。根据施工组织设计的要

工地临时房屋
布置要求

求，除利用现场旧有建筑外，还应搭建一批临时建筑，如警卫室、工人休息室、宿舍、办公室、厨房、食堂、仓库、吸烟室、厕所等。但均应按批准的图纸搭建，不得乱搭乱建，并尽量利用永久建筑物，减少临时设施的搭设量。而这些临时设施应在正式工程施工前做好。

2. 具体工作

工地临时房屋布置要求如下。

① 应结合施工现场具体情况，统筹规划，合理布置。

② 认真执行国家严格控制非农业用地的政策，尽量少占或不占农田，充分利用山地、荒地空地或者劣地。

③ 尽量利用施工现场或附近已有建筑物。

④ 必须搭设的临时设施，应因地制宜，利用当地的材料和旧料，尽量降低费用。

⑤ 应符合安全防火要求。

临时房屋设施如图 1-7 所示。

临时房屋设施布置应当符合安全防火要求

图 1-7　临时房屋设施

3. 注意事项

① 施工作业现场的布置原则。

a. 由于施工现场用地紧张，办公区域、生活区域、施工区域布局采取分散布置原则。应充分体现环保节能和人文相结合。

b. 临时设施布置按业主要求进行建设，标准统一，集中文明管理。

c. 坚持以人为本，服务于人的原则。

② 为了施工方便和行人的安全，应用围墙将施工用地围护起来。围墙的形式和材料应符合市容管理的有关规定和要求，并在主要出入口设置标牌，标明工地名称、施工单位、工地负责人等内容。

二、临时道路

1. 基础须知

现场道路为临时道路，因此，进入施工现场首先要按照现场平面布置图对临时道路进行施工。临时道路布设原则是保证大车的行走，并在临时道路两侧布设临时排水沟，以保证雨季施工道路的畅通。

2. 具体工作

① 按施工组织设计的要求修筑好施工现场的临时运输道路，应尽可能利用原有道路或结合正式工程的永久性道路位置，修整路基和临时路面。

② 现场道路应适当起拱（向道路两侧形成一定坡度），路边应做好排水沟，排水沟深度一般不小于 0.4m，底宽不小于 0.3m。现场道路的宽度，单行路为 4m，最窄不得小于 3.5m，双行路宽度为 7m。

③ 要保证做到现场道路通畅和防滑。

④ 施工区内公共道路的要求：修筑场内临时道路，并在整个施工期间负责道路维护和管理，确保施工区内公共道路按照晴雨天标准畅通无阻。

⑤ 施工主干道的要求：临时道路的布置以及进场道路应利用现场两个入口进入到施工区，在施工区域内形成出入口连通的施工主干道，以利于施工。

临时道路如图 1-8 所示。

3. 注意事项

（1）场外道路

可利用现有的城市的道路作为材料、机具运输的道路，做好保洁

施工临时道路的铺设费用以临时设施包干费的形式收取

图 1-8　临时道路

工作。

（2）场内道路

为了保证施工期间区间道路的通行，若不能满足则可以考虑在道路规划红线外 5m 位置设置。若场地允许，可根据现场实际情况和施工需要，在道路红线外设置便道。

（3）施工现场的道路最好形成循环道路

第三节　场外组织与管理的准备

1. 材料的加工和订货

建筑材料、构配件和建筑制品大部分均必须外购，工艺设备更是如此。这样如何与加工部、生产单位联系，签订供货合同，搞好交通秩序，对于施工企业的正常生产是非常重要的，对于协作项目也是这样，除了要签订议定书之外，还必须做大量的相关方面的工作。

2. 施工机具租赁或订购

对于本单位缺少且需用的施工机具，应根据需要量计划，同有关单位签订租赁合同或订购合同。

3. 做好分包工作和签订分包合同

由于施工单位本身的力量所限，有些专业工程的施工、安装和运输等均需要委托外单位完成。根据工程量、完成日期、工程质量和工程造价等内容，与其他单位签订分包合同，保证按时实施。

4. 向上级提交开工申请报告

当材料的加工和订货、施工机具的租赁和订购、分包工作等施工场外的准备工作做完后，应及时填写开工申请报告，并上报上级批准。

5. 施工准备工作计划

为了落实各项施工准备工作，加强对其检查和监督，必须根据各项施工准备工作的内容、时间和人员，编制出施工准备工作计划。

第四节　季节性施工和雨期施工准备

一、季节性施工准备工作

1. 基础须知

我国地域辽阔，气候复杂，东西南北差异较大，气温和雨水对建筑施工的质量、工期、成本和安全都有着重要的影响，特别是建筑施工多露天作业，季节性影响很大，给施工生产增加了很多困难。因此，做好周密的施工计划和充分的施工准备，是克服季节影响，保持均衡生产的有效措施。

2. 施工准备

（1）冬期施工准备工作

① 根据工程所在地冬期气温的经验数据和气象部门的天气预报，由项目技术负责人编制该工程的冬期施工方案，经业主和监理工程师审查通过后进行实施。

② 对现场临时供水管、电源、火源及上下人行通道等设施做好防滑、防冻、防雪措施，加强管理，确保冬期施工顺利进行。为避免给水和排水的管线受冻结的影响，施工中的临时管线埋设深度应在冰冻线以下；外露的水管应用草绳包扎起来，免遭冻裂；排水管线应保持畅通；现场和道路应避免积水和结冰；必要时应设临时排水系统，排出地面水和地下水。

③ 冬期施工前，应修整道路，注意清除积雪，保证冬期施工时道路畅通。

④ 冬期施工前，要尽可能储备足够的冬期施工所需的各种材料、构件、备品、物资等。

⑤ 冬期施工时，所需保温、取暖等火源大量增多，因此应加强防火教育及防火措施，布置必要的防火设施和消防龙头、灭火器等，并应安排专人检查管理。

⑥ 冬期施工需增加一些特殊材料，如促凝剂、保温材料（稻草、炉渣、麻袋、锯末等）及为冬期施工服务的一系列设备以及劳动保护、防寒用品等。

⑦ 加强冬用防护安保措施，做好职工的思想技术教育和专职人员的培训工作。

高温暑期施工
准备工作

（2）高温暑期施工准备工作

① 由试验室试配适合高温天气的混凝土配合比，在混凝土和砂浆搅拌时加入助凝剂、微沫剂，延长其凝固时间。

② 混凝土施工时，宜采用低水化热水泥，以防混凝土出现裂缝，并加强混凝土的养护。为防止用水养护时水供应不及时，可采用涂刷养护剂的办法，养护剂涂刷后成膜，可阻止水分散失，以达到养护的目的。

③ 高温季节可调整部分工种作业时间，对各工序做出合理安排，以提高工作效率。

④ 加强现场防暑降温工作，配备足够的防暑降温药品和物品，改善职工的生活环境和工作环境。

3. 注意事项

冬期施工的特点主要表现在以下几点。

① 天寒地冻，土方施工困难，砂浆和混凝土也易受冻结冰。

② 采暖设备、锅炉、电器设备增加。

③ 为防冻而设置的保温材料，如草席、棉垫、锯末、芦苇板、油毡、棉麻毡等易燃物等用量大量增加。

④ 气候干燥，各种材料的含水率低，极易引起火灾。

⑤ 处于负温下的给水、排水管网和消防设施容易发生冻结和冻裂，

不仅影响生产、生活，而且一旦发生火灾，不能及时扑救。

⑥ 寒潮的到来，伴随有大风大雪，这将增加脚手架及各种设施的风荷载、雪荷载。

⑦ 受冻路面、脚手架、马道、过桥表面光滑，工人操作、行动不便，特别是高空作业，容易发生事故。

⑧ 冬期施工，由于工作人员衣着较多，手脚不灵便，潜藏着不安全因素。

二、雨期施工准备工作

1. 基础须知

不少施工现场由于缺乏妥善的排水设施，这将导致平时施工用水漫流，特别是雨期排水紊乱，地面积水泥泞，使工程环境恶化，这不仅影响工作效率，延误工期，而且会导致土质软化，边坡坍塌，地基承载力降低，工程质量下降，甚至发生各种安全事故，造成重大损失。因此，在组织现场施工时，应做好施工排水和雨期从事建筑施工的各项准备工作。

雨期施工
准备工作

2. 施工准备

① 做好现场排水系统，将地面雨水排至城市排水系统，围墙内地面用素混凝土封闭。

② 地下室施工时，设排水沟及集水井，备足水泵及时排除积水和土层涌水，将地下水位控制在垫层表面下 30cm。

③ 由试验室试配适合不同外界自然条件的混凝土配合比，施工中对砂石含水率及时准确测定，及时调整混凝土、砂浆配合比，以适应工程施工需要。

④ 及时做好材料准备工作，安排好雨具、薄膜、编织布、篷布。混凝土浇筑时若遇暴雨，应用编织布、篷布将已浇筑好的混凝土加以覆盖，并按规范要求留设施工缝。

⑤ 合理安排施工程序，对不适宜在雨天施工的有关工序，应结合当时的气象条件合理调整施工部署，以提高效率，保证质量和安全。

3. 注意事项

① 在做基础的同时，根据自然排水的流向，配合将外线工程（包括雨水管线及水管线）做好。对湿陷性黄土和膨胀土地区，防水更为重要。

② 现场临近高地时，高地边沿应挖截水沟，以防止雨水侵入现场。

③ 在雨期前做好对危石的处理，以防止滑坡或塌方。

第五节　施工现场管理

一、场容与环境管理

1. 基础须知

施工现场场容管理和环境管理，是为了保护和改善环境质量，合理开发和利用自然资源，保持施工现场良好的作业环境、卫生环境和工作秩序，规范现场的场容，保持作业环境的整洁卫生，减少对周围居民和环境的影响。

2. 具体工作

（1）场容管理

① 所有进入现场的原材料、机械设备、成品、半成品、小型构件均按施工平面图码放整齐。

② 认真执行施工现场场容管理的有关规定，实行管理人员分工负责，加强日常管理，做到制度化、标准化、经常化。

③ 施工现场要保持清洁整齐。施工垃圾、废料要及时清除；砂浆、混凝土在搅拌运输中要做到不洒不漏，洒漏的要及时清理。

④ 施工现场场地要平整、坚实、有排水措施，不得有坑洼积水，场内应清洁，无杂草、废纸、砖头、石块。

⑤ 施工中应做到随干随清，谁干谁清，活完料净场清，把责任落实到班组、个人。

⑥ 负责现场卫生的专职人员需认真负责，在责任区域范围内要保持清洁。

（2）环境管理

① 噪声排放达标　具体指标应符合《建筑施工场界环境噪声排放标准》（GB 12523—2011）的要求。

② 减少粉尘排放　达到场界无扬尘要求，地区道路硬化应满足当地环保部门的规定要求。

③ 防止化学危险品、油品泄漏　对施工现场的油漆等化学品和含有化学成分的特殊材料、油料等实行封闭储存，随取随用，尽量避免泄漏和遗洒。

④ 有毒有害废弃物定点排放　对废弃物分类管理，有毒有害废弃物应定点回收，达到 50kg，应交有关部门统一回收，定点排放。

⑤ 最大限度地避免光污染　施工现场夜间照明采用定向灯罩，避免影响周围环境。

⑥ 杜绝火灾、爆炸事件的发生　加强消防意识培训，完善消防管理制度和消防设施，严格控制易燃易爆品，杜绝火灾、爆炸事故发生。

⑦ 污水排放达标　生产及生活污水沉淀后排放，应达到地方标准规定。

⑧ 节约水、电、汽能源和纸张　采取切实措施控制水、电能源消耗，并逐步扩大无纸化办公范围，提高纸张回收利用率，减少纸张消耗。

⑨ 减少固体废弃物的排放　做到自产自清、日产日清、工完场清。可回收废弃物争取回收利用率达到 90% 以上。

⑩ 合理利用物资，减少对环境的污染　按采购、进货物资的验收、搬运与储存、现场废弃物处理四阶段严格管理物资。

⑪ 杜绝因卫生引起的疾病和环境污染　严格控制食品采购、加工程序，减少疾病的发生。

3. 注意事项

（1）场容管理

① 现场标牌由施工单位负责维护。国防及保密工作可不做标牌。

② 场容管理要划分现场参与单位的责任区，各自负责所管理的场

区。划分的区域应随着施工单位和施工阶段的变化而改变，实际动态管理。

（2）环境管理

① 应采取相应的组织措施和技术措施消除或减轻施工过程中的环境污染与危害。

② 施工现场环境污染的处理包括大气污染的处理、水污染的处理、噪声污染的处理、固体废物污染的处理，以及光污染的处理。

二、计划调整和技术管理

1. 计划调整

在对实施的进度计划分析的基础上，应确定调整原计划的方法，一般主要有以下两种。

（1）改变某些工作间的逻辑关系

若检查的实际施工进度产生的偏差影响了总工期，在工作之间的逻辑关系允许改变的条件下，改变关键线路和超过计划工期的非关键线路上的有关工作之间的逻辑关系，以达到缩短工期的目的。用这种方法调整的效果是很显著的，例如可以把依次进行的有关工作改变为平行的或互相搭接的以及分成几个施工段进行流水施工等都可以达到缩短工期的目的。

（2）缩短某些工作的持续时间

这种方法是不改变工作之间的逻辑关系，而是缩短某些工作的持续时间，而使施工进度加快，并保证实现计划工期的方法。这些被压缩持续时间的工作是位于由于实际施工进度的拖延而引起总工期增长的关键线路和某些非关键线路上的工作，同时，这些工作又是可压缩持续时间的工作。

2. 技术管理

主要是审查设计文件（施工图会审）、施工技术调查、施工组织设计、开工报告、技术交底、测量管理、在施工中提出变更设计报告、试验及计量、技术资料管理、施工技术总结、竣工文件编制及归档等。

三、安全与消防保卫管理

1. 基础须知

施工现场需建立由项目经理领导、各专业工长、各专职质检员参加的管理系统，形成一个横向从总包到分包，纵向从项目经理到各生产班组的安全生产管理体系。

2. 具体工作

（1）安全管理制度

① 在施工生产过程中贯彻"安全第一，预防为主"的安全工作方针。

② 提高施工人员的安全生产意识，通过经常性的安全生产教育，使施工人员牢固树立"安全为了生产，生产必须安全"和"安全工作，人人为我，我为人人"的安全思想。

③ 实行"施工生产安全否决权"，对于影响施工安全的违章指挥及违章作业，施工人员有权进行抵制，专职安全员有权停止施工并限期进行整改，在整改后，专职安全员检查同意后方能继续进行施工。

④ 进入施工现场必须戴好安全帽。

⑤ 高空作业必须系安全带。

⑥ 楼梯口、基坑周围必须设栏杆、立网封闭。

⑦ "四口"（楼梯口、电梯口、预留洞口、通道口）必须按标准做好防护。

⑧ 各种施工机械电源必须接零接地，电闸箱必须有锁，必须有安全操作牌，专人专机。

⑨ 不准穿高跟鞋、拖鞋上班。

⑩ 不准乱接、乱拉电线和将电缆直接固定在金属物上。

⑪ 施工现场严禁吸烟，或必须到指定的吸烟室吸烟。

（2）安全保证措施

① 安排施工任务的同时必须进行安全交底，按照安全操作规程及各项规定的要求进行施工。安全交底要求为书面资料，有交底人和接受交底人的签字，并整理归档与备查。

② 对新工人入场和变换工种工人进行安全教育，使之熟悉本工种的安全操作规程，特殊工种人员要经过专业培训，考试合格后发上岗证并持证上岗。

③ 坚持班前安全活动，并做好记录，班前班后进行安全自查，现场发现有安全隐患应及时处理，并报告给现场管理人员，等到安全隐患处理完毕，经确认后方可施工。

④ 现场购买、配备足够数量合格的安全防护用品和安全设施，从资源上保障生产安全。

⑤ 模板及其支撑系统必须进行科学的计算，充分考虑各种荷载的影响确定支模方案，在作业指导书中予以详细编制。

⑥ 脚手架必须按照建筑施工安全的有关标准进行搭设，围护严密，验收后方可使用，任何工种不得私自改动脚手架。

⑦ 分区段施工的地方，先行完成的区段周边用钢管搭设防护栏，防护栏不得低于 1.2m，并用密目式安全网封闭。

⑧ 各种预留洞口应予以维护。20～150cm 的洞口上，应固定有足够强度的盖板，超过 150cm 的大洞口四周需要设置护栏，洞口下挂安全警示牌。

⑨ 现场施工用电严格按照有关规定及要求进行布置与架设，并定期对闸刀开关、插座及漏电保护器的灵敏度进行常规的使用安全检查。

⑩ 施工机械设备的设置及使用必须严格遵守有关规定。设备防护罩、各种限位器及漏电保护装置等安全防护设施必须齐全、有效，并按照各种施工机械设备的使用要求与有关规定进行维修保养。

⑪ 经常开展安全检查和评比工作。专职安全员天天查，项目经理部一周检查两次，公司每半月检查一次。

⑫ 经常性地检查现场"三宝四口五临边"的执行情况。"三宝"是指：安全帽、安全带、安全网；"五临边"是指：沟、坑、槽和深基础周边；楼层周边；楼梯侧边；平台或阳台边；屋面周边。

⑬ 台风、雷雨季节做好安全防护工作。

（3）现场消防措施

① 现场合理配备消防设施，设置消防通道，由专职消防员管理，易燃易爆品定点堆放，并悬挂警示牌。

② 在办公区、生活区和生产区按照规范要求设置灭火器。

③ 在生活区和库房处设消防水龙头。

④ 生活区严禁乱拉乱接电线，严禁使用不合格电器。

⑤ 在夏季和雨期施工，必须采取相应的防雨措施，防止因短路造成重大事故。

⑥ 电工、焊工从事电气设备安装和电、气焊切割作业，要有操作证和用火证。动火前，要清除附近易燃物，配备看火人员和灭火用具。

⑦ 对于油库、易燃易爆物库房、卷扬机架、脚手架等部位及设施均应安装避雷设施，其电阻不应大于 10Ω。

⑧ 施工现场严禁私自使用电炉、电热用具。

（4）保卫制度

① 设多名门卫值班人员，实行"三班作业制"，昼夜值班。

② 保卫人员值班时必须身穿制服、佩戴袖章，值勤时必须警容严整、仪表端正。

③ 保卫人员必须遵纪守法文明执勤，不打人骂人，不滥用警械。

④ 做好来访车辆和人员的登记，严禁闲杂人员进入施工现场。施工人员凭工作卡出入。

⑤ 工地现场所有出场材料，必须有材料人员或项目领导签发的出场单，并严格检查和清点数量，符合后方可放行。

⑥ 门卫值班室禁止闲杂人员入内，不准在工作时间谈天闲聊。

3. 注意事项

① 施工现场严禁支搭易燃建筑，高压线下不准堆放易燃物品，不得使用易燃材料保温，氧气瓶、乙炔瓶分别入库存放，有安全距离、明显标志警示。

② 现场安装各种电气设备，必须由专业正式电工操作。施工现场严禁使用电炉，如必须使用时，必须经保卫部门批准，发给使用许可证，设专人管理方可使用。

③ 现场高大机械、电气设备、灯架、脚手架等，要有防雷接地措施，防止雷击着火。

④ 消防保卫工作必须纳入生产管理议事日程，要与施工生产同计划、同布置、同落实、同评比。

⑤ 现场消防保卫人员有权制止一切违反规定的行为，对违反治安消防规定的人员、保卫干部有权给予批评教育和处罚，直至停止施工。

⑥ 所有施工人员入场前必须进行"四防"教育，认真学习施工现场的各项规章制度和国家法规，使每个施工人员做到制度明确、安全生产、文明施工。

⑦ 对现场的重要部位（配电室、库房、泵房、资料室、塔吊等）要配备责任心强、技术熟练的人员操作和管理，建立健全岗位责任制和交接班制度，认真做好交接班记录。

⑧ 施工现场平时设一个出入口，现场围墙保证良好，现场不得留住外来人员。出入口门卫必须对所有出入车辆及人员进行严格检查登记。

⑨ 对现场处理不了的治安问题，要及时向上级有关部门请示报告。主动与建设单位、当地治安联防部门取得联系，共同做好治安保卫工作。

第二章

施工测量

第一节 施工测量的基本概念

一、施工测量的定义

1. 普通测量学

普通测量学是研究地球表面局部区域的形状和大小，用测量仪器和工具，确定该区域地面点位的科学。其主要任务如下。

① 将局部区域的地貌（指地面的形状、大小、高低起伏的变化情况等）和地面上的地物（指建筑物、构筑物及天然的河流、湖泊、池塘、大树等），按一定的比例尺测绘成地形图，作为土建工程规划、设计的依据。

② 将规划、设计好的总平面图中各建（构）筑物的位置，标定到地面上，作为施工的依据。工程上也叫放样，它是土建工程开工前的一项重要准备工作。

③ 在施工及使用过程中，也常需要通过测量对某些工程的质量进行检查。

可见，任何土建工程，无论是兴建房屋、道路、桥梁，还是安装给水、排水、煤气管线等，从规划、设计到建造，甚至使用期间的维修，都需要进行测量工作。

2. 施工测量

施工测量是指为施工所进行的控制、放样和竣工验收等的测量工作。与一般的测图工作相反，施工放样是按照设计图纸将设计的建筑物位置、形状、大小及高程在地面上标定出来，以便根据这些标定的点线进行施工。

二、施工测量的基本工作

1. 测量工作概述

土建工程从开工到竣工的测量工作，归纳如下。

（1）开工前要进行的测量工作

① 建立施工场地的测量控制。

② 场地的平整测量。

③ 建（构）筑物的定位、放线测量等。

（2）施工过程中要进行的测量工作

① 构配件安装时的定位测量和标高测量。

② 施工质量（如墙、柱的垂直度，地坪的平整度等）的检验测量。

③ 某些重要工程的基础沉降观测。

④ 为编制竣工图，随时需要积累资料而必须进行的测量工作。

（3）完工阶段要进行的测量工作

① 全面进行一次竣工图测量。

② 配合竣工验收检查工程质量的测量。

2. 现场施工测量

测量工作是根据工程设计图纸上待建的建筑物的轴线位置、尺寸及其高程，计算出待建的建筑物各特征点（或轴线交点）与控制点（或已建成建筑物特征点）之间的距离、角度、高差等测设数据，然后以地面控制点为根据，将待建的建筑物的特征点在实地标定出来，以便施工。

施工测量现场图如图 2-1 所示。

三、测量工作程序的基本原则

在测量的布局上是"由整体到局部"，在测量次序上是"先控制后碎部"，在测量的精度上是"从高级到低级"，这是测量工作应遵循的基本原则。

测设的基本工
作是测设已知的
水平距离、水平
角度和高程

图 2-1　施工测量现场图

另外，当控制测量有误差，以其为基础的碎部测量也会有误差；碎部测量有误差就会使地形图也存在误差。因此，要求测量工作必须有严格的检核工作，故"步步有检核"是测量工作应遵循的另一个原则。施工测量现场放线如图 2-2 所示。

"由整体到局部"
"先控制后碎部"
"从高级到低级"
是测量工作的
基本原则

图 2-2　施工测量现场放线图

四、地面点的高程

地面某点的高程即称作地面高程。地面高程是以黄海平面为参考平面的竖向高度。

市政工程中的地面高程一般是绝对高程，每个地方都有国家控制点，以国家控制点给的高程为准，测量出的某工程的地面高度，就是市政工程中用的高程，其实就是所在地的海拔。地面水准零点如图 2-3 所示。

图 2-3　地面水准零点

五、控制测量

1. 控制测量的定义

控制测量是指在测区内，按测量任务所要求的精度，测定一系列控制点的平面位置和高程，建立起测量控制网，作为各种测量的基础。控制网具有控制全局、限制测量误差累积的作用，是各项测量工作的依据。对于地形测图，等级控制是扩展图根控制的基础，以保证所测地形图能互相拼接成为一个整体。对于工程测量，常需布设专用控制网，作为施工放样和变形观测的依据。控制测量图如图 2-4 所示。

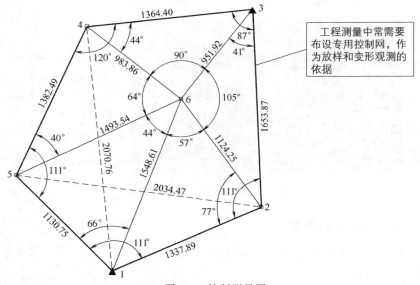

图 2-4　控制测量图

2. 控制测量的任务

工程控制网分为平面控制网和高程控制网两部分，前者是测定控制点的平面直角坐标，后者是测定控制点的高程。

控制测量在工程建设三个阶段中的具体任务是：在勘测设计阶段建立测图控制网，作为各种大比例尺测图的依据；在施工阶段建立施工控制网，作为施工放样测量的依据；在运营阶段建立变形观测控制网，作为工程建筑物变形观测的依据。

因此，各相邻两幅地形图的平面位置，可以在测图精度之内互相接合。同样的道理，如果在工程建设区建立了统一的高程控制网，精密地测定网中各控制点的高程，则分幅独立测图时，各相邻图幅的等高线，可以在测图精度之内互相接合。控制点作为施工放样测量的依据，限制了测量误差。测量控制点如图 2-5 所示。

控制点可以保证各幅图的平面位置具有相同的测量精度

图 2-5　测量控制点

3. 控制测量的特点

控制测量是在一定区域内，为大地测量、摄影测量、地形测量和工程测量建立控制网所进行的测量，它包括：

① 平面控制测量，是为测定控制点平面坐标而进行的；

② 高程控制测量，为测定控制点高程而进行的测量。高程控制测量如图 2-6 所示；

③ 三维控制测量，为同时测定控制点平面坐标和高程或空间三维坐标而进行的测量。

控制测量的基准面是大地水准面，与其垂直的铅垂线是外业的基准

图 2-6　高程控制测量

线。设想与平均海水面相重合，不受潮汐、风浪及大气压变化影响，并延伸到大陆下面处与铅垂线相垂直的水准面称为大地水准面，它是一个没有褶皱、无棱角的连续封闭面。

4. 平面控制网的建立方法

平面控制网常用三角测量法、导线测量法、三边测量法、边角测量法和小三角测量法等方法建立。

（1）三角测量法

三角测量法是建立平面控制网的基本方法之一，但三角测量网要求每点与较多的邻点相互通视，在隐蔽地区常需要建造较高的坐标。三角测量法如图 2-7 所示。

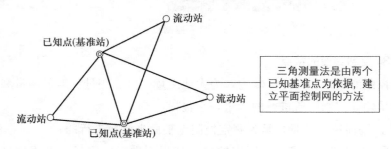

图 2-7　三角测量法示意

（2）导线测量法

导线测量法布设简单，每点仅需与前后两点通视，选点方便，特别是在隐蔽地区和建筑物多而通视困难的城市，应用灵活方便。导线测量法如图 2-8 所示。

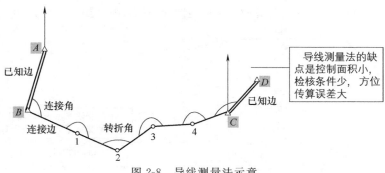

图 2-8　导线测量法示意

（3）三边测量法

三边测量法是在地面上布设一系列连续的三角形，采取测边方式来测定各三角形顶点水平位置的方法，是建立大地控制网和工程测量控制网的方法之一，如图 2-9 所示。

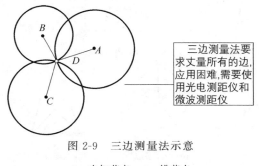

图 2-9　三边测量法示意

○—未知节点；●—错节点

（4）边角测量法

边角测量法是利用三角测量法和三边测量法，推求出各个三角形顶点平面坐标的测量技术和方法，如图 2-10 所示。

在工程测量中，不一定观测网中所有的角度和边长，可以在测角网的基础上加测部分边长，或在测边网的基础上加测部分角度，以达到所需要的精度。

（5）小三角测量法

小三角测量法是在较小测区内建立平面控制网的一种传统方法。按测区情况可布设成单三角网、中点多边形、大地四边形和线形锁等图形。其特点是三角形边长短，计算时不考虑地球曲率的影响，如图 2-11 所示。

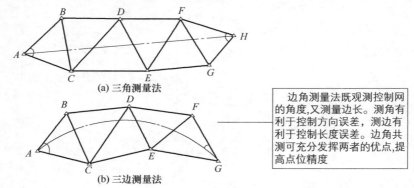

(a) 三角测量法

(b) 三边测量法

> 边角测量法既观测控制网的角度，又测量边长。测角有利于控制方向误差，测边有利于控制长度误差。边角共测可充分发挥两者的优点，提高点位精度

图 2-10 边角测量法示意

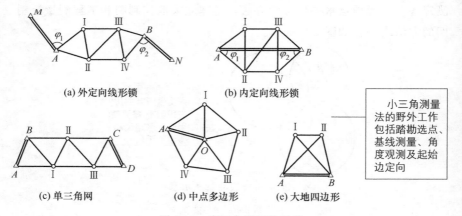

(a) 外定向线形锁

(b) 内定向线形锁

(c) 单三角网

(d) 中点多边形

(e) 大地四边形

> 小三角测量法的野外工作包括踏勘选点、基线测量、角度观测及起始边定向

图 2-11 小三角测量法示意

此外，交会定点法也是加密平面控制点的一种方法。在 2 个以上已知点上对待定点观测水平角，而求出待定点平面位置的，称为前方交会法；在待定点对 3 个以上已知点观测水平角，而求出待定点平面位置的，称为后方交会法。

六、测量过程

1. 测量过程的内容

测量过程是指确定"量值"的一组操作。测量过程要在受控条件下

实施，受控条件要能满足计量要求。施工测量过程如图 2-12 所示。

图 2-12　施工测量过程现场图

2. 测量过程的四个要素

一个完整的测量过程包含四个要素，它们是测量对象、计量单位、测量方法和测量精度。

（1）测量对象

测量对象即测量的客体，主要指几何量，包括长度、面积、形状、高程、角度、表面粗糙度以及形位误差等。由于几何量的特点是种类繁多，形状各式各样，因此对于它们的特性、被测参数的定义以及标准等都必须加以研究和熟悉，以便进行测量。

（2）计量单位

在长度计量中单位为米（m），其他常用单位有毫米（mm）和微米（μm）。在角度测量中以度（°）、分（′）、秒（″）为单位。

（3）测量方法

测量方法是指在进行测量时所用的按类叙述的一组操作逻辑次序。对几何量的测量而言，则是根据被测参数的特点，如公差值、大小、轻重、材质、数量等，并分析研究该参数与其他参数的关系，最后确定对该参数如何进行测量的操作方法。

（4）测量精度

测量精度是指测量结果与真值的一致程度。由于任何测量过程总不可避免地会出现测量误差，误差大说明测量结果离真值远，准确度低。因此，准确度和误差是两个相对的概念。由于存在测量误差，任何测量结果都是以一近似值来表示。

七、基本观测量

施工测量的基本观测量有水平方向值，水平角，垂直角，高差，平、斜距，温度，气压，GPS 观测数据等。

（1）水平方向值

水平方向值是指水平方向的公差范围大小。比如发射卫星要求与水平方向的误差，即公差范围，要远远小于砌墙的误差或公差。

（2）水平角

水平角是测站点至两目标的方向线在水平面上投影的夹二面角。在测量中，把地面上的实际观测角度投影在测角仪器的水平度盘上，然后按度盘读数求出水平角值。它是推算边长、方位角和点位坐标的主要观测量。水平角是在水平面上由 0°～360°的范围内，按顺时针方向量取。

（3）垂直角

垂直角又称竖直角或高度角，指视准线与其水平视线之间的夹角，是仪器中轴线与观测点的垂直角度。

（4）高差

高差是指两点间高程之差，即终点高程减起点高程。用高程测量方法测出未知高程的点时，先从已知高程点测出两点的高差，再计算出未知高程点的高程。未知点比已知点高，两点的高差为正，反之为负。

（5）平距

平距是仪器与观测点间的水平距离。

（6）斜距

不在同一高度上的两点之间的距离即为斜距。

（7）温度

温度是表示物体冷热程度的物理量。

（8）气压

气压是作用在单位面积上的大气压力，即在数值上等于单位面积上向上延伸到大气上界的垂直空气柱所受到的重力。

（9）GPS 观测数据

是指使用 N 台（$N \geqslant 2$）GPS 接收机，在相同的时间段内连续跟踪接收相同的卫星组的信号所记录的数据。通常称同步观测的时间段为时段或测段。

第二节　施工控制测量

一、施工控制测量概述

1. 含义

施工控制测量是为建立施工控制网而进行的测量，施工控制网布设如图 2-13 所示。

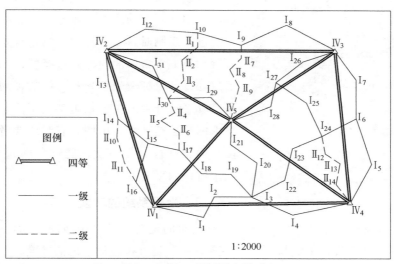

图 2-13　施工控制网布设示意

2. 主要内容

施工控制测量的内容包括施工控制网的坐标系统设计和精度设计、施工控制网的布设、控制点的标石或观测墩的埋设或建造、控制网的观测及平差计算以及控制网的定期复测。

3. 特点

布设施工控制网主要是测设工程建筑物的轴线端点和高程基点，因其具有控制范围小、控制点密度大、精度要求高、使用频繁和受施工干扰等特点，具有很强的特殊性。

4. 注意事项

布设施工控制网通常需建立专用的施工坐标系，以便于进一步施工放样，此时不仅要考虑控制目的、网的强度及便于保护，还应注意将建筑物的轴线端点和特殊的工程位置点（如洞口点、井口点、线路转折点）等选作施工控制网点。

图 2-14 控制点

控制点标志（石）的埋造除规格应符合规范要求外，还需根据其精度高和使用频繁的特点，必要时可建造成带有强制对中装置或顶面带有金属标板的观测墩。控制点如图 2-14 所示。

进行观测时，要为某种观测条件特殊者（如地下硐室内的观测）选择特殊的仪器（如自动寻标全站仪）和专门的观测方法。其平差计算既应注意施工控制网常是自由网甚至是秩亏自由网，有时还要考虑网形的特殊性（如为狭长的三角网），需采用特殊的平差方法。

二、坐标系统的转换

在施工测量中，GPS 定位的是绝对的位置（相对于地球），而一个地方的坐标肯定不能与它完全一致，所以要进行坐标系统的转换。

1. 含义

坐标系统转换是空间实体的位置描述，是从一种坐标系统变换到另一种坐标系统的过程。通过建立两个坐标系统之间一一对应关系来实现。

2. 转换方法

（1）二维转换

二维转换方法是将平面坐标（东坐标和北坐标）从一个坐标系统转换到另一个坐标系统。在转换时不计算高程参数。该转换方法需要确定 4 个参数（2 个向东和向北的平移参数，1 个旋转参数和 1 个比例因子）。如果要保持 GPS 测量结果独立并且有地方地图投影的信息，那么采用三维转换方法最合适。

（2）三维转换

该方法基本操作步骤是利用公共点，也就是同时具有直角坐标和地方坐标的直角坐标的点位，一般需要 3 个以上重合点，通过布尔莎模型（或其他模型）进行计算，得到从一个系统转换到另一个系统中的平移参数、旋转参数和比例因子。三维转换方法可确定最多 7 个转换参数（3 个平移参数、3 个旋转参数和 1 个比例因子）。用户也可以选择确定几个参数。

3. 施工控制点的坐标转换

供工程建设施工放样使用的平面直角坐标系，称为施工坐标，也称建筑坐标。由于建筑设计是在总体规划下进行的，因此建筑物的轴线往往不能与测图坐标系的坐标轴相平行或垂直，施工坐标系通常选定独立坐标系，这样可使独立坐标系的坐标轴与建筑物的主轴线方向相一致，坐标原点 O 通常设置在建筑场地的西南角上，纵轴记为 A 轴，横轴记为 B 轴，用 AB 坐标确定各建筑物的位置。由此建筑物的坐标位置计算简便，而且所有坐标数据均为正值。

施工坐标系与测量坐标系之间的关系如图 2-15 所示。

如图 2-15 所示，设 XOY 为测量坐标系，$X'O'Y'$ 为施工坐标系。

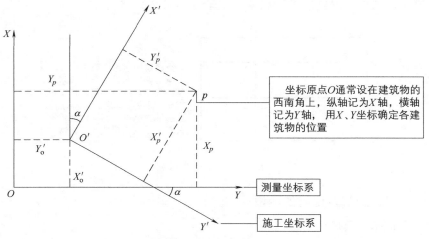

图 2-15　施工坐标系与测量坐标系的关系

将 p 点从施工坐标系中的坐标 (X'_p, Y'_p) 换算到测量坐标系中的坐标 (X_p, Y_p)，换算公式为：

$$X_p = X'_o + X'_p \cos\alpha - Y'_p \sin\alpha \tag{2-1}$$

$$Y_p = Y'_o + X'_p \sin\alpha - Y'_p \cos\alpha \tag{2-2}$$

将 p 点的测量坐标 (X_p, Y_p) 换算到施工坐标 (X'_p, Y'_p) 的公式为：

$$X'_p = (X_p - X'_o)\cos\alpha + (Y_p - Y'_o)\sin\alpha \tag{2-3}$$

$$Y'_p = -(X_p - X'_o)\sin\alpha + (Y_p - Y'_o)\sin\alpha \tag{2-4}$$

式中 X'_o、Y'_o——O' 在测量坐标系中的坐标；

   α——X' 轴在测量坐标系中的方位角。

X'_o、Y'_o 与 α 的数值为常数，可以在设计资料中查得，或者在建筑设计总面图上用图解法求得。

三、主轴线的测设

主轴线测设与建筑基线测设方法相似。首先，准备测设数据；然后，测设两条互相垂直的主轴线 MON 和 COD。当场区很大时，主轴线很长，一般只测设其中的一段。主轴线实质上是由 5 个主点 M、N、O、C 与 D 组成。最后，精确检测主点的相对位置关系，并与设计值相比较，如果超限则应进行调整。主轴线如图 2-16 所示。

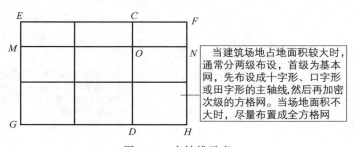

当建筑场地占地面积较大时，通常分两级布设，首级为基本网，先布设成十字形、口字形或田字形的主轴线,然后再加密次级的方格网。当场地面积不大时，尽量布置成全方格网

图 2-16   主轴线示意

四、建筑方格网的测设

1. 基础须知

为简化计算或方便施测，施工平面控制网多由正方形或矩形格网组

成，这些格网称为建筑方格网。

2. 具体工作

（1）建筑方格网假定坐标的放样方法

建筑方格网假定坐标放样方法如图 2-17 所示。

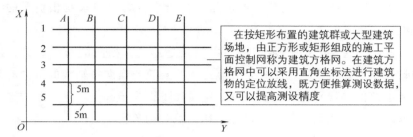

在按矩形布置的建筑群或大型建筑场地，由正方形或矩形组成的施工平面控制网称为建筑方格网。在建筑方格网中可以采用直角坐标法进行建筑物的定位放线，既方便推算测设数据，又可以提高测设精度

图 2-17 建筑方格网假定坐标放样方法示意

（2）建筑方格网的布设

方格网的布设应根据总平面图上设计的各建筑物、道路、管线的分布情况，再结合现场的地形条件确定。

建筑方格网的布设如图 2-18 所示。

先布设方格网的主轴线，再确定其他的方格网点

图 2-18 建筑方格网的布设示意

方格网的布设应满足以下要求：

① 主轴线应位于场地中央，与建筑物轴线平行或垂直；

② 纵横主轴线严格正交，长度能控制整个场地为宜；

③ 主轴线的定位点称为主点，一条主轴线上不能少于三个主点，

以便检核；

④ 主点间应能通视，距离适中，以满足精度要求；

⑤ 其他方格网线要垂直于主轴线，网点间应通视良好，距离适宜。

（3）建筑方格网的设计

① 选定主轴线　与建筑或道路平行或垂直选定两条互相垂直的主轴线。

a. 横向主轴线的确定　横向主轴线是建筑方格网的布设基础，应布设在整个建筑场地的中央，并靠近主要建筑。横向主轴线的方向应与主要建筑的轴线平行或垂直，并且定位点不得少于 3 个，其位置常选在建筑场地主要道路一侧，并避开一切建筑和构筑物。

b. 纵向主轴线的确定　纵向主轴线应与横向主轴线相垂直。

② 确定主轴点　主轴点也称主点，是主轴线上的主要标志点，主轴线在实地定位时，是通过测设主轴点达到轴线定位的目的。主轴点必须建立永久性标志。

③ 确定周边封闭直线的位置　主轴线的各端点应延伸到场地的边缘，建筑方格网的网点间的相互连接应根据建筑的分布情况确定。

（4）建筑方格网的测设

建筑方格网应先进行主轴线的测设，再进行其他方格网点的测设。

① 主轴线的测设　主轴线测设与建筑基线测设方法相似。首先，准备测设数据，然后，测设两条互相垂直的主轴线 MON 和 COD，建筑方格网主轴线如图 2-19 所示。

② 方格网点的测设　主轴线测设后，分别在主点 M、C 和 N、D 安置经纬仪，后视主点 O，向左右测设 90°水平角，即可交会出田字形方格网点。随后进行检核，测量相邻两点间的距离，看是否与设计值相等，测量其角度是否为 90°，误差均应在允许范围内，并埋设永久性标志。

3. 注意事项

① 建筑方格网轴线与建筑物轴线平行或垂直，因此，可用直角坐标法进行建筑物的定位。该方法计算简单，测设比较方便，而且精度较高。

② 建筑方格网的缺点是：必须按照总平面图布置，其点位易被破

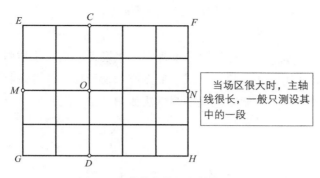

图 2-19　建筑方格网主轴线示意

坏，而且测设工作量也较大。

五、高程控制测量

1. 基础须知

高程控制测量是建立垂直方向控制网的控制测量工作。它的任务是在测区范围内以统一的高程基准，精确测定所设一系列地面控制点的高程，为地形测图和工程测量提供高程控制依据。测区的高程系统，宜采用国家高程基准。高程控制测量如图 2-20 所示。

图 2-20　高程控制测量

2. 具体工作

高程测量的方法有水准测量法、三角高程测量法、气压高程测量法和 GPS 高程测量法等。常用的是水准测量法。

（1）水准测量法

各等级的水准点，应埋设水准标石。水准点应选在土质坚硬、便于长期保持和使用方便的地点。墙水准点应选设于稳定的建筑物上，点位应便于寻找，应符合规定。水准测量法如图 2-21 所示。

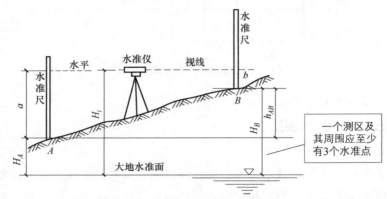

图 2-21　水准测量法示意

水准测量法应选择连接地面两点之间最平坦和最短的线路，以期达到设站少、观测快、精度高的要求。每一点位埋设的水准点应不少于两个，且以安置一次水准仪即可联测为宜。两点之间的距离大于 1km 时，应在中间增设临时水准点。水准点之间的距离应符合规定要求。

水准观测应在标石埋设稳定后进行。两次观测高差较大超限时应重测。当重测结果与原测结果分别比较，其较差均不超过时限值时，应取三次结果数的平均值数。

测量时应注意：最好使用一个水准点作为高程起算点。当厂房较大时，可以增设水准点，但其观测精度应提高。

水准测量法所使用的仪器的水准仪视准轴与水准管轴的夹角应符合规定要求。水准尺上的米间隔平均长与名义长之差应符合规定。

水准测量法是高程测量中的基本方法，利用水准仪和水准尺测定地面两点之间的高差，又称几何水准或直接水准。根据不同的精度要求与作业方法，分为以下几种类型。

① 精密水准测量　指一、二等水准测量。施测时除使用精密水准仪和铟瓦水准尺之外，操作规定中严密考虑了系统误差与偶然误差的消除和防止积累。如使用带有测微器的水准仪提高读数精度；采用铟瓦水准尺减少气温变化影响；规定前后视距基本相等，以消除水准轴与视准轴不平行而产生的误差，限制视距长度与视线离地面的高度等，以减少大气折光影响；采用往返观测并以奇数站按后、前标尺（基础分划）和前、后标尺（辅助分划），偶数站按前、后标尺（基础分划）和后、前标尺（辅助分划）的观测顺序，以消除仪器与尺桩沉陷的影响。精密水准测量如图 2-22 所示。

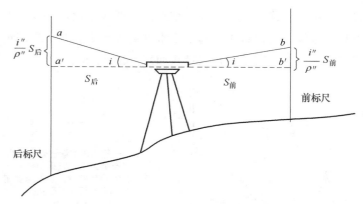

图 2-22　精密水准测量示意

② 普通水准测量　一般指三、四等水准测量，用于加密精密水准网，或建立独立测图的高程控制和工程测量的高程控制，以及联测大地控制点的高程。

一般采用普通水准仪和区格式双面水准尺中丝读数法。三等水准以"后前前后"，四等水准以"后后前前"顺序观测，视距长度可视仪器精度不同适当放宽。普通水准仪如图 2-23 所示。

③ 特殊水准测量　在水准路线

图 2-23　普通水准仪

遇到不可避免的障碍，如江河、湖塘、宽沟、山谷等视距长度超过规范要求，不能应用一般方法观测时，则可采用水准仪过河水准测量或倾斜螺旋法测量，也可采用经纬仪倾角法或光学测微法。在寒冷地区，条件适合，也可采用冰上过河法等。四等水准测量时可在平缓河流、静水湖泊、池塘等没有明显横比降地段用水面传递高程。

（2）三角高程测量法

三角高程测量法是通过观测两点间的水平距离和天顶距（垂直角）求出两点间的高差的方法，又称间接高程法，它可与平面控制测量同时进行，大多应用于地形起伏较大地区平面控制点的高程联测。三角高程测量法可采用单一路线、闭合环、结点网等形式布设，路线一般选择边长较短和高差较少的边组成，起讫于水准高程点上。在工程测量中还可代替五等水准测量。三角高程测量法如图 2-24 所示。

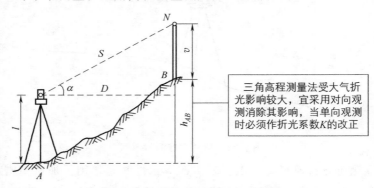

三角高程测量法受大气折光影响较大，宜采用对向观测消除其影响，当单向观测时必须作折光系数 K 的改正

图 2-24　三角高程测量法示意

（3）气压高程测量法

气压高程测量法是应用气压计进行高程测量的一种方法。由于大气压受气象变化影响很大，故其只用于低精度的高程测量或踏勘时的草测。其优点是使用方便。中国国家法定压力单位采用帕（Pa），它和毫米水银柱（mmHg）间的换算关系为 1mmHg＝133.332Pa。

气压与高程的关系如图 2-25 所示。

（4）GPS 高程测量法

GPS 相对定位可以确定三维基线向量，利用其大地高差，结合水

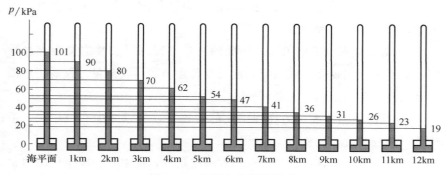

图 2-25　气压与高程的关系

准联测资料可以确定计算点的高程异常，从而求得其正常高。GPS 高程测量法如图 2-26 所示。

图 2-26　GPS高程测量法示意

一般认为在有严密技术设计的条件下，GPS 高程测量法可以达到四等几何水准测量的精度要求。

3. 注意事项

（1）高程控制测量的基本要求

① 高程控制点的点位不能变动。埋设基准水准点的点数不少于 3 个，且点间距离以 50～100m 为宜，高程应用二等水准测定。

② 水准点的观测应在水准点埋设两周后进行，且应在仪器显像清晰、稳定后方能观测。

（2）高程控制测量的注意事项

① 在丘陵或山区，高程控制量测边可采用三角高程测量。

② 解析高程包括由解析边构成的三角高程测量和独立交会点高程测量以及经纬仪高程测量。

③ 图解高程包括由图解边构成的三角高程测量和独立交会点高程测量以及平板仪复视导线高程测量与双转点高程导线测量（仅适于航测综合法测图时测定测站点高程）。

④ 在保证相关规定的高程精度的前提下，可以减少布设层次，适当放长路线长度。

⑤ 1：2000 测图需采用 2m 基本等高距时，加密高程控制仍不得采用图解高程。

六、建筑物定位测设

1. 建筑物定位的概念

建筑物定位是根据设计图纸，将建筑物外廓各轴线的交点（也称角点）测设到实地，作为建筑物基础放样和细部放线的依据。建筑物定位现场如图 2-27 所示。

建筑物定位测量
需要先确定布网方案

图 2-27　建筑物定位现场图

2. 建筑物定位的方法

由于设计方案常根据施工场地条件来选定，不同的设计方案，其建筑物的定位方法也不一样，主要有以下三种情况。

（1）根据建筑基线、建筑方格网定位

如果待定建筑物的定位点设计坐标是已知的，且建筑场地已设有建筑方格网或建筑基线，可利用直角坐标法测设定位点，也可以利用极坐标法进行测设，不过直角坐标法进行建筑物的定位、计算简单，测设比较方便，在用经纬仪和钢尺进行实地测设时，建筑物总尺寸和四大角的精度容易控制和检核。

建筑方格网实物如图 2-28 所示。

（2）根据测量控制点定位

如果待定位建筑物的定位点设计坐标是已知的，且附近有高级控制点可供利用，可根据情况选用极坐标法、角度交会法或距离交会法来测设定位点。

控制点测量标志如图 2-29 所示。

 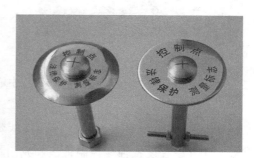

图 2-28　建筑方格网实物图　　　　　图 2-29　控制点测量标志

（3）根据已有建筑物或道路定位

如果设计图上只给出新建筑物与附近原有建筑物或道路的相互关系，而没有提供建筑物定位点坐标，周围又没有测量控制点建筑方格网和建筑基线可供利用，则可根据原有建筑物的边线或道路中心线，将新建筑物的定位点测设出来。

建筑物的定位就是将建筑物外部各轴线交点测设在地面上，作为基础放样和细部放样的依据。如施工场地已有建筑方格网或建筑基线时，可直接采用直角坐标法进行定位。具体测设方法随实际情况不同而不同，但基本过程是一致的，就是在现场先找出原有建筑物的边线或道路中心线，再用经纬仪和钢尺将其延长平移、旋转或相交，得到新建筑物的一条定位轴线，然后根据这条定位轴线，用经纬仪测设角度（一般是直角），用钢尺测设长度，得到其他定位轴线或定位点，最后检核 4 个大角和 4 条定位轴线长度是否与设计值一致。

3. 建筑物放线

建筑物放线是指根据已定位的外墙轴线交点桩（角桩），详细测设出建筑物各轴线的交点桩（或称中心桩），然后，根据交点桩用白灰撒出基槽开挖边界线。

（1）在外墙轴线周边上测设中心桩位置

量距精度应达到设计精度要求。量取各轴线之间距离时，钢尺零点要始终对在同一点上。

（2）恢复轴线位置

由于在开挖基槽时，角桩和中心桩要被挖掉，为了方便在施工中恢复各轴线位置，应把各轴线延长到基槽安全地点，并做好标志。其方法有设置轴线控制桩法和龙门板两种形式。

图 2-30　建筑物放线示意

建筑物放线示意如图 2-30 所示。

第三节　施工过程测量

一、施工过程测量概述

1. 施工过程测量的概念

施工过程测量即各种工程在施工阶段所进行的测量工作。其主要任务是在施工阶段将设计在图纸上的建筑物的平面位置和高程，按设计与施工要求，以一定的精度测设（放样）到施工作业面上，作为施工的依据，并在施工过程中进行一系列的测量控制工作，以指导和保证施工按设计要求进行。

2. 施工过程测量的内容

施工过程测量即各种工程在施工阶段所进行的测量工作。其主要任务是在施工阶段将设计在图纸上的建筑物的平面位置和高程，按设计与施工要求以一定的精度测设（放样）到施工作业面上，作为施工的依据，并在施工过程中进行一系列的测量控制工作，以指导和保证施工按设计要求进行。

施工过程测量是直接为工程施工服务的，它既是施工的先导，又贯穿于整个施工过程。从场地平整、建（构）筑物定位、基础施工，到墙体施工、建（构）筑物构件安装等工序，都需要进行施工测量，才能使建（构）筑物各部分的尺寸、位置符合设计要求。

施工测量的主要内容有：

① 建立施工控制网；

② 依据设计图纸要求进行建（构）筑物的放样，如图 2-31 所示；

③ 每道施工工序完成后，通过测量检查各部位的实际平面位置及高程是否符合设计要求；

④ 随着施工的进展，对一些大型、高层或特殊建（构）筑物进行变形观测，作为鉴定工程质量和验证工程设计、施工是否合理的依据。

3. 施工过程测量的原则

施工过程测量（图 2-32）和地形图测绘一样，必须遵循测绘工作的基本原则，测绘工作的基本原则是：在整体布局上"从整体到局部"；在步骤上"先控制后碎部"；在精度上"从高级到低级"。即首先在施工工地上建立统一的平面控制网和高程控制网，然后，以控制网为基础测设出每个建筑物、构筑物的细部位置。

图 2-31　放样现场图

图 2-32　施工过程测量示意

另外，施工测量的检校也是非常重要的，如果测设出现错误，将会直接造成经济损失。测设过程中要按照"步步检校"的原则，对各种测设数据和外业测设结果进行校核。

4. 施工过程测量的任务

一项土建工程从开始到竣工及竣工后，需要进行多项测量工作，主要分以下三个阶段。

（1）工程开工前的测量工作

① 施工场地测量控制网的建立；

② 场地的土地平整及土方计算；

③ 建筑物、构筑物的定位。

（2）施工过程中的测量工作

① 建筑物、构筑物的细部定位测量和标高测量；

② 高层建筑物的轴线投测；

③ 构、配件的安装定位测量；

④ 施工期间重要建筑物、构筑物的变形测量。

（3）竣工后的测量工作

① 竣工图的测量（图 2-33）及编绘；

图 2-33　竣工后的测量示意

② 后续重要建筑物、构筑物的变形测量。

二、基础工程施工测量

1. 控制基槽开挖深度和垫层标高

基槽开挖后一般按龙门板上的标高线控制开挖深度，当挖至接近槽底设计标高时，应用水准仪在槽壁上测设一些水平的小木桩，使木桩顶面离槽底的设计标高为一固定值。依据这些小木桩清理槽底和打基础垫层。

为了控制基槽开挖深度，当基槽挖到接近槽底设计高程时，用水准仪在槽壁上测设一些水平桩，使木桩的上表面距离槽底设计标高为一固定值（如 0.500m），以控制挖槽深度，也可以作为槽底清理和打基础垫层时掌握标高的依据。基槽开挖如图 2-34 所示。

一般在槽壁各拐角处和槽壁每隔3~4m处均测设水平桩，其高程测设的允许误差为±10mm

图 2-34 基槽开挖示意

例如，设龙门板顶向标高为±0.000，槽底设计标高为－2.1m，水平桩高于槽底 0.5m，即水平桩高程为－1.6m，用水准仪后视龙门板顶面上的水准尺，读数 $a=1.286$m，则水平桩上标尺的读数应为 $0+1.286-(-1.6)=2.886$（m）。测设时，沿基槽壁上下移动水准尺，当读数为 2.886m 时沿尺底水平地将桩打进槽壁，然后检核该桩的标高，如超限则进行调整，直到误差在规定范围内。

垫层面标高的测设可以以水平桩为依据在槽壁上弹线，也可以在槽底打入垂直桩，使柱顶标高等于垫层面的标高。如果垫层需要安装模板，则可以直接在模板上弹出垫层面的标高线。

如果是机械开挖，一般是一次挖到设计槽底或坑底的标高，因此需要在施工现场安置水准仪，边挖边测，随时指挥挖土机调整挖土深度，使槽底或坑底的标高略高于设计标高。挖完后，为了给人工清底和打垫层提供标高依据，还应在槽壁或坑壁上打水平桩，水平桩的标高一般为垫层面的标高。当基坑底面积较大时，为了便于控制整个底面的标高，应在坑底均匀地打一些垂直桩，使桩顶标高等于垫层面的标高。

2. 垫层中线的投测

基础垫层打好后，根据轴线控制桩或龙门板上的轴线钉，用经纬仪或拉绳挂锤球的方法，把轴线投测到垫层上。垫层测量如图 2-35 所示。

由于整个墙身砌筑均以轴线为准，这是确定建筑物位置的关键环

图 2-35　垫层测量示意

节，所以要严格校核后方可进行砌筑施工。

3. **基础墙体标高控制**

基础墙体如图 2-36 所示。

房屋基础墙是指±0.000以下的砖墙，它的高度是用基础皮数杆来控制的

图 2-36　基础墙体示意

基础皮数杆是一根木制的杆子，在杆上事先按照设计尺寸，将砖、灰缝厚度画出线条，并标明±0.000 和防潮层的标高位置。

立皮数杆时，先在立杆处打一木桩用水准仪在木桩侧面定出一条高于垫层标高某一数值的水平线，然后将皮数杆上标高相同的一条线与木桩上的水平线对齐，并用大铁钉把皮数杆与木桩钉在一起，作为其砌墙的标高依据。

4. **基础墙顶面标高检查**

基础施工结束后，应检查基础面的标高是否符合设计要求（也可以检查防潮层），可用水准仪测出基础面上若干点的高程与设计高程相比较，允许误差为±10mm。

基础墙顶面如图 2-37 所示。

5. 注意事项

为了保证测设质量，使用的仪器一定要经检验校正，安置仪器要严格对中和调平度盘，并防止投点仰角过大。

三、砌筑工程施工测量

图 2-37 基础墙顶面

1. 墙体定位

墙体定位的要点如下。

① 利用轴线控制桩或龙门板上的轴线和墙边线标志，用经纬仪或拉细绳挂锤球的方法将轴线投测到基础面上或防潮层上。

② 用墨线弹出墙中线和墙边线。

③ 检查外墙轴线交角是否等于 90°。

④ 把墙轴线延伸并画在外墙基础上，作为向上投测轴线的依据。

⑤ 把门、窗和其他洞口的边线，也在外墙基础上标定出来。

砌体墙体如图 2-38 所示。

2. 墙体各部位标高控制

在墙体施工中，墙身各部位标高通常也是用皮数杆加以控制。砌体墙顶面如图 2-39 所示。

① 在墙身皮数杆上，根据设计尺寸，按砖、灰缝的厚度画出线条，并标明±0.000 线、门窗楼板等的标高位置。

② 墙身皮数杆的设立与基础皮数杆相同，使皮数杆上的±0.000 标高与房屋的室内地坪标高相吻合。在墙的转角处，每隔 10～15m 设置一根皮数杆。

③ 在墙身砌起 1m 以后，就在室内墙身上定出＋0.500m 的标高线，作为该层地面施工和室内装修参照用。

④ 2 层及以上墙体施工中，为了使皮数杆在同一水平面上，要用水准仪测出楼板四角的标高，取平均值作为地坪标高，并以此作为立皮数杆的标志。

图 2-38　砌体墙体

图 2-39　砌体墙顶面

　　框架结构的民用建筑，墙体砌筑是在框架施工后进行的，故可在柱面上画线，代替皮数杆。

四、混凝土结构施工测量

1. 截面尺寸偏差

　　① 指标说明　反映层高范围内剪力墙、混凝土柱施工尺寸与设计图尺寸的偏差。

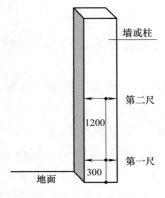

图 2-40　基础柱示意

　　② 测量工具　5m 钢卷尺。

　　③ 测量方法和数据记录

　　a. 以钢卷尺测量同一面墙或柱的截面尺寸，精确至毫米（mm）。

　　b. 同一面墙或柱作为一个实测区，累计实测数量不少于 5 个实测区。

　　基础柱如图 2-40 所示。

2. 表面平整度

　　① 指标说明　反映层高范围内剪力墙、混凝土柱表面平整程度。

　　② 测量工具　2m 靠尺、楔形塞尺。

　　③ 测量方法和数据记录

　　a. 剪力墙/暗柱：选取长边墙，任选长边墙两面中的一面作为 1 个实测区。累计实测数量不少于 5 个实测区。

b. 当所选墙长度小于 3m 时,同一面墙 4 个角(顶部及根部)中取左上及右下 2 个角。按 45°角可放靠尺,累计测 2 次表面平整度,跨洞口部位必测。这 2 个实测值分别作为该指标合格率的 2 个计算点。

c. 当所选墙长度大于 3m 时,除按 45°角斜放靠尺测量两次表面平整度外,还需在墙长度中间水平放靠尺测量 1 次表面平整度,跨洞口部位必测。这 3 个实测值分别作为判断该指标合格率的 3 个计算点。

墙表面平整测量如图 2-41 所示。

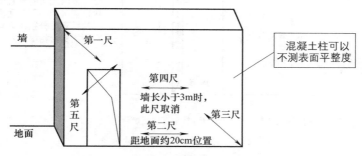

图 2-41 墙表面平整测量示意
第五尺仅用于有门洞墙体

3. 垂直度

① 指标说明 反映层高范围内剪力墙、混凝土柱表面垂直的程度。

② 测量工具 2m 靠尺。

③ 测量方法和数据记录

a. 剪力墙:任取长边墙的一面作为 1 个实测区。累计实测数量不得少于 5 个实测区。

b. 当墙长度小于 3m 时,同一面墙距两端头竖向阴阳角约 30cm 位置,分别按以下原则实测 2 次:一是靠尺顶端接触到上部混凝土顶板位置时测 1 次垂直度;二是靠尺底端接触到下部地面位置时测 1 次垂直度。混凝土墙体洞口一侧为垂直度必测部位。这 2 个实测值分别作为判断该实测指标合格率的 2 个计算点。

c. 当墙长度大于 3m 时,同一面墙距两端头竖向阴阳角约 30cm 和墙中间位置，分别按以下原则实测 3 次：一是靠尺顶端接触到上部混凝土顶板位置时测 1 次垂直度；二是靠尺底端接触到下部地面位置时测 1 次垂直度；三是在墙长度中间位置靠尺基本在高度方向居中时测 1 次垂直度。混凝土墙体洞口一侧为垂直度必测部位。这 3 个实测值分别作为判断该实测指标合格率的 3 个计算点。

墙、柱垂直度测量如图 2-42 所示。

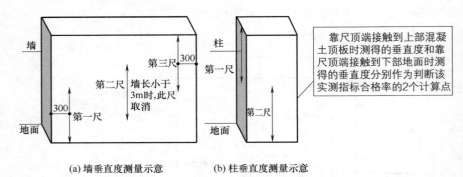

(a) 墙垂直度测量示意   (b) 柱垂直度测量示意

图 2-42 墙、柱垂直度测量示意

d. 混凝土柱：任选混凝土柱四面中的两面，分别将靠尺顶端接触到上部混凝土顶板和下部地面时各测 1 次垂直度。

4. 顶板水平度极差

① 指标说明 考虑实际测量的可操作性，选取同一功能房间混凝土顶板内四个角点和一个中点距离同一水平基准线之间 5 个实测值的极差值，综合反映同一房间混凝土顶板的平整程度。

② 测量工具 激光扫平仪、具有足够刚度的 5m 钢卷尺（或 2m 靠尺、激光测距仪）。

5. 测量方法和数据记录

① 同一功能房间混凝土顶板作为 1 个实测区，累计实测数量不得少于 3 个实测区。

② 使用激光扫平仪，在实测板跨内打出一条水平基准线。同一实测区距顶板天花线约 30cm 处位置选取 4 个角点，以及板跨几何中心位（若板单侧跨度较大可在中心部位增加 1 个测点），分别测量混凝土顶板

与水平基准线之间的 5 个垂直距离，以最低点为基准点，计算另外 4 个点与最低点之间的偏差。

最大偏差值≤15mm 时，5 个偏差值（基准点偏差值以 0 计）的实际值作为判断该实测指标合格率的 5 个计算点。

最大偏差值＞15mm 时，5 个偏差值均按最大偏差值计，作为判断该实测指标合格率的 5 个计算点。

顶板测量如图 2-43 所示。

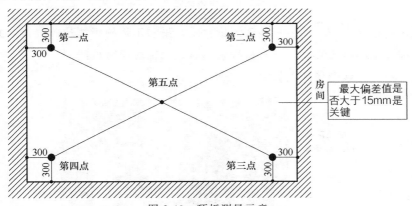

图 2-43 顶板测量示意

6. 楼板厚度偏差

① 指标说明　反映同跨板的厚度施工尺寸与设计图尺寸的偏差。

② 测量工具　卷尺。

③ 测量方法和数据记录

a. 同一跨板作为一个实测区，累计实测实量不得少于 2 个实测区，每一个实测区取 1 个样本点。

b. 以卷尺测量孔眼厚度。一个实测值作为判断该实测指标合格率的 1 个计算点。

楼板测量如图 2-44 所示。

五、装修施工测量

1. 基础须知

装修施工测量内容有：对原有建筑物的外墙平整度、垂直度检测，

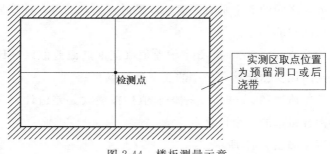

图 2-44　楼板测量示意

建筑高程检测，地面工程施工测量放线，吊顶工程施工测量放线，墙面装饰施工测量放线，干挂石材排版放线，木饰面排版放线等。

室内装修测量施工如图 2-45 所示。

图 2-45　室内装修测量施工图

2. 具体工作

装修施工测量的要求如下。

① 在结构施工测量中，按装修工程的要求将所需要的控制点、线及时弹在墙、柱、板上，作为装修施工的控制依据。

② 地面。利用四周墙身上的建筑 1m 控制线作为面层施工高程控制线。

③ 墙面。结构施工中，在墙体两侧弹出墙边线和 20cm 控制线，根据墙边控制线进行面层施工。

④ 门、窗洞口。室外墙体结构完成后，用经纬仪在窗口中间投测

竖向控制线，再根据本层建筑 1m 线弹在墙上。室内洞口竖直控制线根据轴线关系弹出，水平控制线由建筑 1m 线向上量出，保证门窗相对位置准确。

⑤ 电梯井。在结构施工中，从电梯井底层开始，以结构施工控制线为准，及时量测电梯井净空尺寸并测设电梯井中心控制线。

⑥ 楼梯。根据上、下层弹在墙面上的建筑 1m 线，按踏步数量均匀分布作为楼梯施工控制线。

a. 根据已弹出的 50cm 楼层水平控制线，用钢尺量至吊顶的设计标高，并在四周的墙上弹出水平控制线。其允许误差应符合规定的要求。

b. 顶板上弹出十字直角定位线，其中一条线应确保和外墙平行，以保证美观，并以此为基础在四周墙上的吊顶水平控制线上弹出龙骨的分档线。

装修现场施工如图 2-46 所示。

对于装饰物较多、工艺较为复杂的房间，在吊顶前将其设计尺寸在铅垂投影的地面上按 1∶1 放大出大样，然后投点到地面上，以确保位置准确

图 2-46　装修现场施工图

3. 注意事项

① 与图纸有关的洽商和设计变更中的尺寸变动部分应及时向测量人员交底，测量过程中发现问题要及时与技术部门联系并反馈到设计

部门。

② 做好质量检查工作。每次放线前，均应仔细审图，放线时要有工长和技术员配合并检查工作，放线后由专职测量验线人员对测量成果进行自验。对于工程就位测设，建筑物控制轴线的校验、高程引测、非标准层标高引测等关键测量工序由公司测量小组成员负责校验。

③ 加强验线工作。坚持"三检制"，每次放线均请技术部门验线，重要部位报请公司和监理验线，合格后方可施工。

④ 测量数据的记录与计算。记录数据应原始真实、数字正确、内容完整、字体工整；计算依据正确、方法科学、计算有序、步步校核、结果可靠。

⑤ 平面控制点要选择在控制性强、安全、易于保护的位置，应通视良好、分布均匀。平面控制点和高程控制点采取切实有效的保护措施，定期检查校核，发现桩移位等问题及时修改，控制桩应有明显标识以防止用错。

第四节 建筑物的变形观测

变形观测是指对监视对象或物体（变形体）的变形进行测量，从中了解其变形的大小、空间分布及随时间发展的情况，并做出正确的分析与预报，又称变形测量。

一、建筑物的沉降观测

1. 基础须知

在建筑物施工过程中，随着上部结构的逐步建成以及地基荷载的逐步增加，建筑物会出现下沉现象。建筑物的下沉是逐渐产生的，并将随着上部结构的逐步建成延续到建筑物竣工交付使用后的相当长的一段时期。因此，建筑物的沉降观测应按照沉降产生的规律进行。

2. 施工准备

水准基准点的布设：在建（构）筑物上应布设沉降观测点，点位及数量必须能反映建（构）筑物的沉降情况。

一般应在下述位置处布点：

① 地质情况变化交界处；

② 沉降缝、伸缩缝或抗震缝的两侧；

③ 基础的直线段每隔 15～30m 处；

④ 建（构）筑物的基础转角处、纵横墙交接处，柱基及新旧建筑的基础连接处；

⑤ 烟囱、水塔、油罐、高炉等高耸的圆形构筑物，应在基础对称轴线上布点。

对水准基准点的基本要求是必须稳定、牢固、能长期保存。基准点应埋设在建（构）筑物的沉降影响范围之外，桩底高程低于最低地下水位，宜采用预制多年的钢筋混凝土桩。

为了检核水准基点是否稳定，一般在建筑场地埋设至少 3 个水准基准点，可以布设成闭合环、结点或附合水准路线等形式。水准基准点的布设如图 2-47 所示。

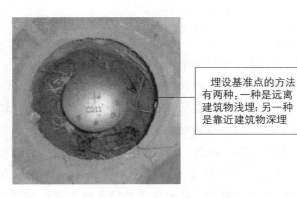

埋设基准点的方法有两种：一种是远离建筑物浅埋；另一种是靠近建筑物深埋

图 2-47 水准基准点的布设

除此以外，高层建筑还应在建筑物的四角点、中点、转角、纵横墙连接处及建筑物的周边 15～30m 处设置观测点。工业厂房的观测点一般布置在基础、柱子、承重墙及厂房转角处。

3. 具体工作

建筑物的沉降观测标志可采用墙（柱）标志、基础标志，各类标志的立尺部位应加工成半环形，并涂上防腐剂。观测点埋设时必须与建筑物连接牢靠，并能长期使用。观测点应通视良好、高度适中、便于观测，并与墙保持一定距离，能够在点上竖立尺子。

沉降观测点的布设应能全面反映建筑物沉降的情况。沉降观测点一般布置在沉降变化可能显著的位置。沉降观测点的布设如图 2-48 所示。

沉降观测点一般在沉降缝的两侧、基础深度或基础形式改变处、地质条件改变处等

图 2-48 沉降观测点的布设

4. 注意事项

沉降观测与一般水准测量相比较具有以下特点。

① 沉降观测有周期性。一般在基础施工或整层浇筑后，开始首次沉降观测。施工期间一般在建筑物每升高 1～2 层及较大荷载增加前后均应进行观测。竣工后，应连续进行观测，开始每隔 1～2 个月观测一次，之后随着沉降速度的减慢，可逐渐延长间隔时间，直到稳定为止。

② 观测时要求"三固定"。"三固定"是指固定的观测人员、固定的水准仪、固定的水准路线。水准路线的转点位置、水准仪测站位置都要固定。

③ 视线长度短，前、后视距离差要求严，需要经常测定水准仪的 i 角。由于观测点比较密集，同一测站上可以采用中间距的方法测定观测点的高程。

④ 一般性高层建筑物和深坑开挖的沉降观测，按国家二等水准技术要求施测，对于低层建筑物的沉降观测可采用三等水准测量施测。

二、建筑物的倾斜观测

1. 基础须知

倾斜观测是指对建筑物、构筑物中心线或其墙、柱等，在不同高度的点相对于底部基准点的偏离值进行的测量，包括建筑物基础倾斜观测、建筑物主体倾斜观测。

2. 具体工作

（1）建筑物主体倾斜观测

建筑物主体倾斜观测应测定建筑物顶部相对于底部或各层间上层相对于下层的水平位移与高差，分别计算整体或分层的倾斜角度、倾斜方向以及倾斜速度。

对具有刚性建筑物的整体倾斜，亦可通过测量顶面或基础的相对沉降间接测定。

（2）建筑物产生倾斜的原因

① 地基承载力不均匀；

② 建筑物体型复杂（有部分高重、部分低轻），形成不同荷载；

③ 施工未达到设计要求，承载力不够；

④ 受外力作用结果，如风荷载、地下水抽取、地震等。

建筑物倾斜如图 2-49 所示。

一般用水准仪、经纬仪或其他专用仪器来测量建筑物的倾斜度

图 2-49　建筑物倾斜

（3）观测点的测量

① 观测点应沿对应测站点的某主体竖直线，对整体倾斜按顶部、底部，对分层倾斜按分层部位、底部上下对应布设。

② 当从建筑物外部观测时，测站点或工作基点的点位应选在与照准目标中心连线呈接近正交或呈等分角的方向线上，距照准目标 1.5～2.0 倍目标高度的固定位置处。当利用建筑物内竖向通道观测时，可将通道底部中心点作为测站点。

③ 按纵横轴线或前方交会布设的测站点，每点应选设 1～2 个定向点；基线端点的选设应顾及其测距或丈量的要求。

建筑物倾斜观测点的布设如图 2-50 所示。

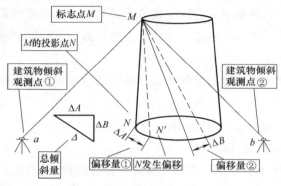

图 2-50　建筑物倾斜观测点的布设示意

3. 注意事项

① 当建筑物立面上观测点数量较多或倾斜变形量大时，可采用激光扫描或数字近景摄影测量方法。

② 倾斜观测应避开强日照和风荷载影响大的时间段。

③ 采用激光铅直仪观测法时，作业中仪器应严格置平、对中，应旋转 180°观测两次取其中数。对超高层建筑，当仪器设在楼体内部时，应考虑大气湍流影响。

④ 在布设观测点时，一定要考虑经济因素，选取少量的点就能控制住一个区域的，就不应多选，以免造成经济上不必要的浪费。此外，还要考虑点位应便于观测和长时间保存。

⑤ 倾斜观测应提交的表格包括：

a. 倾斜观测点位布置图；

b. 倾斜观测成果表；

c. 主体倾斜曲线图；

d. 观测点布设图。

三、建筑物的裂缝观测

1. 基础须知

建筑物裂缝观测是指对建筑物产生的裂缝进行位置、长度、宽度、深度和错距等的定期观测，对建筑物内部及表面可能产生裂缝的部位，应预埋仪器设备，进行定期观测或临时采用适宜方法进行探测。对于表面裂缝，也应根据情况确定其观测范围。

2. 具体工作

（1）裂缝观测的内容

裂缝观测是基坑变形监测和建筑物沉降观测的一项重要内容，一般情况下，主要是因为差异沉降造成的。其主要目的是查明裂缝情况，掌握变化规律，分析成因和危害，以便采取对策，保证建筑物安全运行。裂缝观测应测定建筑物上的裂缝分布位置，裂缝的走向、长度、宽度、深度、错距及其变化程度。观测的裂缝数量视需要而定，对主要的或变化大的裂缝应进行观

图 2-51　建筑物裂缝现场图

测，以便根据这些资料分析产生裂缝的原因及其对建筑物安全的影响，及时采取有效处理措施。

建筑物裂缝如图 2-51 所示。

对需要观测的裂缝，每条裂缝的监测点至少应设 2 组，具体按现场情况而确定，且宜设置在裂缝的最宽处及裂缝末端。采用直接量取方法量取裂缝的宽度、长度，观察其走向及发展趋势。

（2）仪器设备

钢尺、游标卡尺、相机。

（3）观测点埋设

在裂缝两侧各钉一颗钉子，在上面刻画十字线或中心点，作为量取其间距的依据。监测点埋设稳固后，量出两钉子之间的距离，并记录下来。

建筑物裂缝的观测如图 2-52 所示。

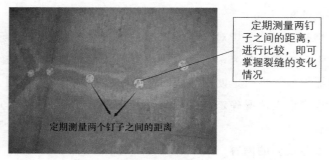

定期测量两钉子之间的距离，进行比较，即可掌握裂缝的变化情况

定期测量两个钉子之间的距离

图 2-52　建筑物裂缝的观测示意

（4）观测方法

① 裂缝位置　根据设计图纸，借助钢尺、相机进行调查，记录裂缝位置。

② 裂缝长度　用钢尺进行测量。

③ 裂缝宽度　用游标卡尺进行测量。

对监测的数据应及时处理，编制裂缝观测成果表及变化曲线图。

3. 注意事项

裂缝观测技术要求有以下几种。

① 裂缝观测应测定建筑上的裂缝分布位置和裂缝的走向、长度、宽度及其变化情况。

② 对需要观测的裂缝应统一进行编号。每条裂缝应至少布设两组观测标志，其中一组应在裂缝的最宽处，另一组应在裂缝的末端。每组应使用两个对应的标志，分别设在裂缝的两侧。

③ 裂缝观测标志应具有可供量测的明晰端面或中心。

长期观测时，可采用镶嵌或埋入墙面的金属标志、金属杆标志或楔形板标志；短期观测时，可采用平行线标志或粘贴金属片标志。

④ 对于数量少、量测方便的裂缝，可根据标志形式的不同分别采用比例尺、小钢尺或游标卡尺等工具定期量出标志间距并求得裂缝变化值；对于大面积且不便于人工量测的众多裂缝宜采用交会测量或近景摄影测量方法；需要连续监测裂缝变化时，可采用测缝计或传感器自动测记方法观测。

⑤ 裂缝观测的周期应根据其裂缝变化速度而定。开始时可半月测一次，以后一月测一次。当发现裂缝加大时，应及时增加观测次数。

⑥ 裂缝观测中，裂缝宽度数据应量至 0.1mm，每次观测应绘出裂缝的位置、形态和尺寸，注明日期，并拍摄裂缝照片。

第五节　线路测量

1. 基础须知

（1）线路的概念

线路是管道、渠系及道路线路的总称。

在城乡建设或厂矿企业中，需要敷设道路及各种管线（包括给水、排水、热力、煤气、输油、电力及电信等），其建设过程也要经过勘测、设计及施工几个阶段。勘测阶段包括踏勘、选线、中线测量、纵横断面测量，绘制线路平面图。经设计阶段进行纸上定线后，再测设到地面上做定线测量及施工放线测量。在施工过程中，同样需要做一些测量工作，如线路土石方开挖标高的检查、线路坡度及曲线的检查，桥（涵）、挡土墙、护坡等人工构造物的结构定位和标高的检查以及竣工测量，这些都属于线路测量工作。

（2）线路测量的概念

线路测量是指铁路、公路、河道、输电线路及管道等线形工程在勘测设计和施工、管理阶段所进行的测量工作的总称。

2. 具体工作

（1）线路测量的目的

线路测量的目的是确定线路的空间位置。

① 在勘测设计阶段主要是为工程设计提供资料；

② 在施工阶段主要是将线路中线（包括直线的曲线）按设计的位置进行实地测设。

各种线形工程的测量工作大体相似，其中铁路线路测量具有典型性。

(2) 铁路测量的过程与方法

铁路勘测通常分为初测和定测两个阶段。

初测是根据踏勘提出的线路的不同方案，对沿线地形、地质和水文等进行较详细的测量。其任务是在沿线进行导线测量建立平面控制，进行水准测量，建立高程控制和测绘带状地形图，并在图上进行纸上定线，供编制初步设计时使用。带状地形图以导线点和沿线水准点作为平面控制点和高程控制点来施测，测图比例尺一般为 1：5000 或 1：2000，地形复杂地段也可为 1：1000。

一、测设线路中心线

1. 具体工作

测设线路中心线是把设计图上的中线测设到实地上的工作，分放线和中桩测设两步进行。放线是把纸上定线的各交点间的直线测设到地面上的工作。这时可以地面上的初测导线为依据，把每条直线段独立地测设出来，再将相邻两直线延长相交，定出线路中线的转向点，也可根据纸上定线的各交点的坐标，预先在室内计算出各直线段的长度和转向角，在实地按计算数据定出中线。中桩测设是在线路中线上测设百米桩、加桩、控制桩和曲线主点桩的工作。其内容包括：丈量线路的直线长度，详细测设曲线，按规定要求设置中线桩。中线桩不仅表示线路中线在地面上的位置和离开线路起点的里程，而且是测绘线路纵、横断面图的依据。

道路测量施工现场如图 2-53 所示。

测设线路中心线的步骤如下。

① 测设线路中心线上的主点。应根据现场预先测定的控制网点，在图上查出中心线的起点、转折点（称为线路的主点）与控制网的关系，用极坐标法即可将这些主点测设到地面上。

图 2-53　道路测量施工现场图

② 测设里程桩和加桩。

③ 测定转折点处的折角。

④ 测绘线路的纵断面图。

⑤ 线路地面横断面图的测绘。

2. 注意事项

① 如现场有已建成的建筑物，亦可用直角坐标法来确定线路的主点。

② 测设里程桩时，量距的相对误差不应超过 1/2000。

二、测设线路平曲线

1. 基础须知

平曲线在工程中的应用如下。

① 道路及输水沟渠，在转弯处需设平曲线，不能折线拐弯。平曲线多用圆弧曲线，由于半径一般均较大，且实际地貌又较为复杂，故不能用半径直接在地面上画出圆弧。一般多采用偏角法来测设线路圆弧曲线上的里程桩点位。

② 为使车辆平顺地转变方向，需在两相邻直线间测设所设计的曲线，一般有平曲线和竖曲线两种。

2. 具体工作

平曲线分为圆曲线和缓和曲线两种。圆曲线又有单曲线、复曲线、反向曲线和回头曲线等多种。

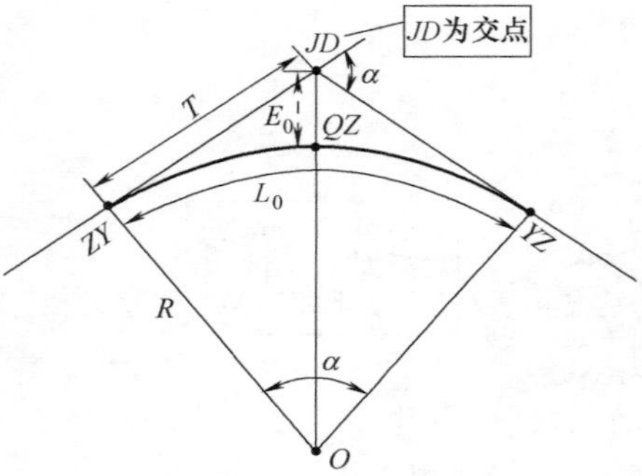

圆曲线是以一定半径 R 的圆弧构成的曲线。控制圆曲线形状的 3 个主要点称为圆曲线主点，即中直圆点（ZY）、曲中点（QZ）和圆直点（YZ）。测设圆曲线的基本数据称为圆曲线要素，即图中的切线长 T、曲线长 L_0 和外矢距 E_0。测设曲线时，先测设曲线主点，再测设曲线细部点。圆曲线如图 2-54 所示。

图 2-54　圆曲线示意

缓和曲线是连接直线和圆曲线的过渡曲线。缓和曲线的半径是由无穷大逐渐变化为圆曲线的半径。在缓和曲线上任一点的曲率半径与该点至起点的曲线长度成反比。在圆曲线的两端加设等长的缓和曲线后，曲线主点则为直缓点（ZH）、缓圆点（HY）、曲中点（QZ）、圆缓点（YH）和缓直点（HZ）。当圆曲线半径 R、缓和曲线长 L_0 及转向角 α 已知时，曲线要素切线长 T、外矢矩 E_0、曲线长 L 和切曲差 q 等数值即可算得，据以可测设曲线主点。

三、线路的施工放线

线路的施工放线是线路测量中沿某一方向测量地面起伏的工作。线路的施工放线现场如图 2-55 所示。

线路测量一般分为纵断面测量和横断面测量

图 2-55　线路的施工放线现场图

1. 纵断面测量

① 纵断面测量是测量线路中线桩地面高程的工作。

② 纵断面测量的具体施测方法与一般水准测量相同。根据纵断面测量成果绘制纵断面图，供设计时坡度用。为了显示地势变化，图的高程比例尺通常比水平距离比例尺大 10 倍或 20 倍。

③ 绘图时以距离为横坐标，高程为纵坐标，按规定的比例尺将外业所测各点画在毫米方格纸上，依次连接各点即为沿线路中线的地面线。

2. 横断面测量

① 横断面测量是测量垂直于线路中线方向的地面起伏的工作。在线路上所有百米桩和加桩处都应测量横断面。

② 测量时以中线桩为准，在与线路中线的垂直方向上分别测量两侧各变坡点至中线桩的水平距离和高程差，并根据测得的数值绘制横断面图。

③ 横断面图主要用于设计线路横断面的形状、计算土石方量、放样边坡和布置各种构筑物。横断面图的距离与高程比例尺相同，一般为 1：100 或 1：200。

第六节 竣工总平面图的绘制

一、基础须知

1. 绘制竣工总平面图的意义

工业与民用建筑工程虽都是根据总平面图进行施工，但在施工过程中由于种种原因会改变设计建筑物的位置，或由于施工误差等使得建筑物的竣工位置与设计位置不完全一致。因此，为了将竣工后的现状反映到图纸上，便于管理、使用和维修，也为今后的改扩建工程提供依据，需编绘竣工总平面图。

2. 绘制竣工总平面图的依据

① 设计总平面图、单位工程平面图、纵横断面和设计变更资料。

② 定位测量、施工测量、施工复核测量及竣工测量资料。

③ 凡按设计坐标定位施工的工程，应以测量定位资料为依据，按设计坐标和标高绘制。建筑物的拐角、起止点、转折点应根据坐标数据展点成图，对建筑物附属部分，如无设计坐标，可用相对尺寸绘制。

④ 若原设计有变更，则应根据变更的资料绘制。对有竣工测量资料的工程，若竣工测量资料与设计值之比差不超过所规定的定位容差时，按设计编绘，否则按竣工测量编绘。

3. 展绘竣工位置时的要求

① 对厂房应使用黑色墨线绘出该工程的竣工位置，并应在图上注明工程名称、坐标和标高及有关说明。

② 对各种地上、地下管线，应用各种不同颜色的墨线绘出其中心位置，注明转折点及井位的坐标、高程及有关说明。

③ 没有设计变更的工程墨线绘制的竣工位置，与按设计原图用铅笔绘的底图位置应该重合。若坐标及标高与设计比较有小的出入，其误差须在容差之内。

④ 竣工总平面图应随着施工进展而逐步绘出，将底图上的铅笔线都绘成墨线。竣工工程位置展绘以坐标方格网为依据，展点对邻近的方格而言，其容差为 ±0.3mm。

二、绘制准备工作

① 测量控制点和建筑方格网、矩形控制网等平面及高程控制点。

② 地面及地下建（构）筑物的平面位置及高程。

③ 给水、排水、电信、电力及热力管线的位置及高程。

④ 交通场地、室外工程及绿化区的位置及高程。

三、室外测绘工作

1. 细部坐标测量

对于较大的建筑物，需要测至少 3 个外廓点的坐标；对于圆形建筑物，应测算其中心坐标并在图上注明半径长度。对于窨井中心、道路交叉点等重要特征点，则要测出坐标。

2. 地下管线测绘

地下管线应准确测量其起点终点和转折点的坐标。对于上水道的管顶和下水道的管底，要用水准仪测定其高程。地下管线施工测量现场如图 2-56 所示。

图 2-56　地下管线施工测量现场图

四、室内编绘工作

室内编绘是按竣工测量资料编绘成竣工总平面图，一般采用建筑坐标系统，并尽可能绘在一张图纸上。对于重要细部点按坐标展绘并编号，以便与细部点坐标、高程明细表对照。地面起伏一般用高程注记方法表示。如果内容太多，可另绘分类图，如排水系统图、热力系统图等。

竣工总平面图的比例尺一般用 1∶500 或 1∶1000。图纸编绘完毕后应附有必要的说明及图表，连同原始地形图、地质资料、设计图纸文件、设计变更资料、验收记录等合编成册。

五、编绘工作的注意事项

① 对于大型企业和较复杂的工程，若将厂区内地上、地下所有建筑物和构筑物都绘在一张总平面图上，这样会使得图面线条密集，不易辨认，因此应进行分类编绘。一般可分为综合竣工总平面图（包括一切建筑物、构筑物、主要管线、道路、竖向布置和绿化等）；工业管线竣工总平面图和厂区铁路、公路竣工总平面图。

② 编绘建筑工程竣工总平面图最好边施工边编绘，跟随工程施工进度从开工到竣工进行编制，这样可避免资料的遗失，又可考核和反映施工进度。若发现有问题，可及时到现场查对，使竣工图能真实地反映实际情况。

③ 竣工总平面图的图面内容和图例，一般应与设计图一致，若图例不足，可以补充编制，但必须加图例说明。

第三章
土方工程

第一节　土的分类及性质

一、土的分类

根据《岩土工程勘察规范》(GB 50021—2001)，土的分类如下。

1. 按颗粒级配分

按颗粒级配大小，土分为碎石类土、砂类土、粉土、黏性土。

2. 按土的成因分

按土的成因可分为残积土（图 3-1）、坡积土、冲积土、淤积土、风积土、崩积土等。

残积土地区

图 3-1　残积土实物图

残积土是岩石风化后未被搬运而残留在原地的松散岩屑和土形成的堆积物，该风化层称为残积层。残积层向上逐渐过渡为土壤层，向下逐渐过渡为半风化岩石的弱风化层，土壤层、残积层和风化岩层形成完整的风化壳。

残积土的分布主要受地形控制，分布在地表岩石暴露、风化作用强烈和地表径流速度小的分水岭地带、平缓斜坡地带和剥蚀平原等地区。

3. 按特殊成分分

按特殊成分可以将土分为黄土、膨胀土、软土、冻土、红黏土、盐渍土、填土。

二、土的工程性质及分类

1. 土的性质

土的性质包括物理性质、力学性质、水理性质和工程性质。

2. 土的工程分类

（1）建筑地基岩土的分类

① 碎石土（块石、碎石、角砾） 碎石土是典型的粗粒土，如果土中粒径大于 2mm 的含量高于整个土体质量的 50%，该土就属于碎石土。碎石土如图 3-2 所示。

碎石土压实后在自重应力和荷载作用下，产生的沉陷变形小

图 3-2 碎石土实物图

碎石土是由颗粒较大的碎石和颗粒较小的土粒组成，由于其来源广泛，压实后具有强度高、变形小、渗透性好的优点，因而在修筑水利工程、公路工程、铁路工程、机场建设等地基工程中得到了广泛的应用。

碎石土透气性好，在压缩过程中土体排水固结速度快，达到压缩稳定所需的时间短，便于压实。碎石土施工现场如图 3-3 所示。

碎石土的特点如下。

a. 由于碎石土颗粒搭配适当，大颗粒形成稳定嵌锁骨架而次级颗粒填充大颗粒的空隙，因此不仅密实，而且土体结构稳定、承载能力

图 3-3 碎石土施工现场图

强、沉陷变形小，但若级配不好，则会影响密实度。

b. 对碎石土可预先压缩以降低沉陷量，预先压缩的效果不仅取决于压实功而且取决于土的含水状态、压缩方法和压缩时间。

c. 压缩变形主要是塑性变形，延长压缩时间可以提高压缩效果，

图 3-4 砂土

但在施工过程中，不可压缩时间过长，要加快固结速度必须尽量减少碎石土中黏土的含量。

② 砂土 砂土（图 3-4）即细、中粒土，无塑性，由细小岩石及矿物碎片组成，砂粒直径变化在 0.075～2mm 之间，大于 0.075mm 的土粒含量超过 50%。

③ 粉土 粉土是细粒土，粒径变化在 0.002～0.075mm 之间。粉土中粒径大于 0.075mm 的颗粒质量不超过总质量的 50%。根据黏粒含量的多少可以将粉土分为砂质粉土和黏质粉土。无机质粉土亦称"岩粉"。

粉土的工程性质：当为密实的粉土则为良好地基；饱和稍密的粉土，地震时易产生液化，为不良地基。国家标准中粉土的性质介于砂土与黏性土之间，故单列为一大类。粉土现场实物如图 3-5 所示。

④ 黏性土 黏性土是典型的细粒土，粒径小于 0.002mm，形状不规整。黏性土可以细分成两类：粉质黏土和黏土。

⑤ 人工填土 人工填土即人为作用形成的土。常见的人工填土有

粉土具有砂土和黏性土的某些特征

图 3-5 粉土现场实物图

素填土、压实填土、杂填土和冲填土。

（2）按施工开挖的难易程度分

土的工程分类方法较多，有的按普氏 16 级分类，有的分为六级，也有的分为八类或十类。工程土方八类分类法中，土分为松软土、普通土、坚土、砂砾坚土、软石、次坚石、坚石、特坚石。

三、土的现场鉴别方法

检查不同土类的方法如下。

1. 砂土

砂土细分为砾砂、粗砂、中砂、细砂、粉砂。

（1）砾砂

① 砾砂是褐灰色或褐红色，颜色与当地地质条件有关，砂为中粗砂，中粗砂的含量为 50％～55％，其余含量为砾石，松散稍密砂土是中砾粒（粒径大于 2mm）含量占总质量 25％～50％的砂。

图 3-6 砾砂

② 砾石成分主要有长石、石英及花岗岩等，粒径一般为 20～30mm，多呈圆棱角状，遇水扰动易垮塌。

砾砂如图 3-6 所示。

（2）粗砂

① 观察颗粒粗细　约有一半以上的颗粒粒径超过 0.5mm。

② 干燥时的状态　颗粒完全分散，但有个别胶结在一起。

③ 湿润时用手拍击的状态　表面无变化。

④ 黏着程度　无黏着感。

（3）中砂

① 观察颗粒粗细　约有一半以上的颗粒粒径超过 0.25mm。

② 干燥时的状态　颗粒完全分散，局部胶结在一起，但一碰即散。

③ 湿润时用手拍击的状态　表面偶有水印。

④ 黏着程度　无黏着感。

（4）细砂

① 观察颗粒粗细　大部分颗粒粒径在 0.075～0.25mm 之间。

② 干燥时的状态　颗粒大部分分散，少量胶结在一起，胶结部分稍加碰撞即散。

③ 湿润时用手拍击的状态　表面有水印（翻浆）。

④ 黏着程度　偶有轻微黏着感。

（5）粉砂

① 观察颗粒粗细　大部分颗粒粒径在 0.005～0.075mm 之间。

② 干燥时的状态　颗粒少部分分散，大部分胶结，稍加压力可分散。

③ 湿润时用手拍击的状态　表面有显著翻浆现象。

④ 黏着程度　有轻微黏着感。

2. 碎石土

碎石土密实度现场鉴别方法见表 3-1。

表 3-1　碎石土密实度现场鉴别方法

密实度	骨架颗粒含量和排列	可挖性	可钻性
密实	骨架颗粒质量大于总质量的 70%，呈交错排列，连续接触	锹镐挖掘困难，用撬棍方能松动，井壁较稳定	钻进困难，钻杆、吊锤跳动剧烈，孔壁较稳定

续表

密实度	骨架颗粒含量和排列	可挖性	可钻性
中密	骨架颗粒质量占总质量的 60%～70%,呈交错排列,大部分接触	锹镐可挖掘,井壁有掉块现象,从井壁取出大颗粒处,能保持颗粒凹面形状	钻进较困难,钻杆、吊锤跳动不剧烈,孔壁有坍塌现象
松散	骨架颗粒质量小于总质量的 60%,排列混乱,大部分不接触	锹可以挖掘,井壁易坍塌,从井壁取出大颗粒后,立即塌落	钻进较容易,钻杆稍有跳动,孔壁易坍塌

3. 黏土

① 塑性指数 $I_p > 17$。

② 湿润时用刀切 切面非常光滑,刀刃有黏腻的阻力。

③ 湿土搓条情况 能搓成直径小于 0.5mm 的土条(长度不短于手掌),手持一端不易断裂。

④ 干土的性质 坚硬,类似陶瓷碎片,用锤击方可打碎,不易击成粉末。

⑤ 用手捻摸时的感觉 湿土用手捻摸有滑腻感,当水分较大时极易黏手,感觉不到有颗粒的存在。

⑥ 黏着程度 湿土极易黏着物体(包括金属与玻璃),干燥后不易剥去,用水反复洗才能去掉。

野外鉴别黏土现场如图 3-7 所示。

图 3-7 野外鉴别黏土现场

4. 粉质黏土

① 塑性指数 $10 < I_p < 17$。

② 湿润时用刀切 稍有光滑面,切面规则。

③ 用手捻摸时的感觉 仔细捻摸感觉到有少量细颗粒,稍有滑腻感,有黏滞感。

④ 黏着程度 能黏着物体,干燥后较易剥掉。

⑤ 湿土搓条情况　能搓成直径为 0.5～2mm 的土条。

⑥ 干土的性质　用锤易击碎，用手难捏碎。

5. 粉土

① 塑性指数　$I_p \leqslant 10$。

② 现场检测　刀切无光滑面，切面稍粗糙，用手捻摸湿土有轻微黏滞感或无黏滞感，感觉到砂粒较多、粗糙。干粉土土块用手捏易碎，湿土不易黏着物体，干燥后一碰就掉，塑性小。

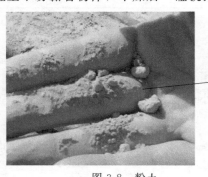

图 3-8　粉土

粉土如图 3-8 所示。

6. 人工填土

人工填土是由于人类活动而形成的堆积土。物质成分较杂乱，均匀性差，根据组成物质或堆积方式，又可分为素填土（碎石、沙土、黏性土等）、杂填土（含大量建筑垃圾及工业、生活废料）、冲填土（水力充填）及压实填土（分层压实土）等。填土堆积时间愈长，土的密实度愈好，作为地基的强度愈高。通过判断土体的均匀程度，结合当地建筑经验提出土质改良的某些处理方法，采取与地基不均匀沉降相适应的结构和措施。

四、土的物理力学性质

1. 土的物理性质

土是由土粒（固体相）、水（液体相）和空气（气体相）三者所组成的。

土的物理性质就是研究三相的质量与体积间的相互比例关系以及固、液两相相互作用表现出来的性质。工程实际中常用三相图来表示，把自然界中土的三相混合分布的情况分别集中起来：固相集中于下部，液相居中部，气相集中于上部，图 3-9 左边标出了各相的质量，图 3-9 右边标明了各相的体积，各相之间的计算如下。

$$V = V_a + V_w + V_s = V_v + V_s \tag{3-1}$$

$$m = m_w + m_s + m_a \quad (W = W_w + W_s + W_a)$$

式中 V——土的总体积，cm^3；

V_v——土的孔隙体积，cm^3，$V_v = V_a + V_w$；

V_s——土粒的体积，cm^3；

V_a——气体体积，cm^3；

V_w——水的体积，cm^3；

$m(W)$——土的总质（重）量，g（N）；

$m_a(W_a)$——土中气体的质（重）量，g（N），$m_a = 0$；

$m_s(W_s)$——固体颗粒质（重）量，g（N）；

$m_w(W_w)$——水的质（重）量，g（N）。

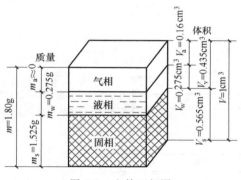

图 3-9   土的三相图

土的物理性质指标可分为两类：一类是必须通过试验测定的，如含水量、密度和土粒相对密度；另一类是可以根据试验测定的指标换算的，如孔隙比、孔隙率和饱和度等。

（1）土粒密度

土粒密度 ρ_s 是指固体颗粒的质量 m_s 与其体积 V_s 之比，即土粒的单位体积质量，其计算式为

$$\rho_s = \frac{m_s}{V_s} \quad (g/cm^3) \tag{3-2}$$

（2）天然密度（湿密度）

$$\rho = \frac{m}{V} \quad (g/cm^3) \tag{3-3}$$

式中　m——天然状态下土的质量，g；

　　　V——天然状态下土的体积，cm^3。

2. 土的力学性质

土的力学性质是指土在外力作用下所表现出的性质，主要为变形和强度特性。

（1）土的压缩性

土的压缩性是指土在压力作用下其体积压缩变小的性能。从理论上说土的压缩变形可能是土粒本身的压缩变形；孔隙中不同形态的水和气体的压缩变形；孔隙中水和气体有一部分被挤出，土的颗粒相互靠拢使孔隙体积变小。土的压缩试验构造如图 3-10 所示。

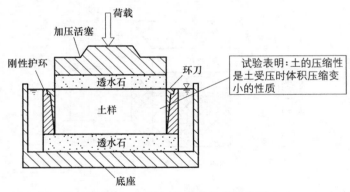

图 3-10　土的压缩试验构造示意图

（2）土的抗剪性

土的抗剪强度是指土体抵抗剪切破坏时滑动面上的剪应力。土体的破坏通常都是剪切破坏。

土是由固体颗粒组成的，土粒之间的连接强度远小于土粒本身的强度，故在外力作用下，土粒之间发生相对错动，引起土的一部分向另一部分产生移动。例如，土坡丧失稳定引起的路堤毁坏、路堑边坡的崩塌和滑坡等，如图 3-11 所示。

土体剪切破坏造成边坡坍塌

图 3-11 边坡坍塌现场图

研究土的强度特征就是研究土的抗剪强度特性，简称抗剪性。

（3）土的流动性和与动力特性

① 蠕变 蠕变是在保持应力不变的条件下，应变随时间延长而增加的现象。蠕变方程用和与其相应的蠕变曲线来表示。

根据是否排水可以分为排水蠕变和非排水蠕变。蠕变又可分为以下几种。

a. 根据变形的原因，可分为剪切蠕变和压缩蠕变。

b. 根据变形的性质，可分为可恢复变形的蠕变和不可恢复变形的蠕变。

c. 根据变形是否与应力成正比关系，可分为线性蠕变和非线性蠕变。

② 松弛 是指在变形恒定的情况下应力随时间衰减的过程。

③ 长期强度 长期强度是岩土在荷载长期作用下所具有的强度。

第二节 土方施工的特点

一、土方施工组织设计的原则

1. 基础须知

土方施工具有以下特点。

（1）面广量大，劳动繁重

在建筑工程中，尤其是比较大型的建筑项目的场地平整和土方施工面积都很大，其土方工程量可达到几万甚至几十万立方米以上，劳动强度很高，且工作繁重。

（2）施工条件复杂

土方施工大部分为露天作业，有些土方工程往往是在施工条件不完备的情况下施工的，因而在工程施工中难以确定的因素较多，条件复杂，会受到地区、气候、水文、地质、人文历史等条件的影响，给施工带来很多困难，有时甚至会影响到施工的正常进行。

（3）施工费用低，但需投入的劳力和时间较多

土方施工施工程序及装备简单、适用面广、节省材料（钢、木材、水泥）等，具有易于掌握、快速、经济、效果显著等优点。但影响质量的因素较多，施工质量难以控制，排污量大有时难以处置，难以组织机械化施工，所以又常常会影响后续工程的施工。

2. 具体工作

在组织施工或编制土方施工组织设计时，应根据土方施工的特点和以往积累的经验，遵循以下几项原则：

① 认真贯彻党和国家对基本建设的各项方针和政策；

② 严格遵守国家和合同规定的工程竣工及交付使用期限；

③ 合理安排工程开展程序和施工顺序。建筑施工的特点之一是产品的固定性，因而使建筑施工在同一场地上同时或者先后交叉进行。没有前一阶段的工作，后一阶段的工作就不能进行，同时它们之间又是交错搭接地进行。顺序反映客观规律要求，交叉则反映争取时间的努力。因此在编制施工组织设计的过程中必须合理安排施工程序。

3. 注意事项

（1）在安排施工程序时必须的内容

① 要及时完成相关的准备工作，为正式施工创造良好条件。

② 正式施工时应该先进行全场性的工作，然后再进行各个项目的施工。

③ 对于单个房屋和构筑物的施工顺序，既要考虑空间的顺序，也

要考虑各个工种之间的顺序。

④ 可供整个施工过程使用的建筑物要尽可能地提前建造，以便减少施工的临时设施，从而节约投资。

（2）在选择施工方案时的注意事项

① 要积极采用新材料、新设备、新工艺和新技术，努力为新结构的推行创造条件。

② 要注意结合工程特点和现场条件，使技术的先进适用性和经济合理性相结合，防止单纯追求先进而忽视经济效益的做法。

③ 还要符合施工验收规范、操作规程的要求和遵守有关防火、保安及环保等规定，确保工程质量和施工安全。施工方案的选择必须进行多方案比较。

④ 比较时应做到实事求是，在多个方案中选择最经济、最合理的，一切从实际出发，以数据来定方案，数据一定要准确，结论要有理、有力。

（3）冬、雨季施工工程的注意事项

对于那些必须进入冬、雨季施工的工程，应落实季节性施工措施，以增加全年的施工天数，提高施工的连续性和均衡性。

建筑施工周期长，多属露天作业，不可避免地会受到天气和季节的影响，主要是冬、雨季的影响。因此，如何克服冬、雨季所造成的不利影响是关键的问题。主要的应对措施有两条：

① 在安排进度时，将受季节影响较大的施工项目安排在有利的天气进行；将受天气影响较小的项目安排在冬、雨季进行；

② 采取一定的措施，保证冬、雨季施工的施工质量与进度。

二、土的可松性

土的可松性是指在自然状态下的土，经过开挖以后，其体积因松散而增加后虽然振动夯实，仍不能恢复到原来的体积，这种性质称为土的可松性。土的可松性系数计算如下。

$$K_s = V_2 / V_1$$

$$K_s' = V_3 / V_1$$

式中　K_s——最初可松性系数；

　　　K_s'——最终可松性系数；

　　　V_1——土在天然状态下的体积，m^3；

　　　V_2——土经开挖后的松散体积，m^3；

　　　V_3——土经回填压实后的体积，m^3。

施工现场中回填施工如图 3-12 所示。

图 3-12　回填施工现场图

第三节　土方工程施工准备和开挖

一、土方工程施工准备

① 学习和审查图纸。

a. 检查图纸和资料是否齐全，核对平面尺寸和坑底标高，图纸相互间有无错误和矛盾之处。

b. 掌握设计内容及各项技术要求，了解工程规模，结构形式、特点，工程量和质量要求；熟悉土层地质、水文勘察资料；审查地基处理和基础设计文件。

c. 会审图纸，搞清地下构筑物、基础平面与周围地下设施管线的关系，图纸相互间有无错误和冲突，如图 3-13 所示。

d. 研究好开挖程序，明确各专业工序间的配合关系、施工工期要求，并向参加施工人员层层进行技术交底。

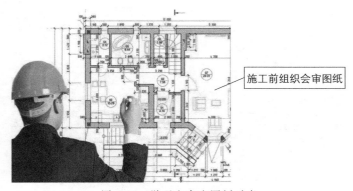

施工前组织会审图纸

图 3-13　学习和审查图纸示意

② 查勘施工现场。收集施工需要的各项资料,包括施工场地地形、地貌、地质水文、河流、气象、运输道路、邻近建筑物、地下基础、管线、电缆基坑、防空洞、地面上施工范围内的障碍物和堆积物状况,供水、供电、通信情况,防洪排水系统,等等,以便为施工规划和准备提供可靠的资料和数据。查勘施工现场如图3-14 所示。

图 3-14　查勘施工现场

③ 编制施工方案,研究制定现场场地整平、基坑开挖施工方案;绘制施工总平面布置图和基坑土方开挖图,确定开挖路线、顺序、范围、底板标高、边坡坡度、排水沟、集水井位置,以及挖去的土方堆放地点;提出需用施工机具、劳力,推广新技术计划。

④ 平整施工场地如图 3-15 所示。

⑤ 清除现场障碍物如图 3-16～图 3-18 所示。

⑥ 进行地下墓探。在黄土地区或有古墓地区,应在工程基础部位,按设计要求位置用洛阳铲进行铲探,发现墓穴、土洞、地道(地窖)、废井等,应对地基进行局部处理。

按设计或施工要求范围和标高平整场地

图 3-15　挖掘机平整场地

现场对高压电线、电杆、塔架、地上和地下管道、电缆、坟墓、树木、沟渠以及旧有房屋、基础等进行拆除或进行搬迁、改建

图 3-16　现场障碍拆除

技术人员正在将施工工地上的电线进行改线

图 3-17　施工现场改线

⑦ 对施工机械进入现场所经过的道路、桥梁和卸车设施等，应事先做好必要的加宽、加固等准备工作。施工场地内机械行走的道路开工

对附近原有建筑物、电杆、塔架等采取有效地防护加固措施，可利用的建筑物应充分利用

图 3-18 房屋加固

前要修筑好，并开辟出适当的工作面，以利施工。

⑧ 其他准备工作。做好现场供水、供电、搭设临时生产和生活用的设施以及施工机具、材料进场等准备工作。

二、土方边坡及其稳定

1. 基础须知

（1）土方边坡的概念

在土方工程中，挖或填成的倾斜自由面称为土方边坡。

（2）边坡稳定的概念

边坡稳定性是自然边坡或人工边坡保持安全稳定的条件和能力。这两类边坡的岩土体在各种内外因素作用下逐渐发生变化，坡体应力状态也随之改变，当滑动力或倾覆力达到以致超过抗滑力或抗倾覆力而失去平衡时，即出现破坏，造成灾害或威胁建筑物安全。边坡不稳定引起的坍塌如图 3-19、图 3-20 所示。

2. 具体工作

（1）边坡形式

边坡可做成直线形、折线形或踏步形，如图 3-21 所示。

（2）土方边坡坡度

土方边坡坡度以其高度 H 与其底宽 B 之比表示，即

$$土方边坡坡度 = \frac{H}{B} = \frac{1}{B/H} = \frac{1}{m}$$

边坡不稳定引起路堤滑坡破坏，道路损坏坍塌

图 3-19　堆填路堤滑坡现场图

水侵入边坡引起坍塌

图 3-20　道路坍塌现场图

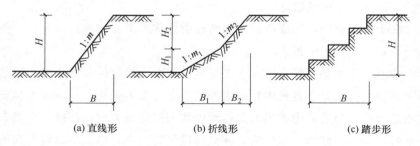

(a) 直线形　　　　　(b) 折线形　　　　　(c) 踏步形

图 3-21　边坡形式示意

B—边坡底宽；H—基坑深度；$1:m$—基坑边坡的坡度

式中　m——坡度系数，$m = \dfrac{B}{H}$。

施工中，土方边坡坡度的留设应考虑土质、开挖深度、开挖方法、施工工期、地下水水位、坡顶荷载及气候条件等因素。

（3）直臂开挖

对于土质均匀且地下水位低于基坑地面标高时，在湿度正常的土层中开挖基坑或管沟，如敞露时间不长，可挖成直臂不加支撑，但挖方深度不宜超过表 3-2 的规定。

表 3-2　直臂开挖最大深度

土的类型	最大挖方深度/m	土的类型	最大挖方深度/m
密实、中密的砂土和碎石类土	1.00	硬塑、可塑的黏土和碎石类土	1.50
硬塑、可塑的粉土及粉质黏土	1.25	坚硬的黏性土	2.00

（4）放坡开挖

深度在 5m 以内的沟槽边坡的最陡坡度如表 3-3 所示。

表 3-3　放坡开挖不加支撑的坡度规定

土的类别	边坡坡度		
	坡顶无荷载	坡顶有静载	坡顶有动载
中密的砂土	1∶1.00	1∶1.25	1∶1.50
中密的碎石类土（填充物为砂土）	1∶0.75	1∶1.00	1∶1.25
硬塑的粉土	1∶0.67	1∶0.75	1∶1.00
中密的碎石类土（填充物为黏性土）	1∶0.50	1∶0.67	1∶0.75
硬塑粉质黏土；黏土	1∶0.33	1∶0.50	1∶0.67
老黄土	1∶0.10	1∶0.25	1∶0.33
软土（井点降水后）	1∶1.00	—	—

3. 注意事项

影响边坡稳定的主要因素如下。

（1）土体抗剪强度降低的原因

① 气候的变化使土质松散。

② 黏土中的夹层因浸水而发生润滑作用。

③ 饱和细砂、粉砂因受震动而液化。

（2）滑力增加的原因

① 边坡上面荷载增加，尤其是附近有动荷载。

② 因下雨使土的含水量增加，因而使土体增重，并在土中渗流产生一定的动水压力。

③ 土体裂缝中的水会产生净水压力。

影响边坡稳定的主要因素如图 3-22 所示。

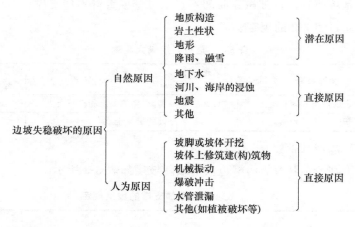

图 3-22　影响边坡稳定的主要因素

三、基坑（槽）支护

1. 基础须知

（1）基坑（槽）支护的概念

基坑支护，为保证地下主体结构施工和基坑周边环境的安全，对基坑采用的临时性支挡、加固、保护与地下水控制的措施。

（2）基坑支护结构的作用

基坑支护结构的作用是在基坑挖土期间既挡土又挡水，以保证基坑开挖与基础施工能安全顺利地进行，并不对周边建筑物、道路和地下管线等产生危害。

2. 具体工作

（1）防治失稳措施

① 基槽（坑）开挖、基础工程施工和土方回填应连续进行，尽快完成。施工中应防止地面水流入槽、坑内，以免边坡塌方；同时还应做好地面排水措施，避免边坡附近土体因积水而造成边坡塌方。

② 挖方边坡不放坡做成直立壁并不加支撑时，要求土质均匀且地下水位低于基槽（坑）底面标高，挖土深度应符合国家的规定数值。基槽（坑）土方开挖不符合上述条件时，应按规定放坡或做成直立壁加

支撑。

直立壁加支撑如图 3-23 所示。

（2）基坑（槽）支护类型

① 排桩支护

a. 排桩支护指用钻孔灌注桩等作为基坑侧壁围护，顶部锚筋锚入压顶梁，结合水平支撑体系，以达到基坑稳定的效果，适合周边没有地铁等特殊需要保护的深基坑。其造价适中。

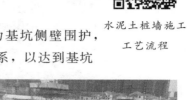

水泥土桩墙施工
工艺流程

b. 排桩下部插入土体中，在基坑开挖面以上设置一层或数层支撑，共同承担基坑外的土体侧压力。

c. 排桩支护结构抗力大，可用于开挖深度大的基坑。

图 3-23　直立壁加支撑

d. 支撑式排桩支护结构能够较好地控制基坑变形。

排桩支护如图 3-24 所示。

② 地下连续墙支护（图 3-25）　地下连续墙支护指用地下连续墙作为基坑侧壁围护（也可两墙合一），顶部锚筋锚入压顶梁，结合水平支撑体系，以达到基坑稳定的效果，可用于地下室三层以上，或者地下两层周边处于地铁保护区的深基坑中，两墙合一时建议设置内衬墙，以减少漏水

地下连续墙施工
工艺流程

钻孔灌注桩

图 3-24　排桩支护现场图

图 3-25　地下连续墙支护示意

图 3-26　水泥挡土墙现场图

对地下水外墙的功能、美观的影响。其造价高。

③ 水泥挡土墙　水泥挡土墙是采用水泥土搅拌桩加固土体强度，多用重力式，以达到边坡稳定效果，应视周边环境而定是否采用。其造价相对较低。

水泥挡土墙如图 3-26 所示。

④ 喷锚支护（土钉墙）　喷锚支护指的是借高压喷射水泥混凝土和打入岩层中的金属锚杆的联合作用（根据地质情况也可分别单独采用）加固岩层，分为临时性支护结构和永久性支护结构。喷混凝土可以作为洞室围岩的初期支护，也可以作为永久性支护。喷锚支护是使锚

喷锚支护施工
工艺流程

杆、混凝土喷层和围岩形成共同作用的体系，以防止岩体松动、分离。当现场条件允许，可把一定厚度的围岩转变成自承拱，有效地稳定围岩。当岩体比较破碎时，还可以利用丝网拉挡锚杆之间的小岩块，增强混凝土喷层，辅助喷锚支护，如图 3-27 所示。

⑤ 逆作拱墙

a. 逆作拱墙结构是将基坑开挖成圆形、椭圆形等弧形平面，并沿基坑侧壁分层逆作钢筋混凝土拱墙，利用拱的作用将垂直于墙体的土压

土钉墙现场施工时工人在坡面绑扎钢筋，土钉墙合理利用土体的自稳能力，将土体作为支护结构不可分割的部分

图 3-27 土钉墙现场施工图

力转化为拱墙内的切应力，以充分利用墙体混凝土的受压强度。

b. 墙体内力主要为压应力，因此墙体可做得较薄，多数情况下不用锚杆或内支撑就可以满足强度和稳定的要求。

c. 逆作拱墙安全可靠性高、节省工期、施工方便、节省挡土费用。

图 3-28 逆作拱墙现场施工图

逆作拱墙现场施工如图 3-28 所示。

⑥ 桩、墙加支撑 桩、墙加支撑系统如图 3-29 所示。

⑦ 简单水平支撑 简单水平支撑如图 3-30 所示。

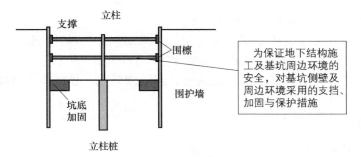

为保证地下结构施工及基坑周边环境的安全，对基坑侧壁及周边环境采用的支挡、加固与保护措施

图 3-29 桩、墙加支撑系统构造示意

（3）钢筋混凝土排桩

排桩是以某种桩型按队列式布置组成的基坑支护结构，如图 3-31 所示。最常用的桩型是钢筋混凝土钻孔灌注桩和挖孔桩，此外还有工字钢桩或 H 型钢桩。

> 在无放坡和拉锚等比较狭小的基坑作业面时，用内部对撑、斜撑等方式给基坑支护加强的方法

图 3-30 简单水平支撑现场图

> 以单排或双排钢筋混凝土灌注桩做为边坡支护结构，适于基坑侧壁安全等级为一～三级的条件

图 3-31 钢筋混凝土排桩现场图

钢筋混凝土排桩的适用条件为：

① 适用于基坑侧壁安全等级为一级、二级、三级的情况；

② 悬臂式结构在软土场中不宜大于 5m；

③ 当地下水位高于基坑底面时，宜采用降水、排桩加截水帷幕或地下连续墙。

四、土方开挖

1. 施工准备

（1）施工现场准备

① 现场道路 清除道路障碍、垃圾等，保证道路畅通，利于施工车辆进出施工。

② 现场水电安装 保证在施工前安装完毕并通电通水。

③ 场地平整 将要施工的工地先进行场地平整。

（2）技术准备

① 图纸会审 拿到施工图纸后先组织各专业熟悉、理解图纸，同时配备相关的图集、规范、规程等，认真审图，做好记录。积极与甲方一起组织设计交底，对确定问题，签订交底记录，有待商定问题做好会议记录。

② 引进测量控制点和建立控制网 如图 3-32 所示。

现场技术人员正在进行测量，测量得出的点，各个点之间的连线就形成控制网

图 3-32 引进测量控制点

③ 编制施工方案和施工技术交底 为保证各工序的有效衔接及插入，将施工方法进行详细分解到施工过程中的每一个部分，使每个环节具有可操作性的指导依据，提前编制施工方案并做好分部分项工程技术交底。

2. 施工机具的准备

（1）土方开挖所需机具

挖掘机（不同型号按施工现场情况安排）、自卸汽车、破碎机、吊车、压路机等。土方开挖施工现场机械如图 3-33 所示。

（2）其他工具

全站仪、水准仪、经纬仪、线锤、50m 钢尺、5m 卷尺、木桩、短

挖掘机在把挖出的土放在自卸汽车上拉出场地

图 3-33　土方开挖施工现场机械

钢筋、油漆、墨斗、白线、白灰、潜水泵等。

3. 施工工艺流程

测量放线→土方开挖→安装定位架→清底→基坑周边防护→施工监测。

4. 具体施工过程

（1）测量放线

基础土方测量放线，建筑物定位桩设定后，由施工单位的专业测量人员、施工现场负责人及监理共同对基础工程进行放线及测量复核（监理人员主要是旁站监督、验证），最后放出所有建筑物轴线的定位桩（根据建筑物大小也可轴线间隔放线），所有轴线定位桩是根据规划部门的定位桩（至少 4 个）及建筑物底层施工平面图进行放线的。基础定位放线完成后，由施工现场的测量员及施工员依据定位的轴线放出基础的边线进行基础开挖。放线工具：经纬仪、龙门板、线绳、线坠子、钢卷尺等。测量放线施工现场如图 3-34 所示。

施工放线是保证工程质量至关重要的一环

图 3-34　测量放线施工现场

（2）土方开挖

土方开挖施工现场如图 3-35 所示。土方开挖时应注意以下几点。

土方开挖现场施工，挖掘机正在进行挖土方，挖土方时要留出来运卸车辆通过的道路

图 3-35　土方开挖施工现场

① 合理制定基坑土方开挖程序。应分段分层进行开挖。

② 机械选择要注意准备效率。

③ 基坑开挖注意坑壁支护。分层开挖，先撑后挖，撑挖配合。软土层及易变形处应分层、分块、分段、抽槽开挖，留土护壁，快挖快撑，先形成中间支撑，限时对称平衡形成端头支撑，减少无支撑前的暴露时间。

④ 注意组织与调度。

⑤ 注意机械的清洁与道路的清洗。

⑥ 即时进行验收。鉴定，验槽，核对地质资料，检查地基土与工程地质勘察报告是否相符。加强基坑底土保护，防晒防雨防浸防冻，尽快打好垫层。

（3）清底

实际土方挖完后，要求配合机械挖土的施工人员清楚挖土区域（图 3-36）及机械前后行走范围及回转半径区域，严禁在机械前后行走范围及半径内行走及施工。

在距槽底设计标高 50cm 槽帮处抄出水平线，钉上小木橛，然后

图 3-36　清底现场图

人工将暂留土层挖走，同时由两端轴线引桩拉通线检查距槽边尺寸，确定槽宽标准，以此修整槽边，最后清除槽底土方。

（4）基坑周边防护

基坑四周要搭设防护栏进行安全维护，配备专人指挥车辆，汽车司机要遵守交通法规和有关规定，按指定的路线行驶，按指定地点卸土，严禁拆除钢护栏杆。

基坑周边防护如图 3-37 所示。

钢护栏杆

图 3-37　基坑周边防护现场图

（5）施工监测

① 监测方法及精度要求

a. 监测方法的选择应根据基坑等级、设计要求、场地条件、当地经验和方法适用性等因素综合确定，监测方法应合理易行。

b. 满足观测精度和量程的要求，且应具有良好的稳定性和可靠性；应经过校准或标定，且校核记录和标定资料齐全，并应在规定的校准有效期内使用；监测过程中应定期进行检测仪器、设备的维护保养，检测以及监测元件的检查。

② 观测记录及信息反馈　在基坑开挖及地下工程施工过程中，对基坑岩土性状、支护结构变位和周围环境条件的变化，进行各种观察及分析工作，做好详细观测记录，并将监测结果及时反馈，预测进一步施工后将导致的变形及稳定状态的发展，根据预测判定施工对周围环境造成影响的程度，来指导设计与施工。

5. 施工注意事项与总结

（1）施工注意事项

① 在土方施工之前，必须计算土方工程量。土方工程的准备工作及辅助工作是保证土方工程顺利进行必不可少的，在编制土方工程施工方案时应做周密、细致的设计。

② 在土方工程施工前、施工过程中乃至施工后，都要进行必要的监测，并根据施工中实际情况的变化及时调整实施方案。

③ 施工监测时需注意每次观测应为同一个人、同一个仪器，不可更换，对地下管线和边坡应进行重点观测。

（2）总结

本节主要对土方工程的施工进行了阐述，主要对土方开挖施工的施工工艺和具体流程进行了介绍。土方开挖的施工工艺流程包括测量放线、土方开挖、清底、基坑周边防护以及施工监测，一切建筑物或构筑物的施工过程，首先是土方工程的施工，也是建筑工程施工中的主要工程之一。

第四节　填方与压实

一、土料的选用、含水率的控制及基底处理

1. 基础须知

建筑工程的填土，主要有地基填土、基坑（槽）或管沟回填、室内地坪回填、室外场地回填平整等。

对地下设施工程（如地下结构物、沟渠、管线沟等）的两侧或四周及上部的回填土，应先对地下工程进行各项检查，办理验收手续后方可回填。

填土必须具有一定的密实度，以避免建筑物的不均匀沉降及填土区的塌陷。为使填土满足强度、变形和稳定性方面的要求，施工时应根据填方的用途，正确选择填方土料和填筑压实方法。

2. 土料的选用

填土土料的质量直接影响填土施工质量。填土土料分无限制使用、

有限制使用和不得使用的土料。

（1）无限制使用的土料

属于无限制使用的土料，如碎石类土料、砂土、爆破石渣和含水量符合压实要求的黏性土。碎石类土、砂土和爆破石渣可用作表层以下的填料，含水量符合压实要求的黏性土可用作各层填料。

（2）有限制使用的土料

① 碎块草皮和有机质含量大于8%的土，仅用于设计无压实要求的填方。

② 淤泥和淤泥质土一般不能做填料应用于有压实要求的填方，但在软土或沼泽地区，经过降水或挖出晾晒等方法处理后，使其含水量降低到符合压实要求后，可用于填方中的次要部位。

③ 含盐量符合施工验收规范规定的盐渍土一般可以使用，但填料中不得含有盐晶、盐块或含盐植物的根茎，否则，将会影响填土质量。

（3）不得使用的土料

① 含水量大的黏土，不宜作填土用。

② 含有大量有机物质的土，因日久腐烂后容易发生变形。

③ 含有水溶性硫酸盐大于5%的土，在地下水作用下，硫酸盐会逐渐溶解流失，形成孔洞，影响土的密实性。

3. 土料的含水率

施工中应严格控制含水率。控制回填土土料含水率的目的是防止出现以下情况：

① 基础为橡皮土，弹性很大，影响整体结构；

② 违反规范要求，可能对业主造成巨大损失；

③ 影响建筑物的安全，严重的会造成安全事故。

4. 具体工作

（1）基底通病及处理要求

基底通病为填方基底未经过处理，局部或大面积填方出现下陷，或者发生滑移等现象。

基底的处理要求：

① 基底的树墩及主根应拔出，坑穴应清除积水、淤泥和杂物等，

并分层回填夯实；

②在建筑物和构筑物地下面的填方或厚度小于 0.5m 的填方，应清除基底上的草皮和垃圾；

③在稳定山坡上填方，当山坡坡度为 1/10～1/5 时，应清除基底上的草皮。

基底处理现场施工如图 3-38 所示。

图 3-38　基底处理现场施工图

（2）基底处理的方法

①换填基底材料。

②注浆填充脱空部位的孔洞。

二、填方压实机具的选用

装运土方机械

1. 装运土方机械

装运土方机械有：铲土机（图 3-39）、自卸汽车（图 3-40）、推土

土方施工现场铲土机正在进行铲土作业

图 3-39　铲土机

机（图 3-41）、铲运机（图 3-42）、翻斗车（图 3-43）等。

施工现场自卸汽车正在运卸弃土

图 3-40　自卸汽车

小型推土机正在施工，推土机可以平整汽车排土场，堆集分散的矿岩，平整工作平盘和建筑场地

图 3-41　推土机

铲运机能够完成铲土、装土、运土、卸土和分层填土、局部碾实的综合作业。不受地形限制，能独立工作，适用一～三类土

图 3-42　铲运机

小型翻斗车适用于施工现场少量土方的二次搬运和清扫垃圾等工作

图 3-43　翻斗车

2. 压实机具

碾压机械有平碾、羊足碾、振动碾等。

（1）平碾

平碾是利用圆筒状滚轮的重力压实土砂料的施工设备，如图 3-44 所示。

图 3-44　平碾

（2）羊足碾

羊足碾由于其表面凸块形似羊足故称羊足碾（图 3-45），亦称羊脚碾。凸块形状有羊足形、圆柱形及方柱形等。其滚筒轴支承于牵引机架轴承上，扩大了使用范围。滚筒内可装水、砂或铁砂以增加碾压重量。在滚筒前后的机架下方装有梳刮板，以清除凸块间粘嵌的泥块。

在滚筒上装置许多凸块的压路碾

图 3-45　羊足碾

拖式羊足碾由牵引机拖行。自行式羊足碾也称捣实压路机。羊足碾单位压力大，能使填料均匀，具有捣实作用，压实度大，适用于压实黏性土壤及碎石层，尤其对于硬性黏土，凸块有搅拌、揉搓和捣实作用，使填料均匀，上下铺层黏结好，避免分层，广泛用于路基、垫层和堤坝等工程的压实。

自行式羊足碾在滚筒中还可装激振装置，制成振动捣实压路机，利用激振力增大压实效果，滚筒内可装水、砂或铁砂以增加碾压重量，扩大其使用范围。

（3）振动碾

振动碾是一种利用振歇量来压实土、砂砾或堆石料的机械，分拖式和自行式两种。拉机牵引最重达 14t，自行式最重达 16t。用动力使偏心块高速运转产生振动力，通过碾轮使被压料面受到碾体静重力共同作用达到密实。振动碾如图 3-46 所示。

由机架、柴油机、传动机构、偏心振动机构组成

图 3-46　振动碾

图 3-47　边坡清理现场图

三、填方边坡要求

1. 填方边坡施工要求

填方边坡施工时应将场地地表清理干净。若地表有积水，应先将地表上的积水及含水率过大的泥土清除后才能回填。边坡清理后的现场，如图3-47 所示。

2. 边坡回填土料

检验边坡回填土料的种类、粒径，有无杂物，是否符合规定，以及土料的含水量是否在控制范围内；如含水量偏高，可采用翻松、晾晒或均匀掺入干土等措施；如遇填料含水量偏低，可采用预先洒水润湿等措施。现场含水量测定方法：以手捏紧后，松手土不散，易变形而不挤出，抛在地上即呈碎裂为合适。

3. 碾压施工原则

① 碾压原则为"薄填、慢驶、多次"。

② 碾压方向应从里向外。

③ 碾轮路线应重合搭接，然后分层检验，结果合格后方可进行下一步施工。并应配合人工压实（图 3-48）。

机械压实不到之处和小面积的压实可采用人工回填压实

图 3-48　人工压实

4. 边坡修整

① 按设计标高填筑完毕后进行平整和测量，恢复各项标桩，按设计图纸要求检查纵坡、横坡、边坡和相应的标高等，根据检查结果编制整修计划，然后对其外形进行整修。

② 边坡局部位置用人工或小型夯实机夯实，并按设计坡度纵横挂线刷坡去掉超填部分，如图 3-49 所示。

5. 质量要求

① 回填土质量必须符合以下要求。

a. 回填土料应符合设计要求，土料不得采用淤泥和淤泥质土，有机质含量不大于 5%，土料含水量应满足压实要求。

b. 土方回填前，应根据工程特点、土料性质、设计压实系数、施工条件等合理选择压实机具，并确定回填土料含水量控制范围、铺土厚度、压实遍数等施工参数。重要土方回填工程或采用新型压实机具的，应通过填土压实试验确定施工参数。

c. 黏土或排水不良的砂土作为回填土料的，其最优含水量与相应

整修后的边坡应达到转折处棱线明显，直线处平整，曲线处圆顺、没有凹凸

图 3-49　边坡修整施工现场

的最大干容重，宜通过击实试验测定或通过计算确定。黏土的施工含水量与最优含水量之差可控制在－4％～＋2％范围内，使用振动碾时，可控制在－6％～＋2％范围内。含水率控制范围以外的土料应采取有针对性的技术措施。

d. 土方回填应按设计要求预留沉降量或根据工程性质、回填高度、土料种类、压实系数、地基情况等确定。

② 必须按规定分层碾压密实。

③ 夯实或碾实后，要对每层土的质量进行检验。符合要求后才能填筑上层。

6. 施工注意事项

在填方与压实施工中应注意回填土的质量必须符合要求；必须按规定分层碾压密实；夯实或碾实后，要对每层土的质量进行检验，符合要求后才能填筑上层。

第五节　土方开挖阶段的应急措施及注意事项

一、基础须知

土方开挖阶段可能发生的事故有以下几种。

① 坡顶水平位移突然加大、监控测量数据超过警戒值；

② 基坑出现渗水、流砂或者管涌；突然下大雨或暴雨；

③ 发生基坑坍塌及其他安全事故等。

二、具体工作

1. 应急措施

（1）监测反应报警

测量人员每日按要求进行监控测量，做好记录并与之前数据对比，发现测量数据超过警戒值时，立刻上报总工或者安全总监，由项目部领导制定处理措施保证基坑安全后，方可施工。

（2）基坑渗水应急措施

① 渗水量较小时的处理方法　对于渗水量较小，不影响施工也不影响附近施工环境的情况下，可在坑底人工开挖排水沟，将渗水引至坑底的排水沟进行抽排水。

② 渗水量较大时的处理方法　对于渗水量较大，但没有流砂带出，不会造成施工困难，对周边施工环境造成影响也不大的渗水，可采用引流修补的方法处理。

a. 在渗漏严重的部位，在支护结构水平打入一根钢管，内径20～30mm，穿过支护结构，打入土体内，将渗水由钢管引出，在管边薄弱处用防水混凝土或砂浆修补封堵。

b. 如果管口封堵后出现第二处渗水点，可采用同样的方法进行封堵。

c. 如果引出的水为清水，或出水量不大，可不做封堵，将出水引至排水沟即可。

基坑渗水应急处理如图3-50所示。

2. 管涌流砂

① 如果流砂是上部桩间缝隙中出现的，可在桩间填补防水混凝土，施工中先在管涌的位置插入引流管，然后将该段桩间土清除，然后支模浇筑。

② 管涌严重时，可在桩前打一排钢板桩，在钢板桩与支护桩之间进行注浆。钢板桩底与支护桩体底标高相同，顶面与基坑标高相同，钢板桩的打设宽度应比管涌范围大3～5m。

基坑桩间土发生渗水时，第一个发现该情况的人员在第一时间上报给应急领导小组成员，领导小组成员接到报警后，立刻赶往事发地点，根据渗水情况及部位，查明原因，并做相应处理

图 3-50　基坑渗水应急处理

3. 基坑坍塌

基坑发生较严重的坍塌事故时（图 3-51），应立即启用应急预案，应急小组立刻赶到现场进行抢险救援，首先应确保人员的安全，其次控制经济损失。

基坑发生小范围内坡脚坍塌，未造成重大事故的，应对滑坡或坍塌土体进行整理挖除，或设置支护挡板，防止坍塌范围扩大，并保持边坡的稳定

图 3-51　基坑坍塌现场图

紧急救援必须是应急工作人员，其他人员应该立刻离开，并服从工作人员安排。另外现场需要具备救援车具及设备。

三、施工注意事项

施工注意事项如下。

① 基坑土方开挖必须严格按照施工方案进行。

② 基坑四周不得任意堆放材料。

③ 挖土过程中如出现土体较大位移，应立即停止挖土，分析原因并采取有效措施。

④ 坑周围地表水应及时排除。

⑤ 开挖时电力照明、电力供应应该保证畅通。

第四章

基坑工程

第一节　基坑工程基本规定

在我国，随着地铁及高层建筑等其他大型地上地下工程的兴建，也产生了大量的基坑（深基坑）工程。

一、基坑支护结构的安全等级与设计原则

1. 基础须知

（1）基坑的概念

基坑是房屋建筑、市政工程或地下建筑物在施工时需开挖的地坑。

（2）基坑工程的概念

基坑工程是为了保护基坑施工、地下结构的安全和周边环境不受损害而采取的支护、基坑土体加固、地下水控制、开挖等工程的总称，包括勘察、设计、施工、监理、试验等内容。

（3）基坑工程的特点

① 综合性强。

② 临时性和风险性大。

③ 地区性。

④ 环境要求严格。

（4）基坑支护的概念

基坑支护是为保护地下主体结构施工和基坑周边环境的安全，对基坑采用的临时性支挡、加固、保护以及控制地下水的措施。地下空间工

程的建设要求，推动了以支挡式结构（锚拉式、支撑式、悬臂式支挡结构和排桩、地下连续墙等）为主要内容的支护技术的发展。基坑支护设计、施工与基坑开挖，应综合考虑地质条件、基坑周边环境要求、主体地下结构要求、施工季节性变化及支护结构使用期等因素，因地制宜、合理选型、优化设计、精心施工、严格监控。

（5）基坑设计的主要内容

① 支护体系的方案比较与选型。

② 支护结构强度、稳定和变形计算。

③ 基坑内外土体的稳定性验算。

④ 地下水控制设计。

⑤ 施工程序设计。

⑥ 周边环境保护措施。

⑦ 支护结构质量检测和开挖监控项目及报警要求。

2. 具体工作

① 基坑支护设计应规定其设计使用期限。基坑支护的设计使用期限不应小于一年。

② 基坑支护应满足下列功能要求：

a. 保证基坑周边建（构）筑物、地下管线、道路的安全和正常使用；

b. 保证主体地下结构的施工空间。

③ 基坑支护设计时，应综合考虑基坑周边环境和地质条件的复杂程度、基坑深度等因素，设计安全等级分为一级、二级和三级。对同一基坑的不同部位，可采用不同的安全等级。基坑侧壁安全等级规定见表 4-1。

表 4-1　基坑侧壁安全等级

安全等级	影响程度
一级	支护结构破坏、土体失稳或过大变形对周边环境及地下结构施工影响很严重
二级	支护结构破坏、土体失稳或过大变形对周边环境及地下结构施工影响一般
三级	支护结构破坏、土体失稳或过大变形对周边环境及地下结构施工影响小

④ 基坑支护结构设计的原则。

a. 安全可靠。

b. 经济合理。

c. 便于施工。

3. 注意事项

基坑支护应按实际的基坑周边建筑物、地下管线、道路和施工荷载等条件进行设计。设计中应提出明确的基坑周边荷载限值、地下水和地表水控制等基坑使用要求。基坑支护设计应规定支护结构各构件施工顺序及相应的基坑开挖深度。

二、基坑工程勘察要求

1. 基础须知

为了正确地进行支护结构设计和合理组织基坑工程施工，事先需对基坑及其周围进行下述勘察。

（1）岩土勘察

① 在建筑地基详细勘察阶段，宜同时对基坑工程需要的内容进行勘察。

② 勘察范围取决于开挖深度及场地的岩土工程条件，宜在开挖边界外 1～2 倍开挖深度范围内布置勘探点，对于软土勘察范围尚宜扩大。

③ 勘探点的间距可为 15～30m，地层变化较大时，应增加勘探点以查明其分布规律。

④ 基坑周边勘探点的深度不宜小于 1 倍开挖深度，软土地区应穿越软土层。

⑤ 岩土勘察一般应提供下述资料：

a. 场地土层的类型、特点、土层性质；

b. 基坑及围护墙边界附近，场地填土、暗浜、古河道及地下障碍物等不良地质现象的分布范围与深度，表明其对基坑工程的影响；

c. 场地浅层潜水和坑底深部承压水的埋藏情况，土层渗流特性及产生流砂、管涌的可能性；

d. 支护结构设计和施工所需土、水指标。

（2）水文地质勘察

应提供下列情况和数据：

① 地下各含水层的初见水位和静止水位；

② 地下各含水层中水的补给情况和动态变化情况，与附近水体的连通情况；

③ 基坑底以下承压水的水头高度和含水层的界面；

④ 分析施工过程中水位变化对支护结构和基坑周边环境的影响，提出应采取的措施。

（3）基坑周边环境勘察

① 查明影响范围内建（构）筑物类型、层数、基础类型和埋深、基础荷载大小及上部结构现状；

② 查明基坑周边各类地下设施，包括给水、排水、电缆、煤气、污水、雨水、热力等管线的分布与性状；

③ 查明基坑四周道路的距离及车辆载重情况；

④ 查明场地四周和邻近地区地表水汇流和排泄情况、地下水管渗漏情况及对基坑开挖的影响。

2. 具体工作

① 勘探点范围应根据基坑开挖深度及场地的岩土工程条件确定；基坑外宜布置勘探点，其范围不宜小于基坑深度的 1 倍；当需要采用锚杆时，基坑外勘探点的范围不宜小于基坑深度的 2 倍；当基坑外无法布置勘探点时，应通过调查取得相关勘察资料并结合场地内的勘察资料进行综合分析。

② 勘探点应沿基坑边布置，其间距宜取 $15\sim25\mathrm{m}$；当场地存在软弱土层、暗沟或岩溶等复杂地质条件时，应加密勘探点并查明其分布和工程特性。

③ 基坑周边勘探孔的深度不宜小于基坑深度的 2 倍；基坑面以下存在软弱土层或承压含水层时，勘探孔深度应穿过软弱土层或承压含水层。

④ 应按现行国家标准的规定进行原位测试和室内试验并提出各层土的物理性质指标和力学参数。

⑤ 当有地下水时，应查明各含水层的埋深、厚度和分布，判断地

下水类型、补给和排泄条件；有承压水时，应分层测量其水头高度。

⑥ 应对基坑开挖与支护结构使用期内地下水位的变化幅度进行分析。

⑦ 当基坑需要降水时，宜采用抽水试验测定各含水层的渗透系数与影响半径；勘察报告中应提出各含水层的渗透系数。

⑧ 当建筑地基勘察资料不能满足基坑支护设计与施工要求时，宜进行补充勘察。

3. 注意事项

在进行支护结构设计之前，尚应对下述地下结构设计资料进行收集和了解：

① 主体工程地下室的平面布置以及与建筑红线的相对位置，这与选择的支护结构形式及支撑布置等有关；

② 主体工程基础的桩位布置图，这与支撑体系中的立柱布置有关，应尽量利用工程桩作为立柱桩以降低造价；

③ 主体结构地下室层数、各层楼板和底板的布置与标高以及地面标高，这与确定开挖深度、选择围护墙与支撑形式和布置以及换撑等有关。

第二节 基坑支护结构的选型

一、地基支护结构体系

1. 基础须知

（1）基坑支护相关概念

基坑支护是为保证地下结构施工及基坑周边环境的安全，对基坑侧壁及周边环境采用的支护、加固与保护措施。其主要包含支护结构和围护结构两部分。

① 支护结构 是基坑工程中采用的围护墙、支撑、土层锚杆、围檩、防渗帷幕等结构体系的总称。

② 围护结构 是稳定基坑的一种施工挡墙结构，主要承受基坑开

挖卸荷所产生的水压和土压力。

基坑支护是一种特殊的结构方式，具有很多功能。不同的支护结构适用于不同的水文地质条件，因此，要根据具体问题具体分析，选择经济适用的支护结构。

（2）基坑支护的目的与作用

① 保证基坑四周的土体的稳定性，同时满足地下室施工有足够空间的要求，这是土方开挖和地下室施工的必要条件。

② 保证基坑四周相邻建筑物和地下管线等设施在基坑支护和地下室施工期间不受损害，即坑壁土体的变形，包括地面和地下土体的垂直和水平位移要控制在允许范围之内。

③ 通过截水、降水、排水等措施，保证基坑工程施工作业面在地下水位以上。

2. 注意事项

基坑工程主要包括围护结构设置和土方开挖两个方面，围护结构通常是一种临时性结构，安全储备较小，具有较大的风险，围护结构应满足的基本要求有：

① 保证基坑周围未开挖土体的稳定；

② 保证相邻建筑物、地下管线的安全不受损害；

③ 保证作业面在地下水位以上。

二、围护结构形式及适用范围

1. 基础须知

（1）围护结构形式及分类

目前广泛使用的基坑支护结构类型主要有以下几大类：

① 放坡开挖及简易围护结构；

② 悬臂式围护结构；

③ 重力式围护结构；

④ 内撑式围护结构；

⑤ 拉锚式围护结构；

⑥ 土钉墙围护结构；

⑦ 其他形式围护结构，主要有：门架式围护结构、拱式组合型围护结构、锚喷网围护结构、加筋水泥土墙围护结构和冻结法围护结构等。

（2）边坡高度与坡度控制

边坡允许坡度值如表 4-2 所示。

表 4-2 边坡允许坡度值

岩土类别	状态及风化程度	允许坡高/m	允许坡度
硬质岩石	微风化	12	1：0.10～1：0.20
	中等风化	10	1：0.20～1：0.35
	强风化	8	1：0.35～1：0.50
软质岩石	微风化	8	1：0.35～1：0.50
	中等风化	8	1：0.50～1：0.75
	强风化	8	1：0.75～1：1.00
砂土	中密以上	5	1：1.00 基坑顶面无载重 1：1.25 基坑顶面有静载 1：1.50 基坑顶面有动载
粉土	稍湿	5	1：0.75 基坑顶面无载重 1：1.00 基坑顶面有静载 1：1.25 基坑顶面有动载

（3）边坡稳定性验算

需要进行边坡稳定性验算的情况有以下几种：

① 坡顶有堆载；

② 边坡高度与坡度超出表 4-2 所列允许值；

③ 存在软弱结构面的倾斜地层；

④ 岩层和主要结构面的倾斜方向与边坡的开挖面倾斜方向一致，且两者走向的夹角小于 45°。

2. 具体工作

（1）放坡开挖及简易支护

放坡开挖的基坑，当部分地段放坡宽度不够时，可采用土袋或块石支护、短桩支护等简易支护方法进行基础施工。基坑简易支护如图 4-1 所示。

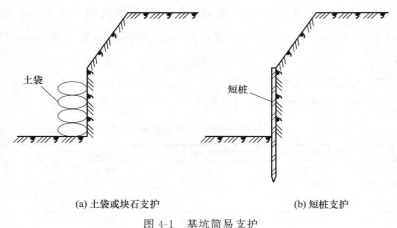

(a) 土袋或块石支护   (b) 短桩支护

图 4-1 　基坑简易支护

（2）悬臂式围护结构

① 结构特征　是无支撑的悬臂围护结构。无支撑的悬臂支护桩如图 4-2 所示。

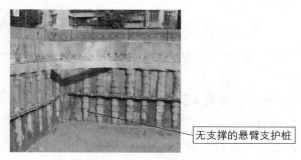

图 4-2 　无支撑的悬臂支护桩

② 支撑材料　钢筋混凝土排桩、钢板桩、木板桩、钢筋混凝土板桩、地下连续墙、SWM 工法桩等。

③ 受力特征　利用支撑入土的嵌固作用及结构自身的抗弯刚度挡土及控制变形。

④ 适用条件

a. 地基土质较好；

b. 开挖深度较小的基坑。

（3）重力式围护结构

① 结构特征　常用水泥土桩构成重力式挡土结构。

② 支撑材料　石砌挡土墙、钢筋混凝土挡土墙等。

③ 受力特征　利用墙体或自身的稳定挡土与止水。

④ 适用条件

a. 地基宽度较大；

b. 开挖较浅；

c. 周围场地较宽；

d. 对变形要求不高。

（4）内支撑围护结构

① 结构特征　由挡土结构与支撑结构两部分组成。

② 支撑材料　挡土材料有钢筋混凝土桩、地下连续墙；支撑材料有钢筋混凝土梁、钢管、型钢等。

③ 受力特征　水平支撑、斜支撑、单层支撑、多层支撑。

④ 适用条件　各种土层和基坑深度。

内支撑围护结构如图 4-3 所示。

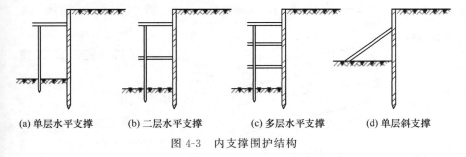

(a) 单层水平支撑　　(b) 二层水平支撑　　(c) 多层水平支撑　　(d) 单层斜支撑

图 4-3　内支撑围护结构

（5）拉锚式围护结构

① 结构特征　由挡土结构与锚固结构两部分组成。

② 支撑材料　除可采用内撑式围护结构相同的材料外，还可以采用钢板桩等。

③ 受力特征　由挡土结构与锚固系统共同承担土压力。

④ 适用条件　砂土或黏性土地基。

拉锚式围护结构如图 4-4 所示。

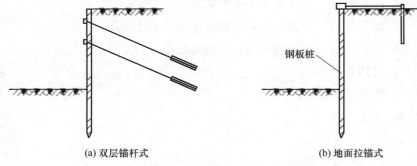

(a) 双层锚杆式　　　　　　　　　　(b) 地面拉锚式

图 4-4　拉锚式围护结构示意

（6）土钉墙围护结构

① 结构特征　由土钉与喷锚混凝土面板两部分组成。

② 支撑材料　由土钉与钢筋混凝土面板两部分支撑。

③ 受力特征　由土钉构成支撑体系，喷锚混凝土面板构成挡土体系。

④ 适用条件　地下水位以上或降水后的黏土、粉土、杂填土及非松散砂土、碎石土。

土钉墙围护结构如图 4-5 所示。

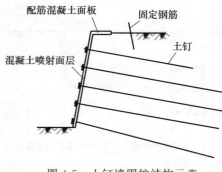

图 4-5　土钉墙围护结构示意

三、浅基坑、沟、槽支撑方法

1. 基础须知

浅基础一般指基础埋深 3～5m，或者基础埋深小于基础宽度的基础，且只需排水、挖槽等普通施工即可建造的基础。其支撑方法主要有斜柱支撑、锚拉支撑、短桩和袋装支撑。

2. 斜柱支撑

（1）斜柱支撑的定义

斜柱支撑是一种浅基坑支护方式，适用于开挖面积较大型且深度不大的或使用机械挖土的基坑。

（2）具体施工要点

先沿基坑边缘打设柱桩，再在柱桩内侧支设挡土板并用斜撑支顶，挡土板内侧填土夯实。斜柱支撑如图 4-6 所示。

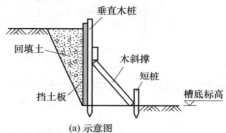

(a) 示意图

当开挖面积较大，而深度却不大时，可在坑壁旁垂直钉入木桩，木桩的间距越大，木桩的直径也就越大，将50～60mm厚的长木板水平连续钉在木桩的挡土外侧，然后用斜柱撑住木桩

(b) 现场施工图

图 4-6　斜柱支撑

3. 锚拉支撑

（1）锚拉支撑的定义

锚拉支撑是一种浅基坑支护方式，适用于开挖较大型且深度不大的或使用机械挖土，不能安设横撑的基坑。

（2）具体施工要点

先沿基坑边缘打设柱桩，再在柱桩内侧支设挡土板，柱桩上端用拉杆拉紧，挡土板内侧填土夯实。

锚拉支撑如图 4-7 所示。

4. 短桩和袋装支撑

对于有些基坑可以采取上部利用放坡，下部利用砸入短桩加挡土板的办法解决坑壁的支撑问题。也可以不设短桩，用草袋装土或砌筑挡土

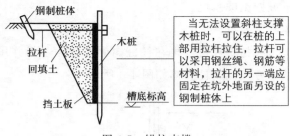

图 4-7　锚拉支撑

墙解决基坑下部的支撑问题，由此可见，支撑可以灵活运用，原则是能保证土体不坍塌，并能方便施工的目的。

短桩和袋装（或砌墙）支撑如图 4-8 所示。

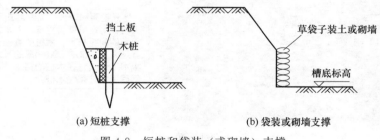

(a) 短桩支撑　　　　　　　　(b) 袋装或砌墙支撑

图 4-8　短桩和袋装（或砌墙）支撑

四、深基坑支护结构形式

1. 基础须知

深基坑工程施工是指开挖深度超过 5m 的土方开挖、基坑支护及降水工程，或开挖深度虽未超过 5m 但地质条件、周围环境复杂的土方开挖、基坑支护及降水工程，属超过一定规模的危险性较大的分部分项工程范围。其专项施工方案，除按正常程序审核、审批外，应组织专家对方案进行论证。

深基坑支护结构分类如图 4-9 所示。

2. 锚喷支护

（1）施工概要

锚喷支护是以锚杆和喷射混凝土为主体的一类支护形式的总称，根

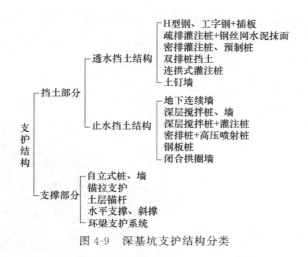

图 4-9　深基坑支护结构分类

据地质条件及围岩稳定性的不同，它们可以单独使用，也可联合使用。

联合使用时即为联合支护，具体的支护形式依所用的支护材料而定，如锚杆＋喷射混凝土支护，称锚喷联合支护，简称锚喷支护；锚杆＋注浆支护，简称锚注支护；锚杆＋钢筋网＋喷射混凝土支护，称锚网喷联合支护，简称锚网喷支护等。

（2）施工工艺流程

喷锚支护施工流程根据边坡土层的稳定情况不同而有所不同。

① 对稳定土层　开挖基坑、修坡→成孔→挂钢筋网＋安放锚杆→压力注浆→焊锚头→喷射混凝土→养护→预应力张拉、锚定→开挖下层。

② 对基本稳定和不稳定土层　开挖基坑、修坡→喷砂浆（仅用于不稳定土层）→挂钢筋网→第一次喷射混凝土→成孔→安放锚杆→压力注浆→焊锚头→二次喷射混凝土→养护→预应力张拉、锚定→开挖下层。

（3）具体施工过程

① 开挖基坑、修坡　如图 4-10 所示。

图 4-10　开挖基坑、修坡

② 安放锚杆　锚杆位置测放时应沿平整的土坡面上由技术人员测放出锚杆位置，并做出标记和编号。孔位偏差不得超过 20cm。安放锚杆施工现场如图 4-11 所示。

③ 压力注浆　　如图 4-12 所示。

④ 混凝土养护　　如图 4-13 所示。

成孔倾角误差不得大于±3°

图 4-11　安放锚杆施工现场

压力注浆作业人员必须熟练掌握所用设备的性能和操作方法。注浆泵的压力表和流量表必须准确灵敏

图 4-12　压力注浆

混凝土养护是人为制造一定的湿度和温度条件，让刚浇筑的混凝土得以正常地或加速地使其硬化和强度增长

图 4-13　混凝土养护

3. 排桩支护

（1）施工概要

排桩支护结构是以钢筋混凝土预制桩、灌注桩、板桩（钢板桩、钢筋混凝土预制板桩）等按一定的排列方式组成的结构。

开挖前在基坑周围设置混凝土灌注桩，桩的排列方式有间隔式、双排式和连续式，桩顶设置混凝土连系梁或锚桩、拉杆。该方法施工方便、安全度好、费用低。

（2）施工工艺流程

钢板桩施工流程为建筑物定位→板桩定位放线→挖沟槽→安装导向架→沉打钢板桩→拆除导向支架→第一层支撑位置处开沟槽→安装第一层支架及围檩→挖第一层土→安装第二层支撑及围檩→挖第二层土→重复上述过程→安装最后一层支撑及围檩→挖最后一层土→基础施工→逐层拆除支撑→回填土→拆除钢板桩。

（3）具体施工过程

① 沉打钢板桩　如图 4-14 所示。

施工前应将桩尖处的凹槽底口封闭，锁扣涂油，用于永久工程的应做防锈处理

图 4-14　沉打钢板桩

② 安装第一层支架及围檩　如图 4-15 所示。

③ 拆除钢板桩

a. 拔桩的顺序。对于封闭式的钢板桩，拔桩的开始点应该从距离转角处 5 根以上钢板桩开始。拔桩的顺序应与打桩的顺序相反。

b. 拔桩的方法。在起重机与振动锤共同作用下进行。

c. 孔洞处理。拔出后产生的孔洞要及时处理，例如进行及时回填

支架

围檩

安装围檩要采用经纬仪和水平仪控制和调整导梁的位置。
围檩不能随着钢板桩的打设深入而产生下沉和变形等情况。
围檩的位置应尽量垂直，并不能与拉伸钢板桩产生碰撞

图 4-15　安装第一层支架及围檩

处理。回填的方法有振动法、挤密法和填入法，所用材料一般为砂子。

拆除钢板桩如图 4-16 所示。

孔洞的处理方法有振动法、挤密法、填入法等

图 4-16　拆除钢板桩

4. 地下连续墙

（1）施工概要

地下连续墙具有整体刚度大的特点和良好的止水防渗效果，适用于地下水位以下的软黏土和砂土等多种地层条件和复杂的施工环境，尤其适用于基坑底面以下有深层软土需将墙体插入很深的情况，因此在国内外的地下工程中得到广泛的应用。地下连续墙已成为深基坑的主要支护结构挡墙之一，国内大城市深基坑工程利用此支护结构较多，地下连续墙的墙体常用厚度为 $600\sim800$ mm。

（2）施工工艺流程

地下连续墙施工流程：导墙施工→挖槽与清槽→泥浆制备与管理→地下连续墙段接头施工→钢筋笼的制作与吊装→浇筑水下混凝土。

（3）具体施工过程

① 导墙施工　槽段放线后，应沿地下连续墙轴线两侧构筑导墙，导墙要具有足够的刚度和承载能力，一般用现浇钢筋混凝土支座，混凝土的设计强度等级不宜低于 C20。

地下连续墙导墙施工如图 4-17 所示。

导墙地面不宜设置在新近填土上，且埋深不宜低于1.5m

图 4-17　地下连续墙导墙施工

② 挖槽与清槽　挖槽机械应根据成槽地点的地质情况及地下墙的结构、尺寸及质量要求等条件进行选用，一般常用的机具有挖斗式、冲击式和回转式。

单元槽段宜采用间隔一个或多个槽段的跳幅施工顺序。每个单元槽段挖槽分段不宜超过 3 个。成槽过程护壁泥浆液面应高于导墙底面 500mm。

挖槽与清槽如图 4-18 所示。

③ 接头施工　槽段接头应满足混凝土浇筑压力对其强度和刚度的要求。安放槽段接头时，应紧贴槽段垂直缓慢沉放至槽底。遇到阻碍时应先清除，然后再入槽。混凝土浇灌过程中应采取防止混凝土产生绕流的措施。接头施工现场如图 4-19 所示。

清槽一般多用泥浆循环出土方式，分正循环和反循环两种。成槽完成后，必须对槽底泥浆进行置换和清除

图 4-18　挖槽与清槽

对有防渗要求的接头，在吊放地下连续墙钢筋笼前，用刷槽器进行清刷

图 4-19　接头施工现场

④ 钢筋笼的制作与吊装　钢筋笼应根据吊装的要求，设置纵横向起吊桁架；桁架主筋宜采用 HRB335 级或 HRB400 级钢筋，钢筋直径不宜小于 20mm，且应满足吊装和沉放过程中钢筋笼的整体性及钢筋笼骨架不产生塑形变形的要求。

钢筋笼吊装如图 4-20 所示。

（4）施工注意事项

① 现浇地下连续墙应采用导管法浇筑混凝土。导管拼接时，其接缝应密闭。混凝土浇筑时，导管内应预先设置隔水栓。槽段长度不大于 6m 时，槽段混凝土宜采用两根导管同时浇筑；若槽段长度大于 6m 时，槽段混凝土宜采用三根导管同时浇筑。每根导管分担的浇筑面积应基本均等。

② 钢筋笼就位后应及时浇筑混凝土。混凝土浇筑过程中，导管埋入混凝土面的深度宜为 2～4m，浇筑液面的上升速度不宜小于 3m/h。

连接点出现位移、松动或开焊的钢筋笼不得入槽，若出现松动或开焊的情况，应重新制作或修整完好再进行施工

图 4-20 钢筋笼吊装

混凝土浇筑面宜高于地下连续墙设计顶 500mm。

③ 地下连续墙是由许多墙段拼组而成，为保持墙段之间连续施工，接头采用锁口管工艺，即在灌注槽段混凝土前，在槽段的端部预插一根直径和槽宽相等的钢管，即锁口管，待混凝土初凝后将钢管徐徐拔出，使端部形成半凹榫状接头，也有根据墙体结构受力需要而设置刚性接头的，以使先后两个墙段联成整体。

5. 桩锚支护

（1）施工工艺流程

桩锚支护施工流程：锚杆加工与组装→钻机成孔→锚杆插入→灌浆（必要时二次灌浆）→养护→锚杆确认试验→张拉固定。

（2）具体施工过程

① 锚杆加工与组装 如图 4-21 所示。

② 钻机成孔 如图 4-22 所示。

③ 锚杆插入 如图 4-23 所示。

④ 锚杆确认试验 如图 4-24 所示。

锚杆确认试验中的一些注意事项如下：

a. 锚杆按设计、规范进行施工，要特别注意锚杆长度和注浆饱

步骤如下:
a.除锈;
b.安装套管;
c.安放隔离架;
d.绑扎固定;
e.放置在平坦、坚实的地面上

图 4-21　锚杆加工与组装

a.成孔机械有螺旋钻、冲击钻锚杆钻机或采用人工。
b.松散地层泥浆护壁。
c.孔距误差:水平50mm,垂直100mm

图 4-22　钻机成孔

a.防止杆体扭曲变形;
b.无对中支架的一面朝上;
c.放好后应检查排气管是否通气;
d.底部注浆,注浆应随锚杆一同放入锚孔;
e.注浆管头部距孔底应有一定的距离,一般为5～10cm;
f.锚杆体放入孔内深度不应小于锚杆长度的95%,孔口预留长度≥0.80m

图 4-23　锚杆插入

满度;

　　b. 拉拔试验锚杆外露长度应控制在 40～45cm 之间;

锚杆确认试验作为判断锚杆质量的一种手段，起到评价锚杆锚固系统的性能和锚杆的锚固力的作用

图 4-24 锚杆确认试验

c. 为了使拉拔试验时仪器有很好的着力点，边坡锚杆施工时，对预留做试验的锚杆需要做边长为 40cm、厚度为 10cm 的混凝土基座（基座中间留直径为 5～6cm 的圆孔，好让锚杆穿过），基座与锚杆应垂直；隧道及边坡（岩层条件好时）可采用钢板代替混凝土基座；

d. 试验之前，现场技术员需要提供桩号，锚杆种类、数量、规格和设计拉拔力；

e. 锚杆拉拔按锚杆数量每 300 根试验一组（一组为 3 根），不足 300 根时按一组计；

f. 现场必须根据抽检频率及要求预留相应锚杆数量，特别是在隧道工程，往往出现无外露锚杆而导致试验无法进行；

g. 锚杆拉拔力判定：同组 3 根锚杆拉拔力平均值必须大于等于设计值，最小值必须大于设计值的 90%。

五、地基支护结构选用

支护结构选用时，应综合考虑下列因素：

① 基坑深度；

② 土的性状及地下水条件；

③ 基坑周边环境对基坑变形的承受能力及支护结构失效的后果；

④ 主体地下结构和基础形式及其施工方法、基坑平面尺寸及形状；

⑤ 支护结构施工工艺的可行性；

⑥ 施工场地条件及施工季节；

⑦ 经济指标、环保性能和施工工期。

各类支护结构的适用形式见表 4-3。

表 4-3   各类支护结构的适用形式

结构类型		安全等级	适用条件	
			基坑深度、环境条件、土类和地下水条件	
支挡式结构	锚拉式结构	一级、二级、三级	适用于较深的基坑	1. 排桩适用于可采用降水或截水帷幕的基坑 2. 地下连续墙宜同时用作主体地下结构外墙,可同时用于截水 3. 锚杆不宜用在软土层和高水位的碎石土、砂土层中 4. 当邻近基坑有建筑物地下室、地下构筑物等,锚杆的有效锚固长度不足时,不应采用锚杆 5. 当锚杆施工会造成基坑周边建(构)筑物的损害或违反城市地下空间规划等规定时,不应采用锚杆
	支撑式结构		适用于较深的基坑	
	悬臂式结构		适用于较浅的基坑	
	双排桩		当锚拉式、支撑式和悬臂式结构不适用时,可考虑采用双排桩	
	支护结构与主体结构结合的逆作法		适用于基坑周边环境条件很复杂的深基坑	
土钉墙	单一土钉墙	二级、三级	适用于地下水位以上或经降水的非软土基坑,且基坑深度不宜大于 12m	当基坑潜在滑动面内有建筑物、重要地下管线时,不宜采用土钉墙
	预应力锚杆复合土钉墙		适用于地下水位以上或经降水的非软土基坑,且基坑深度不宜大于 15m	
	水泥土桩复合土钉墙		用于非软土基坑时,基坑深度不宜大于 12m;用于淤泥质土基坑时,基坑深度不宜大于 6m;不宜用在高水位的碎石土、砂土层中	
	微型桩复合土钉墙		适用于地下水位以上或经降水的基坑,用于非软土基坑时,基坑深度不宜大于 12m;用于淤泥质土基坑时,基坑深度不宜大于 6m	
重力式水泥土墙		二级、三级	适用于淤泥质土、淤泥基坑,且基坑深度不宜大于 7m	
放坡		三级	1. 施工场地应满足放坡条件 2. 可与上述支护结构形式结合	

第三节 基坑工程支护结构围护墙计算

一、荷载与抗力计算

1. 基础须知

（1）作用在围护墙上的荷载

作用在围护墙上的荷载主要有：

① 土压力；

② 水压力；

③ 影响范围区内的建筑物、构筑物荷载；

④ 施工荷载，包括汽车、吊车及场地堆载等；

⑤ 若围护墙作为主体结构的一部分时，应考虑地震力；

⑥ 温度影响和混凝土收缩引起的附加荷载。

（2）适用理论

朗肯土压力理论，该理论属于极限平衡原理，为静态设计原理范畴。

朗肯土压力理论的假设如下：

① 墙后填土为均质无黏性砂土，不呈散粒状；

② 土体应力是先筑墙后填土，并将土压力视为定值；

③ 认为是平面问题。

2. 具体工作

抗力计算的具体工作如下。

（1）在以下情况下，应对水平荷载标准值进行计算

① 碎石土和砂土；

② 粉土和黏土；

③ 基坑外侧竖向应力标准值。

（2）在以下情况下，应对水平抗力标准值进行计算

① 碎石土和砂土；

② 粉土和黏土。

二、支护结构计算

1. 基础须知

排桩与地下连续墙的破坏形式见表 4-4。

表 4-4　排桩与地下连续墙的破坏形式

破坏类型	破坏形式	破坏类型	破坏形式
强度破坏或变形过大产生破坏	拉锚破坏或支撑压曲	稳定性破坏	墙后土体整体滑动失稳
	围护墙底部走动		坑底隆起
	平面变形过大或弯曲破坏		管涌

2. 具体工作

（1）嵌固深度计算

① 悬臂式支护结构

$$h_p \sum E_{pj} - 1.2\gamma_0 h_a \sum E_{ai} \geqslant 0 \tag{4-1}$$

式中　$\sum E_{pj}$——桩墙底以上基坑内侧各土层水平抗力标准值的合力之和；

　　　h_p——合力 E_{pj} 作用点至桩墙底的距离；

　　　$\sum E_{ai}$——桩墙底以上基坑外侧各土层水平荷载标准值的合力之和；

　　　h_a——合力 $\sum E_{ai}$ 作用点至桩墙底的距离；

　　　γ_0——建筑基坑侧壁重要性系数，按要求选取。

② 单层支点支护结构

$$h_p \sum E_{pj} + T_{cl}(h_{Tl} + h_d) - 1.2\gamma_0 h_a \sum E_{ai} \geqslant 0 \tag{4-2}$$

式中　h_p——合力 $\sum E_{pj}$ 作用点至水泥墙底的距离；

　　$\sum E_{pj}$——基坑内侧各土层水平抗力标准值的合力之和；

　　　T_{cl}——支撑体系作用于水泥墙上的作用力；

　　h_{Tl}——支撑体系力 T_{cl} 作用点距基坑底部的距离；

　　　h_d——水泥墙的嵌固深度；

　　　γ_0——基坑侧壁的重要性系数；

　　$\sum E_{ai}$——基坑外侧各土层水平荷载标准值的合力之和；

　　　h_a——合力 $\sum E_{ai}$ 作用点至水泥墙底部的距离。

③ 多层支点支护结构围护墙

$$\sum_{i=1}^{n} c_i l_i + \sum (q_0 b_i + W_i) \cos\theta_i \tan\varphi_{ik} - \gamma_k \sum (q_0 b_i + W_i) \sin\theta_i \geqslant 0$$

$$(4\text{-}3)$$

式中 c_i，φ_{ik}——最危险滑动面上第 i 土条滑动面上的黏聚力、内摩擦角；

l_i——第 i 土条的弧长；

b_i——第 i 土条的宽度；

q_0——嵌固深度系数；

W_i——作用于滑裂面上第 i 土条的重量，按上覆土层的天然土重计算；

θ_i——整体稳定分项系数，应根据经验确定；

γ_k——整体稳定分项系数，应根据经验确定，当无经验时可取 1.3。

经过验算，墙体的嵌固深度必须穿过最危险滑动面。有关资料表明，整体稳定条件是墙体嵌固深度的主要控制因素。

（2）内力与变形的计算

① 变形的计算 支护结构围护墙在外力作用下的挠曲方程如下：

$$EI \frac{\mathrm{d}^4 y}{\mathrm{d}z} - P_{ak} b_a = 0 \quad 0 \leqslant z \leqslant h_n \qquad (4\text{-}4)$$

$$EI \frac{\mathrm{d}^4 y}{\mathrm{d}z} + m b_0 (z - h_n) y - P_{ak} b_a = 0 \quad z \geqslant h_n \qquad (4\text{-}5)$$

式中 EI——结构计算宽度内的抗弯刚度；

P_{ak}——主动土压力强度标准值；

m——地基土水平抗力系数的比例系数；

b_0——抗力计算宽度，地下连续墙取单位宽度；

z——支护结构顶部至计算点的距离；

h_n——第 n 工况基坑开挖深度；

y——计算点处的水平变形；

b_a——荷载计算宽度。

② 内力的计算

a. 悬臂式支护结构围护墙弯矩和剪力的计算值：

$$M_c = h_{mz} \sum E_{mz} - h_{az} \sum E_{az} \qquad (4\text{-}6)$$

$$V_c = \sum E_{mz} - \sum E_{az} \qquad (4\text{-}7)$$

式中　M_c——悬臂式支护结构围护墙的弯矩计算值；

　　　V_c——悬臂式支护结构围护墙的剪力计算值；

　　$\sum E_{mz}$——基坑内侧各土层弹性抗力值的合力之和；

　　　h_{mz}——合力 $\sum E_{mz}$ 作用点至计算截面的距离；

　　$\sum E_{az}$——确定的基坑外侧各土层水平荷载标准值的合力之和；

　　　h_{az}——合力 $\sum E_{az}$ 作用点至计算截面的距离。

b. 有支护点的支护结构围护墙弯矩和剪力的计算值：

$$M_c = \sum T_j(h_j + h_c) + h_{mz} \sum E_{mz} - h_{az} \sum E_{az} \qquad (4\text{-}8)$$

$$V_c = \sum T_j + \sum E_{mz} - \sum E_{az} \qquad (4\text{-}9)$$

式中　$\sum T_j$——第 j 层支点处的预加力之和；

　　　h_j——支点力 T_j 至基坑底的距离；

　　　h_c——基坑地面至计算截面的距离。

③ 围护墙（排桩）的结构计算

a. 内力及支点力设计值的计算：

弯矩　　　　　　　　　$M = 1.25\gamma_0 M_c$ 　　　　　　　(4-10)

式中　γ_0——基坑侧壁的重要性系数。

剪力　　　　　　　　　$V = 1.25\gamma_0 V_c$ 　　　　　　　(4-11)

支点结构的第 i 层支点力　　$T_{dj} = 1.25\gamma_0 T_{cj}$ 　　　　(4-12)

式中　T_{cj}——第 j 层支点力计算值。

b. 沿周边均匀配置纵向钢筋的圆形截面支护桩，其正截面受弯承载力宜按下述规定进行计算（适用于截面内纵向钢筋数量不少于 6 根的圆形截面的情况）：

$$M \leqslant \frac{2}{3} f_c Ar \frac{\sin^3 \pi\alpha}{\pi} + f_y A_s r_s \frac{\sin\pi\alpha + \sin\pi\alpha_t}{\pi} \quad (4\text{-}13)$$

$$\alpha f_c A \left(1 - \frac{\sin 2\pi\alpha}{2\pi\alpha}\right) + (\alpha - \alpha_t) f_y A_s = 0 \quad (4\text{-}14)$$

$$\alpha_t = 1.25 - 2\alpha \quad (4\text{-}15)$$

式中　M——桩的弯矩设计值；

$\quad\quad f_c$——混凝土轴心抗压强度设计值；当混凝土强度等级超过 C50 时，f_c 应用 $\alpha_1 f_c$ 代替，当混凝土强度等级为 C50 时，取 $\alpha_1 = 1.0$，当混凝土强度等级为 C80 时，取 $\alpha_1 = 0.94$，其间按线性内插法确定；

$\quad\quad A$——支护桩的横截面积；

$\quad\quad r$——支护桩的半径；

$\quad\quad \alpha$——对应于受压区混凝土截面面积的圆心角（rad）与 2π 的比值；

$\quad\quad f_y$——钢筋强度设计值；

$\quad\quad A_s$——全部纵向钢筋的截面面积；

$\quad\quad r_s$——纵向钢筋重心所在圆周的半径；

$\quad\quad \alpha_t$——纵向受拉钢筋截面积与全部纵向钢筋截面面积的比值，当 $\alpha > 0.625$ 时，取 $\alpha_t = 0$。

c. 沿受拉区和受压区周边局部均匀配置纵向钢筋的圆形截面支护桩，其正截面受弯承载力宜按下列规定进行计算（适用于截面受拉区内纵向钢筋数量不少于 3 根的圆形截面的情况）：

$$M \leqslant \frac{2}{3} f_c Ar \frac{\sin^3 2\pi\alpha}{\pi} + f_y A_{sr} r_s \frac{\sin\pi\alpha_s}{\pi\alpha_s} + f_y A'_{sr} r_s \frac{\sin\pi\alpha'_s}{\pi\alpha'_s} \quad (4\text{-}16)$$

$$\alpha f_c A \left(1 - \frac{\sin 2\pi\alpha}{2\pi\alpha}\right) + f_y (A'_{sr} - A_{sr}) = 0 \quad (4\text{-}17)$$

混凝土受压区圆心半角的余弦应符合下列要求：

$$\cos\pi\alpha \geqslant 1 - \left(1 + \frac{r_s}{r}\cos\pi\alpha_s\right)\xi_b \tag{4-18}$$

式中　α_s——对应于受拉钢筋的圆心角（rad）与 2π 的比值，α_s 值宜在 $1/6 \sim 1/3$ 之间选取，通常可取 0.25；

　　　α'_s——对应于受压钢筋的圆心角（rad）与 2π 的比值，宜取 $\alpha'_s \leqslant 0.5\alpha$；

A_{sr}，A'_{sr}——沿周边均匀配置在圆心角 $2\pi\alpha_s$、$2\pi\alpha'_s$ 内的纵向受拉、受压钢筋的截面面积；

　　　ξ_b——矩形截面的相对界限受压区高度，应按现行国家标准《混凝土结构设计规范》（GB 50010—2010）的规定取值。

三、土层锚杆支护计算

1. 锚杆长度计算

$$L = KH + L_1 + L_2 \tag{4-19}$$

式中　L——锚杆长度；

　　　H——冒落拱高度；

　　　K——安全系数；

　　　L_1——锚杆锚入稳定岩层的深度；

　　　L_2——锚杆在巷道中的外露长度。

2. 锚杆间距 a、排距 b（通常 $a=b$，锚杆间距与锚杆排距相等）

$$a = b = \sqrt{\frac{Q}{KHr}} \tag{4-20}$$

式中　a，b——锚杆间、排距；

　　　Q——锚杆设计锚固力；

　　　H——冒落拱高度；

　　　r——被悬吊砂岩的重力密度；

　　　K——安全系数。

3. 锚杆直径的选择

$$d = \sqrt{\frac{4pK}{\pi\sigma_t}} \tag{4-21}$$

式中　K——安全系数；

　　p——锚杆杆体承载力；

　　σ_t——杆体材料的设计抗拉强度。

4. 理论上锚杆锚固长度计算式

$$l_a = \frac{d_r^2}{D^2 - d^2} l_r \qquad (4\text{-}22)$$

式中　l_a——锚固长度；

　　d_r——锚固剂直径；

　　D——钻孔直径；

　　d——锚杆杆体直径；

　　l_r——锚固剂长度。

5. 锚索支护参数计算

（1）锚索的长度

$$L = L_a + L_b + L_c + L_d \qquad (4\text{-}23)$$

式中　L——锚索总长度，m；

　　L_a——锚索深入稳定层锚固长度，m；

　　L_b——需要悬吊不稳定岩体（媒体）厚度，取 6m；

　　L_c——上托盘及锚具厚度，取 0.25m；

　　L_d——需要外露的张拉长度，取 0.35m。

锚索锚固长度 L_a 按下式确定：

$$L_a \geqslant K \frac{dl f_a}{4 f_c} \qquad (4\text{-}24)$$

式中　L_a——锚索深入稳定层锚固长度；

　　K——安全系数，取 $K=2$；

　　l——锚索总长度；

　　d——锚索钢绞线直径；

　　f_a——钢绞线抗拉强度；

　　f_c——锚索与锚固剂的黏合强度。

（2）锚索的间、排距校核

$$L = nF_2/[BH\gamma - (2F_1\sin\theta)/L_1] \tag{4-25}$$

式中　L——锚索排距；

　　　B——巷道最大冒落宽度；

　　　H——巷道最大冒落高度；

　　　γ——岩体容量；

　　　L_1——锚杆排距；

　　　F_1——锚杆锚固力；

　　　F_2——锚索极限承载力；

　　　θ——角锚杆与巷道顶板的夹角；

　　　n——锚索排数。

第四节　基坑（槽）施工

一、定位与放线

基坑（槽）的定位放线是一项非常重要的技术工作，不仅关系到基坑的位置是否准确，而且还关系到土方开挖的工程量大小。因此，必须认真搞好基坑（槽）的定位放线工作。

1. 基坑（槽）的定位

在建筑物各角桩位置定好后，应把角桩之间的轴线位置引测至基槽以外的龙门板上，如图 4-25 所示，以便在基础开挖好以后，把龙门板上的各轴线投到基槽的底部或基础面上，以确保建筑物的位置准确。

在设置龙门板时，应按照以下步骤和要求进行。

① 在建筑物四角与建筑物内纵、横墙两端基槽开挖边线以外 1～1.5m 处钉设龙门桩，具体位置应根据土质情况和基槽开挖深度而确定，龙门桩要固定竖直、牢固，木桩的侧面要与基槽平行。

② 根据建筑施工场地的水准点，在每个龙门桩上测设±0.00（或+0.50～1.00m）标高线，并沿此标高线钉龙门板。

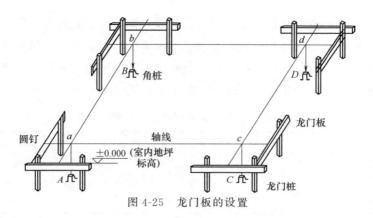

图 4-25　龙门板的设置

③ 根据轴线桩，用经纬仪将墙、柱的轴线投到龙门板顶面上，钉上小铁钉加以标明，并在轴线的延长线上钉控制桩，如图 4-26 所示。

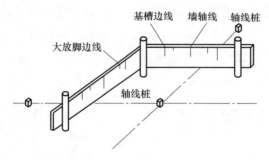

图 4-26　龙门板与控制桩

④ 用钢尺沿龙门板顶面检查轴线钉之间的距离，其相对误差不应超过 1/2000，经检查合格后，将墙和基槽宽度标在龙门板上，最后根据基槽上口宽度拉线，并用石灰粉撒出基槽的开挖线。

2. 基坑（槽）的放线

依据龙门板确定的基础的底面尺寸，并依据埋置深度、土质好坏、地下水位等情况，考虑在施工过程中是否留工作面、放坡、设置排水设施和支撑等，从而定出挖土的边线，进行基坑（槽）的放线。在基坑（槽）的实际施工中，挖土边线的确定有以下几种情况。

（1）不放坡不设支撑

当土质比较均匀且无地下水时，在表 4-5 中规定范围内的各类土和挖土深度，其挖土边坡可做成直立壁不加支撑，基础底面的尺寸就是放灰线的尺寸。但是，在实际开挖中很难掌握直立壁绝对垂直，一般情况下，在挖土深度大于 2.0m 时，掌握放灰线尺寸稍大于基础底面尺寸。

表 4-5　直立壁不加支撑的土方开挖深度表

土的名称	挖土深度/m	土的名称	挖土深度/m
密实、中密的砂土和碎石类土（充填物为砂土）	1.00	硬塑、可塑的轻亚黏土及亚黏土（充填物为黏土）	1.50
硬塑、可塑的轻亚黏土及亚黏土	1.25	坚硬的黏性土	2.00

（2）不放坡加支撑和留工作面

当基槽的开挖深度超过表 4-5 中的规定，且场地窄小不能放坡时，应做成直立壁加支撑的形式，如图 4-27 所示。在浇筑基础混凝土时，还应考虑到支外模需要一定的工作面。因此，这种形式的基槽挖土放线尺寸，要留出工作面尺寸和设置支撑所需要的尺寸。根据施工工程的具体情况，基底外每边应留出 30~60cm 的工作面宽度，支撑所需要的尺寸每边加 10cm。

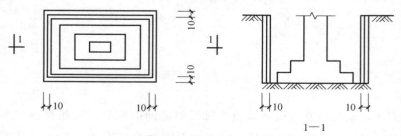

图 4-27　直立壁加支撑

（3）放坡不加支撑

当基槽的开挖深度超过表 4-5 中的规定，且深度在 5.0m 以内、土质均匀、无地下水时，可考虑放坡不加支撑。具体放坡的宽度应根据施工经验而确定，也可参照表 4-6 中的最陡坡度进行计算。基槽挖土的放线尺寸，除考虑需要增加混凝土基础所需工作面外，还应增加因放坡所需上口放坡宽度。

表 4-6　深度在 5m 内的基坑（槽）、管沟边坡的最陡坡度（不加支撑）

土的类别	坡顶无荷载	坡顶有静载	坡顶有动载
中密的砂土	1∶1.00	1∶1.25	1∶1.50
中密的碎石类土(充填物为砂土)	1∶0.75	1∶1.00	1∶1.25
硬塑的轻亚黏土	1∶0.67	1∶0.75	1∶1.00
中密的碎石类土(充填物为黏性土)	1∶0.50	1∶0.67	1∶0.75
硬塑的亚黏土、黏土	1∶0.33	1∶0.50	1∶0.67
老黄土	1∶0.10	1∶0.25	1∶0.33
软土(经井点降水后)	1∶1.00	—	—

注：1. 静载指堆土或其他材料等，动载指机械挖土或汽车运输作业等。静载或动载距挖方边缘的距离，应符合规范中的有关规定。

2. 当施工单位有成熟的施工经验时，可以不受本表的限制。

二、基坑（槽）开挖

1. 基础须知

基坑（槽）开挖设置管井井点降水，以利于开挖人员和机械作业及土体装卸运输。顶层 6.0m 以内用长臂挖掘机开挖，开挖过程中坑内用小型装载机配合，将远离挖机的土方推至挖机的工作范围内。

基坑开挖包括接触网支柱坑、钢柱基础坑、拉线坑开挖等。根据开挖方式可以分为人工开挖和机械开挖两种。

2. 具体工作

基坑开挖方法应根据基坑土质不同而不同，根据经验，按路基土质类型，基坑开挖方法主要有以下几种。

① 硬土类　包括土夹石、硬土、砂岩、风化石等，这类土质密实，自结合力强，可采用挖小坑的办法开挖基坑。非雨季人工开挖不会塌方，不需坑壁支撑防护。硬土类基坑开挖如图 4-28 所示。

② 碎石类　包括石夹土、碎石、填方土等，这类土质自结合力不均匀，稳定性较差，适宜采用挖小坑、局部支撑的方法。

③ 流砂、高水位土质类　宜采用钢筋混凝土防护圈进行施工，类似沉井法。采用此法可节省木材，经济、可靠，便于施工。

④ 坚石、次坚石类　采用控制爆破法。当采用法兰盘支柱时，只需按要求钻孔灌注锚栓。

硬土类基坑开挖

图 4-28　硬土类基坑开挖

3. 注意事项

土方开挖应遵循"开槽支撑、先撑后挖、分层开挖、严禁超挖"的原则。

开挖基坑（槽）按规定的尺寸合理确定开挖顺序和分层开挖深度，连续进行施工，尽快完成。因土方开挖施工要求标高、断面准确，土体应有足够的强度和稳定

土方开挖
施工过程

性，所以开挖过程中要随时注意检查。挖出的土除预留一部分用作回填外，不得在场地内任意堆放，应把多余土运到弃土地区，以免妨碍施工。

为防止坑壁滑坡，根据土质情况及坑（槽）深度，在坑顶两边一定距离（一般为1.0m）内不得堆放弃土，在此距离外堆土高度不得超过1.5m，否则，应验算边坡的稳定性。在桩基周围、墙基或围墙一侧，不得堆土过高。在坑边放置有动载的机械设备时，也应根据验算结果，离开坑边较远距离，如地质条件不好，还应采取加固措施。

为了防止基底土（特别是软土）受到浸水或其他原因的扰动，基坑（槽）挖好后，应立即做垫层或浇筑基础，否则，挖土时应在基底标高以上保留150～300mm厚的土层，待基础施工时再行挖去。如用机械挖土，为防止基底土被扰动，结构被破坏，不应直接挖到坑（槽）底，应根据机械种类，在基底标高以上留出200～300mm，待基础施工前用人工铲平修整。挖土不得挖至基坑（槽）的设计标高以下，如个别处超挖，应用与基底土相同的土料填补，并夯实到要求的密实度。如用原土填补不能达到要求的密实度，应用碎石类土填补，并仔细夯实。重要部

位如被超挖时，可用低强度等级的混凝土填补。

在软土地区开挖基坑（槽）时，还应符合下列规定。

① 施工前必须做好地面排水和降低地下水位工作，地下水位应降低至基坑底以下 0.5～1.0m 后，方可开挖。降水工作应持续到回填完毕。

② 施工机械行驶道路应填筑适当厚度的碎石或砾石，必要时应铺设工具式路基箱板或梢排等。

③ 相邻基坑（槽）开挖时，应遵循先深后浅或同时进行的施工顺序，并应及时做好基础或铺管，尽量防止对地基的扰动。

④ 在密集群桩上开挖基坑时，应在打完桩后间隔一段时间再对称挖土。在密集群桩附近开挖基坑（槽）时，应采取措施防止桩基产生位移。

⑤ 挖出的土不得堆放在坡顶上或建（构）筑物附近。

三、基坑（槽）检验与处理

1. 基础须知

基坑（槽）的土质检验方法如下。

① 基坑（槽）开挖后，对新鲜的未扰动的岩石直接观察，并与勘察报告核对，注意基坑（槽）内是否有填土、坑穴、古墓、古井等分布，是否有因施工不当而使土质产生扰动、因排水不及时而使土质软化、因保护不当而使土体冰冻等现象。

② 在进行直接观察时，可用袖珍贯入仪作为辅助手段。

③ 应在基坑（槽）底普遍采用轻型动力触探进行检验。

a. 测定地基持力层的强度和均匀性；

b. 是否有浅部埋藏的软弱下卧层；

c. 是否有浅部埋藏、直接观察难以发现的坑穴、古墓、古井等。

④ 基坑（槽）底部深处若有承压水层，轻型动力触探可能造成冒水涌砂，此时不宜进行轻型动力触探。持力层若为卵石时，一般不需要进行轻型动力触探。

2. 具体工作

基坑（槽）检验的主要内容如下：

① 地基及地下水位是否与工程地质勘察报告及设计图纸相符；

② 有无破坏原状土的结构或较大的扰动现象；

③ 做好隐蔽工程验收记录和基坑验收记录。

3. 注意事项

（1）基坑（槽）开挖后应采取的保护措施

① 严防基坑（槽）积水；

② 机械开挖时，应在基础混凝土垫层以上保留 300～500mm 厚的保护层以人工开挖清理，严禁局部超挖后用虚土回填；

③ 地基土为干砂时，在基础施工前应洒水夯实；

④ 很湿及饱和的黏性土不宜拍打，不宜将砖石等材料直接抛入基坑，如地基土践踏、积水而软化应将软化和扰动部分清除。

基坑（槽）开挖后应采取的保护措施如图 4-29 所示。

当气温在0℃以下时，应对地基土采取保护措施，严防地基土受冻

图 4-29 基坑保护

（2）基坑（槽）内有松软土时应采取的处理措施

① 清除填土等松软土，用与持力层相近的材料回填夯实，砂土地基用砂石回填，坚硬黏性土地基用 3∶7 灰土回填，可塑黏性土地基用 2∶8 或 1∶9 灰土回填。

② 基坑（槽）底有小于 500mm 厚的薄层软土时，如因水位高不易

清除，可铺夯大卵石将软土挤密。

③ 基坑（槽）内松软土所占的面积较大（深度超过 5m）时，如不致发生不均匀沉降，可将基础局部加深并做坡度为 1：2 的台阶，与两端基础连接。

④ 独立基础下的基坑，如松软土所占的面积大于基坑面积的 1/3，宜将柱基础整个加深，但与相邻柱基的标高差不宜大于柱基之间净距的 1/2。

（3）基坑（槽）内有松软土（图 4-30）时应采取的处理措施

松软土

图 4-30　松软土处理

① 局部换填有困难时，可用短桩基础处理，并适当加强基础和上部结构的刚度。

② 当基坑（槽）内的坑穴、古墓、古井较深，难以把填土清到底并采用逐步放台阶处理时，可在主要压缩层范围内采取换土处理，下部软土抛石挤密，结构采用过梁跨越。

第五节　支护结构施工

一、钢板桩施工

1. 基础须知

（1）钢板桩的概念

钢板桩施工是指运用钢板桩以达到基坑支护作用的施工过程。钢板桩施工在码头、货场、护岸、防波堤、导流堤、浮标、船坞、水闸、引水管、地基、防渗墙、挡水墙等永久性建（构）筑物，以及挖掘挡土墙，土砂崩溃防止板、临时护岸、围堰工程、临时中心岛等临时性构筑物中经常被应用。

（2）常用的钢板桩类型

① 槽钢钢板桩。

② 热轧锁口钢板桩。

钢板桩截面形式有 U 形、Z 形、一字形、H 形和组合型。我国一般常用 U 形钢板桩，即互相咬接形成板桩墙，只有在基坑深度很大时才用组合型。U 形钢板桩施工如图 4-31 所示。

(a) U形钢板桩　　　　　　　(b) 插打

(c) 入土　　　　　　　(d) U形板桩相互连接

图 4-31　U 形钢板桩施工

2. 施工工艺流程

测量放线→施工定位桩→安装导架→钢板桩的检验与校正→打设钢板桩→基坑开挖至垫层底→排水系统设置→回填→拔除钢板桩。

3. 具体施工过程

（1）测量放线

测量放线如图 4-32 所示。

为确保桩的位置准确，测量放线必须保证精度，杜绝错误

图 4-32 测量放线

（2）安装导架

① 导架由导梁和围檩桩等组成，在平面上分单面和双面，高度上分单层和双层。围檩桩间距为 2.5～3.5m，双面围檩之间的间距比板桩墙厚度大 8～15mm。

② 导架位置不能与钢板桩相碰，围檩桩不能随钢板桩打设而下沉或变形。导梁的高度应适中，要有利于控制钢板桩的施工高度和提高工效，可以用经纬仪和水平仪控制导梁的位置和高度。

安装定位架施工现场如图 4-33 所示。

檩桩在平面上分单面和双面，高度上分单层和双层

图 4-33 安装定位架施工现场

（3）钢板桩的检验与校正

① 用于基坑临时支护的钢板桩，需要进行外观表面缺陷、长度、宽度、厚度、高度、端头矩形比、平直度和锁口形状等检验，对桩上影

响该打设的焊接件割除（有割孔、断面缺损时应补强）。有严重锈蚀时应量测断面实际厚度，并予以折减。

② 校正方法有以下几种。

a. 表面缺陷校正。先清洗缺陷附近表面的锈蚀和油污，然后用焊接修补方法补平，再用砂轮磨平。

b. 端部矩形比校正。用氧乙炔切割桩端，使其与轴线保持垂直，然后再用砂轮对切割面进行磨平修复。当修整量不大时，可直接用砂轮进行修理。

c. 桩体挠曲校正。腹向弯曲校正是将钢板桩弯曲段的两端固定在支承点上，用设在龙门式顶梁架上的千斤顶在钢板桩凸处进行冷弯校正；侧向弯曲校正是在专门的校正平台上将钢板桩弯曲段两端固定在校正平台支座上，在钢板桩弯曲段侧面校正平台上间隔一定距离设置千斤顶，用千斤顶顶压钢板桩凸处进行冷弯校正。

d. 桩体扭曲校正。视扭曲情况，可采用 c. 中的方法校正。

e. 桩体截面局部变形校正。局部变形处用千斤顶顶压、大锤敲击与氧乙炔焰热烘结合的方法进行校正。

f. 锁口变形校正。用标准钢板桩作为锁口整形胎具，采用慢速卷扬机牵拉调整处理或用氧乙炔焰热烘和大锤敲击胎具推进的方法进行调直处理。

钢板桩的检验与校正如图 4-34 所示。

（4）打设钢板桩

① 为保证钢板桩打设时的精度采用屏风式打入法，先用吊车将钢板桩吊至插桩点处进行插桩，插桩时锁口要对准，每插入一块即套上桩帽轻轻锤击。在打桩过程中，为保证垂直度，用两台经纬仪在两个方向加以控制。为防止锁口中心平面位移，在打桩进行方向的钢板桩锁口处设卡板，以阻止板桩产生位移。同时在围檩上预先算出每块板块的位置，以便随时检查校正。

② 钢板桩分几次打入，第一次由 20m 高打至 15m，第二次打至 10m，第三次打至导梁高度处，待导架拆除后第四次才打至设计标高。

图 4-34 钢板桩的检验与校正

打桩时，开始打设第一和第二块钢板的打入位置和方向要确保精度符合要求。

钢板桩的打设如图 4-35 所示。

图 4-35 钢板桩的打设

（5）拔除钢板桩

钢板桩的拔除如图 4-36 所示。

基坑回填后就可以开始拔除钢板桩了，拔出的钢板桩可以反复使用

图 4-36　钢板桩的拔除

4. 施工注意事项与总结

（1）施工注意事项

① 桩在打入前应将桩尖处的凹槽口封闭，避免泥土挤入，锁口应涂以黄油或其他油脂。对于年久失修、锁口变形、锈蚀严重的钢板桩，应进行整修校正，弯曲变形的桩可用油压千斤顶顶压或火烘等方法进行校正。

② 导向桩打好之后以槽钢焊接牢固，确保导向桩不晃动，以便打桩时提高精确度。

③ 线桩插打，钢板桩起吊后人力将桩插入锁口，动作要缓慢，防止损坏锁口，插入后可稍松吊绳，使桩凭自重滑入。

④ 钢板桩振动插打到小于设计标高 40cm 时，应小心施工，防止超深发生。

⑤ 在打桩过程中，为保证钢板桩的垂直度，需要用两台经纬仪在两个方向加以控制。

⑥ 开始打设的第一和第二块钢板桩的位置和方向应确保精确，以便起到导向样板的作用，故每打入 1m 应测量一次，打至预定深度后立即用钢筋或钢板与围檩支架电焊作临时固定。

⑦ 对钢板桩打设的要求：

a. 钢板桩适用于埋深较浅的支护结构。

b. 钢板桩沉桩适用于黏性土、砂土、淤泥等软弱地层。

c. 钢板桩沉桩施工应先试桩，试桩数量不小于 10 根。

d. 钢板桩放线施工时，桩头就位必须正确、垂直，沉桩过程中应随时检测，发现问题，及时处理。沉桩容许偏差：平面位置纵向 100mm，横向为 $-50\sim0$mm；垂直度为 5mm。

e. 沉桩施前必须平整清除地下、地面及高空障碍物，需保留的地下管线应挖露出来，加以保护。

f. 基坑开挖后钢板桩应垂直平顺，无严重扭曲、倾斜和劈裂现象，锁口连接严密。

g. 基坑上方和结构施工期间，对基坑围岩和支护系统进行动态观测，发现问题应及时处理。

（2）施工总结

钢板桩作为支护结构的一种，具有高强度、轻质量、隔水性好、安全性高、环保效果显著等优点，且用途广泛。明确钢板桩的类型，熟练掌握钢板桩的施工工艺以及注意事项是本节的重点。

二、水泥土墙施工

1. 施工概要

水泥土墙是利用水泥材料为固化剂，采用特殊的拌合机械（深层搅拌机或高压喷射）在地基土中就地将原状土和固化剂强制拌和，经过一系列的物理化学反应，水泥土墙 施工工艺

形成具有一定强度、整体性和水稳定性的加固土圆柱体，由这些水泥土桩两两相互搭接而形成的连续壁状的加固体。

水泥土墙适用于开挖深度不大于 7m 的淤泥和淤泥质土基坑。

水泥土墙的优点有：

① 施工时振动和噪声小，工期较短，无支撑；

② 既可以挡土，又可以防水，而且造价低廉。

普通的深层搅拌水泥挡土墙，通常用于不太深的基坑作支护，若采用加筋搅拌水泥土挡墙，则能承受较大的侧向压力，可用于较深的基坑护壁。

2. 施工机具

（1）深层搅拌机

深层搅拌机是深层搅拌水泥土桩施工的主要机械。目前应用较多的有叶片喷浆式的深层搅拌机和中心管喷浆式的深层搅拌机两类，分别如图 4-37 中（a）、（b）所示。

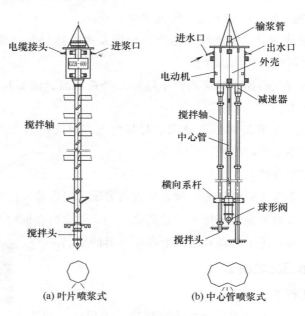

图 4-37　深层搅拌机

叶片喷浆式深层搅拌机是使水泥浆从叶片上若干个小孔喷出，使水泥浆与土体混合较均匀，适用于大直径叶片和连续搅拌，但只能用纯水泥浆而不能采用其他固化剂。

中心管喷浆式深层搅拌机的输浆方式中的水泥浆是从两根搅拌轴之间的另一根管子输出，不影响搅拌均匀度，可适用于多种固化剂。

（2）配套机械

主要包括灰浆搅拌机、机架、集料斗、灰浆泵。

3. 施工工艺流程

测量放样→基坑开挖→基坑检测→钢筋的制作及安装→模板、支架的安装→检验合格→混凝土浇筑→混凝土的养护及拆模→回填→验收。

4. 具体施工过程

（1）测量放样

先测量放样，定出开挖中线及边线、起点及终点，并设置桩标。测量放样如图 4-38 所示。

注意高程及开挖深度

图 4-38　测量放样

（2）基坑开挖

基坑开挖后应检验基底承载力，合格后妥善修整，并在最短的时间内复测。基坑开挖如图 4-39 所示。

基坑开挖应保持良好的排水，基坑外设置集水坑，以利于基底排水

图 4-39　基坑开挖

（3）基坑检测

基坑检测是在施工及使用期限内，对建筑基坑及周边环境进行检查、监控。基坑检测主要包括：支护结构、相关自然环境、施工工况、

地下水状况、基坑底部及周围土体、周围建筑物、周围地下管线及地下设施、周围重要的道路、其他应检测的对象。基坑检测如图 4-40 所示。

施工单位应做好对建筑基坑及周边环境实施的检查、监控工作

图 4-40　基坑检测

（4）钢筋的制作及安装

使用抽查合格的产品，按照设计给定的规格、形状及数量进行钢筋的放样和加工。钢筋的制作如图 4-41 所示。

钢筋制作完成并检验合格后，方可送往现场安装

图 4-41　钢筋的制作

将制作好的钢筋，按照设计给定的钢筋规格、型号、间距进行钢筋安装（图 4-42）。安装中，钢筋的接长采用绑扎连接或双面焊接方式。钢筋连接接头按设计及规范要求错开设置。

（5）模板、支架的安装

由于挡墙墙身较薄，为了使模板稳定不变形，可采用外撑内拉的方

钢筋的搭接长度和钢筋的锚固长度需满足设计及规范要求

图 4-42 钢筋安装

式进行模板加固。为防止漏浆，在拉杆上设橡胶止水片。模板、支架的安装如图 4-43 所示。

挡墙模板采用覆膜胶合板

图 4-43 模板、支架的安装

（6）混凝土浇筑

混凝土均采用商品泵送混凝土，混凝土所需各类原材料，经检验、报验合格后方可使用。到现场的商品混凝土，采用拖泵或汽车泵输送至浇筑点。混凝土浇筑现场如图 4-44 所示。

（7）混凝土的养护及拆模

施工时必须保证道路通行条件满足要求

图 4-44 混凝土浇筑现场图

混凝土养护天数视气候条件可将间隔时间适当延长，养护总天数不少于 14d。在进行大体积混凝土养护时，如遇异常天气（即气温较低、室外温度与混凝土内部温差≥25℃）应采取必要的保温养护措施。混凝土的养护现场如图 4-45 所示。

如遇异常天气，应采取必要的保温养护措施

图 4-45 混凝土的养护现场图

（8）回填

墙背回填填料优选粗粒土、砂粒土或砂卵石，应分层摊铺、分层碾压、分层检测，密实度满足路基要求。回填至泄水孔预埋标高处时，对预埋泄水孔清孔，按设计敷设弹塑性透水管，透水管应接入排水系统。回填现场如图 4-46 所示。

5. 施工注意事项

（1）水泥土的配合比

搅拌法施工要求水泥浆流动度大，水灰比一般为 0.45～0.50，但软土含水量高，对水泥土强度增长不利。为了减少用水量，又利于泵

当墙体混凝土强度达到设计强度的75%时开始进行回填

图 4-46 回填现场图

送，可选用木质素磺酸钙作为减水剂，另掺入三乙醇胺以改善水泥土的凝固条件和提高水泥土的强度。

（2）提高水泥土桩挡墙支护能力的措施

① 卸荷 如条件允许可将基坑顶部的土挖去一部分，以减小主动土压力。

② 加筋 可在新搅拌的水泥土桩内压入竹筋等，有助于提高其稳定性。但加筋与水泥土的共同作用问题有待研究。

③ 起拱 将水泥土桩挡墙做成拱形，在拱脚处设钻孔灌注桩，可大大提高支护能力，减小挡墙的截面。对于边长大的基坑，于边长中部适当起拱以减少变形。目前这种形式的水泥土桩挡墙已在工程中应用。

④ 挡墙变厚度 对于矩形基坑，由于边角效应，在角部的土体变形会有所减小。为此于角部可将水泥土桩挡墙的厚度适当减薄，以节约投资。

三、加筋水泥土桩（SMW 工法）

1. 施工概要

加筋水泥土桩（SMW 工法）亦称新型水泥土搅拌桩墙，即在水泥土桩内插入 H 型钢等（多数为 H 型钢，亦有插入拉森式钢板桩、钢管等），将承受荷载与防渗挡水结合起来，使之成为同时具有受力与抗渗两种功能的支护结构的围护墙。

SMW 工法的主要特点如下。

① 施工不扰动邻近土体，不会产生邻近地面下沉、房屋倾斜、道

路裂损及地下设施移位等危害。

② 钻杆具有螺旋推进翼相间设置的特点，随着钻掘和搅拌反复进行，可使水泥强化剂与土得到充分搅拌，而且墙体全长无接缝，它比传统的连续墙具有更可靠的止水性。

③ 它可在黏性土、粉土、砂土、砂砾土等土层中应用。

④ 可成墙厚度为550～1300mm，常用厚度600mm；成墙最大深度为65m，视地质条件尚可施工至更深。

⑤ 所需工期较其他工法短。在一般地质条件下，其所需工期为地下连续墙的三分之一。

⑥ 废土外运量远比其他工法少。

SMW工法桩组合支护如图4-47所示。

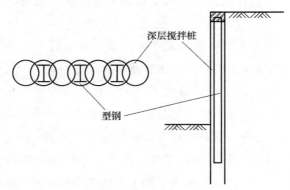

图 4-47　SMW工法桩组合支护

2. 施工工艺流程

测量放线→开挖导槽→安置导轨和定位型钢架→三轴中心定位→泥浆制备→桩机定位→成桩和注浆→型钢的加工与焊接→桩机钻杆下沉与提升→型钢的吊装与插入。

3. 具体施工过程

（1）测量放线

测量人员应根据现场水准点和坐标点，严格按照设计图进行放样定位及高程引测工作，并做好永久和临时标志，然后请现场监理复测。

SMW 测量放线如图 4-48 所示。

图 4-48　SMW 测量放线

（2）开挖导槽

为清除妨碍成桩施工的杂填土和安置 H 型钢架，用挖掘机开挖 1.2m 宽沟槽，深度应到达杂填土底部。开挖导槽如图 4-49 所示。

图 4-49　开挖导槽现场图

（3）安置定位型钢架

定位型钢架安置在导沟内，两侧采用 4 根型钢架与槽钢焊接固定。安置定位型钢架如图 4-50 所示。

（4）桩机定位

① 移动搅拌机到达作业位置，并调整桩架垂直度至符合要求。桩机移位由当班机长统一指挥，移动前必须仔细观察现场情况，发现障碍物应及时清除，桩机移动结束后认真检查定位情况并及时纠正。

② 桩机应平稳、平整，每次移机后可用水平尺或水准仪检测桩机

型钢架采用10#槽钢

图 4-50　安置定位型钢架

桩机定位偏差值应小于2cm

图 4-51　桩机定位

平台的平整度，并用线锤对立柱进行垂直定位观测，以确保桩机的垂直度，必须时可采用经纬仪进行校核。

③ 三轴搅拌桩桩机定位后再进行定位复核。

桩机定位如图 4-51 所示。

（5）注浆

施工前在距离打桩施工现场 100m 的位置搭建水泥库房以便堆放水泥，并应在水泥库边搭建拌浆平台。拌浆平台至少要有 3 只水泥浆搅拌桶，其上分别设一台搅拌机，水泥浆在搅拌桶中按规定的水灰比配制拌匀后排入存浆桶，再由 2 台泥浆泵抽吸加压后经过输浆管压至钻杆内的注浆孔。为了保证供浆压力，供浆平台距离施工地点 100m 左右为宜。水泥浆液的配制过程中严格控制浆液的计量，配备水泥浆液的流量计及压力装置，以便及时调节供浆的流量及压力，防止水泥掺入量不足的现象产生。

注浆现场如图 4-52 所示。

（6）桩机钻杆下沉与提升

按照搅拌桩施工工艺要求，钻杆在下沉和提升时均需注入水泥浆液。钻杆下沉速度不大于 1m/min，提升速度不大于 2m/min，现场设专人跟踪检测、监督桩机下沉、提升搅拌速度，可在桩架上每隔 1m 设

图 4-52 注浆

明显标记，以达到搅拌均匀的目的，在桩底部分适当持续搅拌注浆至少15s，确保水泥搅拌桩的成桩均匀性，并做好每次成桩的原始记录。

按照技术交底要求均匀、连续地注入拌制好的水泥浆液，钻杆提升完毕时，设计水泥浆液全部注完，搅拌桩施工结束。

桩机钻杆下沉与提升如图 4-53 所示。

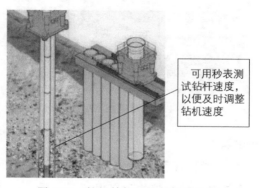

图 4-53 桩机钻杆下沉与提升示意

（7）型钢的吊装与插入

① 施工中采用工字钢，对接采用内菱形接桩法。

② 型钢拔出时的减摩剂至关重要。型钢表面应进行除锈，并在干燥条件下涂抹减摩剂，搬运使用时应防止碰撞和强力擦挤，且搅拌桩顶制作围檩前，事先用牛皮纸将型钢包裹好进行隔离，以利拔桩。

③ 型钢应在水泥土初凝前插入。插入前应校正位置，设立导向装置，以保证垂直度小于 1%，插入过程中，必须吊直型钢，尽量靠自重

压沉。若压沉无法到位，再开启振动下沉至标高。

④ 型钢回收。采用 2 台液压千斤顶组成的起拔器夹持型钢顶升，使其松动，然后采用振动锤利用振动方式或履带式吊车强力起拔，将 H 型钢拔出。采用边拔型钢边进行注浆充填空隙的方法进行施工。

⑤ H 型钢减摩剂施工。H 型钢的减摩是 H 型钢插入和顶拔顺利进行的关键工序，施工中应成立专业班组严格把控。减摩作用主要通过涂刷减摩剂实现，并应清除型钢表面的污垢和铁锈。

使用电热棒将减摩剂加热至完全熔化，用搅棒搅动时感觉厚薄均匀，方可涂敷于型钢表面，否则会使减摩剂涂层不均匀而容易产生剥落。

型钢插入施工如图 4-54 所示。

H型钢表面平整度控制1‰以内，并应在菱形四角留 $\phi 10$ 小孔

图 4-54 型钢插入施工

4. 施工注意事项

① 配合比控制　严格控制 SMW 工法桩浆液配比，通过泥浆比重和单桩水泥用量来控制，应搅拌均匀以保证浆液质量，做到有专职人员负责管理浆液配置。

② 桩身质量控制　桩身应保持垂直（用线锤校正桩架的垂直度，垂直度不大于 1%）；桩身搅拌均匀，控制钻进速度一般不大于 1m/min，提升速度一般不大于 2m/min。

四、地下连续墙施工

1. 施工概要

（1）地下连续墙的概念

地下连续墙是基础工程施工中在地面上采用一种挖槽机械，沿着深开挖工程的周边轴线，在泥浆护壁条件下，开挖出一条狭长的深槽，清槽后，在槽内吊放钢筋笼，然后用导管法灌筑水下混凝土筑成一个单元槽段，如此逐段进行，在地下筑成一道连续的钢筋混凝土墙壁，作为截水、防渗、承重及挡水的结构。

（2）施工前的准备工作

在进行地下连续墙设计和施工之前，必须认真调查现场情况和地质、水文等情况，以确保施工的顺利进行。

① 施工现场情况调查，目的是为了解决下述问题：

a. 施工机械进入现场和进行组装的可能性；

b. 挖槽时弃土的处理和外运；给排水和供电条件；

c. 地下障碍物和相邻建筑物的情况；

d. 噪声、振动与污染等公害引起的有关问题等。

② 水文、地质情况调查。

③ 制订地下连续墙的施工方案。

2. 施工工艺流程

导墙形式的确定→测量放样→导墙沟槽开挖→修筑导墙→导墙钢筋施工→导墙模板施工→吊放接头管→吊放钢筋笼→下导管→导墙混凝土浇筑→拔出接头管。

3. 具体施工过程

（1）导墙形式的确定

导墙是地下连续墙挖槽之前修筑的临时建筑，对挖槽起着重要的作用。

导墙一般为现浇的钢筋混凝土结构，也有钢制的或预制钢筋混凝土装配式结构，钢制的或预制的导墙可重复使用。导墙必须有足够的强度、刚度和精度，必须满足挖槽机械的施工要求。

导墙形式的确定如图 4-55 所示。

导墙的作用是：

① 作挡土墙；

导墙采用"┐ ┌"形现浇钢筋混凝土结构，导墙的净距按照设计要求应大于地下连续墙的设计宽度40mm

图 4-55　导墙形式的确定

② 作为测量的基准；

③ 作为重物的支承；

④ 存蓄泥浆。

（2）测量放样

① 根据设计图纸提供的坐标计算出地下连续墙中心线角点坐标，用全站仪实地放出地下连续墙角点，放样误差小于±5mm，并做好护桩。

全站仪

图 4-56　测量放样

② 为确保后期基坑结构的净空符合要求，导墙中心轴线应各向外放 a，即结构总体扩大 $2a$。

测量放样如图 4-56 所示。

（3）导墙沟槽开挖

① 导墙分段施工，分段长度根据模板长度和规范要求，一般控制在 20～30m，深度宜为 1.2～2.0m，并使墙趾落在原状土上。

② 导墙沟槽开挖采用反铲挖掘机开挖，侧面人工进行修直，塌方或开挖过宽的地方做 240 砖墙外模。

③ 为及时排除坑底积水，在坑底中央设置一排水沟，在一定距离设置集水坑，用抽水泵外排。

④ 在开挖导墙时，若有废弃管线等障碍物应进行清除，并严密封

堵废弃管线断口，防止其成为泥浆泄漏通道。

⑤ 导墙沟槽开挖结束后，将中轴线引入沟槽底部，以控制模板的安装。

导墙沟槽开挖如图 4-57 所示。

图 4-57　导墙沟槽开挖

（4）导墙钢筋施工

导墙钢筋按设计图纸施工，搭接接头长度不小于 $45d$（d 为钢筋直径），连接区段内接头面积百分率不大于 25%，单面搭接焊不小于 $10d$。

导墙钢筋施工如图 4-58 所示。

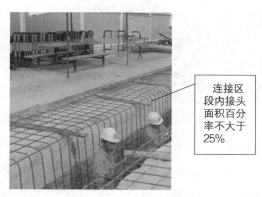

图 4-58　导墙钢筋施工

（5）导墙模板施工

模板按地下连续墙中轴线支立，左右偏差不大于 5mm，各道支撑应牢固，模板表面应平整，接缝严密，不得有缝隙、错台现象。

导墙模板施工如图 4-59 所示。

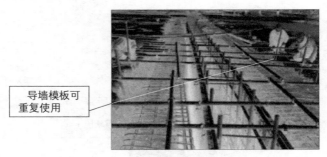

图 4-59　导墙模板施工

（6）导墙混凝土浇筑

导墙混凝土强度必须符合设计要求，灌注时两侧均匀布料，每隔 50cm 振捣一次，以表面泛浆、混凝土面不下沉为准。每次打灰留试件一组。

导墙混凝土浇筑如图 4-60 所示。

图 4-60　导墙混凝土浇筑现场图

4. 施工注意事项

① 钻机未处于水平位置，或施工场地未整平及压实，在钻进过程中会发生不均匀沉降，因此施工时要注意钻机位置和场地的平整。

② 施工时如果水上钻孔平台基础底座不稳固、未处于水平状态，在钻孔过程中，钻井架就会发生不均匀变形，因此，施工前要检查钻孔平台基础。

③ 钻机工作时钻杆弯曲，或者接头松动，会致使钻头产生大的晃动，因此钻机工作前要检查钻头。

五、混凝土支撑施工

深基坑的支护不仅要确保边坡的稳定，保证周围建筑物、地下管线、周边道路等安全，又要满足在建项目的正常施工及基坑变形控制要求。

1. 混凝土支撑施工特点

① 钢筋混凝土支撑受力合理，可充分发挥钢筋混凝土轴向受压强度高、变形小的特点，确保基坑施工及周边建筑物等安全。

② 节点处理简单方便，可靠性好，造价低，施工方便，可把复杂的基坑支护简化为常用的钢筋混凝土施工。

③ 支撑跨度大，可形成较大的无支撑空间，工作面开阔，加快了土方施工进度。

④ 不受周边场地不足的限制，可满足狭小场地施工要求。在基坑周边狭窄或没有多于通道的场地，也不影响钢筋混凝土内支撑的施工，有利于地下室和基础施工。

⑤ 排桩与内支撑支护结构能有效控制边坡侧向变形，内支撑结构平面刚度大，结构变形小，基坑安全性高，可有效保护基坑周边建筑物和地下管线等公共设施的安全。

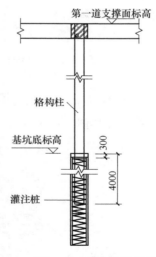

图 4-61 立柱构造示意

钻孔灌注桩（排桩）与钢筋混凝土内支撑支护施工中的立柱构造示意如图 4-61 所示。

2. 钻孔灌注桩（排桩）与钢筋混凝土内支撑支护的适用范围

① 适用于单层内支撑基坑、深度不大于 12m，且侧壁安全等级为一、二级的高层、超高层及地下工程等周边环境复杂的深基坑支护；

② 适用于软土地基深基坑支护；

③ 适用于邻近有建筑物而不允许有较大变形的深基坑支护。

六、土层锚杆（土锚）施工

1. 土层锚杆的概念

土层锚杆简称土锚杆，是在深基础土壁未开挖的土层内钻孔，达到一定深度后，在孔内放入钢筋、钢管、钢丝束、钢绞线等材料，灌入泥浆或化学浆液，使其与土层结合成为抗拉（拔）力强的锚杆。锚杆端部与护壁桩联结，防止土壁坍塌或滑坡。由于坑内不设支撑，所以施工条件较好。

2. 施工工艺流程

钻（扩）孔→安装拉杆→灌浆→养护→安装锚头→张拉与锚固→下层挖土。

3. 具体施工过程

（1）钻（扩）孔

① 扩孔的方法通常有四种：机械扩孔、爆炸扩孔、水力扩孔和压浆扩孔。

② 土层锚杆的水平误差不得大于 25cm，标高误差不得大于 10cm。

钻（扩）孔如图 4-62 所示。

孔壁要求平直，以便安放钢拉杆和灌注水泥浆

图 4-62　钻（扩）孔

（2）安装拉杆

土层锚杆用的拉杆，常用的有粗钢筋、钢丝束和钢绞丝。安装拉杆施工现场如图 4-63 所示。

当地基承载能力较小时，多用粗钢筋；承载能力较大时，多用钢绞线

图 4-63 安装拉杆施工现场

（3）灌浆

锚杆灌浆分为一次灌浆和二次灌浆两种灌浆方式。锚杆一次灌浆和二次灌浆时间间隔大概需要 4～6h。

一次灌浆的压力可不加以限制，只要孔口溢出浆液，即暂停灌浆，然后将孔口封闭，稳压 1min 左右，即可结束灌浆。二次灌浆应在一次灌浆形成的水泥结石体强度达到 5.0MPa（4～6h）时进行，灌浆压力 0.5～1.5MPa，最高达到 2.0MPa，灌浆时间一般为 20min～1h。

灌浆现场施工如图 4-64 所示。

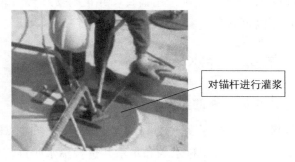

对锚杆进行灌浆

图 4-64 灌浆现场施工图

（4）张拉与锚固

土层锚杆灌浆后，待锚固体强度达到设计强度的 80% 以上时，便可对锚杆进行张拉和锚固。张拉前先在支护结构上安装围檩。锚杆的张拉与锚固如图 4-65 所示。

张拉用设备与预应力结构张拉所用的相同

图 4-65　锚杆的张拉、锚固

4. 施工注意事项

① 根据设计要求和土层条件，认真编制施工组织设计，选择合理的钻进方法，认真操作，防止发生钻孔坍塌、掉块、涌砂和缩径现象，保证锚杆顺利安插和混凝土顺利灌注。

② 按设计要求正确组装锚杆，正确绑扎，认真安插，确保锚杆的安装质量。

③ 按设计要求严格控制水泥浆、水泥砂浆的配合比，控制搅拌质量，并使注浆设备和管路处于良好的工作状态。

④ 根据所用锚杆类型正确选用锚具，并正确安装台座和张拉设备，保证试验数据准确可靠。

第六节　基坑排、降水

一、地下水控制方法的选择

在软土地区基坑开挖深度超过 3m 时，一般就要用井点降水。开挖深度浅时，亦可边开挖边用排水沟和集水井进行集水明排。控制地下水的方法有多种，其大致适用条件见表 4-7，选择时根据土层情况、降水深度、周围环境、支护结构种类等综合考虑后优选。当因降水而危及基坑及周边环境安全时，宜采用截水或回灌方法。

表 4-7 控制地下水方法适用条件

方法名称		土的种类	渗透系数 /(m/d)	降水深度 /m	水文地质特征
降水	集水明排	填土、粉土、黏性土、砂土	7.0～20.0	<5	上层滞水与水量不大的潜水
	真空井点		0.1～20.0	单级<6 多级<20	
	喷射井点		0.1～20.0	<20	
	管井	粉土、砂土、碎石土、可溶岩、破碎带	1.0～200.0	>5	含水丰富的潜水、承压水、裂缝水
截水		黏性土、粉土、砂土、碎石土、岩溶土	不限	不限	—
回灌		填土、粉土、砂土、碎石土	0.1～200.0	不限	—

当基坑底为隔水层且层底有承压水作用时，应进行坑底突涌验算，必要时可采取水平封底隔渗或钻孔减压措施，以保证坑底土层的稳定性。否则一旦发生突涌，将给施工带来极大的麻烦。

二、基坑涌水量计算

根据水井理论，水井分为潜水（无压）完整井、潜水（无压）非完整井、承压完整井和承压非完整井。这几种井的涌水量计算公式各不相同，具体情况如下。

1. 均质含水层潜水完整井基坑涌水量计算

根据基坑是否临近水源，分别计算如下。

（1）基坑远离地面水源

$$Q = 1.366K \frac{(2H-S)S}{\lg\left(1 + \dfrac{R}{r_0}\right)} \tag{4-26}$$

式中　Q——基坑涌水量；

　　　K——渗透系数；

　　　H——潜水含水层厚度；

　　　S——基坑水位降深；

R——降水影响半径；

r_0——基坑等效半径。

对承压含水层按下式计算：

$$R = 10S\sqrt{K} \tag{4-27}$$

式中　K——土壤的渗透参数；

S——基坑水位降深；

R——降水影响半径。

降水影响半径宜通过试验或根据当地经验确定，当基坑安全等级为二、三级时，对潜水含水层可按下式计算：

$$R = 2S\sqrt{KH} \tag{4-28}$$

式中　R——降水影响半径。

当基坑为圆形时，基坑等效半径取圆的半径。当基坑非圆形时，对矩形基坑的等效半径按下式计算：

$$r_0 = 0.29(a+b) \tag{4-29}$$

式中　a，b——基坑的长、短边。

对不规则形状的基坑，其等效半径按下式计算：

$$r_0 = \sqrt{\frac{A}{\pi}} \tag{4-30}$$

式中　A——基坑面积。

（2）基坑近河岸

$$Q = 1.366K\frac{(2H-S)S}{\lg\left(\dfrac{2b}{r_0}\right)} \quad (b < 0.5R) \tag{4-31}$$

式中　K——土壤的渗透参数；

H——潜水含水层厚度；

S——基坑水位降深；

r_0——基坑等效半径；

b——基坑短边长度。

（3）基坑位于两地表水体之间或位于补给区与排泄区之间时

$$Q = 1.366K \frac{(2H-S)S}{\lg\left\{\frac{2(b_1+b_2)}{\pi r_0}\cos\left[\frac{\pi}{2}\frac{(b_1-b_2)}{(b_1+b_2)}\right]\right\}} \tag{4-32}$$

式中　K——土壤的渗透参数；

　　　H——潜水含水层厚度；

　　　S——基坑水位降深；

　　　r_0——基坑等效半径；

　　　b_1——基坑短边左端到基坑中点距离；

　　　b_2——基坑短边右端到基坑中点距离。

（4）当基坑靠近隔水边界时

$$Q = 1.366K \frac{(2H-S)S}{2\lg(R+r_0)-\lg r_0(2b+r_0)} \tag{4-33}$$

式中　K——土壤的渗透参数；

　　　H——潜水含水层厚度；

　　　S——基坑水位降深；

　　　r_0——基坑等效半径；

　　　b——基坑短边长度。

均质含水层潜水完整井基坑涌水量计算简图如图 4-66 所示。

2. 均质含水层潜水非完整井基坑涌水量计算

（1）基坑远离地面水源

$$Q = 1.336K \frac{H^2-h_m^2}{\lg\left(1+\frac{R}{r_0}\right)+\frac{h-l}{l}\lg\left(1+0.2\frac{h_m}{r_0}\right)} \tag{4-34}$$

其中，$h_m = \dfrac{H+h}{2}$

式中　K——土壤的渗透参数；

　　　H——潜水含水层厚度；

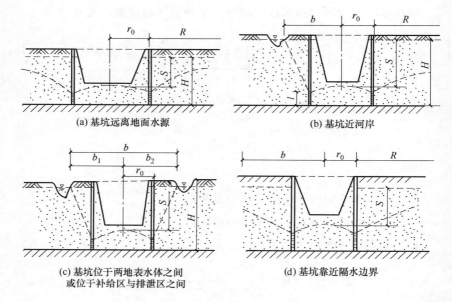

图 4-66　均质含水层潜水完整井基坑涌水量计算简图

　　r_0——基坑等效半径；

　　h——设计降水面到潜水层底面的距离；

　　l——过滤器进水长度；

　　R——降水井影响半径。

（2）基坑近河岸，且含水层厚度不大时

$$Q=1.366K\left[\frac{l+s}{\lg\left(\frac{2b}{r_0}\right)}+\frac{l}{\lg\left(\frac{0.66l}{r_0}\right)+0.25\frac{l}{M}\lg\left(\frac{b^2}{M^2-0.14l^2}\right)}\right] \quad (b>\frac{M}{2})$$

(4-35)

式中　M——由含水层底板到滤头有效工作部分中点的长度；

　　　　l——过滤器进水长度；

　　　　s——基坑深度；

　　　　b——基坑短边长度。

（3）基坑近河岸，且含水层厚度很大时

$$Q = 1.336K \left[\frac{l+s}{\lg\left(\frac{2b}{r_0}\right)} + \frac{l}{\lg\left(\frac{0.66l}{r_0}\right) - 0.22 \text{arsh}\left(\frac{0.44l}{b}\right)} \right] \quad (b > l)$$

$$(4\text{-}36)$$

均质含水层潜水非完整井基坑涌水量计算简图如图 4-67 所示。

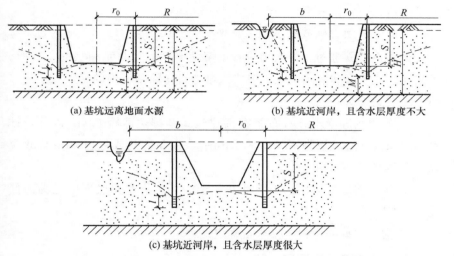

(a) 基坑远离地面水源　　　　　　(b) 基坑近河岸，且含水层厚度不大

(c) 基坑近河岸，且含水层厚度很大

图 4-67　均质含水层潜水非完整井基坑涌水量计算简图

三、明沟排水方法和计算

1. 基础须知

明沟排水法又称表面排水法，它是利用设置在基坑内、外的明沟、集水井和抽水设备，将地下水从集水井中不断排走，保持基坑处于干燥状态的一种方法。这种施工方法具有施工方便、设备简单、降水费用低、管理维护容易的特点。

排水沟、集水井应设在基础轮廓线以外，排水沟边缘应离开坡脚不小于 0.3m，深度应始终保持比挖土面低 0.1～0.5m。集水井应比排水沟低 0.5～1.0m，并其深度应随基坑的挖深而加深，以保持水流通畅。

2. 计算方法

抽水设备水泵所需功率 n（kW）按下式计算：

$$n = \frac{k_0 q h_0}{75 \eta_1 \eta_2} \tag{4-37}$$

式中　k_0——安全系数；

$\quad q$——基坑涌水量，m^3/d；

$\quad h_0$——抽水前坑底以上水位的高度，m；

$\quad \eta_1$——水泵效率，一般取 $0.40 \sim 0.50$；

$\quad \eta_2$——动力机械效率，一般取 $0.75 \sim 0.85$。

计算得出 n 通过 n 的数值选择电泵功率。当涌水量 $q < 20 m^3/h$ 时，可采用膜式水泵和潜水电泵。膜式水泵还可排除基坑中的泥浆水。

3. 注意事项

① 排水沟和集水井宜布置在拟建建筑基础边净距 0.4m 以外，排水沟边缘离开边坡坡脚不应小于 0.3m；在基坑四角或每隔 $30 \sim 40m$ 应设一个集水井。

② 排水沟底面应比挖土面低 $0.3 \sim 0.4m$，集水井底面应比沟面低 0.5m 以上。

③ 沟、井截面应根据排水量确定。

四、井点降水方法和计算

1. 基础须知

（1）井点降水法的概念

井点降水法就是预先将带有滤管的降水管布设在基坑周围，在基坑开挖前和开挖过程中用抽水设备从中抽水，使地下水位降低到基坑地面以下，防止流砂或管涌的发生，以实现土方开挖的干作业。

（2）井点降水法的分类

井点降水法有轻型井点、喷射井点、电渗井点、管井井点、深井井点等。井点降水方法和设备的选择可根据土层的渗透系数、要求降水深度及工程特点，做技术经济比较后确定。各类井点降水法的适用范围可参考表 4-8。

① 轻型井点　轻型井点是沿基坑四周每隔一定距离埋入井点管（直径 $38 \sim 51mm$，长 $5 \sim 7m$ 的钢管）至蓄水层内，利用抽水设备将地

表 4-8　各类井点降水法的适用范围

井点类别	土的渗透性/(m/d)	降水深度/m
单层轻型井点	0.1～50	3～6
多层轻型井点	0.1～50	6～12(由井点层数而定)
喷射井点	0.1～2	8～20
电渗井点	<0.1	根据选用的井点确定
管井井点	20～200	3～5
深井井点	10～250	>15

下水从井点管内不停抽出，使原有地下水降至坑底以下。采用该方法时，在施工过程中要不断地抽水，直至施工完毕。

② 喷射井点　当采用轻型井点要采用多级井点时，就会增加基坑挖土量、延长工期并增加设备数量，这样做显然不经济。因此，当降水深度超过 8m 时，宜采用喷射井点，该方法降水深度可达 8～20m。喷射井点的设备主要由喷射井管、高压水泵和管路系统组成。

③ 电渗井点　对于渗透系数很小的土（$K<0.1\text{m/d}$），因土粒间微小空隙的毛细管作用，可以采用电渗井点的方法。

电渗井点是井点管作阴极，在其内侧相应地插入钢筋或钢管做阳极，通入直流电后，在电场的作用下，使土中的水流加速向阴极渗透，流向井点管。这种方法耗电多，只在特殊情况下使用。

④ 管井井点　管井井点就是沿基坑每隔一定距离设置一个管井，每个管井单独用一台水泵不断抽水来降低水位。这种方法在地下水量大的情况下比较适用。

⑤ 深井井点　当降水深度超过 15m 时，在管井井点采用一般的潜水泵和离心泵满足不了降水的要求，可加大管井深度，改采用深井泵即深井井点来解决。深井井点一般可降低水位 30～40m，有的甚至可以达到 100m 以上。常见的深井泵有两种类型：电动机在地面上的深井泵及深井潜水泵（沉没式深井泵）。

2. 计算方法

井点降水方法主要要计算井点管的数量与间距，井点管需要根数 n 的计算式如下：

$$n = 1.1 \frac{Q}{q} \qquad (4\text{-}38)$$

式中 n——井点管根数；

$\quad Q$——井点系统水量，m^3/d；

$\quad 1.1$——考虑井点管堵塞因素的备用系数；

$\quad q$——单根井点管的出水量，m^3/d。

q 的计算式如下：

$$q = 65\pi d l^3 k \qquad (4\text{-}39)$$

式中 d——滤管的直径，m；

$\quad l$——滤管的长度，m；

$\quad k$——渗透系数，m/d。

井点管的间距 D 计算式如下：

$$D = \frac{2(L+B)}{n} \qquad (4\text{-}40)$$

式中 D——井点管的平均间距，m；

$\quad L$，B——矩形井点系统的长度、宽度，m。

求出的 D 值应 $> 15d$，并应符合总管接头的间距（如 0.8m、1.2m、1.6m 等）。

3. 注意事项

① 使用轻型井点系统应保证连续抽水。时抽时停，则滤网容易堵塞；中途停抽，地下水位回升，可能引起边坡塌方等事故。正常出水规律是"先大后小、先浑后清"。

② 真空泵的真空度是判断井点系统运行是否良好的尺度，必须经常观测，造成真空度不足的原因通常是由于管路系统连接存在漏气，应及时检查并采取有关措施。

③ 井点管淤塞一般可从听管内水流声响，手扶管壁感到振动，夏、冬季手摸管子有夏冷、冬暖的感觉等简便方法检查。如发现淤塞井点管较多，严重影响降水效果时，应逐根用高压水冲洗，或拔出重新埋设。

④ 井点系统降水时，尚应对邻近现有建筑物进行沉降观测，如发生过大沉陷，应及时采取防护措施。

第一节　地基与基础工程概述

一、地基与基础的定义

　　地基指的是承受上部结构荷载影响的那一部分土体。基础下面承受
建筑物全部荷载的土体或岩体
称为地基。地基不属于建筑的
组成部分，但它对保证建筑物
的坚固耐久性具有非常重要的
作用。

　　基础是指建筑物地面以下
的承重结构，如基坑、承台、
框架柱、地梁等，是建筑物的
墙或柱子在地下的扩大部分，
其作用是承受建筑物上部结构传下来的荷载，并把它们连同自重一起传
给地基。

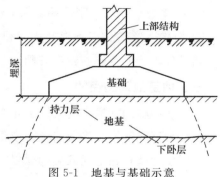

图 5-1　地基与基础示意

　　地基与基础如图 5-1 所示。

二、地基与基础的类型

1. 地基的类型

　　从现场施工的角度来讲地基，地基可分为天然地基和人工地基。地
基就是基础下面承压的岩土持力层。天然地基是自然状态下即可满足承

担基础全部荷载要求，不需要加固的天然土层，其可节约工程造价，是不需要人工处理的地基。天然地基为不需要对其进行处理就可以直接放置基础的天然土层。天然地基土分为四大类：岩石、碎石土、砂土、黏性土。人工地基是经过人工处理或改良的地基。当土层的地质状况较好，承载力较强时可以采用天然地基，而在地质状况不佳的条件下，如坡地、沙地或淤泥地质，或虽然土层质地较好，但上部荷载过大时，为使地基具有足够的承载能力，则要采用人工加固地基，加固后的地基称为人工地基。

2. 基础的类型

① 按使用的材料分　灰土基础、砖基础、毛石基础、混凝土基础、钢筋混凝土基础。

② 按埋置深度分　不埋式基础、浅基础、深基础。埋置深度不超过 5m 者称为浅基础，大于 5m 者称为深基础。

③ 按受力性能分　刚性基础和柔性基础。

④ 按构造形式分　条形基础、独立基础、满堂基础和桩基础。满堂基础又分为筏形基础和箱形基础。

三、地基处理的目的

地基所面临的问题主要有以下几个方面：承载力及稳定性问题；压缩及不均匀沉降问题；渗漏问题；液化问题；特殊土的特殊问题。

当天然地基存在上述五类问题之一或其中几个时，需采用地基处理措施以保证上部结构的安全与正常使用。通过地基处理，达到以下一种或几种目的：

① 提高地基土的承载力；

② 降低地基土的压缩性；

③ 改善地基土的透水性；

④ 改善地基土的动力特性；

⑤ 改善特殊土不良地基特性。

地基处理（强夯地基）现场施工如图 5-2 所示。

图 5-2 地基处理 (强夯地基) 现场施工图

第二节 地基处理的方法

地基处理方法就是按照上部结构对地基的要求，对地基进行必要的加固或改良，以提高地基土的承载力，保证地基稳定，减少上部结构的沉降或不均匀沉降，消除湿陷性黄土的湿陷性及提高抗液化能力的方法。

常用的地基处理方法有换填垫层法、强夯法、砂石桩法、振冲法、水泥土搅拌法、高压喷射注浆法、预压法、夯实水泥土桩法、水泥粉煤灰碎石桩法、石灰桩法、灰土挤密桩法和土挤密桩法、柱锤冲扩桩法、单液硅化法和碱液法等。

在确定地基处理方案时，应根据地质情况的不同、建（构）筑物的承载条件需要以及各种处理方案的成本比对，选择既能达到要求，成本又较低的处理方法。

一、换填垫层法

1. 定义及适用范围

换填垫层法是指将基础下一定深度内的土层挖除，然后回填强度较高的砂、碎石或灰土等，并将它夯密实的处理方法。它适用于浅层软弱地基及不均匀地基的处理。其主要作用是提高地基承载力，减少沉降量，加速软土层的排水固结，防止冻胀和消除膨胀土的胀缩。换填垫层法如图 5-3 所示。

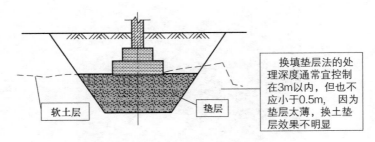

图 5-3　换填垫层法

2. 施工工艺流程（砂石换填）

检验砂石质量→分层铺筑砂石→洒水→夯实或碾压→找平验收。

3. 具体施工过程

（1）检验砂石质量

对级配砂石进行技术鉴定，如是人工级配砂石（图 5-4），应将砂石拌和均匀，其质量均应达到设计要求或规范的规定。

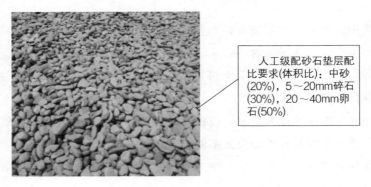

图 5-4　人工级配砂石

（2）分层铺筑砂石

① 铺筑砂石的每层厚度，一般为 15～20cm，不宜超过 30cm，分层厚度可用样桩控制。视不同条件可选用夯实或压实的方法。大面积的砂石垫层，铺筑厚度可达 35cm，宜采用 6～10t 的压路机碾压。

② 砂和砂石地基底面宜铺设在同一标高上，如深度不同时，基土面应挖成踏步和斜坡形，搭槎处应注意压（夯）实。施工应按先深后浅

的顺序进行。

③ 分段施工时，接槎处应做成斜坡，每层接槎处的水平距离应错开 0.5～1.0m，并应充分压（夯）实。

④ 铺筑的砂石应级配均匀。如发现砂窝或石子成堆现象，应将该处砂子或石子挖出，分别填入级配好的砂石。分层铺筑如图 5-5 所示。

砂和砂石地基底面宜铺设在同一标高上，如深度不同时，基土面应挖成踏步和斜坡形，搭槎处应注意压(夯)实

图 5-5　分层铺筑

（3）洒水

铺筑级配砂石在夯实碾压前，应根据其干湿程度和气候条件，适当地洒水以保持砂石的最佳含水量，一般为 8%～12%。洒水如图 5-6 所示。

洒水车正对砂石垫层进行洒水

图 5-6　洒水

（4）找平验收

施工时应分层找平，夯压密实，并应设置纯砂检查点，用容量为 200cm^3 的环刀取样，测定干砂的质量密度。下层密实度合格后，方可进行上层施工。用贯入法测定质量时，用贯入仪、钢筋或钢叉等以贯入度进行检查，小于试验所确定的贯入度为合格。

4. 施工注意事项

① 回填前须做好针对性的各级安全交底工作。

② 施工时注意现场协调与指挥工作，严禁从坑壁上下及加固处、脚手架上乱抛物品。

③ 施工现场必须遵守一切有关安全规定，设立专人指挥运输车辆及大型接卸设备，施工人员需服从指挥，严禁无证、酒后操作机械、电器设备。

④ 在防护措施不齐全或无安全交底时，工人有权拒绝操作，严禁出现违章指挥、违反劳动纪律等行为。

⑤ 由于回填土是在坑下作业，要在基坑边防护栏上及边坡加固区域脚手架处挂好警示标志，设立专人看护，以免坠物伤人。

二、强夯法

1. 定义及适用范围

强夯法，是指将十几吨至上百吨的重锤，从几米至几十米的高处自由落下，对土体进行动力夯击，使土产生强制压密而减少其压缩性，提高强度的加固方法。这种加固方法主要适用于颗粒粒径大于 $0.05mm$ 的粗颗粒土，如砂土，碎石土，山皮土，粉煤灰，杂填土，回填土，低饱和度的粉土、黏性土，微膨胀土和湿陷性黄土，对饱和的粉土和黏性土无明显加固效果。

强夯法适用于处理碎石土、砂土、低饱和度的粉土与黏性土、湿陷性黄土、杂填土和素填土等地基。强夯置换法适用于高饱和度的粉土，软塑、流塑的黏性土等地基上对变形控制要求不严的工程，在设计前必须通过现场试验确定其适用性和处理效果。强夯法和强夯置换法主要用来提高土的强度，减少压缩性，改善土体抵抗振动液化能力和消除土的湿陷性。对饱和黏性土宜结合堆载预压法和垂直排水法使用。强夯法施工如图 5-7 所示。

强夯法施工
工艺流程

2. 施工工艺流程

清理并平整场地→标出夯点位置、测量场地高程→起重机就位→测量夯前锤顶高程→夯击→复夯→测量夯

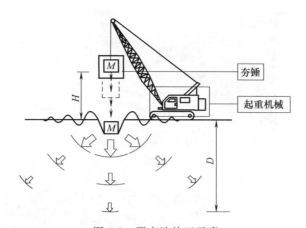

图 5-7　强夯法施工示意

M—锤重；H—落距；D—有效加固深度

后场地高程。

3. 具体施工过程

（1）清理并平整场地

为保证强夯质量，便于夯机移位，强夯施工前，首先应对强夯场地用推土机进行清理整平。

推土机平整场地如图 5-8 所示。

图 5-8　推土机平整场地

（2）标出夯点位置、测量场地高程

根据试验确定夯点间距，用钢尺放出每个点位，用石灰标出夯点位置。施工现场待夯点如图 5-9 所示。

（3）起重机就位

起重机就位如图 5-10 所示。

（4）夯击

将夯锤吊到预定高度，脱钩自由下落。夯击过程中记录每次夯沉量。

夯击如图 5-11 所示。

图 5-9　待夯点

图 5-10　起重机就位

图 5-11　夯击

（5）测量夯后场地高程

夯击完成后，用推土机将夯坑填平压实，并测量场地高程。夯后场地如图 5-12 所示。

夯击完成后的夯坑

图 5-12　夯后场地

4. 施工注意事项

① 夯击施工前必须清除所有障碍物及地下管线。

② 强夯机械必须符合夯锤起吊重量和提升高度的要求，并设置安全装置，防止夯击时起重机臂杆在突然卸重时发生后倾等现象。

③ 夯击时，落锤应保持平稳，夯位正确。

④ 夯点宜距现有建筑物 30m 以上，否则，可在夯点与建筑物之间开挖隔震沟带，其沟带深度要超过建筑物基础深度，并有足够的长度，或把强夯场地包围起来。

三、砂石桩法

1. 定义及适用范围

砂石桩地基是挤密桩地基的一种，是一种常用的软土地基处理方法，砂桩和砂石桩统称为砂桩。利用振动、冲击或水冲等方式在软弱地基中成孔，将砂或砂卵石或砾石、碎石，挤压入孔中，形成大直径的砂或砂卵石（碎石）所构成的密实桩体。这种处理方法经济、简单、有效。

砂石桩法适用于挤密松散砂土、粉土、黏性土、素填土、杂填土等地基，可提高地基的承载力和降低压缩性，也可用于处理可液化地基。对饱和黏土地基上变形控制不严的工程也可采用砂石桩置换处理，使砂石桩与软黏土构成复合地基，加速软土的排水固结，提高地基承载力。

2. 施工工艺流程（振动沉管法）

平整场地→布设桩位→桩机就位→振动拔管、灌砂石→补灌砂石→

成桩。

3. 具体施工过程

（1）布设桩位

测量放线，布设桩位，按设计间距布设并用灰点标出，检查桩孔位置要求桩间距偏差小于 10cm。

图 5-13　桩机就位

（2）桩机就位

采用重复压管成桩的工艺，桩架就位必须平整、稳固，套管尖插在测设好的桩标灰点上并保持垂直，垂直度偏差不大于 1.5％，校正桩管长度及投料口位置。桩架就位后检查桩架位置确保桩孔位置准确，施工过程中及时检查桩架是否水平以保证桩孔竖直向下。桩机就位如图 5-13 所示。

（3）振动拔管

① 开启振动器，利用振动器自重和激振力将套管沉入换填砂砾层及软土层中直至设计标高。在振动沉管过程中，注意及时检查桩架是否水平，桩架是否跑动，如有跑动或倾斜要及时调整，保证桩位准确垂直。

② 边振动边下沉至设计深度，每下沉 2m 留振时间应≥15s，达到设计桩长 9m 深度后停止振动，并打开桩尖活瓣。

（4）灌砂石

① 根据单桩的设计用量，人工将经检验合格的砂砾石从桩管上端投料口灌注进去。如果桩管一次容纳不了应灌入的全部砂料，剩余的砂石料待桩管提升后，振动挤实一段时间以后再补充装入。

② 启动拔管，拔管前留振 30s，然后边振动边拔管，拔管速度需均匀，为 1～2m/min，拔管时保持管内填料高于成桩顶面位置，缺料时随时从加料口加料。每拔管 1m，向下反插 0.5m，每次反插后按 10～

工人操作拔管

图 5-14　拔管操作施工现场

20s/m 的留振时间进行留振。最后用空管反插至桩顶设计标高，将桩顶压实。拔管操作施工现场如图 5-14 所示，成品砂石桩如图 5-15 所示。

图 5-15　成品砂石桩

4. 施工注意事项

① 桩底 1.5m 范围内宜多次反插，以扩大桩的端部断面，穿过淤泥夹层等软基地层时应放慢拔管速度，并减少拔管高度和反插深度。

② 施工过程中应及时挖除桩管带出的泥土，孔口泥土不得掉入孔中。

③ 施工过程中应记录：沉桩深度、打桩时间、每次砂石灌注车数、砂石灌注总量、反插次数、留振时间、提升速度、桩身垂直度及工作电流等。

④ 施工过程中如发现土层有较大变化，投料量或沉桩速度异常应立即停工，并报告监理工程师，经分析原因，采取有效处理措施后方可继续施工。

⑤ 控制每根桩的用料量，用料达不到设计理论值时，应分析原因，征得现场监理同意后再进行施工。

四、振冲法

1. 施工概要

振冲法分加填料和不加填料两种。加填料的通常称为振冲碎石桩法，不加填料的通常称为振冲挤密砂桩法。振冲法适用于处理砂土、粉土、粉质黏土、素填土和杂填土等地基。对于处理不排水抗剪强度不小于 20kPa 的黏性土和饱和黄土地基，应在施工前通过现场试验确定其适用性。不加填料振冲加密法适用于处理黏粒含量不大于 10％的中、粗砂地基。振冲法施工机械如图 5-16 所示，振冲法施工工序如图 5-17 所示。

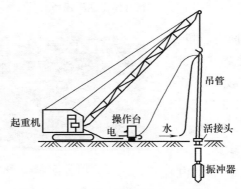

图 5-16　振冲法施工机械

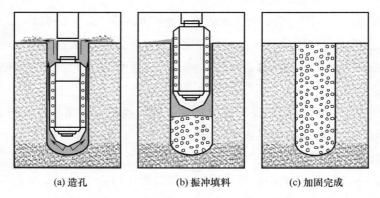

(a) 造孔　　　　　　　(b) 振冲填料　　　　　(c) 加固完成

图 5-17　振冲法施工工序示意

2. 施工工艺流程

清理平整场地、布置桩位→施工机具就位→启动水泵和振冲器→成孔后提升振冲器，进行扩孔→填料制桩。

3. 具体施工过程

（1）清理平整场地、布置桩位

场地平整如图 5-18 所示。

（2）施工机具就位

施工机具就位，如图 5-19 所示。

图 5-18　场地平整

（3）启动水泵和振冲器

启动水泵和振冲器，将振冲器缓缓沉入土中，直至达到设计深度，记录振冲器经各深度土层时的水压、电流和留振时间。将振动器沉入土中，如图 5-20 所示。

（4）成孔后提升振冲器，进行扩孔

振动器对准桩位

图 5-19　施工机具就位

振动器

图 5-20　振动器沉入土中

造孔后边提升振冲器边冲水至孔口，再将振冲器放至孔底，重复2～3 次扩大孔径并使孔内泥浆变稀后开始填料制桩。扩孔施工现场如图 5-21 所示。

图 5-21　扩孔施工现场

（5）填料制桩

将振冲器沉入填料中进行振密制桩。填料制桩施工现场如图 5-22 所示。

大功率振动器投料时不提出孔口，小功率振冲器如下料困难时，可将振冲器提出孔口后投料

图 5-22　填料制桩施工现场

4. 施工中应注意的质量问题

（1）桩头不密实

振动桩施工完毕后，最上面厚 1m 左右的土层由于上层土覆盖压力小，桩的密实度难以保证，宜予以挖除，另用垫层或另用振动碾压器进行碾压密实处理。

（2）桩体缩颈或断桩

在软黏土地基中施工时，应经常上下提升振冲器进行清孔，如土质特别软，可在振冲器下沉到第一层软弱层时就在孔中填料，进行初步挤振，使这些填料挤到该软弱层的周围，起到保护此段孔壁的作用，然后继续按常规向下进行振冲，直至达到设计深度为止。

（3）检验间隔时间不足

振动施工结束后，除砂土地基外，应间隔一定时间后方可进行质量检验。对黏性土地基应间隔 3～4 周，对粉土地基应间隔为 2～3 周。

五、水泥土搅拌法

1. 施工概要

水泥土搅拌法是用于加固饱和黏性土地基的一种方法。它是利用水泥（或石灰）等材料作为固化剂，通过特制的搅拌机械，在地基深处就地将软土和固化剂（浆液或粉体）强制搅拌，由固化剂和软土间所产生的一系列物理-化学反应，使软土硬结成具有整体性、水稳定性和一定强度的水泥加固土，从而达到提高地基强度和增大变形模量的目的。

根据施工方法的不同，水泥土搅拌法分为水泥浆搅拌和粉体喷射搅拌两种。前者是用水泥浆和地基土搅拌，后者是用水泥粉或石灰粉与地基土搅拌。水泥土搅拌法施工流程如图 5-23 所示。

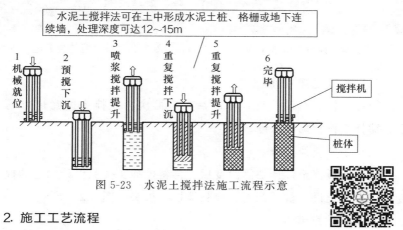

图 5-23　水泥土搅拌法施工流程示意

2. 施工工艺流程

定位→预搅下沉→喷浆（或喷粉）搅拌上升→重复搅拌下沉→重复搅拌上升→移位。

水泥土搅拌法
施工工艺流程

3. 具体施工过程

（1）定位

前后左右移动钻机，使钻头正确对准桩位。当地面起伏不平时，应使起吊设备保持水平。

（2）预搅下沉

搅拌机沿导向架搅拌切土下沉，下沉的速度可由电机的电流监测表控制。预搅下沉施工现场如图 5-24 所示。

（3）喷浆（或喷粉）搅拌上升

搅拌头下沉到达设计深度后，将水泥浆或水泥粉喷入地基中，边喷边旋转，同时严格按照设计确定的提升速度提升搅拌头。喷浆搅拌提升施工现场如图 5-25 所示。

图 5-24 预搅下沉施工现场　　　　图 5-25 喷浆搅拌提升施工现场

（4）重复搅拌下沉

搅拌头提升至设计桩顶标高后，应再次将搅拌头边旋转边沉入土中，搅拌至设计加固深度。

（5）重复搅拌上升

搅拌头搅拌至设计加固深度后，再将搅拌头按照设计确定的提升速度搅拌提升至设计桩顶标高。成品搅拌桩桩头如图 5-26 所示。

4. 施工注意事项

① 压浆阶段不允许发生断浆现象，输浆管不能发生堵塞。

② 严格按照设计确定的数据，控制喷浆、搅拌和提升速度。控制

已完成的搅拌桩

图 5-26　成品搅拌桩桩头

重复搅拌时的下沉和推开速度，以保证加固范围每一深度内都得到充分搅拌。

③ 在成桩过程中，凡是由于电压过低或其他原因造成的停机而使沉桩工艺中断的，为防止断桩，在搅拌机重新启动后，均应将搅拌机下沉 500mm 再继续制桩。

④ 相邻两桩施工间隔时间不得超过 12h。

⑤ 考虑到搅拌桩与上部结构的基础或承台部分受力较大，应对桩顶 1～1.5m 范围内再增加一次输浆，以提高其强度。

六、高压喷射注浆法

1. 定义及适用范围

高压喷射注浆法就是利用钻机将带有喷嘴的注浆管钻进至土层预定深度后，以 20～40MPa 压力把浆液或水从喷嘴中喷射出来，形成喷射流冲击破坏土层。当能量大、速度快、脉动状的射流动压大于土层结构强度时，土颗粒便从土层中剥落下来。一部分细颗粒随浆液或水冒出地面，其余土粒在射流的冲击力、离心力和重力等的作用下，与浆液搅拌混合，并按一定的浆土比例和质量大小，有规律地重新排列。浆液凝固后，便在土层中形成一个固结体。

高压喷射注浆法适用于处理淤泥、淤泥质土、黏性土、粉土、砂土、人工填土和碎石土地基。当地基中含有较多的大粒径块石、大量植物根茎或较高的有机质时，应根据现场试验结果确定其适用性。对地下水流速度过大且喷射浆液无法在注浆套管周围凝固等情况不再适用。高压喷射注浆法可用于既有建筑和新建建筑地基加固，深基坑、地铁等工程的土层加固或防水。目前最大处理深度已超过 30m。

2. 工艺类型

(1) 单管法

单管法又称 CCP 法，是利用钻机把安装在注浆管（单管）底部侧面的特殊喷嘴，置入土层预定深度后，用高压泥浆泵等装置，以 20MPa 左右的压力，把浆液从喷嘴中喷射出去冲击破坏土体，使浆液与土体上崩落下来的土搅拌混合，经过一定时间凝固，便在土中形成一定形状的固结体。单管法施工如图 5-27 所示。

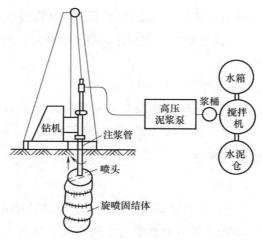

图 5-27　单管法施工示意

(2) 双管法

双管法就是使用双通道的注浆管进行注浆，当注浆管钻进到土层的预定深度后，通过在管底部侧面的同轴双重喷嘴（1～2 个），同时喷射出含有高压浆液和空气两种介质的喷射流冲击破坏土体，即以高压泥浆泵等高压发生装置喷射出压力为 20MPa 左右的浆液，从内喷嘴中高速喷出，并用 0.7MPa 左右压力把压缩空气从外喷嘴中喷出。在高压浆液和它外圈环绕气流的共同作用下，破坏土体的能量显著增大，最后在土

中形成较大的固结体，从而使固结体的范围明显增加。双管法施工如
图 5-28 所示。

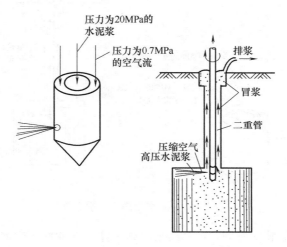

图 5-28　双管法施工示意

（3）三重管法

三重管法是分别使用输送水、气、浆三种介质的三重注浆管进行注
浆，在以高压泵等高压发生装置产生 20～30MPa 的高压水喷射流的周
围，环绕一股 0.5～0.7MPa 的圆筒状气流，使高压水喷射流和气流同
轴喷射冲切土体，形成较大的空隙，再另由泥浆泵注入压力为 1～
5MPa 的浆液填充，喷嘴做旋转和提升运动，最后便在土中凝固为较大
的固结体。三重管法施工如图 5-29 所示。

（4）多重管法

这种方法首先需要在地面钻一个导孔，然后置入多重管，用逐渐向
下运动的旋转超高压力水射流（压力约为 40MPa），切削破坏四周的土
体，经高压水冲击下来的土、砂和砾石成为泥浆后，立即用真空泵从多
重管中抽出。如此反复地冲和抽，便在地层中形成一个较大的空洞。装
在喷嘴附近的超声波传感器及时测出空洞的直径和形状，用电脑绘出空
洞的图形。当空洞的形状、大小和高低符合设计要求后，立即通过多重
管充填空洞。根据工程要求可选用浆液、砂浆、砾石等材料进行填充，

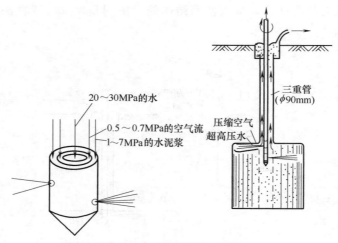

图 5-29 三重管法施工示意

于是在地层中形成一个大直径的柱状固结体，在砂性土中最大直径可达
4m，并能做到智能化管理，施工人员可以完全掌握固结体的直径和质
量。多重管法施工如图 5-30 所示。

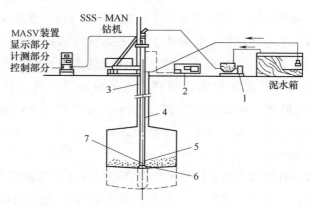

图 5-30 多重管法施工示意

1—真空泵；2—高压水泵；3—孔口管；4—多重钻杆；

5—超声波传感器；6—钻头；7—高射水喷嘴

3. 施工工艺流程

钻机就位→钻孔→插管→喷射作业→冲洗→移动机具。

4. 具体施工过程

（1）钻机就位

钻机安放在设计的孔位上并应保持垂直，施工时旋喷管的允许倾斜度不得大于 1.5%。钻机就位现场图如图 5-31 所示。

常用钻机有 XJ-100、SH-30、SH-76 型振动钻机等

图 5-31　钻机就位现场图

（2）钻孔

单管旋喷常使用 SH-76 型旋转振动钻机，钻进深度可达 30m 以上，适用于标准贯入击数小于 40 的砂土和黏性土层。当遇到比较坚硬的地层时宜用地质钻机钻孔。一般在双管和三管旋喷法施工中都采用地质钻机钻孔。钻孔的位置与设计位置的偏差不得大于 50mm。钻孔施工现场如图 5-32 所示。

施工时在土层中钻一个孔径为 50mm 或 300mm 的小孔，便可在土中喷射成直径为 0.4～4m 的固结体

图 5-32　钻孔施工现场

（3）插管

插管是将喷管插入地层预定的深度的施工过程。使用 SH-76 型振动钻机钻孔时，插管与钻孔两道工序合二为一，即钻孔完成时插管作业同时完成。如使用地质钻机钻孔，应等钻孔完毕后拔出岩芯管，换上旋喷管后再插入到预定深度。在插管工程中，为防止泥砂堵塞喷嘴，可边射水边插管，水压力一般不超过 1MPa。若压力过高，则易将孔壁射塌。插管施工现场如图 5-33 所示。

插管深度按设计要求，具体施工方法根据选择的钻机而确定

图 5-33　插管施工现场

（4）喷射作业

当喷管插入预定深度后，由下而上进行喷射作业，值班技术人员必须时刻注意检查浆液初凝时间、注浆流量、风量、压力、旋转提升速度等参数是否符合设计要求，并随时做好记录，绘制作业过程曲线。当浆液初凝时间超过 20h，应及时停止使用该水泥浆液（正常水灰比为 1∶1的水泥浆液的初凝时间为 15h 左右）。喷射作业施工现场如图 5-34 所示。

（5）冲洗

喷射施工完毕后，应把注浆管等机具设备冲洗干净，管内机内不得残存水泥浆。通常把浆液换成水，在地面上喷射，以便把泥浆泵、注浆管和软管内的浆液全部排除。

（6）移动机具

将钻机等机具设备移到新孔位上进行下一步操作。

喷射管应分段提升，提升的搭接长度不得小于100mm

图 5-34 喷射作业施工现场

5. 施工注意事项

① 喷射注浆前检查高压设备和管路系统。

② 冒浆时应妥善处理，应及时清理沉淀的泥渣。

③ 当处理既有建筑物地基时，应采用速凝浆液或跳孔喷射和冒浆回灌等措施，同时，应对建筑物进行变形监测。

七、预压法

1. 定义与适用范围

预压法又称预压加固法。在建筑物的软土地基上，预先堆放足够的堆石或堆土等重物，对地基预压使土壤固结、密实以加固地基的工程措施，它是软弱地基处理方法的一种。达到预压标准后，撤去重物，开挖地基，再修筑建筑物或闸坝，以减小建筑物沉陷，保证地基承载力及建筑物的稳定性。

预压法适用于处理淤泥、淤泥质土、冲填土等饱和黏性土地基。按预压方法分为堆载预压法及真空预压法。堆载预压分塑料排水带或砂井地基堆载预压和天然地基堆载预压。当软土层厚度小于 4m 时，可采用天然地基堆载预压法处理；当软土层厚度超过 4m 时，应采用塑料排水带、砂井等竖向排水预压法处理。对真空预压工程，必须在地基内设置排水竖井。预压法主要用来解决地基的沉降及稳定性问题。

2. 工艺类型

(1) 砂井堆载预压法

砂井堆载预压法是指在软土层中按一定距离打入管井，井中灌入透水性良好的砂，形成排水"砂井"，并在砂井顶部设置砂垫层作为水平

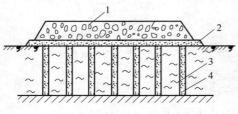

图 5-35　砂井堆载预压法示意
1—填料；2—砂垫层；3—淤泥；4—砂井

排水通道，在砂垫层上部压载，以增加土中附加应力，附加应力产生超静水压力，使土体中孔隙水较快地通过砂井从砂垫层排出，以达到加速土体固结，在堆载预压下，加速地基排水固结，提高地基承载能力。砂井堆载预压法如图 5-35 所示。

(2) 真空预压法

真空预压法是在软黏土中设置竖向塑料排水带或砂井，上铺砂层，再覆盖薄膜封闭，抽气使膜内排水带、砂层等处于部分真空状态，排除土中的水分，使土预先固结以减少地基后期沉降的一种地基处理方法。真空预压法如图 5-36 所示。

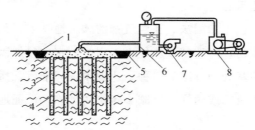

图 5-36　真空预压法示意
1—橡皮布；2—砂垫层；3—淤泥；4—砂井；5—黏土；
6—集水罐；7—抽水泵；8—真空泵

3. 施工工艺流程

真空预压法施工流程为：设置排水管道→铺设膜下管道→铺设密封膜→抽气设备及管路连接。

(1) 设置排水管道

在软基表面铺设砂垫层和在土体中埋设。可采用袋装砂井或塑料排水带。

（2）铺设膜下管道

真空滤水管一般设在排水砂垫中，其预压过程中应能适应地基的变形，滤水管外围绕钢丝、外包尼龙纱或土工织物等滤水材料。水平向分部滤水管可采用条状、梳齿状等形式。条状排列如图 5-37 所示，梳齿状排列如图 5-38 所示。

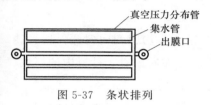

图 5-37　条状排列

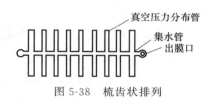

图 5-38　梳齿状排列

（3）铺设密封膜

由于密封膜需要大面积施工，有可能出现局部热合不好、搭接不够等问题，从而影响膜的密封性。为确保在真空预压全过程中的密封性，密封膜应铺设 3 层，覆盖膜周边可采用挖沟折铺、平铺并用黏土压边、围埝沟内覆水以及膜上全面覆水等方法进行密封。当处理区内有充足水源补给的透水层时，尽管在膜周边采取了上述措施，但在加固区内仍存在不密封因素，应采用封闭式板桩墙、封闭式板桩墙加沟内覆水或其他密封措施隔断透水层。

（4）抽气设备及管路连接

① 真空预压的抽气设备应采用射流真空泵。在应用射流真空泵时，要随时注意泵的运转情况及其真空效率。一般情况下主要检查离心泵射水量是否充足。真空泵的设置应根据预压面积大小、真空泵效率以及工程经验确定，但每块预压区内至少应设置两台真空泵。

② 真空管路的连接点应严格进行密封，以保证密封膜的气密性。真空泵工作时，膜内真空度很高，但由于某种原因，导致射流泵停止工作，此时，膜内真空度就会随之全部卸除，这将直接影响到地基的加固效果，并延长预压时间。为避免膜内真空度在停泵后很快降低，在真空

管路中应设置止回阀和截门。

4. 施工注意事项

① 整平加固区场地，清除杂物，并铺设砂垫层。为避免塑料密封膜破损，砂垫层表面不得存留石块及其他尖利杂物。

② 塑料排水板打设完毕并验收合格后，应及时仔细地用砂垫层砂料把打设时在每根塑料排水板周围形成的孔洞回填好，否则，抽真空时这些孔洞附近的密封薄膜很容易破损而造成漏气，进而难以达到和维持要求的真空度。

③ 埋设膜下滤管时，绑扎过滤层的铅丝头均应朝向两侧，切忌朝上。滤管周围须用砂填定，埋砂厚度以 5cm 左右为宜。砂料中的石块、瓦砾等尖利杂物必须清除干净，以免扎破密封膜。

④ 铺膜时须挖沟，挖出的土堆在沟边平地上，不得堆在砂垫层上。还应避免砂粒滑入沟中。薄膜应事先仔细检查，铺设时四周应放到沟底，但不要拉得过紧。沟中回填的黏土要密实且不夹杂砂石。

⑤ 管道出膜处应与出膜装置妥善连接，以保证密封性。膜外水平管道上应接有阀门。每台射流泵和阀门外侧均应装有真空表，使用前应进行试抽检查。

⑥ 整个真空系统安装完毕后，记录各观测仪器的读数，然后试运转一次，发现漏气等问题时应及时采取补救措施。

第三节　浅基础施工

一、条形基础

1. 施工概要

条形基础是指基础长度远大于宽度和高度的基础形式，分为墙下条形基础和柱下条形基础。墙下条形基础如图 5-39 所示。柱下条形基础如图 5-40 所示。

墙下条形基础是在墙体下的条形基础，用以传递连续的条形荷载，可采用砖、毛石、灰土或素混凝土等材料砌筑而成。当基础上的荷载较

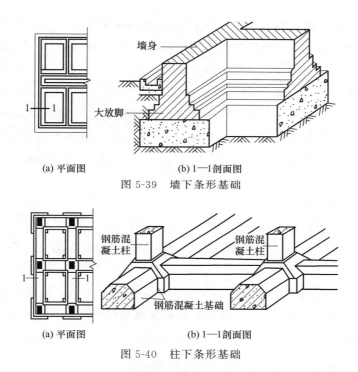

(a) 平面图　　　　　(b) 1—1剖面图

图 5-39　墙下条形基础

(a) 平面图　　　　　(b) 1—1剖面图

图 5-40　柱下条形基础

大，或地基土承载力较低而需要加大基础宽度时，也可采用钢筋混凝土的条形基础，以承受所产生的弯曲应力。

柱下条形基础是单列柱下的条形基础用钢筋混凝土建造，适用于柱下承受较大的荷载或地基承载力较小时，采用独立基础会发生过大的沉降和差异沉降的情况。柱下条形基础又可分为单向条形基础

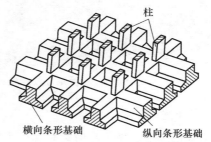

图 5-41　十字交叉条形基础

和十字交叉条形基础。十字交叉条形基础如图 5-41 所示。

交叉条形基础，也称十字交叉基础，是柱下条形基础在柱网的双向布置，相交于柱立处而形成交叉条形基础，这种基础可使基础地面面积

和基础整体刚度相应增大，同时可以减小地基的附加应力和不均匀沉降。当地基软弱、柱网的柱荷载不均匀时，需要基础具有空间刚度以调整不均匀沉降时多采用此类型的基础。

2. 施工工艺流程

测量定位放线→基槽开挖→浇筑混凝土垫层→绑扎条形基础钢筋→支条形基础模板→浇筑条形基础混凝土→砌砖基→扎地圈梁钢筋和构造柱插筋→支地圈梁模板→浇筑地圈梁混凝土→拆除地圈梁模板→基础回填土。

3. 具体施工过程

（1）测量定位放线

① 定位点依据　根据业主提供的控制点坐标、标高及总平面布置图、施工图进行定位。

② 控制网布置　在各单体工程测量定位放线之前，在场地内布置好测量控制点控制网（包括坐标控制点和高程控制点）。

测量定位放线施工现场如图 5-42 所示。

定位后用白灰
标记位置

图 5-42　测量定位放线施工现场

（2）基槽开挖

① 基槽开挖之前应做好临时道路和施工降水工作。

② 基槽开挖前业主应将地上障碍物全部清除出现场，给施工单位提供施工作业面。业主应给施工单位提供地下管网、地下电缆、地下光纤等地下图纸或出具无地下管网、地下电缆、地下光纤等书面材料。

③ 基槽应按照之前放好的基槽开挖边线进行挖掘，开挖时注意边

坡放坡和留出施工作业面。

④ 基槽开挖应满足基础设计底标高及开挖至圆砾层。

⑤ 基槽开挖之后应留设 300mm 深原土进行人工清槽。

基槽开挖如图 5-43 所示。

挖掘机按照规模大小的不同，可以分为大型挖掘机、中型挖掘机和小型挖掘机，施工时应根据项目具体情况进行选择

图 5-43 基槽开挖

（3）浇筑混凝土垫层

清除表层浮土及扰动土，不留积水，且基槽开挖、清理并验槽合格后，立即进行垫层混凝土施工。垫层混凝土必须振捣密实，控制好厚度、宽度尺寸，表面用刮尺平整，每隔 1m 钉一根竹桩。

浇筑混凝土垫层如图 5-44 所示。

垫层厚度一般为100mm

图 5-44 浇筑混凝土垫层

（4）绑扎条形基础钢筋

绑扎前用粉笔画好受力钢筋的间距，在转角、T 形和十字形交接处

应重叠布置，沿基底宽度的受力筋应放置在底部，沿纵向的分布筋应放在上部，受力筋弯钩朝上，绑扎完成后垫 35mm 垫块。

条形基础钢筋绑扎施工现场如图 5-45 所示。

钢筋绑扎完成后，需进行隐蔽工程验收，合格后才能进行下一步工序

图 5-45　条形基础钢筋绑扎施工现场

（5）支条形基础模板

① 选用的模板要具有足够的承载力、刚度和稳定性，能可靠地承受新浇筑的混凝土的自重和侧压力，以及在施工过程中所产生的荷载。同时，还需要构造简单，拆装方便，便于钢筋的绑扎、安装和混凝土的浇筑与养护等要求。

② 木模与支撑系统应选用不易变形、质轻、韧性好的材料，不得使用腐朽、性脆和受潮易变形的木材。

③ 模板整条安装后要拉线调直，两侧与基槽土壁顶牢，模板的接缝不应漏浆。

支条形基础模板如图 5-46 所示。

木模板

图 5-46　支条形基础模板

（6）浇筑条形基础混凝土

① 安排两个小组，分别从两端向中间合拢，在规定时间内完成浇筑。采用插入式振动器垂直振捣，动作要快，插点要均匀排列，逐点移动进行。

② 分层浇筑时每层不超过振动棒长的 1.5 倍。在振捣上一层时应插入下一层 3～5cm，以加强两层之间的接触。可采用并列或交错式振捣以免漏振，振动棒不得触动钢筋。

浇筑条形基础混凝土施工现场如图 5-47 所示。

振捣棒振捣时应与侧模保持一定的间距

图 5-47　浇筑条形基础混凝土施工现场

（7）砌砖基

砖基应采用耐腐蚀的砖进行砌筑，采用一顺一丁砌法，灰缝在 10mm 左右，接槎留在中间做成。砖基砌到顶上的三皮时，应按间隔 1m 留一个 120mm×120mm 的洞眼，作为上部地圈梁支模用，地圈梁模板拆除后应及时把洞眼补上。

砌砖基施工现场如图 5-48 所示。

（8）扎地圈梁钢筋和构造柱插筋

圈梁的钢筋搭接可以不烧焊，梁的上部接头位置宜设置在跨中三分之一的范围内，下部钢筋接头的位置宜设置在梁端三分之一跨度范围内。上下两排钢筋的接头要互相错开。

扎地圈梁钢筋和构造柱插筋如图 5-49 所示。

（9）支地圈梁模板

模板安装前必须校正钢筋的位置和垂直度以及箍筋的间距，并且将

一顺一丁砌法是一皮中全部顺砖与一皮中全部丁砖相互间隔砌成,上下皮间的竖缝相互错开1/4砖长

图 5-48 砌砖基施工现场

地圈梁与构造柱钢筋应绑扎连接以形成一框架体系。节点处箍筋应加密

图 5-49 扎地圈梁钢筋和构造柱插筋

模内及根部掉下的砂浆等杂物清理干净。木模厚度一般应在 25~50mm 之间。或用组合钢模板,所有模板支撑应当牢固,应保证模板有足够的刚度、强度和稳定性。模板施工前提前刷好隔离剂,刷隔离剂时不得污染钢筋。

支地圈梁模板如图 5-50 所示。

(10)浇筑地圈梁混凝土

混凝土的配合比必须严格按照测试中心提供的配合比配料,所使用的水泥必须具有出厂合格证或检验合格后方可使用。捣制混凝土前必须检查模板支撑是否牢固,模板中及其各支座等地方有无杂物并加以清除干净、钢筋有变形和无垫块要及时调整加垫等工作,模板要提前淋水使其达到湿润。

支模完成后，应保持模内清洁，防止掉入砖头、石子、木屑等杂物，应保护钢筋不受扰动

图 5-50　支地圈梁模板

浇筑地圈梁混凝土施工现场如图 5-51 所示。

混凝土要连续浇筑，避免中断，浇筑时应保证混凝土保护层及钢筋位置的正确性，不得踩踏钢筋

图 5-51　浇筑地圈梁混凝土施工现场

（11）拆除地圈梁模板

① 承重模板在混凝土强度能够保证其表面及棱角不因拆模而受损时方能拆模。拆模时只拆除圈梁两侧侧模，梁底不能拆除，拆除侧模不能破坏地梁混凝土的观感。

② 拆除的模板要及时清运，同时清理模板上的杂物，涂刷隔离剂，分类堆放整齐。

拆除了模板的地圈梁现场图如图 5-52 所示。

（12）基础回填土

回填土的材质要符合要求，回填土要分层回填，每个开间的高度要

拆除模板后的地圈梁

图 5-52　拆除了模板的地圈梁现场图

一致，杜绝一次倒满，夯实时两个开间最好同时进行，避免对基础墙产生侧压力。回填土每层填土夯实后，应按规范规定进行环刀取样，测出干土的质量密度，达到要求后再进行上一层的铺土。

基础回填土如图 5-53 所示。

回填土可利用基槽中挖出的土，但不得含有有机杂质，使用前应过筛

图 5-53　基础回填土

4. 施工注意事项与总结

（1）施工注意事项

① 根据已测设的轴线位置，将建筑物外墙轴线与内墙轴线的交点用木桩测定于地上，为了保证交汇点的准确，一般在木桩平面上钉上小钉作为标志，以此为出发点，将建筑物内部的开间和进深等所有轴线一一测出。

② 检查所有轴线尺寸是否完全符合施工图纸的要求，同时还需要满足允许偏差的要求。

③ 根据施工图纸设计的基础类型，如果是条形基础可以以轴线为基准，分别向轴线两侧量出基槽的宽度；倘若是满堂红基础，可以以外墙轴线向外侧量出基础底板的伸出长度。在确定基础宽度的基础上，根据土质和基础埋深的情况，确定放坡的尺寸，并用石灰撒出基槽开挖的边线。

④ 当槽宽确定以后，测量人员、质量检查人员、技术人员、项目经理应共同检查验收，并填写相应的检查记录表，存入技术档案。

⑤ 施工人员进入现场前必须进行入场安全教育，经考核合格后方可进入施工现场。

⑥ 作业人员进入施工现场必须戴安全帽，系好下颚带，扣好锁扣。

⑦ 泵送混凝土浇注时，输送管道头应紧固可靠、不漏浆、安全阀完好、管道支架要牢固，检修时必须卸压。

（2）施工总结

条形基础的特点是，布置在一条轴线上且与两条以上轴线相交，有时也和独立基础相连，但截面尺寸与配筋不尽相同。另外横向配筋为主要受力钢筋，纵向配筋为次要受力钢筋或者是分布钢筋，主要受力钢筋布置在下面。主要优点是抗震和防沉降。本小节的要点是熟练掌握条形基础的施工工艺及注意事项。

二、独立基础

1. 施工概要

建筑物上部结构采用框架结构或单层排架结构承重时，基础常采用圆柱形和多边形等形状的独立式基础，这类基础称为独立式基础，也称单独基础。独立基础分三种，即阶形基础、坡形基础、杯形基础，如图5-54所示。

独立基础的挖土方量是最为经济的，而且基础本身的用钢量及人工费用也是最低的，整体性好，抗不均匀沉降的能力强。因此独立基础在很多中低层的建筑中应用较多。

2. 施工工艺流程

定位放线→挖基坑→基坑土质验收→浇混凝土垫层→扎承台钢筋→支模→验收钢筋→浇筑混凝土→混凝土养护→基础砌体→验收→土方分

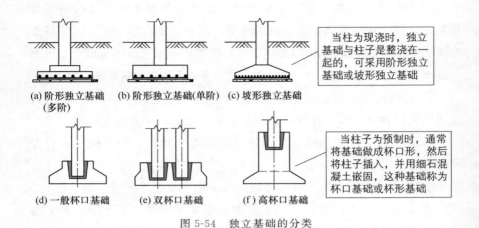

(a) 阶形独立基础 (b) 阶形独立基础(单阶) (c) 坡形独立基础
　(多阶)

(d) 一般杯口基础 (e) 双杯口基础 (f) 高杯口基础

图 5-54　独立基础的分类

层回填。

3. 具体施工过程

（1）定位放线

根据水文资料详细了解现场情况，用全站仪将所有独立基础的中心线、控制线全部放出来。

定位放线施工现场如图 5-55 所示。

图 5-55　定位放线施工现场

（2）挖基坑

挖基坑并清理基坑里的表层浮土及扰动土，不留积水。基坑挖好后进行抄平，使基础底面标高符合设计要求，基础施工前应在基面上定出基础底面标高。

挖基坑施工现场如图 5-56 所示。

> 基坑开挖要考虑工作面及放坡系数

图 5-56　挖基坑施工现场

（3）浇混凝土垫层

为了保护基础的钢筋，地基验槽完成后，应进行垫层混凝土施工，在基面上浇筑细石混凝土垫层，垫层混凝土必须振捣密实且表面平整。

浇混凝土垫层如图 5-57 所示。

> 垫层混凝土强度可根据具体项目确定，一般为C15

图 5-57　浇混凝土垫层

（4）扎承台钢筋

垫层浇筑完成，待混凝土达到规定强度后在垫层表面弹线再进行钢筋的绑扎，钢筋绑扎不允许漏扣，柱插筋弯钩部分必须与底板筋成 45° 绑扎，连接点处须全部绑扎。

扎承台钢筋如图 5-58 所示。

（5）支模

模板采用小钢模或木模，利用架子管或木方加固。按阶梯形独立基

图 5-58　扎承台钢筋

础施工图样的尺寸制作每一阶梯模板，支模顺序由下逐层向上安装。

支模完成图如图 5-59 所示。

图 5-59　支模完成图

（6）浇筑混凝土

混凝土应分层连续浇筑，间歇时间不超过混凝土初凝时间，一般不超过 2h，为保证钢筋位置正确，先浇一层 5～10cm 厚混凝土以固定钢筋。阶形基础每一台阶高度整体浇捣，每浇完一台阶停顿 0.5h 待其下沉，再浇上一层。浇筑混凝土时，经常观察模板、支架、钢筋、螺栓、预留孔洞和管有无走动情况，一经发现有变形、走动或位移时，应立即停止浇筑，并及时修整和加固模板，然后再继续浇筑。

浇筑混凝土施工现场如图 5-60 所示。

4. 施工注意事项与总结

（1）施工注意事项

① 在浇筑混凝土前，应清除模板和钢筋上的垃圾、泥土和油污等

工人正在进行独立
基础混凝土的浇筑

图 5-60　浇筑混凝土施工现场

杂物；堵塞模板的缝隙。

② 模板与混凝土的接触面应清理干净并涂刷隔离剂，但不得采用影响结构性能或妨碍工程施工的隔离剂。

③ 在绑扎好的平面钢筋上，不准踩踏行走，严格控制板中钢筋的混凝土保护层厚度，钢筋安装完毕后应检查验收，并做好隐蔽工程验收记录。

④ 混凝土浇筑前不应发生初凝和离析现象，浇筑混凝土时应分段分层连续进行。

⑤ 模板拆除时，要使混凝土达到规定强度后方可拆除。

⑥ 混凝土浇筑完毕后应采取有效的养护措施。

（2）施工总结

独立基础一般只坐落在一个十字轴线交点上，有时也跟其他条形基础相连，但是截面尺寸和配筋不尽相同。其具有施工简单、节约造价等优点。本小节的要点是熟练掌握独立基础的施工工艺及注意事项。

三、箱形基础

1. 施工概要

箱形基础是指由底板、顶板、钢筋混凝土纵横隔墙构成的整体现浇钢筋混凝土结构。箱形基础具有较大的基础底面、较深的埋置深度和中空的结构形式，上部结构的部分荷载可用开挖卸去的土的重量得以补偿。与一般的实体基础相比，它能显著地提高地基的稳定性，降低基础沉降量，适用于软弱地基上面积较小、平面形状简单、荷载较大或上部结构分布不均匀的高层建筑或高层框架结构、剪力墙结构和框剪结构。箱形基础的优缺点如下。

（1）优点

① 刚度大、整体性好、传力均匀。

② 适用于软硬不均匀的地基，可有效降低不均匀沉降以及调整基底反力。

③ 为补偿性基础，减轻了地基负荷和沉降。

④ 基础外墙与土壁摩擦力大，阻尼作用强，有利于抗震。

⑤ 底板和外墙形成整体，有利于防水。

⑥ 兼做人防地下室，可充分利用地下空间。

（2）缺点

① 工期较长，造价较高。

② 隔墙太多，地下空间利用受限。

箱形基础如图 5-61 所示。

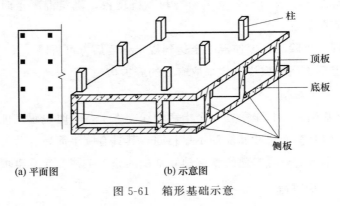

(a) 平面图　　　　　　　　(b) 示意图

图 5-61　箱形基础示意

2. 施工工艺流程

基础定位放线标识→基坑开挖→基底清理→验坑→浇筑垫层→绑扎基础钢筋→钢筋验收→安装模板→混凝土浇筑→模板拆除→养护→土方回填。

3. 具体施工过程

（1）基础定位放线标识

根据施工轴线控制网，用经纬仪测量，拉线丈量定出基坑位置，并做好标识，在基坑四边沿外缘设置十字临时控制桩并加以保护，以便开挖过程中随时用此检查基坑的位置。基础定位放线标识如图 5-62 所示。

拉线必须准确、无偏移，必要时可在基础外围拉线边缘设临时保护设施

图 5-62 基础定位放线标识

（2）基坑开挖

采用机械与人工相结合的方法开挖基坑，当基坑开挖到一定深度后，由施工标高控制点，根据现场场地实际情况，用水准仪测出一个合适的标高值到基坑四壁，做好标识，作为基坑开挖深度控制用。基坑开挖现场如图 5-63 所示。

箱形基础土方是大开挖，均采用机械开挖，坑底200～300mm由人工辅助开挖

图 5-63 基坑开挖现场

（3）基底清理

封底前必须将坑底及侧壁修理干净，清除杂物及积水。基底清理施工现场如图 5-64 所示。

（4）验坑

清理完成后及时通知现场业主代表、监理进行基坑验收。验收主要内容包括地基、地下水位是否与勘察报告及设计图纸相符；有无破坏原

清理完成的基坑应保持清洁，严禁碎石渣和垃圾等杂物落入，防止造成二次清理

图 5-64　基底清理施工现场

状土结构及发生较大扰动的情况。基坑验收现场如图 5-65 所示。

（5）浇筑垫层

基坑验收通过后即可进行混凝土垫层施工，支好模板进行浇捣，用平板震动机振捣，确保垫层的厚度和强度达到设计要求。混凝土浇捣完毕应重视养护工作，宜在 12h 内浇水用塑料薄膜覆盖，保持混凝土湿润状态。常温下应养护 5～7d。基坑垫层如图 5-66 所示。

基坑验收时需做好记录

图 5-65　基坑验收现场

必要时可在薄膜上覆盖保温材料，如草帘等

图 5-66　基坑垫层

（6）绑扎基础钢筋

基础钢筋的绑扎顺序：绑扎底板钢筋→绑扎墙身钢筋→绑扎顶板钢筋。

① 绑扎底板钢筋　按照图纸标明的钢筋间距用墨斗在混凝土垫层上弹出位置线（包括基础梁钢筋位置线）。按弹出的钢筋位置线，先铺底板下层钢筋，如设计无要求，一般情况下先铺短向钢筋，再铺长向钢筋。钢筋绑扎时，靠近外围两行的相交点每点绑扎，中间部分的相交点可相隔交错绑扎，双向受力的钢筋必须将钢筋交叉点全部绑扎。绑扎时采用八字扣或变换方向绑扎的方法，必须保证钢筋不移位。底板如有基础梁，可预先分段绑扎骨架，然后安装就位，或根据梁位置线就地绑扎成型。基础底板采用双层钢筋时，绑完下层钢筋后，摆放钢筋马凳或钢筋支架。在马凳上摆放纵横两个方向定位钢筋，钢筋上下次序及绑扣方法同底板下层钢筋。钢筋绑扎完毕后进行垫块的码放，间距以 1m 为宜，厚度满足钢筋保护层要求。根据弹好的墙、柱位置线，将墙、柱深入基础的插筋绑扎牢固，插入基础的深度和甩出的长度要符合设计及规范要求，同时用钢管或钢筋将钢筋上部固定，以保证甩筋位置准确、垂直、不歪斜、不倾倒、不变位。底板钢筋的绑扎如图 5-67 所示。

箱形基础底板钢筋

图 5-67　底板钢筋的绑扎

② 绑扎墙身钢筋　将预埋的插筋清理干净，先绑 2～4 根竖筋，并画好横筋分挡标志，然后在下部及齐胸处绑两根横筋定位，并画好竖筋分挡标志。墙筋为双向受力钢筋，所有交叉点应逐点绑扎，双排钢筋之间应绑间距支撑和拉筋。在墙筋的外侧应绑扎或安装垫块，以保证钢筋

保护层厚度。保证门窗洞口标高位置正确,在洞口竖筋上画出标高线。门窗洞口要按设计要求绑扎过梁钢筋,配合其他工程安装预埋管件、预留洞口等,其位置、标高均应符合设计要求。

③ 绑扎顶板钢筋 清理模板上杂物,用墨斗弹出主筋、分布筋间距。按设计要求,先摆放受力主筋,后放分布筋。除外围两根筋的相交点全部绑扎外,其余各点可交错绑扎。如板为双层钢筋,两层钢筋之间须加钢筋马凳,以确保上部钢筋的位置。板底钢筋绑扎完成后,及时进行水电管路的敷设和各种预埋件的预埋工作。水电预埋工作完成后,及时进行钢筋盖铁的绑扎工作。绑扎时要挂丝绑扎,保证盖铁两端成行成线。盖铁与钢筋相交点必须全部绑扎。钢筋绑扎完毕后,及时进行钢筋保护层垫块和盖铁马凳的安装工作。

(7) 钢筋验收

钢筋工程都是隐蔽工程,对工程钢筋隐蔽验收前,必须对照设计图纸详细检查,钢材要抽样做强度试验,不符合强度要求的不准使用。同时,要核对钢筋的品种、数量、规格、间距、下料长度及钢筋安放位置,使之符合设计图纸和规范的要求。钢筋验收现场如图 5-68 所示。

验收前需清除杂物、泥块等,进行"三检"(自检、互检、专检)并完善相关资料

图 5-68 钢筋验收现场

(8) 安装模板

基础部分模板可采用组合钢模板,支撑系统采用普通钢管扣件。使用钢模板经济且能循环利用,基础不用抹灰不需考虑外观整洁。防震缝的宽度一般为 50～70mm。防震缝之间可加木头或泡沫,待到拆模板时再把木头或泡沫拿掉。基础钢模板如图 5-69 所示。

钢模板具有整体性好、抗震性强等优点

图 5-69 基础钢模板

（9）混凝土浇筑

箱形基础底板一般较厚，混凝土工程量一般也较大，因此混凝土施工时，必须考虑混凝土散热问题，防止出现温度裂缝。混凝土必须连续浇筑，一般不留置施工缝，所以各种混凝土材料和设备机具必须保证供应。墙体施工缝处宜留置企口缝，或按设计要求留置。墙柱甩出钢筋必须用塑料套管加以保护，避免混凝土污染钢筋。混凝土应连续浇筑，采用机械振捣，以保证混凝土密实。混凝土浇筑现场如图 5-70 所示。

混凝土输送管

图 5-70 混凝土浇筑现场

4. 施工注意事项和总结

（1）施工注意事项

① 钢筋绑扎应注意的质量问题

a. 浇筑混凝土前检查钢筋位置是否正确，振捣混凝土时防止移动钢筋，浇完混凝土后立即修整甩筋位置，防止柱筋、墙筋发生位移。

b. 配制梁箍筋前时应按内皮尺寸计算。避免梁钢筋骨架尺寸小于设计尺寸。

c. 钢筋末端应弯成 135°弯钩，平直部分长度为 10d （d 为钢筋直径）。

d. 梁主筋进支座长度要符合设计要求，弯起钢筋位置要准确。

e. 板的弯起钢筋和负弯矩钢筋位置应准确，施工时不应踩到下面。

f. 绑扎板的钢筋时用尺杆画线，绑扎时随时纠正调直，防止板筋不顺直和位置不准。

g. 绑扎竖向受力筋时要吊正，锚接部位绑扎不少于 3 个扣，绑扣不能用同一方向的顺扣。

h. 在钢筋配料加工时要注意，端头有对焊接头时，要避开搭接范围，防止绑扎接头内混入对焊接头。

钢筋绑扎施工现场如图 5-71 所示。

工人正在进行钢筋绑扎

图 5-71　钢筋绑扎施工现场

② 模板安装应注意的质量问题

a. 墙身超过设计厚度。墙身放线时误差过大。模板就位调整不认真，穿墙螺栓没有全部穿齐、拧紧。

b. 墙体上口过大。支模时上口卡具没有按设计要求尺寸卡紧。

c. 混凝土墙体表面粘接。由于模板清理不好，涂刷隔离剂不匀，拆模过早所造成的。

d. 角模与大模板缝隙过大跑浆。模板拼装时缝隙过大，连接固定措施不牢靠，应加强检查，及时处理。

e. 角模入墙过深。支模时角模与大模板连接凹入过多或不牢固，应改进角模的支模方法。

模板安装如图 5-72 所示。

图 5-72 模板安装

（2）施工总结

箱形基础具有优良的结构特征，较大的承载能力，适合作为各种地质条件复杂、建设规模大、层数多、结构复杂的建筑物基础。本小节的重点是熟练掌握箱形基础的施工工艺流程及注意事项。

四、筏板基础

1. 施工概要

筏板基础

当上部结构荷载较大，而所在地的地基承载力又较软弱时，采用简单的条形基础或井格基础已不能适应地基变形的需要时，常将墙或柱下基础连成一片，使整个建筑物的荷载作用在一块整板上，这种基础称为筏板基础或片筏基础。筏板基础能很好地适应上部结构荷载和调整地基的不均匀沉降，整体刚度较好，一般用于高层框架、框剪、剪力墙结构。按构造不同筏板基础可以分为平板式筏板基础（图 5-73）和梁板式筏板基础（图 5-74）。

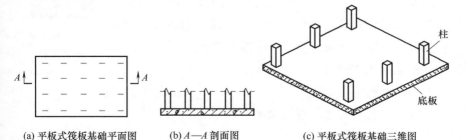

| (a) 平板式筏板基础平面图 | (b) A—A 剖面图 | (c) 平板式筏板基础三维图 |

图 5-73 平板式筏板基础

平板式筏板基础是在天然地表上，将场地平整并用压路机将地表土

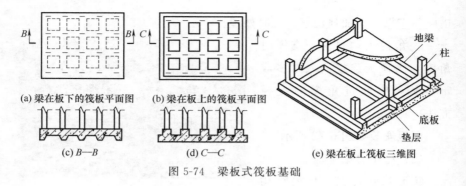

(a) 梁在板下的筏板平面图   (b) 梁在板上的筏板平面图

(c) B—B   (d) C—C   (e) 梁在板上筏板三维图

图 5-74   梁板式筏板基础

碾压密实后，在较好的持力层上浇筑钢筋混凝土平板。平板式筏板基础柱子是直接支承在钢筋混凝土底板上，像是倒置的无梁楼盖。平板式筏板基础具有结构简单、内力传递简单明确、施工简便、施工工期短、施工质量易于保证、造价较低等优点。

梁板式筏板基础带有肋梁，当上部建筑结构比较复杂，荷载又比较大时，而且地基软弱不均匀，平板式筏板基础不能满足这一承载力和变形要求时，可以将两根或两根以上的柱下条形基础中间用底板连接成一个整体，或是在纵、横梁板式筏板基础两个方向上的柱下都布置肋梁、次梁，以扩大基础的底面积并加强基础的整体刚度。梁式筏板基础对于减少地基不均匀沉降、改善筏板内力分布、有效提高地基刚度都具有比较明显的优势。

2. 施工工艺流程

基槽定位放线→基槽开挖→（打桩）→地基处理→垫层、筏板定位放线→垫层施工→砖模→防水施工→绑扎钢筋→验收→浇筑混凝土→混凝土养护。

筏板基础施工
工艺流程

3. 具体施工过程

（1）基槽定位放线

基槽定位放线施工现场如图 5-75 所示。

（2）基槽开挖

筏板基础是大面积开挖土方，基槽开挖之前应放好基槽开挖边线（按照要求进行边坡放坡和留出施工作业面）。基槽开挖完后应留设

①坐标点定位采用全站仪。
②高程控制点设置采用水准仪。
③轴线定位采用经纬仪

图 5-75　基槽定位放线施工现场

300mm 深的原土进行人工清槽。

筏板基础基槽开挖施工现场如图 5-76 所示。

（3）地基处理

如地基需加固或改良，可先对地基进行处理，可采用强夯、砂石桩等方法。打桩完成后，将槽底整平，根据桩的位置在基槽内用白灰

图 5-76　筏板基础基槽开挖

洒出每根桩的位置，桩间土用小型挖掘机进行开挖。开挖时沿两排桩的中心线开挖，每边留出 200mm 土方采用人工进行开挖。

地基处理如图 5-77 所示。

人工清理桩间土

图 5-77　地基处理

（4）垫层施工

垫层是现浇混凝土构件，因此应先支垫层模板，后浇筑混凝土，浇筑时要有序进行。在浇筑垫层外围时，必须注意模板的变形情况，浇筑完成后要进行振捣。垫层施工如图 5-78 所示。

放线画出垫层范围，每边宽出基础100mm，采用厚100mm的C15混凝土

图 5-78　垫层施工

（5）防水施工

防水分为卷材防水和涂膜防水，基础防水一般采用卷材防水。卷材防水施工宜在 5℃以上、25℃以下进行，雨天、雪天、5 级风及以上天气禁止施工，在施工中遇到雨天要做好防雨措施。防水施工如图 5-79 所示。

工人正在铺贴卷材，进行防水施工

图 5-79　防水施工

（6）绑扎钢筋

筏板基础钢筋为上下双层双向钢筋网片，当设计无说明时，底板钢

筋位置按照"底部钢筋短跨钢筋置于下排，长跨钢筋置于上排；上部钢筋短跨钢筋置于上排，长跨钢筋置于下排"的原则进行布置，且每个交叉点处均应采用绑丝绑扎牢固。

钢筋绑扎施工现场如图 5-80 所示。

筏板基础钢筋

图 5-80 绑扎钢筋

（7）浇筑混凝土

为保证基础混凝土的浇筑质量，满足结构的整体要求，混凝土应连续浇筑，同时施工上又应做到分层分段浇筑。混凝土从底层开始浇筑，进行一段距离后回来浇筑第二层，分层浇筑必须保证上、下层浇筑间隔不超过初凝时间，如此依次向前进行。

混凝土浇筑施工现场如图 5-81 所示。

浇筑混凝土

图 5-81 混凝土浇筑施工现场

（8）混凝土养护

筏板基础养护一般采取保湿养护法。混凝土浇筑完毕后，应在 12h 内在混凝土表面覆盖塑料薄膜和保温材料，保持混凝土有足够的水分，养护时间不少于 14d。

混凝土养护如图 5-82 所示。

覆盖塑料薄膜养护混凝土

图 5-82　混凝土养护

4. 施工注意事项和总结

（1）施工注意事项

① 地基开挖时如有地下水，应采用人工降低地下水位至基坑底 50cm 以下部位，保持在无水的情况下进行土方开挖和基础结构施工。

② 当梁板式筏形基础的梁在底板下部时，而梁的侧模板是无法拆除的，一般梁侧模采取在垫层上两侧砌半砖代替钢（或木）侧模与垫层形成一个砖壳子模。

③ 梁板式筏形基础当梁在底板上时，模板的支设多用组合钢模板，支承在钢支承架上，用钢管脚手架固定，采用梁板同时浇筑混凝土，以保证整体性。底板商品混凝土浇筑须连续进行，不得间断。

④ 浇筑混凝土时，应经常注意观察模板、钢筋、预埋件、预留孔洞有无移位、变形情况，若有应及时停止混凝土浇筑。

（2）施工总结

筏板基础适用于建筑物荷载较大、地基承载力较弱的情况常采用混凝土底板承受建筑物荷载以形成筏基，其整体性好，能很好地抵抗地基不均匀沉降。本小节的重点是熟练掌握筏板基础施工工艺流程及注意事项。

第四节　桩基础施工

一、桩型与成桩工艺选择

桩基础是高层建筑、工业厂房和软弱地基上的多层建筑常用的一种基础形式。桩基础是由桩身和承台两部分组成的一种深基础。桩基础具有承载力高、沉降量小而均匀、沉降速率缓慢等特点。它能承受垂直荷载和水平荷载、上拔力以及机器的振动或动力作用，目前已广泛应用于房屋地基、桥梁、水利等工程中。

按传力和作用性质不同，桩基可分为端承桩和摩擦桩两类。桩基分类如图 5-83 所示。

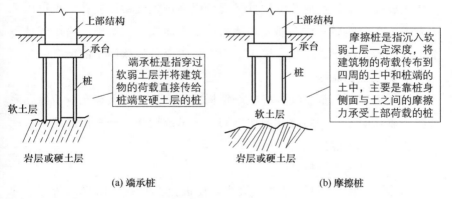

(a) 端承桩　　　　　　　　　　(b) 摩擦桩

图 5-83　桩基分类示意

按施工方法不同，桩基可分为预制桩和灌注桩两类。预制桩是在工厂或施工现场制成桩，而后用沉桩设备将桩打入、压入、高压水冲入、振入或旋入土中，其中，锤击打入法和压入法是比较常用的两种方法。灌注桩又称为现浇桩，是在桩位上直接成孔，然后在孔内放置钢筋笼，浇筑混凝土而成的桩。根据成孔方法的不同，灌注桩可分为干作业成孔灌注桩、泥浆护壁钻孔灌注桩、套管成孔灌注桩和人工挖孔灌注桩。

二、混凝土灌注桩施工

混凝土灌注桩施工前应对混凝土的组成材料、钢筋等进行检查。钢筋笼的质量验收标准应符合表 5-1 的规定。

表 5-1　混凝土灌注桩钢筋笼质量检验标准　　　　单位：mm

项目	检查项目	允许偏差或允许值	检查方法
主控项目	主筋间距	±10	用钢尺量
	长度	±100	用钢尺量
一般项目	钢筋材质检验	设计要求	用钢尺量
	箍筋间距	±20	用钢尺量
	直径	±10	用钢尺量

（一）干作业成孔灌注桩

1. 施工概要

成孔时若无地下水或地下水很少，基本上不影响工程施工时，称为干作业成孔。干作业成孔灌注桩是既可以采用螺旋钻机成孔，也可以采用人工成孔，然后安放钢筋笼，浇灌混凝土而成的桩基础，适用于地下水位以上的黏性土、粉土、填土、中密砂土等各种软硬土的情况。

2. 施工工艺流程

场地清理→测量放线定桩位→钻机就位→钻孔取土成孔→清除孔底沉渣→成孔质量检查验收→制作钢筋笼→吊放钢筋笼→灌注混凝土。

3. 具体施工过程

（1）测量放线定桩位

① 根据轴线控制桩行桩位放线，在桩位上打孔，内灌白灰，并在其上插入标识。

② 桩位的放样允许偏差：群桩为 20mm，单排桩为 10mm。

测量放线定桩位施工现场如图 5-84 所示。

（2）钻机就位

钻机就位如图 5-85 所示。

（3）钻孔取土成孔

调直机架对好桩位（用对位圈），开动机器钻进、出土，达到控制深

工人正在进行桩位放线

图 5-84 测量放线定桩位施工现场

钻机就位时，必须保持平稳，不发生倾斜和位移

图 5-85 钻机就位

度后停钻、提钻。进钻过程中散落在地上的土，必须随时清除运走。当出现钻杆跳动、机架晃摇、钻不进尺等异常现象时，应立即停钻检查。

钻孔取土成孔施工现场如图 5-86 所示。

（4）清除孔底沉渣

钻到预定的深度后，必须在孔底进行空转清土，然后停止转动，提钻杆，不得回转钻杆。孔底的虚土厚度超过质量标准时，要分析原因，并采取措施进行处理。钻孔完毕后应及时盖好孔口，移走钻机。

清除孔底沉渣示意如图 5-87 所示。

（5）成孔质量检查验收

① 孔深测定 用测绳、线锤测量孔深及虚土厚度。虚土厚度等于

成孔至设计深度后，要组织各方进行检查

图 5-86 钻孔取土成孔施工现场

(a) 清孔器   (b) 清孔器清孔

图 5-87 清除孔底沉渣示意

钻孔深度与测量深度的差值。虚土厚度：端承桩不超过 50mm；摩擦桩不超过 150mm。

② 桩位偏差 灌注桩的桩径、垂直度及桩位偏差应符合相关规定要求。

成孔质量检查验收现场如图 5-88 所示。

灌注桩的桩径、垂直度及桩位允许偏差应符合表 5-2 的规定。

表 5-2 灌注桩的桩径、垂直度及桩位允许偏差

成孔方法		桩径允许偏差 /mm	垂直度允许偏差 /%	桩位允许偏差 /mm
泥浆护壁钻孔桩	$D<1000mm$	$\geqslant 0$	$\leqslant 1$	$70+0.01H$
	$D\geqslant 1000mm$			$100+0.01H$

续表

成孔方法		桩径允许偏差 /mm	垂直度允许偏差 /%	桩位允许偏差 /mm
套管成孔灌注桩	$D<500mm$	≥0	≤1	$70+0.01H$
	$D≥500mm$			$100+0.01H$
干成孔灌注桩		≥0	≤1	$70+0.01H$
人工挖孔桩		≥0	≤0.5	$50+0.005H$

注：H 代表桩基施工面至设计桩顶的距离；D 代表设计桩径。

图 5-88　成孔质量检查验收现场

（6）制作钢筋笼

① 钢筋的存放　钢筋必须按照不同的钢种、等级、牌号、规格分批堆存，不得混杂堆放，并且设立识别标志。钢筋在存放过程中应避免锈蚀和污染，钢筋露天堆置时，应垫高并加以覆盖。

钢筋的存放现场如图 5-89 所示。

图 5-89　钢筋的存放现场

② 钢筋笼制作前的质量检验　钢筋进场后，应做拉伸试验（检验抗拉强度、屈服点、伸长率）和冷弯试验。钢筋在加工之前，表面必须洁净，无油渍、漆污、水泥浆、铁锈等。钢筋应平直，无局部弯曲，成盘的钢筋和弯曲的钢筋必须调直。用冷拉法矫直钢筋时，HPB300 级钢筋的冷拉率不大于 2％，HRB335 级钢筋的冷拉率不大于 1％。

③ 钢筋笼的制作　其流程如下。

a. 焊接，如图 5-90 所示。

主筋焊接采用双面焊，焊缝长度不小于5d(d为钢筋直径)

图 5-90　焊接

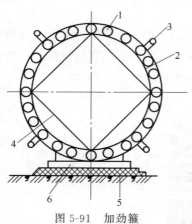

图 5-91　加劲箍

1—主筋；2—加劲箍；3—耳环；

4—加紧支撑；5—箍筋；6—枕木

b. 盘圆钢筋调直，采用冷拉法调直钢筋时，HPB300 级钢筋的冷拉率不大于 4％。

c. 加劲箍，如图 5-91 所示。为加强钢筋笼的刚度和整体性，可在主筋内侧每隔 2.0m 设一道 $\phi16\sim\phi20$ 的加劲箍。一般桩径大于 1.2m 时，加劲箍钢筋规格为 $\phi20\sim\phi25$，且在加劲箍内设置十字支撑、三角支撑或井字支撑，确保钢筋笼在存放、移动、吊装过程中不变形。

d. 在加劲箍上标定主筋间距，将钢筋笼主筋点焊在加劲箍上；在主筋上画出螺旋筋的位置，用绑丝将螺旋筋与主筋绑扎牢固，并与主筋采用 50％点焊连接。

e. 分段制作，如图 5-92 所示。

为便于吊运，长钢筋笼一般分两节制作，上下段主筋可采用帮条焊；钢筋笼四周主筋上每隔2m设置耳环，控制保护层厚度为5～7cm

图 5-92 分段制作

f. 钢筋笼加工成型后，骨架顶端应设置吊环，分规格摆放并挂标示牌。下面平垫方木并在钢筋笼两侧加木楔，以防钢筋笼滚落及变形。

④ 钢筋笼的运输 用平板车水平运输钢筋笼，并把钢筋笼固定牢固。吊车垂直运输时吊点应设三个，在吊装过程中应轻吊轻放。

（7）吊放钢筋笼

吊放钢筋笼时，要对准孔位，吊直扶稳，缓慢下沉，避免碰撞孔壁。入孔时，清除骨架上的泥土和杂物。两段钢筋笼连接时，上下两节钢筋必须保证在同一竖直线上，2～3 台焊机同时进行焊接，以缩短吊放钢筋笼的时间。

吊放钢筋笼施工现场如图 5-93 所示。

吊放钢筋笼时，现场可设置多台焊机同时进行焊接，以缩短吊放钢筋笼的时间。最上端设四根钢筋笼定位筋，由测定的孔口标高来计算定位筋的长度，核对无误后再焊接定位。在钢筋笼的顶吊圈下插两根平行的槽钢，将整个笼体支托于护筒顶端两侧的枕木上，槽钢横放在枕木上，这样可防止钢筋受碰撞变位和落于孔中，也可以防止钢筋笼上浮。

（8）灌注混凝土

① 混凝土坍落度一般宜为 70～120mm。

② 吊放串筒，灌注混凝土。灌注混凝土施工现场如图 5-94 所示。

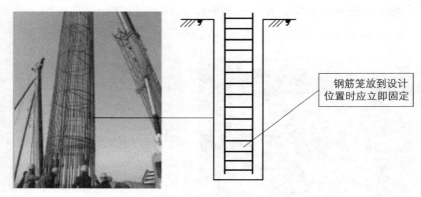

钢筋笼放到设计
位置时应立即固定

图 5-93 吊放钢筋笼施工现场

灌注混凝土时应连续
进行，分层振捣密实，
分层厚度以捣固的工
具而定

图 5-94 灌注混凝土施工现场

③ 混凝土浇到距桩顶 1.5m 时，可拔出串筒，直接浇灌混凝土。

④ 混凝土灌注到桩顶设计标高时，凿除浮浆高度后必须保证暴露的桩顶混凝土强度达到设计等级。

⑤ 灌注桩每浇注 $50m^3$ 必须有 1 组试件。小于 $50m^3$ 的桩，每连续 12h 浇筑必须有 1 组试件。对单柱单桩的桩必须有 1 组试件。

4. 施工注意事项和总结

（1）施工注意事项

干作业成孔一般采用螺旋钻成孔，还可以采用机扩法扩底。为了确保成桩后的质量，施工中应注意以下几点。

① 开始钻孔时，应保持钻杆垂直，位置正确，防止因钻杆晃动引

起孔径扩大以及增多孔底虚土。

② 发现钻杆摇晃、移动、偏斜或者难以钻进时，应提钻检查，排查地下障碍物，避免桩孔偏斜与钻具损坏。

③ 钻进过程中，应随时清理孔口黏土，遇到地下水、塌方、钻孔、缩孔等异常情况，应停止钻孔，并与有关单位研究处理。

④ 钻头进入硬土层时，易导致钻孔偏斜，可以提起钻头上下反复扫钻几次，以便削去硬土。如果纠正无效，可以在孔中局部回填黏土至偏孔处 0.5m 以上，再重新钻进。

⑤ 成孔达到设计深度以后，应保护好孔口，按规定验收，并做好施工记录。

⑥ 孔底虚土应尽量清除干净，可以采用夯锤夯击孔底虚土或者进行压力注水泥浆处理，然后尽快吊放钢筋笼并灌注混凝土。混凝土应分层浇筑，每层高度不大于 1.5m。

（2）施工总结

干作业成孔灌注桩重点是熟悉掌握是施工工艺流程及施工注意事项。

（二）泥浆护壁钻孔灌注桩

1. 施工概要

通过桩机在泥浆护壁条件下慢速钻进，将钻渣利用泥浆带出，并保护孔壁不致坍塌，成孔后再使用水下混凝土浇筑的方法将泥浆置换出来而成的桩称为泥浆护壁钻孔灌注桩。

2. 施工工艺流程

测定桩位（桩基轴线定位和水准定位）→埋设护筒和制备泥浆→桩机就位→定位成孔→清孔→吊放钢筋笼→灌注水下混凝土。

3. 具体施工过程

（1）测定桩位

平整好施工场地后，设置桩基轴线定位点和水准点，根据桩位平面布置施工图，定出每根桩的位置，并做好标志。施工前，要检查复核好桩位标志。

测定桩位施工现场如图 5-95 所示。

测定标记好的桩位

图 5-95　测定桩位施工现场

（2）埋设护筒和制备泥浆

① 泥浆护壁成孔时宜采用孔口护筒。护筒埋设应准确、稳定，护筒中心与桩位中心的偏差不应大于 50mm；护筒可用 4～8mm 厚的钢板制作。护筒的埋设深度：在黏性土中不宜小于 1.0m；在砂土中不宜小于 1.5m。

② 施工期间护筒内的泥浆面应高出地下水位 1.0m 以上，在受水位涨落影响时，泥浆面应高出最高水位 1.5m 以上，在清孔过程中，应不断置换泥浆，直至浇筑水下混凝土。废弃的泥浆、泥渣应进行处理，不得污染环境。

埋设的护筒如图 5-96 所示。

（3）定位成孔

桩机定位要准确、水平，垂直、稳固。钻机导杆中心线、回旋盘中心线、护筒中心线应保持在同一直线上。旋挖钻机就位后，利用自动控制系统调整其垂直度，钻机安放定位时，要机座平整、机塔垂直，转盘（钻头）中心与护筒十字线中心对正，注入稳定液后再进行钻孔。对孔深较大的端承桩和粗粒土层中的摩擦桩，宜采用反循环工艺成孔或清孔，也可根据土层的情况采用正循环钻进，反循环清孔的方式。如在钻进过程中发生料孔、塌孔和护筒周围冒浆、失稳等现象时应停钻，待采取相

图 5-96　埋设的护筒

应措施后再进行钻进。钻孔达到设计深度，灌注混凝土之前，孔底沉渣厚度要求：对端承桩，不应大于 50mm；对摩擦桩，不应大于 100mm。

定位成孔施工现场如图 5-97 所示。

图 5-97　定位成孔施工现场

（4）清孔

当钻孔达到设计要求深度并经检查合格后，应立即进行清孔，目的是清除孔底沉渣以减少桩基的沉降量，提高承载能力，确保桩基质量。清孔方法有真空吸泥渣法、射水抽渣法、换浆法和掏渣法。对以原土造浆的钻孔，可使钻机空转，同时注入清水，等孔底残余的泥块已磨浆，排出泥浆的占比降至 1∶1 左右（以手触泥浆无颗粒感）时，即可认为清孔已合格。对注入制备泥浆的钻孔，可采用换浆法清孔，至换出泥浆占比小于 1.15～1.25 为合格。

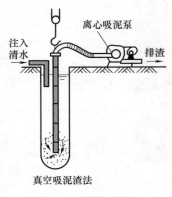

图 5-98　清孔示意

清孔如图 5-98 所示。

（5）吊放钢筋笼

清孔后应立即安放钢筋笼、浇混凝土。钢筋笼一般都在工地制作，制作时要求主筋环向均匀布置，箍筋直径及间距、主筋保护层、加劲箍的间距等均应符合设计要求。

分段制作的钢筋笼，其接头采用焊接且应符合施工及验收规范的规定。

吊放钢筋笼时应保持垂直缓慢放入，防止碰撞孔壁，若造成塌孔或安放钢筋笼时间太长，应进行二次清孔后再浇筑混凝土。

吊放钢筋笼如图 5-99 所示。

（6）灌注水下混凝土

钢筋笼吊装完毕后，应安置导管或气泵管进行二次清孔，并应进行孔位、孔径、垂直度、孔深、沉渣厚度等检验，合格后应立即灌注混凝土。水下灌注混凝土应符合下列规定：水下灌注混凝土必须具备良好的和易性，配合比应通过试验确定；坍落度宜为 180～220mm；水泥用量不应少于 360kg/m³（当掺入粉煤灰时水泥用量可不受此限制）；水下灌注混凝土宜掺外加剂。

灌注水下混凝土如图 5-100 所示。

4. 施工注意事项和总结

（1）施工注意事项

① 护筒冒水　护筒外壁冒水如不及时处理，严重者会造成护筒倾斜和位移、桩孔偏斜，甚至无法施工。冒水原因为埋设护筒时周围填土不密实，或者由于起落钻头时碰动了护筒。

处理办法：刚发现护筒冒水时，可用黏土在护筒四周填实加固；如护筒发生严重下沉或位移，则应返工重埋。

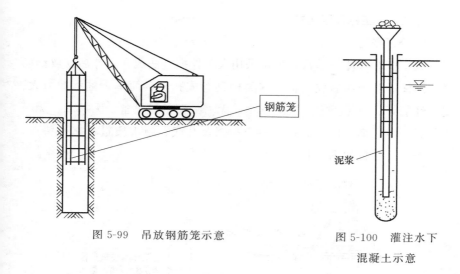

图 5-99 吊放钢筋笼示意

图 5-100 灌注水下
混凝土示意

② 孔壁坍塌 在钻孔过程中,若在排出的泥浆中不断有气泡产生,或是护筒内的水位突然下降时,则是塌孔的迹象。其原因是土质松散、泥浆护壁不好、护筒水位不高等。

处理办法:如在钻孔过程中出现缩颈、塌孔,应保持孔内水位,并加大泥浆的相对密度,以稳定孔壁,如缩颈、塌孔严重或泥浆突然漏失,应立即回填黏土,待孔壁稳定后再进行钻孔。

③ 钻孔偏斜 造成钻孔偏斜的原因是钻杆不垂直,钻头导向部分太短、导向性差,土质软硬不一,或遇上孤石等。

处理办法:减慢钻速,并提起钻头,上下反复扫钻几次,以便削去硬层,然后转入正常钻孔状态。如在孔口不深处遇孤石,可用炸药炸除。

(2)施工总结

泥浆护壁是最为常用的成桩方法,应用范围较广,可用于各种地质条件、各种大小孔径(300～2000mm)和深度(40～100m),护壁效果好,成孔质量可靠;施工无噪声、无振动、无挤压;机具设备简单、操作方便、费用较低。本小节的重点是熟练掌握施工工艺流程及注意事项。

（三）人工挖孔灌注桩

1. 施工概要

人工挖孔灌注桩是指在桩位采用人工挖掘方法成孔，然后安放钢筋笼、灌注混凝土而后成的桩。这类桩具有成孔机具简单、桩承载力大、受力性能好、质量可靠、沉降量小、无需大型机械设备、无振动、无噪声、无环境污染、便于清孔和检查孔壁及孔底、施工质量可靠等特点。人工挖孔灌注桩如图 5-101 所示。

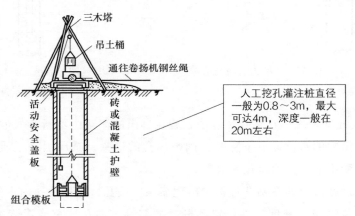

图 5-101　人工挖孔灌注桩示意

2. 施工工艺流程

人工挖孔灌注桩的护壁常采用现浇混凝土护壁，也可采用钢护筒或采用沉井护壁等。采用现浇混凝土护壁时的施工工艺流程如下：

测定桩位、放线→开挖土方→支撑护壁模板→在模板顶放置操作平台→浇筑护壁混凝土→拆除模板继续下一段的施工→安放钢筋笼、浇筑混凝土。

3. 具体施工过程

（1）开挖土方

采用分段开挖，每段高度取决于土壁的直立能力，一般为 0.5～1.0m，开挖直径为设计桩径加上 2 倍护壁厚度。挖土顺序是"自上而下，先中间、后孔边"。

开挖土方施工现场如图 5-102 所示。

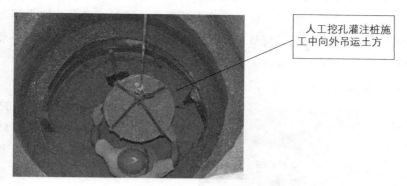

人工挖孔灌注桩施工中向外吊运土方

图 5-102 开挖土方施工现场

（2）支撑护壁模板

模板高度取决于开挖土方每段的高度，一般为 1m，由 4～8 块活动模板组合而成。护壁厚度不宜小于 100mm，一般取 $D/10+50$mm（D 为桩径，mm），且第一段井圈的护壁厚度应比以下各段增加 100～150mm，上、下节护壁可用长为 1m 左右的 $\phi6$～$\phi8$ 的钢筋进行拉结。

支撑护壁模板如图 5-103 所示。

护壁模板

图 5-103 支撑护壁模板

（3）在模板顶放置操作平台

平台可用角钢和钢板制成半圆形，两个合起来即为一个整圆，用来临时放置混凝土和浇筑混凝土用。

（4）浇筑护壁混凝土

护壁混凝土的强度等级不得低于桩身混凝土强度等级，应注意浇捣密实。根据土层渗水情况，可考虑使用速凝剂。不得在桩孔水淹没模板的情况下浇护壁混凝土，每节护壁均应在当日连续施工完毕。上、下节护壁搭接长度不小于 50mm。

（5）拆除模板继续下一段的施工

一般在浇筑混凝土 24h 之后便可拆模。若发现护壁有蜂窝、孔洞、漏水现象时，应及时补强、堵塞，防止孔外水通过护壁流入桩孔内。当护壁符合质量要求后，便可开挖下一段的土方，再支模浇筑护壁混凝土，如此循环，直至挖到设计要求的深度并按设计进行扩底。

图 5-104　拆除模板继续下一段的施工

拆除模板继续下一段的施工如图 5-104 所示。

（6）安放钢筋笼、浇筑混凝土

孔底有积水时应先排除积水再浇筑混凝土，当混凝土浇至钢筋的底面设计标高时再安放钢筋笼，继续浇筑桩身混凝土。

4. 施工注意事项与总结

（1）施工注意事项

① 桩孔开挖，当桩净距小于 2 倍桩径且小于 2.5m 时，应采用间隔开挖。排桩跳挖的最小施工净距不得小于 4.5m，孔深不宜大于 40m。

② 每段挖土后必须吊线检查中心线位置是否正确，桩孔中心线平面位置偏差不宜超过 50mm，桩的垂直度偏差不得超过 1%，桩径不得小于设计直径。

③ 为防止土壁坍塌及流砂，挖土如遇到松散或流砂土层时，可减少每段开挖深度（取 0.3~0.5m）或采用钢护筒、预制混凝土沉井等作护壁，待穿过此土层后再按一般方法施工。流砂现象严重时，应采用

井点降水处理。

④ 浇筑桩身混凝土时，应注意清孔及防止积水，桩身混凝土应一次连续浇筑完毕，不留施工缝。为防止混凝土离析，宜采用串筒来浇筑混凝土，如果地下水穿过护壁流入量较大且无法抽干时，则应采用导管法浇筑水下混凝土。

⑤ 必须制订好安全措施。

a. 施工人员进入孔内必须戴安全帽，孔内有人作业时，孔上必须有人监督防护。

b. 孔内必须设置应急软爬梯供人员上、下井；使用的电动葫芦、吊笼等应安全可靠并配有自动卡紧保险装置；不得用麻绳和尼龙绳吊挂或脚踏井壁凸缘上、下井；电动葫芦使用前必须检验其安全起吊能力是否满足要求。

c. 每日开工前必须检测井下的有毒有害气体，并有足够的安全防护措施。桩孔开挖深度超过 10m 时，应有专门向井下送风的设备，风量不宜少于 25L/s。

d. 护壁应高出地面 200～300mm，以防杂物滚入孔内；孔周围要设 0.8m 高的护栏，如图 5-105 所示。

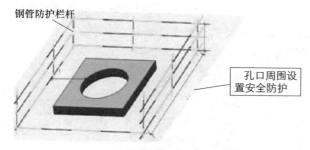

图 5-105　安全防护栏

e. 孔内照明要用 12V 以下的安全灯或安全矿灯。使用的电器必须有严格的接地、接零和漏电保护器（如潜水泵等）。

（2）施工总结

人工挖孔灌注桩需要进行人工开挖、扩壁、土石方外运和护壁，这是其与其他灌注桩类型最大的区别之处。本小节的重点熟练掌握人工挖孔灌注桩的施工工艺流程和注意事项。

三、混凝土预制桩施工

预制桩具有制作方便、成桩速度快、桩身质量易于控制、承载力高等优点，并能根据需要制成不同形状、不同尺寸的截面和长度，且不受地下水位影响，不存在泥浆排放等问题，是最常见的一种桩型。

1. 预制桩的制作

（1）混凝土预制桩的种类

混凝土预制桩断面主要有实心方桩和空心管桩两种形式。

① 钢筋混凝土实心方桩　钢筋混凝土实心桩断面一般呈方形。桩身截面一般沿桩长不变。实心方桩截面尺寸一般为 200mm×200mm～600mm×600mm。

钢筋混凝土实心方桩的优点是可在一定范围内根据需要选择长度和截面，由于在地面上预制，制作质量容易保证，承载能力高，耐久性好。因此，钢筋混凝土实心桩在工程上应用较广。

钢筋混凝土实心方桩由桩尖、桩身和桩头组成。钢筋混凝土实心桩所用混凝土的强度等级不宜低于 C30。采用静压法沉桩时，可适当降低，但不宜低于 C20。预应力混凝土桩的混凝土的强度等级不宜低于 C40。

钢筋混凝土实心方桩如图 5-106 所示。

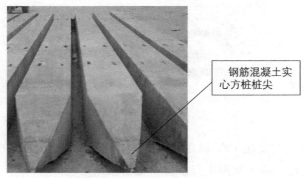

钢筋混凝土实心方桩桩尖

图 5-106　钢筋混凝土实心方桩

② 钢筋混凝土空心管桩　混凝土空心管桩一般在预制厂用离心法

生产。桩径有 $\phi300$、$\phi400$、$\phi500$ 不等，每节长度分为 8m、10m、12m 不等。接桩时，接头数量不宜超过 4 个。混凝土空心管桩各节段之间的连接可以用角钢焊接或法兰螺栓连接。由于用离心法成型，混凝土中多余的水分由于离心力而甩出，故混凝土致密、强度高，抵抗地下水和其他腐蚀的性能好。混凝土空心管桩应达到设计强度 100% 后方可运到现场打桩。堆放层数不超过 4 层，底层管桩边缘应用楔形木块塞紧，以防滚动。

图 5-107　钢筋混凝土空心管桩

钢筋混凝土空心管桩如图 5-107 所示。

（2）混凝土预制桩的制作

较短的桩一般在预制厂制作，较长的桩一般在施工现场附近露天预制。预制场地的地面要平整、夯实，并防止浸水沉陷。对于两个吊点以上的桩，现场预制时，要根据打桩顺序确定桩尖的朝向，因为桩吊升就位时，桩架上的滑轮组有左右之分，若桩尖的朝向不恰当，则临时掉头非常困难。钢筋混凝土预制桩桩身的长度如图 5-108 所示。

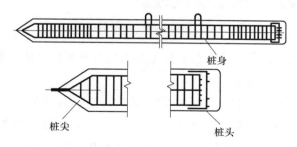

桩身

桩尖　　桩头

图 5-108　钢筋混凝土预制桩桩身长度

钢筋混凝土预制桩的桩身长度取决于桩架高度，现场预制桩的长度一般在 30m 以内。限于运输条件，工厂预制桩桩长一般不超过 12m，否则应分节预制，然后在打桩过程中予以接长，接头不宜超过 2 个。钢筋混凝土实心桩由桩尖、桩身和桩头组成。

预制桩叠浇预制时，桩与桩之间要做隔离层，以保证起吊时不互相黏结。叠浇层数应由地面允许的荷载和施工要求而定，一般不超过 4 层，上层桩必须在下层桩混凝土达到设计强度等级的 30% 以后，方可进行浇筑。

钢筋混凝土预制桩的钢筋骨架的主筋连接宜采用对焊。当采用闪光对焊和电弧焊时，主筋接头配置在同一截面内的数量不得超过 50%；同一根钢筋两个接头的距离应大于 30d（d 为钢筋直径），且不小于 500mm。预制桩的混凝土浇筑工作应由桩顶向桩尖连续浇筑，严禁中断，制作完成后，应洒水养护不少于 7d。钢筋混凝土预制桩的制作如图 5-109 所示。

制桩模板宜采用钢模板。且应在强度与龄期均达到要求后，方可锤击预制桩

图 5-109　钢筋混凝土预制桩的制作

制作完成的预制桩应在每根桩上标明编号及制作日期，如设计不埋设吊环，则应标明绑扎点位置。

预制桩几何尺寸的允许偏差为：横截面边长为 ±5mm；桩顶对角线之差为 10mm；混凝土保护层厚度为 ±5mm；桩身弯曲矢高不大于 0.1% 桩长；桩尖中心线为 10mm；桩顶面平整度小于 2mm。预制桩制作质量还应符合下列规定。

① 桩的表面应平整、密实，掉角深度小于 10mm，且局部蜂窝和掉角的缺损总面积不得超过该桩表面全部面积的 0.5%，同时不得过分集中。

② 由于混凝土收缩产生的裂缝，深度应小于 20mm，宽度应小于 0.25mm；横向裂缝长度不得超过边长的一半。

2. 预制桩的起吊、运输和堆放

① 混凝土实心桩的混凝土设计强度达到 70% 及以上方可起吊，达到 100% 方可运输，预应力混凝土空心桩出厂前应做出厂检查，在吊运过程中应轻吊轻放，避免剧烈碰撞。预制桩的吊点如图 5-110 所示。

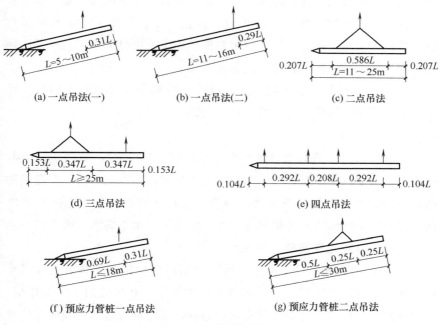

图 5-110　预制桩的吊点

② 打桩前应运到现场或桩架处以备打桩，应根据打桩顺序随打随运，以免二次搬运，在现场运距不大时，可用起重机吊运或在桩下垫以滚筒并用卷扬机拖拉，距离较远时，可采用汽车或轻便轨道小平板运输。运输过程中，支点应与吊点的位置相同。

③ 堆放场地应平整坚实，垫木宜选用耐压的长木枋或枕木，最下层与地面接触的垫木应有足够的宽度和高度。当桩叠层堆放超过 2 层时，应采用吊机取桩，严禁拖拉取桩；三点支撑自行式打桩机不应拖拉

取桩。

3. 打桩

（1）锤击沉桩

锤击沉桩是利用桩锤下落时的瞬时冲击机械能，克服土体对桩的阻力，使其静力平衡状态遭到破坏，导致桩体下沉，达到新的静压平衡状态，如此反复地锤击桩头，桩身也就不断地下沉。锤击沉桩法施工速度快、机械化程度高、使用范围广，但施工时有冲撞噪声和对地表层有振动，在城市区和夜间施工有所限制。其施工工艺适用于工业与民用建筑、铁路、公路、港口等陆上预制桩桩基施工。由打入土（岩）层的预制桩和连接于桩顶的承台共同组成桩基础。

① 锤击沉桩的工艺流程　测量放线→桩机和桩就位对中调直→锤击沉桩→接桩，再锤击→测贯入度、收锤。

② 具体施工过程

a. 测量放线　在打桩现场附近设水准点，其位置应不受打桩影响，数量不得少于两个，用以抄平场地和检查桩的入土深度。要根据建筑物的轴线控制桩定出桩基础的每个桩位，可用小木桩标记。正式打桩之前，应对桩基的轴线和桩位复查一次，以免因小木桩挪动、丢失而影响施工。桩位放线允许偏差为20mm。

b. 桩机和桩就位对中调直　按既定的打桩顺序，先将桩架移动至桩位处并用缆风绳拉牢，然后将桩运至桩架下，利用桩架上的滑轮组，由卷扬机提升桩。当桩提升至直立状态后，即可将桩送入桩架的龙门导管内，同时把桩尖准确地安放到桩位上，并与桩架导管相连接，以保证打桩过程中不发生倾斜或移动。桩插入时垂直偏差不得超过0.5%。桩就位后，为了防止击碎桩顶，在桩锤与桩帽、桩帽与桩之间应放上硬木、粗草纸或麻袋等桩垫作为缓冲层，桩帽与桩顶四周应留5～10mm的间隙。然后进行检查，使桩身、桩帽和桩锤在同一轴线上即可开始打桩。

桩机和桩就位对中调直如图5-111所示。

c. 锤击沉桩　打桩时用"重锤低击"可取得良好效果，这是因为这样桩锤对桩头的冲击小，回弹也小，桩头不易损坏，大部分能量都用

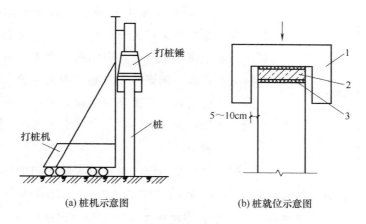

(a) 桩机示意图　　　　(b) 桩就位示意图

图 5-111　桩机和桩就位对中调直
1—桩帽；2—硬垫木；3—草纸（弹性衬垫）

于克服桩身与土的摩阻力和桩尖阻力，桩就能较快地沉入土中。

在打桩过程中，如突然出现桩锤回弹、贯入度突增，锤击时桩弯曲、倾斜、颤动、桩顶破坏加剧等情况，则表明桩身可能已破坏。

打桩最后阶段沉降太小时，要避免硬打，如沉下困难，要检查桩垫、桩帽是否适宜，需要时可更换或补充软垫。

d. 接桩，再锤击　预制桩施工中，由于受到场地、运输及桩机设备等的限制，而将长桩分为多节进行制作。接桩时要注意新接桩节与原桩节的轴线应一致。目前预制桩的接桩工艺主要有硫黄胶泥浆锚法、电焊接桩和法兰螺栓接桩三种。前一种适用于软弱土层，后两种适用于各类土层。

接桩如图 5-112 所示。

③ 施工注意事项

a. 桩锤的选用应根据地质条件、桩型、桩的密集程度、单桩竖向承载力及现有施工条件等因素确定。施工中一般选择"重锤低击"。

b. 打桩时桩锤、桩帽或送桩帽应和桩身在同一中心线上；桩插入时的垂直度偏差不得超过 0.5%。

c. 锤击沉桩送桩时，送桩深度不宜大于 2.0m。

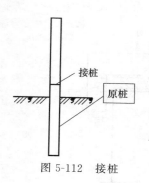

图 5-112　接桩

d. 打桩顺序一般有逐排打、自中央向边缘打、自边缘向中央打和分段打四种，应符合下列规定：对于密集桩群，自中间向两个方向或四周对称施打；若一侧毗邻建筑物，由毗邻建筑物处向另一方向施打；根据基础的设计标高，宜先深后浅；根据桩的规格，宜先大后小、先长后短。

（2）静力压桩

静力压桩是用静力压桩机将预制钢筋混凝土方桩与管桩分节压入地基土中的一种沉桩施工工艺。静压预制桩主要应用于软土地基。在桩压入过程中，以桩机本身的重量（包括配重）作为反作用力，克服压桩过程中的桩侧摩阻力和桩端阻力。当预制桩在竖向静压力作用下沉入土中时，桩周土体发生急速而激烈的挤压，土中孔隙水压力急剧上升，土的抗剪强度大大降低，桩身很容易下沉。

静力压桩法施工速度快，机械化程度高，施工时无振动无噪声，特别适合于居民稠密及危房附近环境要求严格的地区沉桩。静力压桩机如图 5-113 所示。

① 静力压桩的工艺流程　测量放线→桩机就位、吊桩、插桩、桩身对中调直→静压沉桩→接桩→再静压沉桩→送桩、终止压桩→截桩头。

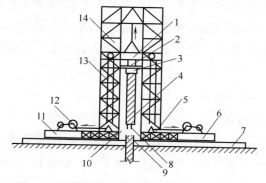

图 5-113　静力压桩机

1—活动压梁；2—油压表；3—桩帽；4—上段桩；5—加重物仓；
6—底盘；7—轨道；8—上段接桩锚筋；9—下段桩；10—卷扬机；
11—加压钢绳滑轮组；12—卷扬机；13—加压钢绳滑轮组；14—桩架导向笼

② 具体施工过程

a. 静压沉桩 压桩应当连续进行，中间间歇时间不宜过长。在压桩时要记录桩入土深度和压力表读数的关系。当压力表突然上升或下降时，应当认真分析，判断是否遇到障碍物或发生断桩等情况。静压沉桩施工如图 5-114 所示。

静压沉桩施工

图 5-114 静压沉桩

b. 接桩 接桩方法有以下三种。

Ⅰ. 焊接接桩。焊接接桩是在上下两节桩端部四角侧面及端面预埋低碳钢钢板，其表面应保持清洁。当下节桩打至便于焊接操作高度（距地面 1m 左右），同时应使桩尖避开硬土夹层时，将上节桩用桩架吊起，对准下节桩头。用仪器在两个互成 90°方向校正垂直度，接头间隙不平处用铁片填实并与桩端预埋铁板焊牢。检查无误后，用点焊将四角连接角钢与预埋钢板临时焊接，再次检查位置及垂直度后，随即呈对角对称施焊，焊接中应防止节点由于温度应力产生焊接变形而引起桩身歪斜。焊缝应连续饱满，焊接时间尽量缩短，以防止固结现象。焊接接桩适用各类土层。焊接接桩如图 5-115 所示。

Ⅱ. 法兰接桩。法兰接桩主要用于离心法成型的钢筋混凝土管柱。制桩时，用低碳钢制成的法兰盘与混凝土整浇在一起，接桩时，上下节桩之间用石棉或纸板衬垫，垂直度检查无误后，在法兰盘的钢板孔中穿入螺栓，用扳手拧紧螺帽，锤击数次后，再拧紧一次，并焊死螺帽。法兰盘接桩速度快、质量好，但耗钢量大、造价高。该法适用于各种土层

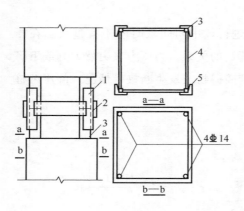

图 5-115 焊接接桩
1—角钢与主筋焊接；2—钢板；
3—主筋；4—箍筋；5—焊缝

的离心管桩接桩。

法兰接桩如图 5-116 所示。

Ⅲ. 硫黄胶泥锚接桩。硫黄胶泥锚接桩法又称浆锚法。制桩时，在上节桩下端伸出 4 根锚筋，长度为 15d（d 为钢筋直径，mm）；下节桩上端预留 4 个锚筋孔，孔径为 2.5d，孔深为 15d＋30mm。接桩时，将上节桩的锚筋插入下节桩的锚筋孔，上下桩间隙 20mm 左右，然后在四周安设施工夹箍，将熔化的硫黄胶泥注满锚筋孔内，并使之溢出桩面，然后将上节桩下落，当硫黄胶泥冷却后，拆除施工夹箍，则可继续压桩和打桩。

硫黄胶泥锚接桩如图 5-117 所示。

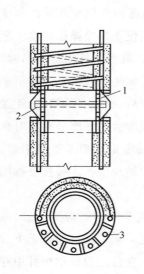

图 5-116 法兰接桩
1—法兰盘；2—螺栓；3—螺栓孔

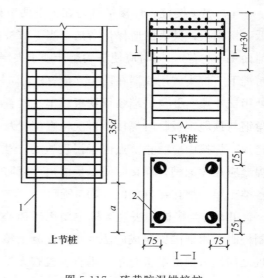

图 5-117 硫黄胶泥锚接桩
1—锚筋；2—锚筋孔；a—钢筋伸出长度；d—钢筋直径

c. 截桩头 当桩顶高出地面而压桩力达到规定值影响后续施工时，为后续压桩和桩机移位，应当立即进行截桩头。当桩顶在地面下或不影响后续施工时，可以结合凿桩头进行。预制混凝土桩可以用人工或电动工具截除，混凝土管桩可以人工截除。截桩头如图5-118所示。

图 5-118　截桩头

③ 静压沉桩的一般规定

a. 采用静压沉桩时，场地地基承载力不应小于压桩机接地压强的1.2倍，且场地应平整。

b. 静力压桩宜选择液压式和绳索式压桩工艺；宜根据单节桩的长度选用顶压式液压桩机和抱压式液压桩机。

c. 压桩机的每件配重必须用量具核实，最大压桩力不得小于设计的单桩竖向极限承载力标准值。

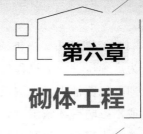

第六章
砌体工程

第一节　工程施工材料

一、基础材料

建筑工程中最主要的基础材料有水泥、钢筋、木材、建筑五金、建筑玻璃及制品。

1. 水泥

（1）水泥的定义

水泥是粉状水硬性无机胶凝材料，加水搅拌后成浆体，能在空气中硬化或者在水中硬化，并能把砂、石等材料牢固地胶结在一起。早期石灰与火山灰的混合物与现代的石灰火山灰水泥很相似，用它胶结碎石制成的混凝土，硬化后不但强度较高，而且还能抵抗淡水或含盐水的侵蚀。长期以来，它作为一种重要的胶凝材料，广泛应用于土木建筑、水利、国防等工程。水泥实物如图 6-1 所示。

（2）水泥的分类

① 按用途及性能分

a. 通用水泥。一般土木建筑工程中常采用的水泥。通用水泥主要是指《通用硅酸盐水泥》（GB 175—2007）规定的六大类水泥，即硅酸盐水泥、普通硅酸盐水泥、矿渣硅酸盐水泥、火山灰质硅酸盐水泥、粉煤灰硅酸盐水泥和复合硅酸盐水泥。

b. 专用水泥。指专门用途的水泥。如 G 级油井水泥、道路硅酸盐

图 6-1 水泥实物图

水泥等。

c. 特性水泥。某种性能比较突出的水泥。如快硬硅酸盐水泥、低热矿渣硅酸盐水泥、膨胀硫铝酸盐水泥、磷铝酸盐水泥和磷酸盐水泥等。

② 按其主要水硬性物质名称分

a. 硅酸盐水泥。

b. 铝酸盐水泥。

c. 硫铝酸盐水泥。

d. 铁铝酸盐水泥。

e. 氟铝酸盐水泥。

f. 磷酸盐水泥。

g. 以火山灰或潜在水硬性材料及其他活性材料为主要组分的水泥。

2. 钢筋

钢筋是指钢筋混凝土用和预应力钢筋混凝土用钢材，其横截面为圆形，有时为带有圆角的方形。钢筋可分为热轧钢筋（热轧光圆钢筋 HPB 和热轧带肋钢筋 HRB）、冷轧扭钢筋（CTB）、冷轧带肋钢筋（CRB）。

光圆钢筋如图 6-2 所示，带肋钢筋如图 6-3 所示。

3. 木材

木材是能够次级生长的植物，如乔木和灌木，所形成的木质化组织。

图 6-2　光圆钢筋　　　　　　　　图 6-3　带肋钢筋

木材对于人类生活起着很大的支持作用。根据木材不同的性质特征，人们将它们用于不同途径。

建筑用木材，通常以原木、板材、枋材三种型材供应。原木是指去枝、去皮后按规格加工成一定长度的木料；板材是指宽度为厚度的 3 倍或 3 倍以上的型材；而枋材则为宽度不足 3 倍厚度的型材。

木材如图 6-4 所示，板材如图 6-5 所示。

原木

图 6-4　木材

图 6-5　板材

4. 建筑五金

随着建筑科技的进步和发展，一些新型的、节能环保的材料不断涌现，特别是建筑装饰材料有很多种，常见的有建筑五金（图 6-6）、装饰五金（锁、拉手）、铁艺制品（图 6-7）、五金配件、五金工具、五金模具、五金铸造等。

图 6-6　常见建筑五金

手工打造的铁艺制品，常用作家居装饰

图 6-7　铁艺制品

建筑五金可按用途分为门窗五金、水暖五金、装潢五金、丝钉网类五金和厨房设备共 5 类。

（1）门窗五金

门窗五金是安装在建筑物门窗上的各种金属和非金属配件的统称，有建筑门锁、执手、撑挡、合页、闭门器、拉手、插销、窗钩、防盗链、感应启闭门装置等。

（2）水暖五金

建筑物供排水系统、采暖系统和卫生间所用的五金件的统称。有水嘴、淋浴器、落水、便器配件、盥洗器配件、喷洗按摩浴缸配件、阀门、管道连接件及卫生间的其他五金件。

（3）装潢五金

建筑物内外采用的以装饰作用为主，兼具使用和防护功能的饰物和制品的统称，通常包括组合式金属吊顶、轻质活络隔断、金属装饰面板等。

（4）丝钉网类五金

多用碳钢或有色金属制成的各种丝、钉、网及网状制品的统称。在建筑等施工工程中使用广泛。

（5）厨房设备

主要有洗涮台、操作台、切菜机、灶台、灶具、烤箱、橱柜、存放器和排油烟机等。

5. 建筑玻璃及制品

现代建筑发展的需要，不断向多功能方向发展。玻璃的深加工制品能具有控制光线、调节温度、防止噪声和提高建筑艺术装饰等功能。玻璃已不再只是采光材料，也是现代建筑的一种结构材料和装饰材料。建筑装饰玻璃制品如图 6-8 所示。

图 6-8　建筑装饰玻璃制品

常用建筑玻璃有镀膜玻璃、吸热玻璃、钢化玻璃、夹层玻璃、夹丝玻璃、中空玻璃、玻璃马赛克等。

（1）镀膜玻璃

热反射玻璃是在玻璃表面涂敷金属或金属氧化物薄膜，其薄膜的加工方法有热分解法（喷涂法、浸涂法）、金属离子迁移法、化学浸渍法和真空法（真空镀膜法、溅射法）。镀膜玻璃反射光线能力很强，有镜面效果，因此有人称之为镜面玻璃，建筑上用它作玻璃幕墙，能映射街景和空中云彩，形成动态画面，装饰效果突出，但易产生光污染。

由于它具有较强反射太阳光辐射热的能力，有人称之为热反射玻璃。这种玻璃可见光透光率仅 60%～80%，紫外线透射率较低。镀膜玻璃难以透视，因此具有一定的私密性。

（2）吸热玻璃

在生产普通玻璃时，加入少量有吸热性能的金属氧化物，如氧化亚铁、氧化镍等，可制成吸热玻璃，它既能吸收大量红外线辐射热，又能保持良好的光线透过率。吸热玻璃可以使得光线的透射能降低20%～35%，同时吸热玻璃还能吸收少量的可见光和紫外线，所以有着良好的防眩作用，可以减轻紫外线对人体和室内物品的损害。吸热玻璃与同厚度普通玻璃相比具有一定的隔热作用。其原因是透射的热量较少，且吸收的辐射热大部分辐射到室外。

（3）钢化玻璃

玻璃经过物理或化学钢化处理后，抗折抗冲击强度提高3～5倍，并具有耐急冷急热的性能。当玻璃破碎时，即裂成无棱角的小碎块，不致伤人。所需要的钢化玻璃规格尺寸应在钢化前加工，玻璃钢化后不能再二次加工。

由于钢化玻璃具有较好的物理力学性能和安全性，是装饰玻璃中较常用的安全玻璃。

（4）夹层玻璃

夹层玻璃是两片或多片玻璃之间嵌夹透明塑料片，经加热、加压、黏合而成的复合玻璃制品。它受到冲击破坏后产生辐射状或同心圆形裂纹，碎片不脱落，因此夹层玻璃属安全玻璃。

常用的夹层玻璃有普通玻璃、钢化玻璃、镀膜玻璃，其力学性能和安全性更高，用于安全性要求较高的场所。

（5）夹丝玻璃

它是将普通平板玻璃加热到红热软化状态，再将钢丝网和铜丝网压入玻璃中间而制成。表面可以是压花的或磨光的，颜色可以是透明的或彩色的。在玻璃遭受冲击或温度剧变时，仍能保持固定，起到隔绝火势的作用，故又称防火玻璃。常用于天窗、天棚顶盖，以及易受振动的门窗上。彩色夹丝玻璃可用于阳台、楼梯、电梯井。夹丝玻璃的厚度常在3～19mm之间。

夹丝玻璃具有平板玻璃的基本物理力学性能，但夹丝玻璃的强度较普通平板玻璃略低，抗风压强度系数仅为同厚度平板玻璃的70%，选用时应注意。

（6）中空玻璃

中空玻璃由两片或多片玻璃构成，用边框隔开，四周用密封胶密封，中间充干燥气体，组成中空玻璃。

玻璃片除普通玻璃外，还可用钢化玻璃、镀膜玻璃和吸热玻璃等。中空玻璃保温隔热、隔声性能优良，节能效果突出，并能有效防结露，是现代建筑常用的玻璃装饰材料。

（7）玻璃马赛克

玻璃马赛克也称玻璃锦砖，由石英砂、碱和一定辅助原料经熔融后压成，也可用回收玻璃制成，原材料成本较低廉。

玻璃马赛克可制成各种颜色，且色彩稳定、具有玻璃光泽、吸水小、不积灰、天雨自涤、贴牢固高的特点，是高层建筑外墙较好的装饰材料。

二、砌筑砂浆

1. 基础须知

砌筑砂浆指的是将砖、石、砌块等块材经砌筑成为砌体的砂浆。它起黏结、衬垫和传力作用，是砌体的重要组成部分。水泥砂浆宜用于砌筑潮湿环境以及强度要求较高的砌体。砌筑砂浆的使用如图6-9所示。

使用砂浆砌筑墙体

图6-9　砌筑砂浆的使用

2. 施工准备

（1）材料准备

① 水泥　水泥应按品种、标号、出厂日期分别堆放，并保持干燥。如遇水泥标号不明或出厂日期超过3个月等情况时，应经过试验鉴定，

并根据鉴定结果使用。不同品种的水泥不得混合使用。应分类存放水泥，如图 6-10 所示。

②　砂　砂浆用砂宜采用中砂，并经过筛，不得含有草根等杂物。

水泥砂浆和强度等级等于或大于 M5 的水泥混合砂浆，砂的含泥量不应超过 5％；强度等级小于 M5 的水泥混合砂浆，砂的含泥量不应超过 10％；采用细砂的地区，砂的含泥量可经试验后酌情放大。中砂如图 6-11 所示。

图 6-10　分类存放水泥

图 6-11　中砂

③　石灰　建筑生石灰是以碳酸钙为主要成分的原料，在低于烧结温度下经煅烧而成，分为优等品、一等品、合格品。生石灰粉如图 6-12 所示。

④　石灰膏　生石灰熟化成石灰膏，应用网过滤，并使其充分熟化，熟化时间不得少于 7d，生石灰粉熟化时间不得少于 1d。沉淀池中储存的石灰膏应防止干燥、冻结和污染。严禁使用脱水硬化的石灰膏。石灰膏如图 6-13 所示。

图 6-12　生石灰粉

图 6-13　石灰膏

⑤ 粉煤灰 粉煤灰是从粉煤炉烟道中收集的粉末，作为砂浆掺合料的粉煤灰成品应满足表 6-1 中Ⅲ级的要求。

表 6-1 粉煤灰成品参数

指　　标	级　别		
	Ⅰ	Ⅱ	Ⅲ
细度(0.045mm 方孔筛筛余)/%，不大于	12	20	45
需水量比/%，不大于	95	105	115
烧失量/%，不大于	5	8	15
含水量/%，不大于	1	1	不规定
三氧化硫/%，不大于	3	3	3

⑥ 有机塑化剂 砂浆中掺入的有机塑化剂，应符合产品标准和说明书的要求。当塑化剂质量不能确定时，应进行试验鉴定，根据鉴定结果使用。

⑦ 水 砌筑砂浆拌制用水应采用自来水或不含有害物质的洁净水。

⑧ 外加剂 外加剂须根据砂浆的性能要求、施工及气候条件、砂浆配合比等因素，经试验后确定外加剂的品种和用量。

（2）机具准备

① 机械搅拌时 砂浆搅拌机、投料计量设备。

② 人工搅拌时 灰扒、铁锹等工具。

（3）作业条件

① 确认砂浆配合比。

② 建立砂浆搅拌后台，并对砂浆强度等级、配合比、搅拌制度、操作规程等进行挂牌。

③ 采用人工搅拌时，需铺硬地坪或设搅拌槽。

3. 具体工作

① 砂浆应采用机械搅拌，自投料完成算起，搅拌时间应符合下列规定：

a. 水泥砂浆不得少于 2min；

b. 水泥砂浆和掺用外加剂的砂浆不得少于 3min；

c. 掺用有机塑化剂的砂浆，应为 3～5min。

② 先向已运转的搅拌机内加入适量水，再依次投入砂子、水泥，再加水至配合比规定。

砌筑砂浆的搅拌如图 6-14 所示。

砌筑砂浆搅拌机，砂浆应随拌随用

图 6-14　砌筑砂浆的搅拌

4. 注意事项

① 砂浆拌成后和使用时，均应盛入储灰器中。如灰浆出现泌水现象，应在砌筑前再次拌和。

② 施工砂浆宜优先采用普通硅酸盐水泥拌制，不得使用无水泥拌制的砂浆。

③ 砂浆用砂，不得含有直径大于 1cm 的冻结块或冰块。

④ 砂浆搅拌用水的温度不得超过 80℃，砂的温度不得超过 40℃，冬季施工时砂浆稠度应适当增大。

三、砌筑用砖

砌筑用砖有普通烧结砖、蒸压灰砂砖、烧结多孔砖、烧结空心砖、粉煤灰砖及非烧结普通黏土砖等。

1. 普通烧结砖

以黏土、页岩、煤矸石和粉煤灰等为主要原料，经成型、焙烧而成的实心或孔洞率不大于 15% 的砖，称为普通烧结砖。普通烧结砖如图 6-15 所示。

2. 蒸压灰砂砖

蒸压灰砂砖是以石灰、砂为主要原料制成的建筑用砖头。蒸压灰砂

普通烧结砖尺寸为240mm×115mm×53mm

图 6-15　普通烧结砖

砖作为楼房建筑的材料，约在 2001 年起大量采用，但由于使用蒸压灰砂的建筑容易出现墙体裂缝，2011 年开始部分地区已经禁用。蒸压灰砂砖如图 6-16 所示。

蒸压灰砂砖尺寸为240mm×115mm×53mm

图 6-16　蒸压灰砂砖

3. 烧结多孔砖

烧结多孔砖以黏土、页岩、煤矸石、粉煤灰、淤泥（江河湖淤泥）及其他固体废弃物等为主要原料，经焙烧而成，其孔洞率不大于 35%，孔的尺寸小而数量多，主要用于承重部位。烧结多孔砖如图 6-17 所示。

4. 烧结空心砖

烧结空心砖简称空心砖，是指以页岩，煤矸石或粉煤灰为主要原料，经焙烧而成的具有竖向孔洞（孔洞率不小于 40%，孔的尺寸大而数量少）的砖。烧结空心砖如图 6-18 所示。

5. 粉煤灰砖

以粉煤灰、石灰为主要原料，掺加适量石膏和集料，经胚料制备、

规格尺寸为:长有290mm、240mm、190mm;宽为180mm、140mm、115mm;高为90mm

图 6-17 烧结多孔砖

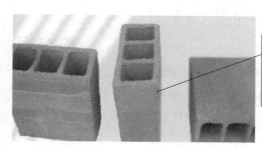

常用尺寸:长度为290mm,240mm,190mm;宽度为240mm,190mm,180mm,175mm,140mm,115mm;高度为90mm

图 6-18 烧结空心砖

压制成型、高压蒸汽养护而成的,简称粉煤灰砖。粉煤灰砖如图 6-19所示。

产品规格:240mm×115mm×53mm,孔洞率0%;240mm×115mm×90mm,孔洞率25%;240mm×115mm×115mm,孔洞率25%

图 6-19 粉煤灰砖

6. 非烧结普通黏土砖

非烧结普通黏土砖简称免烧砖，是以黏土为主要原料，经粉碎、搅拌、压制成型，自然养护而成的实心砖。非烧结普通黏土砖如图 6-20 所示。

规格：240mm×115mm×53mm

图 6-20　非烧结普通黏土砖

四、砌筑用石材

砌筑用石材应采用质地坚硬、无风化剥落和裂纹的天然石材。砌筑用石材一般加工成块状。根据加工后的外形规则程度，砌筑用石材可分为毛石和料石。

砌筑用石材

1. 毛石

毛石是不成型的石料，它是岩石经爆破后所得形状不规则的石块，一般处于开采以后的自然状态。形状不规则的称为乱毛石，有两个大致平行面的称为平毛石。毛石挡土墙如图 6-21 所示。

工人正在砌筑毛石挡土墙

图 6-21　毛石挡土墙

2. 料石

料石是指经人工凿琢或机械加工而成的大致规则的六面体块石，料石常用致密的砂岩、石灰岩、花岗岩等凿琢而成。料石常用于砌筑墙身、地坪、踏步、柱和纪念碑等，形状复杂的料石制品也可用于柱头、柱基、窗台板栏杆及其他装饰。

料石按其加工后的外形规则程度可分为毛料石、粗料石、半细料石和细料石四种。按形状可分为条石、方石及拱石。条石如图 6-22 所示。

公园的条石坐凳

图 6-22　条石

五、砌筑用砌块

砌块是利用混凝土、工业废料（炉渣、粉煤灰等）或地方材料制成的人造块材，外形尺寸比砖大，具有设备简单、砌筑速度快的优点，符合了建筑工业化发展中墙体改革的要求。砌块如图 6-23 所示。

工人正在砌筑砌块墙

图 6-23　砌块

六、砌体结构类型和工程施工基本要求

1. 砖石结构

用砖砌体、石砌体或砌块砌体建造的结构，又称砖石结构。它包括

砖结构、石结构和其他材料的砌块结构。砖石结构如图 6-24 所示。

图 6-24　砖石结构

2. 砌体结构

按照配筋数量多少，砌体结构分为无筋砌体结构、约束砌体结构和配筋砌体结构，配筋砌体结构示意如图 6-25 所示。

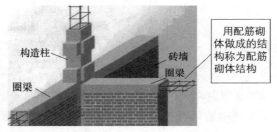

图 6-25　配筋砌体结构示意

3. 工程施工基本要求

① 不同品种、不同强度等级的水泥不得混合使用，且质量必须合格。砂浆试验试块如图 6-26 所示。

图 6-26　砂浆试验试块

② 施工中应画线（图 6-27）和拉线（图 6-28）。

砌筑前放出轴线边线，将基层清理干净，并由甲方、监理检查

图 6-27 施工画线

施工前必须拉线

图 6-28 施工拉线

③ 正常施工条件下，砖砌体每日砌筑高度宜控制在 1.5m 或一步脚手架高度内，砌筑时常用"三一"砌筑法。"三一"砌筑法如图 6-29 所示。

砌筑施工一般采用"三一"砌筑法，即一铲灰、一块砖、一挤揉

图 6-29 三一砌筑法示意图

第二节 砌筑砂浆的设计与制备

一、砌筑砂浆原材料

砌筑砂浆原材料包括水泥、胶凝材料、细骨料（主要是天然砂，如

图 6-30 所示)、拌合用水（图 6-31)。

细骨料主要是天然砂，所配制的砂浆称为普通砂浆

图 6-30　细骨料

砂浆拌合用水与混凝土拌合水的要求相同，应选用无有害杂质的洁净水来拌制砂浆

图 6-31　拌合用水

二、砌筑砂浆强度

砌筑砂浆的强度用强度等级来表示。砂浆的强度除受砂浆本身的组成材料、配合比、施工工艺、施工及硬化时的条件等因素影响外，还与砌体材料的吸水率有关。砂中泥及其他杂质含量多时，砂浆强度也会受影响。

砌筑砂浆强度检测如图 6-32 所示。

工人正在使用砂浆强度检测仪进行强度检测

图 6-32　砌筑砂浆强度检测

三、砌筑砂浆配合比设计

砂浆配合比可根据工程类别及砌体部位的设计要求，确定砂浆的强度等级，然后选定其配合比。配合比标示牌如图 6-33 所示。

四、砂浆的制备与使用

1. 砂浆的制备

按粉料：水 = 1：0.2 的比例，在干净的容器中（用机械搅拌）搅拌均匀成膏状体，然后放置 3～5min 后再次搅拌即可使用，搅拌后的砂浆应在 2～3h 内

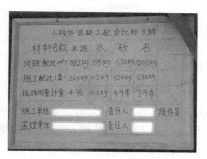

图 6-33　配合比标示牌

用完，按需随拌随用。砂浆制备现场如图 6-34 所示。

搅拌好的砂浆

图 6-34　砂浆制备现场

2. 砂浆的使用

将搅拌好的膏体状的砂浆均匀地涂抹在砌筑墙体砖上，并在墙体砖上施加一定压力（敲击），达到所需黏结平衡度，按墙体工程设计规范要求施工。砂浆的使用如图 6-35 所示。

工人在墙面抹砂浆，即进行墙面抹灰施工

图 6-35　砂浆的使用

第三节 砌砖工程

一、材料要求

① 砖的品种、强度等级必须符合设计要求，并应规格一致，有出厂合格证及试验单，严格检验手续，对不合格品坚决退场。

② 水泥进场使用前，应分批对其强度、安定性进行复试；检验批应以同一生产厂家、同一编号为一批；当在使用中对水泥质量有怀疑或水泥出厂超过三个月时，应复查试验，并按其结果使用；不同品种的水泥，不得混合使用。

二、砖墙施工

1. 施工工艺流程

砖浇水→砂浆搅拌→组砌→挂线→砌砖。

2. 具体施工过程

（1）砖浇水

在砌砖前应先浇水，常温施工不得用干砖施工，雨季不能用含水率达到饱和的砖砌墙。

砖浇水施工现场如图 6-36 所示。

浇水1~2d 后才可正常使用

图 6-36　砖浇水现场图

（2）砂浆搅拌

砂浆搅拌现场如图 6-37 所示。

砂浆配合比应采用重量比，采用机械搅拌，搅拌时间不少于1.5min

图 6-37　砂浆搅拌现场图

（3）组砌

砌体一般采用一顺一丁、梅花丁或三顺一丁砌法，不采用五顺一丁砌法。

组砌如图 6-38 所示。

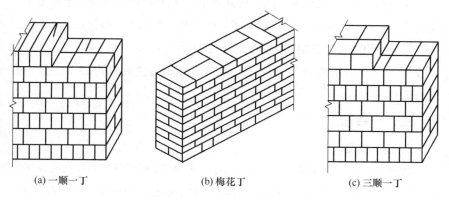

(a) 一顺一丁　　　　　　　(b) 梅花丁　　　　　　　(c) 三顺一丁

图 6-38　组砌示意

（4）挂线

挂线施工如图 6-39 所示。

砌筑一砖半墙挂双面线，每层砖都要穿线看平，使水平缝均匀一致

图 6-39　挂线施工

（5）砌砖

砌砖如图 6-40 所示。

砌砖宜采用一铲灰、一块砖、一挤揉的"三一"砌砖法，即满铺、满挤操作法

图 6-40　砌砖

3. 施工注意事项

① 砌筑用砖必须用水湿润，使其含水率达到 10%～15%。干砖上墙会使灰缝砂浆的水分被砖吸收，影响砖与砂浆间的黏结力和砂浆的饱和度。

② 砌体的水平灰缝应满足平直度的要求，砌筑时必须立皮数杆，挂线砌筑。竖向灰缝必须垂直对齐，对不齐而错位的称为游丁走缝，会影响墙体外观质量。

三、砖柱施工

1. 施工概要

砖柱一般砌成矩形或方形断面，主要的断面尺寸有 240mm × 240mm、365mm × 365mm、365mm × 490mm、490mm × 490mm 等。砖柱砌筑形式如图 6-41 所示。

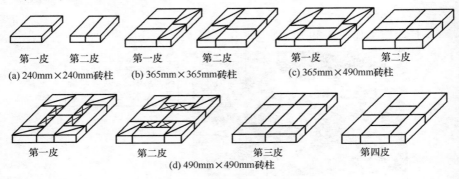

第一皮　第二皮　　第一皮　　第二皮　　　第一皮　　　　第二皮

(a) 240mm×240mm砖柱　(b) 365mm×365mm砖柱　(c) 365mm×490mm砖柱

第一皮　　　　　第二皮　　　　　第三皮　　　　　第四皮

(d) 490mm×490mm砖柱

图 6-41　砖柱砌筑形式示意

砖柱砌筑应保证砖柱外表面上下皮垂直，灰缝错开 1/4 砖长，砖柱内部少通缝，为错缝需要应加砌配砖，不得采用包心砌法。

2. 施工准备

（1）材料准备

① 砖的品种、强度等级必须符合设计要求，并应规格一致，有出厂合格证及试验报告。砖应进行强度复试。

② 水泥一般采用 32.5 级或 42.5 级普通硅酸盐水泥或矿渣硅酸盐水泥。有出厂合格证及试验报告。水泥应进行强度及安定性复试。

③ 砂一般应用粗砂，并不得含有有害物质，勾缝宜用细砂。

④ 水可使用自来水或天然洁净的水。

⑤ 石灰膏可用生石灰或磨细生石灰粉经熟化制备，其熟化时间分别不少于 7d 和 2d。

⑥ 钢筋（砌体中的拉结钢筋）应符合设计要求。

（2）施工机具准备

根据工艺标准要求应配置垂直和水平运输、砂浆搅拌等机械设备与操作工具。同时根据工程规模大小、结构形式以及施工现场等情况进行配备与选用。

（3）作业条件准备

① 基础验收。

② 砌筑砂浆配合比确定。

③ 常温施工时，砖提前 1～2d 浇水湿润。

④ 施工现场安全防护的设置及验收。

⑤ 运输通道通畅，各类机具准备就绪。

3. 施工工艺流程

砖柱放线→立皮数杆→排砖摆底→砌筑→养护验收。

4. 具体施工过程

（1）砖柱放线

首层砖柱放线，以龙门板（或轴线桩）定位钉为标志拉线定轴线，并弹墨线标出内外边线。对楼层的砖柱放线，由下层引出、弹线，引线和弹线时应保证上下层柱轴线重合。

在砌筑首层或楼层砖柱之前，应先清除底面灰土等杂物，并用水泥砂浆或细石混凝土找平，使柱底标高符合设计要求。砖柱放线如图 6-42 所示。

图 6-42　砖柱放线

（2）立皮数杆

成排同断面的砖柱，可仅在两端的砖柱近旁立皮数杆，如距离过大，则应每隔 15m 左右再增加皮数杆。立皮数杆如图 6-43 所示。

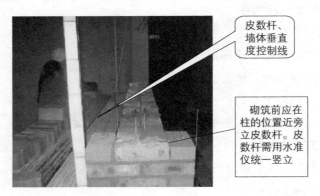

图 6-43　立皮数杆

（3）排砖摆底

根据设计图纸要求的砖柱断面形状和尺寸按排砌方案进行干摆砖试

排。试排时砖与砖之间的竖向灰缝应控制在 10mm 左右。

排砖后用砂浆将砖逐块砌实，并检查砖柱截面形状、尺寸及灰缝的均匀性，使其符合要求。排砖如图 6-44 所示。

图 6-44 排砖

（4）砌筑

砌筑如图 6-45 所示。

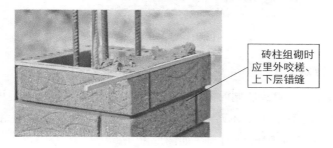

图 6-45 砖柱砌筑

5. 施工注意事项

① 单独的砖柱砌筑时，可立固定的皮数杆，也可用流动皮数杆检查高低情况。当几个砖柱在同一直线上时，可先砌两头的砖柱，然后拉通线，依线砌中间部分的砖。

② 砖墙的水平灰缝和竖向灰缝宽度一般为 10mm，但不小于 8mm。水平灰缝的砂浆饱满度不应低于 80%，竖向灰缝宜采用挤浆或加浆方法，使其砂浆饱满，严禁用水冲浆灌缝。

③ 隔墙与柱如不同时砌筑而又不留斜槎时，可于柱中引出阳槎，

或于柱灰缝中预埋拉结筋，其构造与砖墙相同，但每道不少于 2 根。

④ 砖柱每天砌筑高度不宜大于 1.8m，宜选用整砖砌筑。

⑤ 砖柱中不得留置脚手眼。

⑥ 勾缝。柱面勾缝一般宜用 1：2 水泥砂浆。勾缝前应清扫柱面上黏结的砂浆、灰尘，并洒水湿润。对于瞎缝应先凿平，深度为 6～8mm，然后勾缝。对缺棱掉角的砖，应用与砖同色的砂浆修补。勾缝施工如图 6-46 所示。

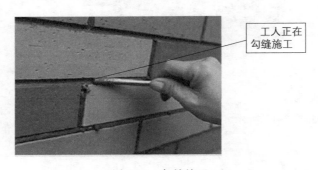

工人正在勾缝施工

图 6-46　勾缝施工

四、砖垛施工

砖垛应与所附砖墙同时砌起，砖垛与墙身应逐皮搭接，不可分离砌筑，搭砌长度不小于 1/4 砖长，砖垛表面上下皮垂直灰缝应相互错开1/2 砖长。一砖墙附砖垛的砌法如图 6-47 所示。

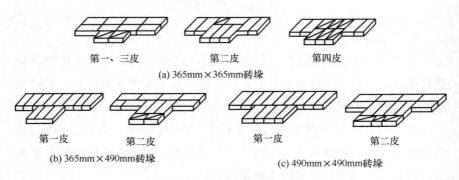

第一、三皮　　　　　第二皮　　　　　第四皮

(a) 365mm×365mm砖垛

第一皮　　　　第二皮　　　　第一皮　　　　第二皮

(b) 365mm×490mm砖垛　　　　　(c) 490mm×490mm砖垛

图 6-47　一砖墙附砖垛的砌法示意

五、砖基础施工

1. 施工概要

（1）组砌方法

组砌方法应正确，一般采用满丁满条、里外咬槎、上下层错缝，采用"三一"砌砖法（即一铲灰、一块砖、一挤揉），严禁用水冲砂浆灌缝的方法。

砖基础组砌方法如图 6-48 所示。

（2）基础大放脚

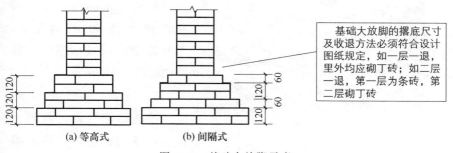

图 6-48 砖基础组砌方法示意

基础大放脚多见于砌体墙下条形基础，为了满足地基承载力的要求，把基础底面做得比墙身宽，呈阶梯形逐级加宽，但同时也必须防止基础的冲切破坏，应满足高宽比的要求。基础大放脚如图 6-49 所示。

（a）等高式　（b）间隔式

> 基础大放脚的摭底尺寸及收退方法必须符合设计图纸规定，如一层一退，里外均应砌丁砖；如二层一退，第一层为条砖，第二层砌丁砖

图 6-49 基础大放脚示意

2. 施工准备

① 混凝土或灰土地基均已完成，并办完隐检手续。

② 放线立杆。

③ 基底找平。

④ 砖浇水浸湿，一般以水浸入砖四边 1.5cm 为宜。

⑤ 砂浆准备。

基坑铺设灰土地基如图 6-50 所示。

3. 施工工艺流程

拌制砂浆→确定组砌方式→排砖摭底→砌筑→抹防潮层。

图 6-50　基坑铺设灰土地基现场图

4. 具体施工过程

（1）拌制砂浆

砂浆配合比应采用重量比，并由试验室确定，水泥计量精度为

图 6-51　砂浆拌制

±2％，砂、掺合料为±5％。

砂浆应随拌随用，一般水泥砂浆和水泥混合砂浆须在拌成后 3h 和 4h 内用完，不允许使用过夜砂浆。砂浆拌制如图 6-51 所示。

（2）砌筑

砖基础砌筑前，基础垫层表面应清扫干净，洒水湿润。先盘墙角，每次盘角高度不应超过五层砖，随盘随靠平、吊直。
砖基础砌筑如图 6-52 所示。

图 6-52　砖基础砌筑现场图

（3）抹防潮层

砌好后应清扫干净，并浇水湿润，随即抹防水砂浆，一般厚度为15~20mm，防水粉掺量为水泥质量的 3%~5%。抹防潮层如图 6-53 所示。

基础防潮层砂浆需用防水砂浆

图 6-53　抹防潮层

5. 施工注意事项

① 基础标高不一致或有局部加深部位，应从最低处往上砌筑，经常拉线检查，以保持砌体通畅、平直，防止砌成螺丝墙。

② 基础大放脚砌至基础上部时，要拉线检查轴线及边线，保证基础墙身位置正确。同时还要对照皮数杆的砖层及标高，如有偏差时，应在水平灰缝中逐渐调整，使墙的层数与皮数杆一致。

六、空斗墙施工

1. 施工概要

空斗墙是指用砖侧砌或平、侧交替砌筑成的空心墙体，是一种优良轻型墙体，与同厚度的普通实心墙相比，可节约砖材、砂浆和劳动力，同时由于墙内形成空气隔层，提高了隔热和保温性能。

空斗墙的砌筑方法有一斗一眠、二斗一眠、三斗一眠、无眠空斗等砌法。砌筑前应先试摆，不够整砖处可加砌丁砖，不得砍凿斗砖。墙的转角处和交接处必须互相搭接，空斗墙应特别注意灰缝饱满，但斗砖与丁砖所形成的空腔内不得填塞砂浆或杂物。

空斗墙砌筑如图 6-54 所示。

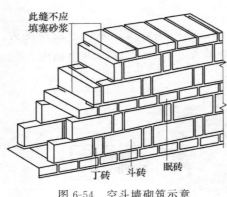

图 6-54　空斗墙砌筑示意

此缝不应填塞砂浆

丁砖　斗砖　眠砖

2. 施工准备

（1）材料准备

空心砖、砂浆、掺合料、拉结钢筋、拉墙筋等。

（2）施工机具准备

强制搅拌机、手推车、磅秤、外用井架、吊笼、胶皮管、筛子、大铲、瓦刀、砖块夹具、扁子、托线板、线坠、小白线、卷尺、铁水平尺、皮数杆、小水桶等。

3. 施工工艺流程

墙体放线→砌块浇水→制备砂浆→铺砂浆→砌砖→校正→竖缝灌砂浆→勒缝。

4. 具体施工过程

（1）墙体放线

砌体施工前，应将基础面或楼层结构面按标高找平，依据砌筑图放出第一皮砖块的轴线、砌体边线和洞口线。墙体放线如图 6-55 所示。

（2）砌块浇水

常温状态下，烧结砖、蒸压灰砂砖、粉煤灰砖应在砌筑前 1～2d 浇水湿润，严禁干砖上墙。砌块浇水如图 6-56 所示。

楼梯间墙体放线

图 6-55　墙体放线

图 6-56　砌块浇水

（3）制备砂浆

制备砂浆如图 6-57 所示。

（4）铺砂浆及砌砖

铺砂浆及砌砖如图 6-58 所示。

砂浆配比由试验室做好试配，并在搅拌站预拌好后运至施工现场

图 6-57　制备砂浆

砂浆厚度宜在10mm左右，墙面不应有竖向通缝，灰缝应横平竖直

图 6-58　铺砂浆及砌砖

（5）竖缝灌砂浆

水平灰缝厚度和竖向灰缝厚度应控制在 10mm 左右，竖缝要刮浆适宜，并加浆灌缝，不得出现透明缝，严禁用水冲浆灌缝。

5. 施工注意事项

① 空斗墙中需要留置各种管道及箱体的洞口，必须在砌筑时留出，严禁砌完后再行砍凿。否则会使砌体受到扰动，影响砌体的整体质量。

② 空斗墙对下列部位应砌成实砌体（平砌或侧砌）：

a. 墙的转角处和交接处；

b. 室内地坪以下的全部砌体；

c. 室内地坪和楼板面上 3 皮砖部分；

d. 三层房屋外墙底层窗台标高以下部分；

e. 楼板、圈梁、搁栅和檩条等支承面下 2～4 皮砖的通长部分，砂浆的强度等级不应低于 M2.5；

f. 梁和屋架支承处按设计要求的部分；

g. 壁柱和洞口的两侧 240mm 范围内；

h. 屋檐和山墙压顶下的 2 皮砖部分；

i. 楼梯间的墙、防火墙、挑檐以及烟道和管道较多的墙；

j. 做填充墙时，与框架拉结筋的连接处；

k. 预埋件处；

l. 实心砌体和空斗墙的竖向连接处，应相互搭砌。

七、砖过梁施工

1. 施工概要

钢筋砖过梁是用普通黏土砖与砂浆砌成，底部配有钢筋。钢筋配置依设计而定，其直径不小于 5mm，钢筋水平间距不大于 120mm。埋钢筋的砂浆层厚度不宜小于 30mm，钢筋两端弯成直角钩，伸入墙内不小于 240mm。

砖过梁如图 6-59 所示。

2. 施工工艺流程

搭架→支模→砌筑→拆模。

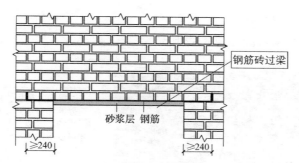

图 6-59 砖过梁示意

3. 具体施工过程

（1）支模

支模如图 6-60 所示。

（2）砌筑

砌筑如图 6-61 所示。

钢筋砖过梁砌筑时，先在洞口顶支设模板，模板中部应有1%的起拱

图 6-60 支模

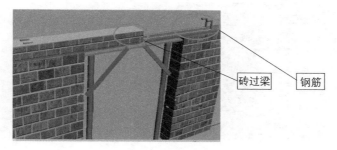

图 6-61 砖过梁砌筑

（3）砖过梁模板拆除

砖过梁模板拆除如图 6-62 所示。

过梁底的模板，应待砂浆强度达到设计强度的50%以上时，才可以拆除模板

图 6-62　砖过梁模板拆除

4. 施工注意事项

① 钢筋过梁中钢筋弯钩要向上，两头伸入墙内长度一致。

② 过梁模板最好采用钢模板，如采用木模板，要有足够的刚度和强度，如有必要可在跨中增加竖向支撑。

八、砖墙面勾缝

墙面勾缝是指对砖墙的砖缝或石头墙的石头缝用水泥砂浆（也可加颜料）进行处理，使其视觉效果明显，同时也可以保护墙体结构。

砖墙面勾缝如图 6-63 所示。

用水泥砂浆进行勾缝

图 6-63　砖墙面勾缝现场图

九、砖砌体允许偏差

1. 砖砌体一般允许偏差

砖砌体一般允许偏差表见表 6-2。

表 6-2　砖砌体一般允许偏差

项次	项目		允许偏差/mm	检验方法	抽检数量
1	基础顶面和楼面标高		±15	用水平仪和尺检查	不应少于 5 处
2	表面平整度	清水墙、柱	5	用 2m 靠尺和楔形塞尺检查	有代表性自然间 10%，但不少于 3 间，每间不应少于 2 处
		混水墙、柱	8		
3	门窗洞口高、宽（后塞口）		±5	用尺检查	检验批洞口的 10%，且不应少于 5 处
4	外墙上下窗口偏移		20	以底层窗口为准，用经纬仪或吊线检查	检验批的 10%，且不应少于 5 处
5	水平灰缝平整度	清水墙	7	拉 10m 线和尺检查	有代表性自然间 10%，但不少于 3 间，每间不应少于 2 处
		混水墙	10		
6	清水墙游丁走缝		20	吊线和尺检查，以每层第一皮砖为准	有代表性自然间 10%，但不少于 3 间，每间不应少于 2 处

2. 砖砌体的位置及垂直度的允许偏差

砖砌体的位置及垂直度的允许偏差见表 6-3。

表 6-3　砖砌体的位置及垂直度的允许偏差

项次	项目			允许偏差/mm	检验方法
1	轴线位置偏移			10	用经纬仪和尺检查或用其他测量仪器检查
2	垂直度	每层		5	用 2m 托线板检查
		全高	≤10m	10	用经纬仪、吊线和尺检查，或用其他测量仪器检查
			>10m	20	

第四节　砌石工程

一、砌筑用石

1. 乱毛石

乱毛石如图 6-64 所示。

乱毛石是指形状
不规则的石块

图 6-64　乱毛石

2. 平毛石

平毛石如图 6-65 所示。

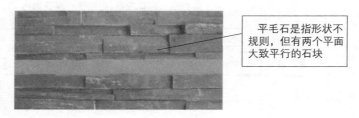

平毛石是指形状不
规则，但有两个平面
大致平行的石块

图 6-65　平毛石

3. 料石

由人工或机械开采出的较规则的六面体石块，用来砌筑建筑物用的石料。按其加工后的外形规则程度可分为毛料石、粗料石、半细料石和细料石四种。按形状可分为条石、方石及拱石。

条石地面如图 6-66 所示。

条石

图 6-66　条石地面

二、砌筑用砂浆

1. 砌筑砂浆

砌筑砂浆的作用是将分散的砌块胶结为整体，使砌块垫平，将砌块间的空隙填塞密实，便于上层砌块所承受的荷载能传递至下层砌块，以保证砌体的强度，同时也能提高砌筑物的稳定性和抗震性。

用砂浆砌筑的石材墙如图 6-67 所示。

砌筑砂浆

图 6-67 用砂浆砌筑的石材墙

2. 砌筑专用砂浆

砌筑专用砂浆如图 6-68 所示。

与实心砖的砌筑砂浆相比，混凝土小型空心砌块的砌筑砂浆应采用砌筑专用砂浆

图 6-68 砌筑专用砂浆

三、石砌体的施工

1. 施工概要

（1）石砌体

石砌体如图 6-69 所示。

（2）石砌体要求

石砌体施工的要领是平、稳、满、错。采用铺浆法砌筑，砂浆必须

图 6-69　石砌体现场图

饱满，叠砌面的粘灰面积应大于 80%。毛石砌体宜分皮卧砌。

（3）毛石墙

毛石墙是用平毛石或乱毛石与水泥混合砂浆或水泥砂浆砌成，其墙面灰缝不规则，但外观要求整齐。毛石墙厚度不应小于 350mm。毛石墙如图 6-70 所示。

图 6-70　毛石墙

（4）毛石挡土墙

每砌 3～4 皮为一个分层高度，每个分层高度应找平一次；外露面的灰缝厚度不得大于 40mm，两个分层高度向分层处的错峰不得小于 80mm。料石挡土墙中当中间部分用毛石砌筑时，丁砌料石伸入毛石部分的长度不应小于 200mm。

毛石挡土墙的泄水孔应均匀设置，在每米高度上间隔 2m 左右设置一个泄水孔，泄水孔与土体间铺设长宽各为 300mm、厚 200mm 的卵石或碎石做疏水层。毛石挡土墙如图 6-71 所示。

2. 施工工艺流程

抄平放线→立皮数杆→试摆→挂线→砌筑→勾缝。

3. 具体施工过程

（1）抄平放线

抄平就是用水准仪去测量结构物的高程（或叫标高），放线就是放样，是用全站仪或经纬仪等仪器将设计图纸上的结构物测设到实际地面，从而为施工提供依据。

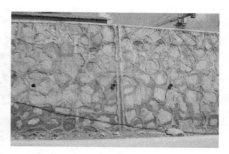

图 6-71 毛石挡土墙实物图

根据图纸要求，设置水准基点桩，并弹好轴线、边线、门窗洞口和其他尺寸线，如标高误差过大（第一层灰缝厚度大于 200mm），应用细石混凝土垫平。抄平放线施工现场如图 6-72 所示。

抄平放线仪器

图 6-72 抄平放线施工现场

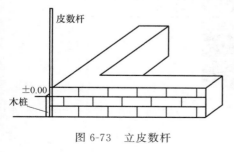

图 6-73 立皮数杆

（2）立皮数杆

根据图纸要求及石块厚度和灰缝厚度限值，计算适宜的灰缝厚度，制作皮数杆，并准确安装固定好皮数杆或坡度门架。立皮数杆如图 6-73 所示。

（3）挂线

在两根皮数杆之间或坡度门架之间双面挂线分皮卧砌，每皮高约

300mm。挂线如图 6-74 所示。

图 6-74 挂线

（4）砌筑

毛石墙砌筑方法采用坐浆法，即在开始砌筑第一皮之前先铺砂浆厚30～50mm，然后用较大整齐的平毛石，放稳放平，先砌转角处，再向中间砌筑，砌筑前应先试摆，合适后再铺灰砌筑，使石料大小搭配，大面平放朝下，外露表面要平齐，斜口朝内，后用碎石嵌实。石墙砌筑如图 6-75 所示。

> 毛石墙每日砌筑高度不应超过1.2m。每砌3～4皮为一个分层高度，每个分层高度应找平一次，外露面的灰缝厚度不得大于40mm

图 6-75 石墙砌筑

4. 施工注意事项与总结

（1）施工注意事项

① 石材表面的泥垢、水锈等杂质，砌筑前应清除干净。

② 砌筑砂浆应严格计算，保证配合比的准确性。砂浆应搅拌均匀，稠度应符合要求。

③ 砌筑石墙应按规定拉通线，使其达到平直通光一致，砌料石墙应双面挂线，并经常校核墙体的轴线与边线，以保证墙身平直、轴线正确，不发生位移。

（2）施工总结

石砌体是采用各种大小和形状不规则的乱毛石或形状规则的料石与水泥砂浆或水泥混合砂浆砌筑而成，具有坚固耐用、砌筑方便、就地取材、造价低廉等优点，适用于建造二层以下民用建筑及围护墙、挡土墙等工程。本节重点熟练掌握石砌体的施工工艺流程及注意事项。

第五节 砌块工程

一、中型砌块墙

1. 施工概要

中型砌块墙是用砌块和砂浆砌筑成的墙体，中型、大型砌块的尺寸较大，重量较重，适于机械起吊和安装，可提高劳动生产率。中型砌块墙如图 6-76 所示。

中型砌块尺寸一般为：
880mm×380mm、430mm×200mm、高240mm

图 6-76 中型砌块墙

2. 施工准备

① 中型砌块砌筑施工前，应结合砌体和砌块的特点，根据设计图纸要求及现场具体条件，编制施工方案，准备好施工机具，做好施工平面布置，划分施工段，安排好施工流水、工序交叉衔接施工。

② 中型砌块砌筑施工前，必须做完基础工程，办完隐检、预检手续。

③ 放好砌体墙身位置线、门窗口等位置线。

④ 搭设好操作和卸料架子。

3. 施工工艺流程

墙体放线→砌块排列→铺砂浆→砌块就位→校正→砌筑镶砖→竖缝灌砂浆→勒缝。

4. 具体施工过程

（1）墙体放线

砌体施工前，应将基础面或楼层结构面按标高找平，依据砌筑图放出第一皮砌块的轴线、砌体边线和洞口线。墙体放线如图 6-77 所示。

图 6-77　墙体放线

（2）砌块排列

砌块砌体在施工前，应根据工程设计施工图，结合砌块的品种、规格，绘制砌体砌块的排列图，经审核无误后按图排列砌块。

（3）铺砂浆

将搅拌好的砂浆，通过吊斗、灰车运至砌筑地点，在砌块就位前，用大铲、灰勺进行分块铺灰，较小的砌块最大铺灰长度不得超过1500mm。施工现场的砂浆如图 6-78 所示。

（4）砌块就位与校正

砌块砌筑前一天应进行浇水湿润，冲去浮尘，清除砌块表面的杂物后方可吊运就位。砌块安装时，起吊砌块应避免偏心，应使砌块底面能

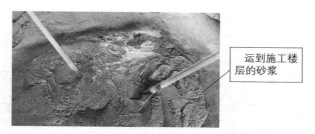

运到施工楼层的砂浆

图 6-78　施工现场的砂浆

水平下落，就位时人手控制，对准位置，缓慢下落。砌块就位如图 6-79 所示。

工人手动校正砌块位置

图 6-79　砌块就位

（5）砌筑镶砖

用普通黏土砖镶砌前后一皮砖，必须选用无横裂的整砖，顶砖镶砌不得使用半砖。

（6）竖缝灌砂浆及勒缝

每砌完一皮砌块就位校正后，应用砂浆灌垂直缝，随后进行灰缝的勒缝，深度一般为 3～5mm。勒缝如图 6-80 所示。

5. 施工注意事项

吊装砌块和构件时应注意其重心位置，禁止用起重拔杆拖运砌块，不得起吊有破裂脱落危险的砌块。砌块吊装如图 6-81 所示。

图 6-80　勒缝

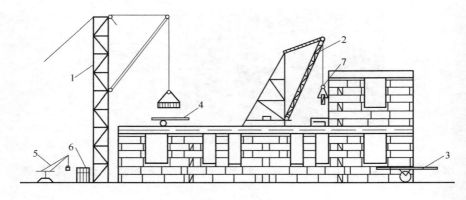

图 6-81　砌块吊装示意

1—井架；2—台灵架；3—杠杆车；4—砌块车；5—少先吊；6—砌块；7—砌块夹

二、混凝土小型空心砌块砌体施工

1. 基础须知

混凝土小型空心砌块是指以水泥为胶凝材料、砂石为骨料，加水搅拌，振动加压成型，经养护的砌块材料。小型砌块具有尺寸较小、重量较轻、型号多种、使用较灵活、适用面广等优点。混凝土小型空心砌块砌体如图 6-82 所示。小型砌块墙如图 6-83 所示。

2. 施工准备

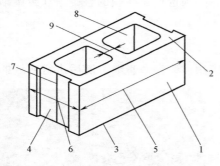

图 6-82　混凝土小型空心砌块砌体示意

1—条面；2—坐浆面（肋厚较小的面）；

3—铺浆面；4—顶面；5—长度；

6—宽度；7—高度；8—壁；9—肋

（1）材料准备

① 混凝土空心小砌块的强度等级、品种，必须符合设计要求并有出厂合格证、抗压检测报告，装饰小型砌块应色泽均匀、边角整齐。

② 水泥品种及强度应根据砌块部位及所处环境条件选择，一般宜采用强度等级为 32.5 矿渣硅酸盐水泥。

③ 一般采用中砂，配置 M5

小型砌块墙体多为手工砌筑，施工劳动量较大

图 6-83 小型砌块墙

以下砂浆所用砂的含泥量不超过 10％，M5 及其以上砂浆的砂含量不超过 5％，使用前用 5mm 孔径的筛子过筛。

④ 水采用自来水或不含有害物质的洁净水。

⑤ 砂浆中掺入的早强剂、缓凝剂、防冻剂等外加剂应经检验和试配符合要求后方可使用。

（2）机具准备

柳叶铲、托试尺、卷尺、皮数杆、木槽、小水桶、水平尺、勾缝抹子、小白线、试坠等。

（3）作业条件

砌筑前施工作业条件如图 6-84 所示。

(1)砂浆搅拌；
(2)砌块排列；
(3)铺砂浆

3. 砌块砌体施工

（1）砌块砌筑

① 每层应从转角处或定位砌块处开始砌筑。应砌一皮、校正一皮，拉线控制砌体标高和墙面平整度。

图 6-84 砌筑前施工作业条件

② 在基础梁顶和楼面圈梁顶砌筑第一皮砌块时，应满铺砂浆。

③ 小砌块应底面朝上反砌于墙上，并宜采用专用砂浆砌筑。

④ 小砌块墙体应对孔错缝搭砌，搭接长度不应小于 90mm。墙体的个别部位不能满足上述要求时，应在灰缝中设置拉结钢筋或钢筋网

片，但竖向通缝仍不得超过两皮小砌块。

⑤ 墙体转角处和纵横墙交接处应同时砌筑。临时间断处应砌成斜槎，斜槎水平投影长度不应小于高度的 2/3。

⑥ 设置在灰缝内的钢筋网片应放置在小砌块的边肋上（水平墙梁、过梁钢筋应放在边肋内侧）。搭接长度不应小于 5d（d 为钢筋直径），单面焊接长度不小于 10d。

⑦ 墙体的水平灰缝厚度和竖向灰缝宽度宜为 10mm，但不应大于12mm，也不应小于 8mm。

⑧ 砌体水平灰缝的砂浆饱满度，应按净面积计算不得低于 90%；小砌块应采用双面碰头灰砌筑，竖向灰缝饱满度不得小于 80%，不得出现瞎缝、透明缝。

⑨ 当雨量较大时应停止砌筑，并用防雨材料对墙体进行遮盖，继续施工时，须复核墙体的垂直度，如果墙体垂直度超过允许偏差，则应拆除重砌。

砌块砌体施工现场如图 6-85 所示。

工人正在砌筑砌块。砌筑之后需要进行校正

图 6-85　砌块砌体施工现场图

（2）砌块勾缝

每砌完一块砌块，应随后进行双面勾缝（原浆勾缝），勾缝宽度一般为 3～5mm。砌体砌块勾缝如图 6-86 所示。

4. 施工注意事项与总结

（1）施工注意事项

① 对砌体表面的平整度和垂直度、灰缝均匀程度及砂浆饱和程度应随时检查并校正，在砌完每一楼层后应校核砌体的轴线和标高。

工人正在进行勾缝处理

图 6-86 砌体砌块勾缝现场图

② 对设计规定的洞口、管道、沟槽和预埋件等应在砌筑时预留和预埋。

③ 砌块相邻工作段的高度差不得大于一个楼层或 4m。伸缩缝、沉降缝、防震缝中夹杂的落灰及杂物应清除。

（2）施工总结

小型空心砌块龄期不足 28d，易造成小砌块断裂，使用断裂的小砌块会影响施工质量。本节重点应熟练掌握小砌块砌体施工工艺及注意事项。

第六节 砌体结构冬期和雨期施工

一、砌体结构冬期施工

1. 砂浆冬期施工要求

冬期施工拌合砂浆宜采用两步投料法，水的温度不超过 80℃，砂的温度不超过 40℃，砂子不能有冰块和直径大于 10cm 的冻结块。冻砂土如图 6-87 所示。

2. 砌体结构冬期施工方法

① 冬期采用暖棚法施工，块材在砌筑时的温度不应低于 5℃。距离所砌的结

冻砂土

图 6-87 冻砂土

构地面 0.5m 处的棚内温变也不应低于 5℃。

② 要经常对砌体进行检测，发现开裂的要及时进行加固。

③ 配筋砌体不得采用掺盐砂浆法施工。

砌体结构冬期施工现场如图 6-88 所示。

施工现场搭建的暖棚

图 6-88　砌体结构冬期施工现场

3. 砌块砌体施工注意事项

① 砌筑前应该清除砌块表面的污物冰雪等，不得使用遭水浸过和受冻的砖或砌块。冬季施工砌块禁止浇水湿润。砌块砌体施工应注意清除积雪，如图 6-89 所示。

应清除砌块表面的积雪

图 6-89　砌块砌体施工应注意清除积雪

② 砌体在外墙转角处和内外墙交接处，应同时进行砌筑施工，否则应留踏步槎。每日下班时，砌体表面不得铺砂浆，应用保温材料适当覆盖。每日砌筑高度一般不超过 1.8m。砌体墙体转角处构造示意如图 6-90 所示。

③ 每日砌筑后应及时对砌体表面用草帘覆盖。砌筑表面不应留有砂浆。继续砌筑前应扫净砌筑表面。砌筑前应清除表面残留的砂浆，如图 6-91 所示。

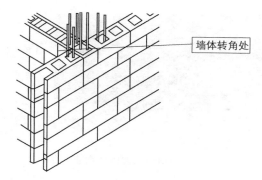

图 6-90　砌体墙体转角处构造示意

图 6-91　砌筑前表面残留的砂浆

二、砌体结构雨期施工

1. 砌体钢筋存放

钢筋堆放场地进行夯实，并高于现场地面，用垫木将其架起，避免因雨水浸泡而锈蚀。加工后的钢筋存放时应详细检查尺寸和形状，并注意有无裂纹，同一类型钢筋应存放在一起。一种形式弯完后，应捆绑好，并挂上编号标签，写明钢筋规格尺寸，必要时还应注明使用的工程名称；弯曲成型的钢筋，如需运输应谨慎装卸，避免变形，存放时，要避免雨淋受潮生锈以及其他有害气体腐蚀。雨期施工砌体用钢筋的存放如图 6-92 所示。

2. 雨期砌体结构施工注意事项

注意收听天气预报，避免在大雨天气砌筑砌体，如突然降雨，应保

图 6-92　雨期施工砌体用钢筋的存放

证现场有充裕的覆盖物将正在施工的砌块砌体全部盖住，待雨后好再次施工。雨期砌体结构施工要求如图 6-93 所示。

图 6-93　雨期砌体结构施工时需要覆盖的位置

第七节　砌体工程的质量控制与安全技术措施

一、砌体工程的质量控制

① 砂浆一定要符合要求，按试验室给出的砂浆配合比进行搅拌。

② 砌筑红砖时，红砖必须提前浇水湿润。

③ 用空心砖砌筑砖砌体时，必须先把基层清理干净，要求在每道空心砖墙的下面砌三层实心砖（不低于 20mm），如图 6-94 所示。

④ 墙面要求。要错槎砌筑，杜绝空缝、瞎缝、假缝、重缝和通缝现象。要求砂浆饱满，粘灰率在 90％以上，水平灰缝和立缝宽度控制在 10mm 以内，并应注意宏观质量，每道墙砌完后，要严格控制砌体墙面的垂直度和平整度。墙面要求如图 6-95 所示。

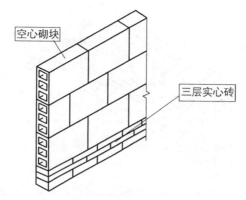

图 6-94 用空心砖砌筑砖砌体时的要求

图 6-95 墙面要求

⑤ 接槎和钢筋连接。接槎时，必须将接槎处的表面清理干净，浇水湿润，并应填实砂浆，保持灰缝平直。框架结构房屋的填充墙应与框架中预埋的拉结筋连接。接槎和钢筋连接要求如图 6-96 所示。

二、砌体工程的安全技术措施

1. 施工前检查

在操作进行前必须检查，看环境安全是否符合要求，道路畅通、机具设备是否齐全牢靠。施工前检查如图 6-97 所示。

2. 脚手架

移动脚手架设备应从一端开始向另一端搭建，上步脚手架需在下步脚手架搭设完成后，再进行正式的搭建。其搭设方向应该与下步保持相反。在搭设前，应先在端点的底座上插入两门架，然后随即安装交叉

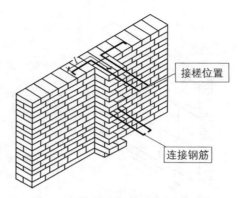

图 6-96　接槎和钢筋连接要求示意

图 6-97　施工前检查示意

杆，并加以固定，同时还要使用锁片将其锁紧，在之后所搭设的门架中，每搭建一榀，就要随即安装相应的交叉杆以及锁片部件。脚手架如图 6-98 所示。

图 6-98　脚手架

3. 山墙稳固措施

砌山墙时应临时系联系杆（如檩条等），将其放置在各跨山墙上，使其联系稳定，或采用其他有效的加固措施。山墙如图 6-99 所示。

山墙檩条位置

图 6-99　山墙

4. 注意事项

① 砖料运输车辆两车前后距离平道上不小于 2m，斜坡上不小于 10m，装砖时先取高处，避免倒塌。

② 在用起重机吊砖时要用砖笼，吊砂浆的料斗不能装得过满，吊件回转范围内不得有人停留。

第一节　模板的结构类型

（1）按材料分类

模板按所用的材料不同，分为木模板、钢木模板、钢模板、钢竹模板、胶合板模板、塑料模板、玻璃钢模板、铝合金模板等。

（2）按工艺分

有组合式模板（图7-1）、大模板、滑升模板、爬升模板（图7-2）、永久性模板以及飞模（图7-3）、模壳等。

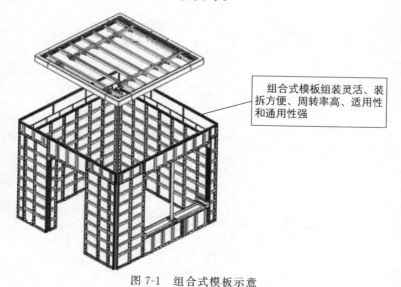

组合式模板组装灵活、装拆方便、周转率高、适用性和通用性强

图 7-1　组合式模板示意

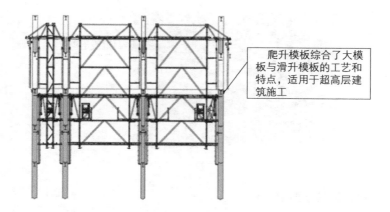

爬升模板综合了大模板与滑升模板的工艺和特点，适用于超高层建筑施工

图 7-2　爬升模板示意

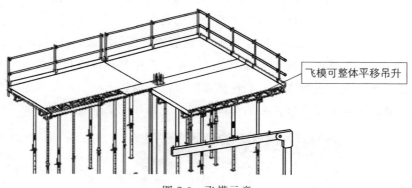

飞模可整体平移吊升

图 7-3　飞模示意

一、模板的基本功能和要求

1. 模板的基本功能

模板是混凝土浇筑成形的模壳和支架，按材料的性质可分为建筑木胶板、覆膜板、多层板、双面覆胶板、双面覆膜板等。

模板是一种临时性支护结构，按设计要求制作，使混凝土结构、构件按规定的位置、几何尺寸成形，保持其正确位置，并承受建筑物、模板自重及作用在其上的外部荷载。进行模板工程的目的，是保证混凝土工程质量与施工安全，加快施工进度和降低工程成本。模板如图 7-4 所示。

图 7-4　模板实物图

2. 模板的基本要求

① 保证工程结构和构件各部位形状尺寸和相互位置的正确。

② 具有足够的强度、刚度和稳定性，能可靠地承受新浇混凝土的自重和侧压力以及在施工过程中所产生的荷载。

③ 构造简单、装拆方便，并便于钢筋的绑扎与安装。

模板系统是由模板和支撑两部分组成，支撑是保证模板形状、尺寸及其空间位置的支撑体系。支撑体系既要保证模板形状、尺寸和空间位置正确，又要承受模板传来的全部荷载。支撑如图 7-5 所示。

图 7-5　支撑

模板是使混凝土结构或构件成型的模型，搅拌机搅拌出的混凝土是具有一定流动性，经过凝结硬化以后才能成为所需要的、具有规定形状和尺寸的结构构件，所以需要将混凝土浇灌在与结构构件形状和尺寸相同的模板内。模板作为混凝土构件成形的工具，它本身除了应具有与结构构件相同的形状和尺寸外，还要具有足够的强度和刚度以承受新浇混凝土的荷载及施工荷载。

二、组合式结构模板

组合式模板是现代模板技术中，具有通用性强、拆装方便、周转次数多的一种"以钢代木"的新型模板。用它进行现浇钢筋混凝土结构施工，可事先按设计要求组拼成梁、柱、墙、楼板的大型模板，整体吊装就位，也可采用散装散拆的方法施工。

1. 组合钢模板

组合钢模板，一般由宽度为300mm 以下，长度为 1500mm 以下的 Q235 面板的钢板制成，面板厚 2.3mm 或 2.5mm。在全国各地应用较普遍，组装方便，但一次投资大、拼缝多、易变形、拆模后一般都需进行抹灰。组合钢模板如图 7-6 所示。

图 7-6　组合钢模板

2. 组合模板的组装

① 根据施工组织设计对施工区段的划分、施工工期和流水段的安排，首先明确需要配制模板的层段数量。

② 根据工程情况和现场施工条件，决定模板的组装方法。

组合模板的组装如图 7-7 所示。

3. 模板的组配设计

根据已确定配模的层段数量，按照施工图纸中梁、柱、墙、板等构件尺寸，进行模板的组配设计。

4. 支撑安装

模板支撑是指在建筑上用于混凝土现浇施工的模板支撑结构，普遍采用钢或木梁拼装成模板托架，利用钢或木杆搭建成脚手架构成托架支撑，并配合钢模板进行混凝土施工。

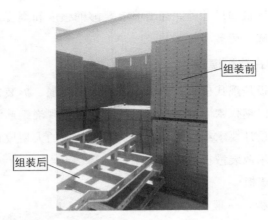

图 7-7　组合模板的组装

　　模板支撑根据其材质进行分类，可分为木质建筑模板支撑架（所有支撑架的主、副楞及支撑立杆全部由木材制成）、高大建筑模板支撑系统（是指建设工程施工现场混凝土构件模板支撑高度超过 8m，或搭设跨度超过 18m，或施工总荷载大于 $15kN/m^2$，或集中线荷载大于 $20kN/m$ 的模板支撑系统）、刚性建筑模板支撑体系：支撑架的全部用料都为刚性材料，而且具备可伸缩性。支撑安装如图 7-8 所示。

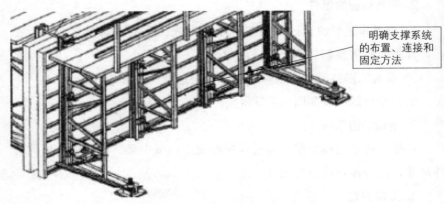

明确支撑系统的布置、连接和固定方法

图 7-8　支撑安装示意

　　支撑安装之后进行夹箍和支撑件等的设计计算和选配工作，最后确定安装设计方法。

三、工具式模板

随着建筑工业化的推广，混凝土浇筑技术和吊装机械的改良，模板式建筑得到了发展，在发达国家，工具式模板的设计和制作已成为独立的行业，设计生产模板体系的部件和配件、辅助材料和专用工具，例如，生产浇筑外墙饰面用的模板里衬、辅助铁件、支撑和脱模剂等。

工具式模板的特点是使用灵活、适应性强。模板是由工厂生产的，表面平整、尺寸准确。利用模板体系可设计成各种形式，适用于多种工程的需要。工具式模板如图 7-9 所示。

工具式模板中的辅助铁件

图 7-9 工具式模板

工具式模板筒模如图 7-10 所示。

是用于浇筑烟囱或筒仓的圆筒形模板

图 7-10 筒模

工具式大模板如图 7-11 所示。

工具式滑升模板如图 7-12 所示。

四、永久性模板

永久性模板又称一次性消耗模板，在现浇混凝土结构浇筑后模板不再拆除，其中有的模板与现浇结构叠合后组合成共同受力构件。该模板

是大尺寸的工具式模板，又叫大模板，一般用于墙面

图 7-11　工具式大模板

滑升模板机械化程度高、施工速度快、现场场地占用少、结构整体性强、抗震性能好

图 7-12　工具式滑升模板

多用于现浇钢筋混凝土楼（顶）板工程，亦有用于竖向现浇结构。永久性模板简化了现浇钢筋混凝土结构的模板支拆工艺，使模板的支拆工作量大大减少，从而改善了劳动条件，节约了模板支拆用工，加快了施工进度。永久性模板如图 7-13 所示。

永久性模板

图 7-13　永久性模板

快易收口网是 20 世纪 80 年代初研制成功的一种新型永久性混凝土模板，是一种由薄形热浸镀锌钢板为原料，经加工成为有单向 U 形密肋骨架和单向立体网格的模板。快易收口网的力学性能优良、自重轻，具有广泛的应用性，目前已在许多大型建筑工程中使用。快易收口网如图 7-14 所示。

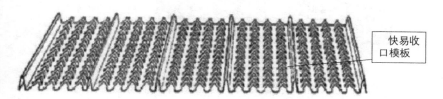

快易收
口模板

图 7-14　快易收口网示意

快易收口网的剪切如图 7-15 所示。

快易收口网裁剪施工

图 7-15　快易收口网的剪切示意

快易收口网的安装如图 7-16 所示。

安装收口网

图 7-16　快易收口网的安装示意

快易收口网的安装固定如图 7-17 所示。

收口网的安装
固定施工现场

图 7-17　快易收口网的安装固定示意

快易收口网浇筑混凝土施工现场如图 7-18 所示。

安装固定之后，
现场正在进行浇筑
混凝土

图 7-18　快易收口网浇筑混凝土施工现场

第二节　模板的安装与拆除

一、模板的安装

1. 施工概要

模板工序是使混凝土按设计形状成形的关键工序，拆模后混凝土构件必须达到表面平整、线条顺直、不漏浆、不跑模（爆模）、不烂根、梁类构件不下挠、表面观感良好，为后期装修提供基本条件。

2. 施工准备

① 施工做法统一交底。做法必须统一，效果才能一致。

② 熟透设计图纸、交底及变更，统一配模方式，绘制配模图。

③ 配模图经过项目部审核后方可进行模板配制。

④ 所有木方必须经过压刨，确保接触面平整、顺直。压刨木方如图 7-19 所示。

⑤ 每层模板使用前必须清理干净，并全面涂刷非油性脱模剂，能有效保护模板，提高脱模性能，确保混凝土观感质量。刷脱模剂如图 7-20 所示。

图 7-19　压刨木方

图 7-20　刷脱模剂

3. 具体工作

（1）梁板模板施工

① 工艺流程

梁底模找正→封头模板拼装→梁侧模拼装→梁下口加固→梁上口锁口方→模板安装→加固。

② 具体工作

a. 找正。找正就是利用划线工具检查或校正工件上的有关不加工表面，或使得有关表面和基准面之间处于合适的位置。梁底模找正如图 7-21 所示。

b. 封头模板也可采用竹胶板钉方木作为模板，因有钢筋及预应力管道孔眼，应按断面尺寸挖割。孔眼必须按钢筋及预应力管道位置精确定位切割。预应力张拉端槽口模板尺寸位置要求准确。封头模板拼装如图 7-22 所示。

c. 拼装要求。

Ⅰ. 严格按照施工方案安装穿梁螺杆（当梁高小于 500mm 时，可采用短木方或小块层板于梁中部加撑，外边梁需用螺杆加固）。

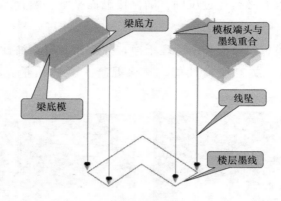

图 7-21　梁底模找正

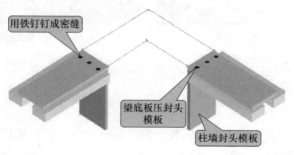

图 7-22　封头模板拼装

Ⅱ. 模板拼缝处要贴海绵条并用木方压实。

Ⅲ. 根据构件截面尺寸进行模板设计，一般内楞采用木方，间距为 200mm 并符合方案要求，外楞采用木方或钢管，如采用钢管则使用双钢管，穿梁螺杆紧固，螺杆直径 $\geqslant \phi 12$（根据方案要求），并采用配套的螺帽和 3 形卡。梁侧模拼装如图 7-23 所示。

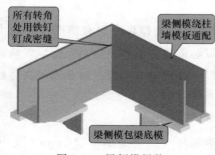

图 7-23　梁侧模拼装

d. 梁下口加固（图 7-24）。

Ⅰ. 模板阴角处可用L150×

150×6的角钢与木模固定,阳角处用L75×75×6的角钢与木模固定,同时洞口模板内部加支撑,保证洞口的位置及尺寸准确,模板应易拼拆、刚度好、支撑牢、不变形、不移位。

Ⅱ.洞口模板侧面加贴海绵条防止漏浆,浇筑混凝土时从洞口两侧同时浇筑,避免洞口模偏位。

Ⅲ.螺杆间距设置同墙柱模板加固要求。

Ⅳ.水平钢管加固贯通洞口两侧。

Ⅴ.对顶采用钢管结合可调顶托配合使用。

e.梁上口锁口方与梁侧模钉牢,木方上口与侧模上口平齐。梁上口锁口方如图7-25所示。

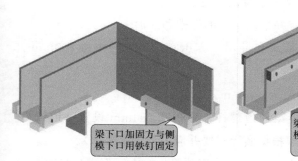

梁下口加固方与侧模下口用铁钉固定

图 7-24 梁下口加固

梁上口锁口方与梁侧模钉牢,木方上口与侧模上口平齐

图 7-25 梁上口锁口方

f.模板安装如图7-26所示。模板安装时施工质量保证措施如下。

Ⅰ.模板的接缝不应漏浆。在浇筑混凝土前,木模板应浇水湿润,但模板内不应有积水。

Ⅱ.模板与混凝土的接触面应清理干净并涂刷隔离剂。

Ⅲ.柱、墙模板底部设置清扫、检查口,以利于清理及检查柱、墙内垃圾杂物,保证柱、墙根部混凝土的质量。

板模原边压角、靠边,与梁侧模上口钉牢。铁钉间距<300mm

g.加固如图7-27所示。加

图 7-26 模板安装

图 7-27 加固

固要求如下。

　　Ⅰ. 严格按照施工方案安装穿墙螺杆。

　　Ⅱ. 螺杆直径≥φ12，并采用配套的螺帽和 3 形卡。

　　Ⅲ. 模板拼缝处要贴海绵条并用木方压实，木方间距为 200mm 并符合方案要求。

　　Ⅳ. 加固螺杆纵横间距为 600mm。

　　Ⅴ. 离地 200mm 设置第一道螺杆，离板底 200mm 设置一道螺杆，下面 2～3 排要用双螺帽（根据实际需要并应满足方案要求）。

　　Ⅵ. 为防止根部漏浆形成烂根，采用砂浆将模板底部进行封闭。

　　③ 节点处置

　　a. 梁底模交接处必须拼密缝，且接缝平整度不得大于 1m。梁底模接缝如图 7-28 所示。

图 7-28 梁底模接缝

b. 板模接缝处应垫木方。板模接缝如图 7-29 所示。

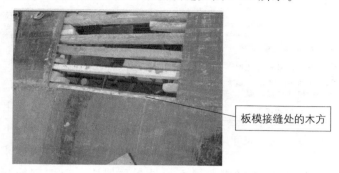

图 7-29 板模接缝

c. 梁上口锁口木方离角部间距不得大于 200mm，以防止拆模后板底角部混凝土表面不平整。梁上口锁口木方如图 7-30 所示。

图 7-30 梁上口锁口木方

（2）墙柱模板施工

① 施工工艺

配模→柱墙定位→安装→加固。

② 具体工作

a. 配模 墙柱模板配模原则：长边包短边，模板尽量采用横配，尺寸必须准确。配模尺寸计算如图 7-31 所示。

b. 柱墙定位 柱墙定位如图 7-32 所示。

c. 安装 安装示意图如图 7-33 所示，柱阳角模板拼装如图 7-34 所示。

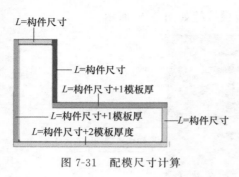

图 7-31 配模尺寸计算

d. 加固 中柱加固，以增大截面加固法为例，技术要点为新增纵向受力钢筋应由计算确定，但直径不应小于14mm。钢筋在加固楼层范围内应通长设置；纵向受力钢筋上下两端应有可靠锚固。纵筋下端应伸入基础并满足锚固要求；上端应穿过楼板与上层柱连接或在屋面板处封顶锚固；新增钢筋穿原结构梁、板、墙的孔洞应采用胶黏剂灌注锚固。中柱加固如图 7-35 所示。临边模板加固如图 7-36 所示。

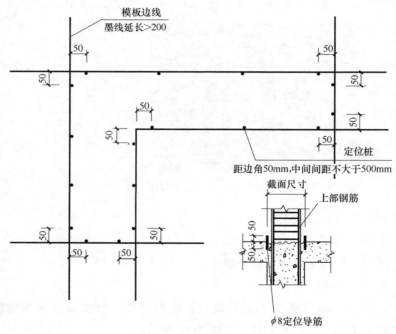

图 7-32 柱墙定位

4. 注意事项

① 墙柱模板安装前必须焊定位撑，如在墙柱钢筋验收时未发现模

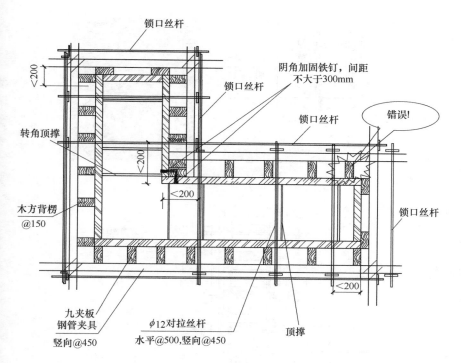

图 7-33 安装示意

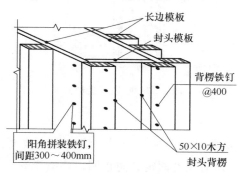

图 7-34 柱阳角模板拼装

板定位撑，墙柱钢筋不予以验收。

　　② 模板安装前拼缝时要用双面胶条粘贴，对拉丝杆位置要用塑料垫片，否则不予以验收。

　　③ 所有空调板、阳台、飘窗板的支架不得与外架相连，必须有单

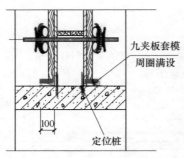

图 7-35 中柱加固

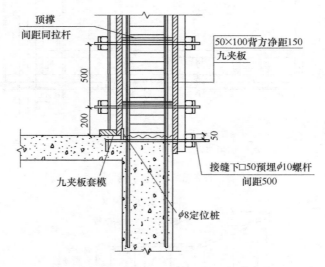

图 7-36 临边模板加固

独的支撑体系。

④ 所有洞口要采用钢管对撑加固，墙柱较小截面位置要用钢管固定，不得只采用一道对拉丝固定，防止洞口侧面变形。

⑤ 模板周转使用时要清理表面混凝土并刷脱模剂，不得使用废机油作为脱模剂。

二、模板的拆除

1. 施工概要

现浇结构模板的拆除时间取决于结构的性质、模板的用途和混凝土硬化速度。整体式结构的模板及其支架的拆除应遵守相应规定。

2. **拆模顺序**

拆除模板的顺序应按照配板设计的规定进行。若无设计规定时，应遵守先支后拆，后支先拆；先拆不承重，后拆承重；自上而下，支架先拆侧向支撑，后拆竖向支撑等原则。

3. **施工工艺流程**

拆除螺栓或紧固件→拆除侧面模板→达到强度后拆除底面模板。

4. **具体施工过程**

（1）拆除紧固件

① 模板必须随拆随清理，高处拆除的模板和支撑不准乱扔，避免钉子扎脚、阻碍通行而发生事故。

② 拆除时下方不能有人操作或能行，拆模区应设警戒线，并有专人负责监护，禁止无关人员进入拆除现场。

③ 操作人员都应有足够的工作面，数人同时操作时应科学分工，统一行动。

拆除紧固件如图 7-37 所示。

图 7-37 拆除紧固件

（2）**拆除侧模**

侧模应在混凝土强度能保证其表面及棱角不因拆模受损后方可拆除。底模及冬季施工模板的拆除必须待同条件养护试块抗压强度达到规定后方可拆除。

拆除侧模如图 7-38 所示。

正在逐步拆除侧模

图 7-38　拆除侧模

（3）拆除底模

拆模时混凝土的强度应符合设计要求；当设计无要求时，应符合下列规定。

① 不承重的侧模板，包括梁、柱、墙的侧模板，只要混凝土能保证其表面及棱角不因拆除模板而受损坏，即可拆除。

② 承重模板，包括梁、板等水平结构构件的底模，应根据与结构同条件养护的试块强度达到相关规定后方可拆除。

③ 在拆模过程中，如发现实际混凝土强度并未达到要求，有影响结构安全的质量问题时，应暂停拆模，经妥当处理，实际强度达到要求后方可继续拆除。

④ 已拆除模板及其支架的混凝土结构，应在混凝土强度达到设计的混凝土强度标准值后，才允许承受全部设计的使用荷载。当承受施工荷载的效应比使用荷载更为不利时，必须经过核算，加设临时支撑。

⑤ 拆除芯模或预留孔的内模，应在混凝土强度能保证不发生塌陷和裂缝时，方可拆除。

拆除底模如图 7-39 所示。

5. 施工注意事项

① 拆模时，操作人员应站在安全处，以免发生安全事故；拆模时

工人开始
拆除底模

图 7-39 拆除底模

应尽量不要用力过猛过急，严禁用大锤和撬棍硬砸硬敲，以免混凝土表面或模板受到损伤。

② 拆下的模板及其配件，严禁乱抛乱扔，应有专人接应传递，按指定地点堆放，并及时清理、维修和刷隔离剂，以备周转使用。

③ 在拆模过程中，如发现混凝土有影响结构安全的质量问题时，应停止拆除，经过处理后才能继续拆除。对已拆除模板及其支撑的结构，在混凝土达到设计的混凝土强度等级后才能承受全部使用荷载。

6. 提早拆模的隐患

① 混凝土强度过低，不能承受自重及施工荷载，混凝土抗拉强度低，易在受拉区出现裂缝，甚至在受压区破坏，从而造成安全事故。

② 将会加大混凝土的徐变量。混凝土长期受外力，其变形具有随时间的延续而不断增加的特性，即混凝土的"徐变"。而且这种变形是塑性变形，即变形是不可恢复的，尤其在混凝土的早期强度阶段，徐变量很大，以梁、板为例，拆模过早后，在自重及施工荷载的作用下，混凝土受压区徐变量增加，将导致较大的结构变形（抗挠值增加），有时可增加至理论变形的 2～3 倍，这在结构上是不允许的。

③ 由于混凝土强度低，在拆模过程中易产生混凝土缺棱掉角或局部坍塌现象，削弱构件断面，影响承载力和外观质量。

④ 混凝土与钢筋共同工作能力差，在构件自重、施工荷载和其他震动作用下，易引起钢筋在混凝土内的滑动，从而降低了钢筋的握

裹力。

⑤ 构件不能克服混凝土与模板表面的黏结力，会造成混凝土表面剥落，常称作"粘模"现象，严重影响混凝土的外观质量。

三、模板安装质量检验要求

模板及其支架应具有足够的承载能力、刚度和稳定性，能可靠地承受浇筑混凝土的重量、侧压力以及施工荷载。

1. 主控项目

安装现浇结构的上层模板及其支架时，下层楼板应具有承受上层荷载的承载能力，或加设支架，上下层支架的立柱应对准，并铺设垫板。

检查方法及数量：对照模板设计文件和施工技术，全数检查。

模板支架检查如图 7-40 所示。

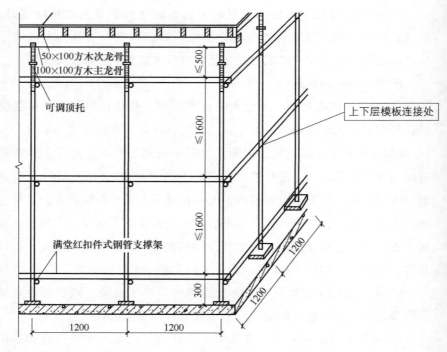

图 7-40　模板支架检查示意

2. 模板接缝

模板接缝不应漏浆，浇筑混凝土前模板应浇水湿润，但模板不能有积水。浇筑前，内杂物应清理干净。模板接缝如图 7-41 所示。

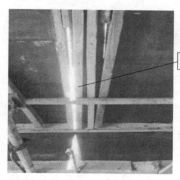

接缝要严密

图 7-41　模板接缝

3. 起拱要求

起拱是大跨度楼层或屋面梁、板在建造时，为改善视角错觉，也为了修正自重沉降而采取的提前增加跨中高度的措施。施工规范要求：对跨度不小于 4m 的现浇钢筋混凝土梁、板，其模板应按设计要求起拱；当设计无具体要求时，起拱高度宜为跨度的 $1/1000 \sim 3/1000$。这是为了减小视觉上梁板因自重和上部荷载导致的下挠，当然也考虑了一定的施工模板因素。起拱要求如图 7-42 所示。

图 7-42　起拱要求示意

4. 模板预留孔

固定在模板上的预埋件、预留孔洞均不得遗漏，应安装牢固，其安装偏差应符合规定要求。模板预留孔如图 7-43 所示。

四、模板拆除质量检验要求

模板拆除时，混凝土的强度必须达到规范的要求。如混凝土没达到

图 7-43　模板预留孔

规定的拆模时间要提前拆模时，必须经过计算（多留混凝土试块，拆模前混凝土试块经试压）确认其强度能够拆模后才能拆除。

（1）拆模的顺序和方法

应按照模板支撑设计书的规定进行，或采取先支的后拆，后支的先拆，先拆非承重模板，后拆承重模板的方法，严格遵守从上而下的原则进行拆除。

（2）基础模板拆除

① 拆模板时应将拆下的木楞、模板等，随拆随派人运到离基础较远的地方（指定地点）进行堆放，以免基坑附近地面受压造成坑壁塌方。

② 拆除的模料上铁钉应及时拔干净，以防扎伤人员。

（3）现浇楼板模板拆除

① 现浇楼板或框架结构的模板拆除顺序：柱箍→柱侧模→柱底模→混凝土板支承构件（梁楞）→平板模→梁侧模→梁底支撑系统→梁底模。

② 拆除模板时，要站在安全的地方。

③ 拆除模板时，严禁用撬棍或铁锤乱砸，对拆下的大块胶合板要有人接应拿稳，应妥善传递放至地面，严禁抛掷。

④ 拆下的支架、模板应及时拔钉，按规格堆放整齐，用塔吊或升降机（严禁模板从高处抛掷），到指定地点堆放、存放。

⑤ 拆除跨度较大的梁下支柱时，应先从跨中开始，分别向两端

拆除。

⑥ 对活动部件必须一次拆除,拆完后方可停歇,如中途停止,必须将活动部分固定牢靠,以免发生事故。

⑦ 水平拉撑,应先拆除上拉撑,最后拆除后一道水平拉撑。

(4) 现浇柱子模板拆除

① 拆除要从上到下,模板及支撑不得向地面抛掷。

② 应轻轻撬动模板,严禁锤击,并应随拆随按指定地点堆放。

(5) 多层楼板模板支柱的拆除

当上层楼正灌筑混凝土时,下层楼板的支柱不得拆除,待混凝土浇筑完毕 7d 后拆除下层楼板支柱 (但混凝土强度必须达到设计要求)。拆除完的模板严禁堆在外脚手架上。

第八章

脚手架工程

第一节　脚手架的基本要求

一、脚手架的分类

脚手架指施工现场为工人操作并解决垂直和水平运输而搭设的各种支架，是建筑界的通用术语，指建筑工地上用在外墙、内部装修或层高较高无法直接施工的地方，主要为了施工人员上下干活或外围安全网维护及高空安装构件等，说白了就是搭架子。

脚手架按其搭接位置分为外脚手架和里脚手架两大类；按其构造形式分为多立杆式、框式、桥式、吊式、挂式、升降式，以及用于层间操作的工具式脚手架，其所用材料分有木、竹、钢管脚手架，钢管脚手架是我国应用最广、拥有最多的架设工具，一般采用 A3 电焊钢管。

二、脚手架的基本要求

脚手架是建筑与安装施工中必不可少的临时设备，它随工程进度而搭设、工程完毕即拆除。因为是临时设施，其搭设质量被往往忽视。脚手架虽是临时设施，但在基础、主体、装修以及设备安装等作业中，都离不开脚手架，所以脚手架的设计，搭接是否合理，不但直接影响着建筑与安装工程的总体施工，同时也直接关系着作业人员的生命安全。为此，脚手架搭设、使用应满足以下条件：

① 有足够的面积，能满足施工人员的操作、材料堆放和运输的需要；

② 要坚固、稳定，保证施工期间在所规定的荷载作业下，或在气候条件的影响下，不变形、不摇晃、不倾斜，能保证使用安全；

③ 构造合理简单，搭设、拆除和搬运要方便。

第二节 常用脚手架的搭设与拆除

一、多立杆式脚手架

1. 基础知识

多立杆式脚手架按其所用材料不同可分扣件式钢管脚手架、碗扣式钢管脚手架、木脚手架和竹脚手架等。目前，以扣件式钢管脚手架、碗扣式钢管脚手架应用最为广泛。扣件式钢管脚手架如图 8-1 所示。碗扣式钢管脚手架节点如图 8-2 所示。

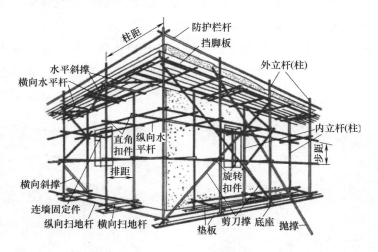

图 8-1 扣件式钢管脚手架

2. 扣件式钢管脚手架搭设的施工工艺

准备工作→立杆搭设→纵向水平杆搭设→横向水平杆搭设→脚手板铺设→连墙件设置→脚手架的拆除。

3. 具体工作

（1）准备工作

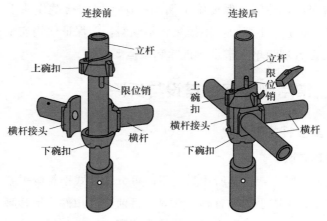

图 8-2　碗扣式钢管脚手架节点构造

　　① 编制施工方案及技术交底　脚手架搭设前应编制好施工方案并对架子工进行安全技术交底。

　　② 施工人员要求　搭设脚手架人员必须持证上岗，并戴好安全帽和防护眼镜，穿反光背心、劳保鞋，系安全带。施工人员防护要求如图 8-3 所示。

图 8-3　施工人员防护要求

　　③ 施工条件准备

　　a. 应清除搭设场地杂物，平整搭设场地，并应使排水畅通。设排水沟如图 8-4 所示。

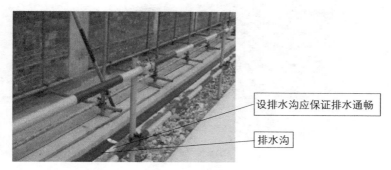

设排水沟应保证排水通畅

排水沟

图 8-4　设排水沟

b. 脚手架基础经验收合格后，应按施工组织设计或专项方案的要求放线定位。放线如图 8-5 所示。

图 8-5　放线

（2）立杆搭设

① 立杆垫板或底座底面标高宜高于自然地坪 50~100mm，垫板应采用长度不少于 2 跨、厚度不小于 50mm、宽度不小 200mm 的木垫板。垫木如图 8-6 所示。

② 脚手架必须设置纵、横向扫地杆。纵向扫地杆应采用直角扣件固定在距钢管底端不大于 200mm 处的立杆上。横向扫地杆应采用直角扣件固定在紧靠纵向扫地杆下方的立杆上。扫地杆如图 8-7 所示。

③ 脚手架立杆基础不在同一高度上时，必须将高处的纵向扫地杆向低处延长两跨与立杆固定，高低差不应大于 1m。靠边坡上方的立杆

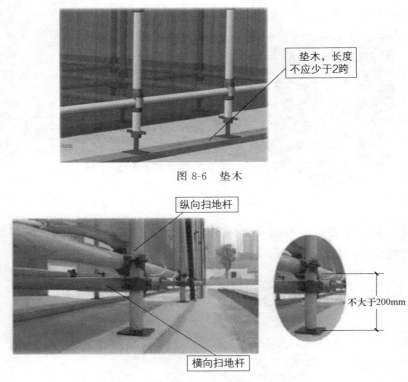

垫木，长度
不应少于2跨

图 8-6　垫木

纵向扫地杆

不大于200mm

横向扫地杆

图 8-7　扫地杆

轴线到边坡的距离不应小于 500mm。立杆基础不同的处理方式如图 8-8
所示。

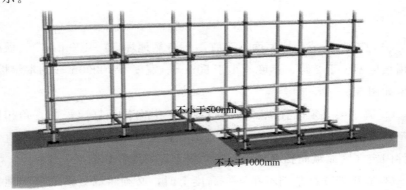

不小于500mm

不大于1000mm

图 8-8　立杆基础不同的处理方式

④ 脚手架立杆除顶层顶步外，其余各层各步接头必须采用对接扣件连接。立杆的对接扣件应交错布置，两根相邻立杆的接头不应设置在同步内，同步内隔一根立杆的两个相隔接头在高度方向错开的距离不宜小于500mm；各接头中心至主节点的距离不宜大于步距的1/3。扣件如图8-9所示。

图8-9 扣件

⑤ 当立杆采用搭接接长时，搭接长度不应小于1m，并应采用不少于2个旋转扣件固定。端部扣件盖板的边缘至杆端距离不应小于100mm。搭接时旋转扣件如图8-10所示。

（3）纵向水平杆搭设

① 纵向水平杆应设置在立杆

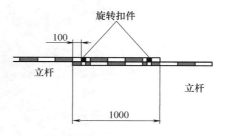

图8-10 搭接时旋转扣件

内侧，单根杆长度不应小于3跨。单杆长度如图8-11所示。

② 纵向水平杆接长应采用对接或搭接，两根相邻纵向水平杆的接头不应设置在同步或同跨内；不同步或不同跨两个相邻接头在水平方向错开的距离不应小于500mm；各接头中心至最近主节点的距离不应大于纵距的1/3。纵向杆的搭接如图8-12所示。

③ 纵向水平件搭接长度不应小于1m，应等间距设置3个旋转扣件

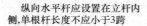

纵向水平杆应设置在立杆内
侧,单根杆长度不应小于3跨

纵向水平杆

图 8-11　单杆长度

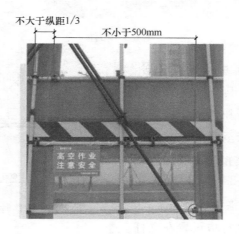

图 8-12　纵向杆的搭接

固定；搭接处端部扣件盖板边缘至搭接纵向水平杆杆端的距离不应小于100mm。纵向水平杆的搭接长度如图 8-13 所示。

④ 当使用冲压钢脚手板、木脚手板、竹串片脚手板时，纵向水平杆应作为横向水平杆的支座，用直角扣件固定在立杆上，双排脚手架的横向水平杆两端均应采用直角扣件固定在纵向水平杆上。横纵水平杆的

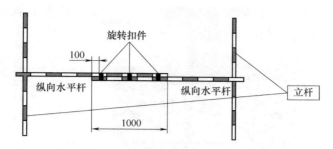

图 8-13　纵向水平杆的搭接长度

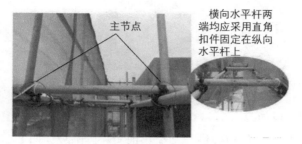

图 8-14　横纵水平杆的连接

连接如图 8-14 所示。

（4）横向水平杆搭设

① 作业层上非主节点处的横向水平杆，宜根据支承脚手板的需要等间距设置，最大间距不应大于纵距的 1/2。非主节点的横向水平杆如图 8-15 所示。

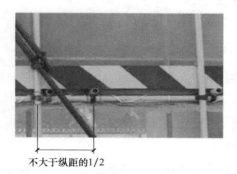

图 8-15　非主节点的横向水平杆

② 横向水平杆的靠墙一端至墙装饰面的距离不应大于100mm。横向水平杆靠墙距离如图8-16所示。

小于100mm

图8-16 横向水平杆靠墙距离

（5）脚手板铺设

① 作业层脚手板应铺满、铺稳、铺实。脚手板如图8-17所示。

铺满的脚手板

图8-17 脚手板

② 冲压钢脚手板、木脚手板、竹串片脚手板等，应设置在三根横向水平杆上。当脚手板长度小于2m时，可采用两根横向水平杆支承（如图8-18所示），但应将脚手板两端与横向水平杆可靠固定，严防倾翻，探头长度应取150mm。脚手板探头如图8-19所示。

（6）连墙件设置

① 连墙件应靠近主节点，刚性连接设置，偏离主节点的距离不应大于300mm。连墙件如图8-20所示。

图 8-18　水平横杆

图 8-19　脚手板探头

图 8-20　连墙件

② 连墙件应从底层第一步纵向水平杆处开始设置，当该处设置有困难时，应采用其他可靠措施固定。连墙件设置如图 8-21 所示。

图 8-21　连墙件设置

③ 当脚手架开始搭设时或下部暂不能设连墙件时应当间隔 6 跨搭设抛撑，抛撑应采用通长杆件，并用旋转扣件固定在脚手架上，与地面的倾角应在 45°～60° 之间，连接点中心至主节点的距离不应大于 300mm。抛撑应在连墙件搭设后再拆除。抛撑如图 8-22 所示。

抛撑

图 8-22　抛撑

（7）脚手架的拆除

脚手架的拆除按由上而下逐层向下的顺序进行。严禁抛扔，卸下的材料应集中。严禁行人进入施工现场，要统一指挥，上下呼应，保证安全。多立杆式脚手架的拆除如图 8-23 所示。

由上而下拆除

图 8-23　多立杆式脚手架的拆除

4. 注意事项

① 搭设或拆除脚手架必须根据施工方案，操作人员必须经专业训练，考核合格后发给操作证，持证上岗操作。

② 钢管有严重锈蚀、弯曲、压扁或裂纹的不得使用，扣件有脆裂、变形、滑丝的禁止使用。

③ 竹脚手架必须采用双脚手架，严禁搭设单排架。立杆间距不得大于 1.2m，宽度不得大于 4m，且应采用 4 根大横杆。

④ 主体施工时在施工层面及上下层三层满铺，装修时外脚手板必须从上而下满铺，且铺搭面间隙不得大于 20cm，不得有空隙和探头板。脚手板搭接应严密，架子在拐弯处应交叉搭接。脚手板垫平时应用木块，且要钉牢，不得用砖垫。

⑤ 拆除脚手架必须正确使用安全带。拆除脚手架时，必须有专人看管，周围应设围栏或警戒标志，非工作人员不得入内。

⑥ 拆除脚手架大横杆、剪刀撑，应先拆中间扣，再拆两头扣，由中间操作人往下顺杆子。拆下的脚手杆、脚手板、钢管、扣件、钢丝绳等材料，严禁往下抛掷。

二、门式脚手架

1. 基础知识

门式脚手架是建筑用脚手架中，应用最广的脚手架之一。由于主架呈"门"字形，所以称为门式或门形脚手架，也称鹰架或龙门架。这种脚手架主要由主框、横框、交叉斜撑、脚手板、可调底座等组成基本结构，再设置水平加固杆、剪刀撑、扫地杆等，采用连墙件与建筑主体相连，最高可搭设 60m。门式脚手架构件图如图 8-24 所示。

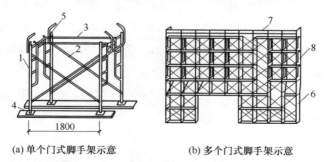

(a) 单个门式脚手架示意　　　　(b) 多个门式脚手架示意

图 8-24　门式脚手架构件

1—门式框架；2—剪刀撑；3—水平梁架；4—螺旋基脚；5—连接器；

6—梯子；7—栏杆；8—脚手板

2. 施工工艺

门式脚手架的搭设顺序通常为：铺放垫木→拉线、放底座→自一端起立门架并随即安装剪刀撑→安装水平梁架或脚手板→装梯子→装设纵向水平杆→安装连墙体→装加强整体刚度的长剪刀撑→安装顶部栏杆。

3. 具体工作

（1）门式脚手架的搭设

脚手架的搭设需要和施工同步进行，每次搭设的高度不超过最上层连墙件的两步，门架的组装要从一段向另一端逐步进行，安装时按照从上到下的顺序按步架设，搭设的方向要逐层改变，但不能从两端相向搭设，也不能从中间向两端搭设。门式脚手架实物如图8-25所示。

图 8-25　门式脚手架实物

交叉支撑和脚手板需要与门架同时安装，连接门架的锁臂和挂钩必须要处于锁住状态。在施工作业层的外侧周边须设置180mm高的挡脚板和两道栏杆，上道栏杆高度为1.2m，下道栏杆须居中设置，挡脚板和栏杆均应设置在门架立杆的内侧。

悬挑脚手架在搭设之前需要首先检查预埋件和支承型钢悬挑梁的混凝土，看其是否达到规定的强度。

（2）门式脚手架的拆除

脚手架在拆除之前要做好相应的准备，包括检查将拆除的架体、进一步完善拆除方案和清除架体上的障碍物等。要按照从上到下的顺序拆除架体，不能上下同时拆除，构配件和加固杆若位于同一层上，则拆除时需遵循先上后下、先外后内的顺序；连墙件的拆除非常重要，不能在拆除架体之前先将连墙件整层或数层拆除，必须要与脚手架一起逐层拆除。

图 8-26 门式脚手架的拆除现场图

拆除连接部件时，要先将止退装置旋转到开启位置，然后再行拆除，不能硬拉和敲击。当架体需分段拆除时，不拆除部分的两端需要先进行相应的加固措施再进行拆除。门式脚手架的拆除如图 8-26 所示。

4. 门式脚手架搭设及配件安装注意事项

① 交叉支撑、水平架、脚手板、连接棒、锁臂的设置应符合构造规定。

② 不同产品的门架与配件不得与统一脚手架混合使用。

③ 交叉支撑、水平架及脚手架应紧随门架的安装及时设置。

④ 各部件的锁臂、搭钩必须处于锁住状态。

⑤ 水平架或脚手架应在同一步内连续设置，脚手架应满铺。

⑥ 钢梯的位置应符合组装布置图的要求，底层钢梯可跨越两步或三步门架在行转折。

⑦ 挡脚板应在脚手架施工层两侧设置，挡板应在脚手架施工层外侧设置，栏杆、挡脚板应在门架立杆的内侧设置。

三、升降式脚手架

1. 基础知识

升降式脚手架包括自升降式脚手架、互升降式脚手架和整体升降式脚手架。

2. 具体工作

（1）自升降式脚手架

自升降式脚手架的升降是通过手动或电动倒链交替对活动架和固定架升降以实现活动的，活动架和固定架能做相对的上下运动。

① 自升降式脚手架的搭设

脚手架在安装时先用临时螺栓将上、下固定架连接起来，组成一片，附墙安装，把 2 片升降架连成一跨（通常 2 片为一组），组装成一个独立的升降单元，附墙螺栓要从墙外穿入，校正后在墙内紧固。脚手架需有超过结构一层的高度以满足工程施工的需要，在脚手架组装完后，在上固定架之上用钢管和对接扣件在接高处连接，然后在各升降单元的顶部扶手栏杆处设置临时连接杆，用钢管扣件将立杆内侧与模板支撑系统相连接，以增强脚手架的整体稳定性。在安装时还需注意保证水平梁架及竖向主框架在两个相邻的附着支承结构处的高差不大于 20mm。脚手架组装完毕后需要进行相应的检查，待检查合格之后方可进行操作。

脚手架的爬升过程分活动架的爬升和固定架的爬升两个阶段，活动架爬升时倒链的吊钩分别挂在固定架和活动架的相应吊钩内，待倒链受力之后卸掉活动架上附墙支座处的螺栓，这样活动架便缓慢地爬升到了预定位置，最后用附墙螺栓将其固定在墙体上，卸下倒链便完成了活动架的爬升过程。活动架的爬升过程完成之后便开始固定架的爬升过程。自升降式脚手架的搭设如图 8-27 所示。

图 8-27　自升降式脚手架的搭设

② 自升降式脚手架的拆除

脚手架在拆除之前需要先将脚手架上的垃圾杂物清除干净，然后按照从上到下的顺序依次进行，拆除时需要制定可靠的措施以防人员和物料坠落，同时严禁抛扔物料，拆除后的材料和设备须及时保养，以便能多次重复利用。在雷雨、大雪、浓雾等恶劣天气下，不能进行升降和拆除作业，并事先要采取措施对架体进行固定，夜间也不能进行升降作业。自升降式脚手架的拆除如图 8-28 所示。

图 8-28 自升降式脚手架的拆除

（2）互升降式脚手架

互升降式脚手架将脚手架分为甲、乙两种单元，这两种单元通过倒链交替完成升降任务，当脚手架处于工作状态时，两种单元均利用附墙螺栓锚固在墙体上，相互之间没有相对运动，当脚手架处于升降状态时，其中一个单元固定在墙体上，另一个进行升降，这样两架之间便产生了相对运动，最终通过两种单元的交替附墙和升降，脚手架沿着预留孔洞完成升降工作。互升降式脚手架如图 8-29 所示。

在脚手架搭设之前也需要做相应的准备工作，比如孔洞的预留和预埋件的埋设等，搭设脚手架时，可以先将脚手架单元在地面上组装好之后再将其吊装到预定的位置，也可以在预定的位置搭设操作平台，然后在平台上进行安装。待架子安装检查合格后方可进行升降工作，首先将一个单元提升到预定位置，随即将其与地面进行固定，然后开始提升相邻的单元，到预定位置后按同样的方法将其固

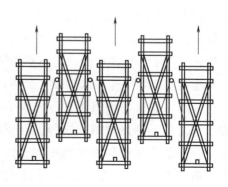

图 8-29 互升降式脚手架

定，接着将相邻脚手架单元连接起来，最后在单元之间的操作层上铺上脚手板，工人便可以操作施工了。下降过程与提升过程非常类似，只是操作按照从上到下的顺序进行罢了。

这种脚手架结构简单，操作容易，架子搭设高度不大，用料较省，作业安全，适用于高层建筑的施工。

（3）整体升降式脚手架

整体升降式脚手架是以电动倒链为提升机将整个脚手架沿着建筑外墙或柱向上提升的，这种脚手架非常适合于超高层建筑的施工，具体整体性好、升降方便和机械程度高的优点。脚手架的搭设高度与建筑物施工层的层高有关，通常将建筑标准层的 4 个层高再加上一步安全栏的高度作为脚手架架体的总高，搭设时可将一个标准层的层高分成两个步架，然后以步距为基础来确定架体的横杆和立杆的间距。

考虑到建筑物底部几层的层高通常不太一致，而整体升降式脚手架的搭设高度又为建筑物的 4 个施工层层高之和，所以对于建筑物的底部几层，往往先搭设落地脚手架以方便施工，到主体施工至 3～5 层便可以搭设整体升降式脚手架，搭设时要先安装承力架，并将其内侧用螺栓固定在混凝土的边梁上，外侧用斜拉杆固定在上层边梁上，在斜拉杆的中部有花篮螺栓，可以通过花篮螺栓将承力架调平，安装承力架的立杆，接下来搭设承力桁架和整个架体，一边搭设一边设置拉结点和斜撑，在高出承力架二层层高的位置安装钢桁架和整个架体，一边搭设一边设置拉结点和斜撑，在高出承力架两层层高的位置安装钢挑梁，使倒链挂在挑梁上，倒链的挂钩挂在承力架的花篮挑梁上，然后在架体上的每层铺满木板，架体外侧悬挂安全网，这样便完成了脚手架的安装。

目前，还有一种整体升降式脚手架叫液压升降整体脚手架，这种脚手架系统是利用建筑物内部的支承立柱及其顶部的平台桁架，依靠液压升降装置实现脚手架的整体升降，其适用于高层或超高层建筑物或构造物的施工，还可用于升降建筑模板。整体升降式脚手架如图 8-30 所示。

3. 注意事项

① 架体拆除前，必须查看施工现场环境，拆除架体各吊点、附件、电气装置情况，凡能提前拆除的尽量拆除掉。

② 拆除前应先清除脚手架上的材料、工具和杂物。

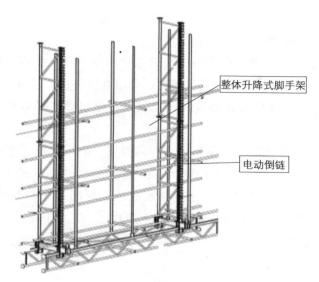

图 8-30　整体升降式脚手架

③ 作业人员使用的工器具（扳手、钉锤、榔头、撬棍等），应系有安全保险绳，零散小型材料应放在胶桶或其他可靠容器内，以防止落物伤人。

④ 所有杆件和扣件在拆除时分离，不准在杆件上附着扣件或两杆连着送至地面。

⑤ 所有施工材料必须按材料管理要求分类堆放整齐，下班前必须做到"工完、料尽、场地清"。

四、悬挑式脚手架

1. 施工概要

悬挑式脚手架一般有两种：一种是每层一挑，将立杆底部顶在楼板、梁或墙体等建筑部位，向外倾斜固定后，在其上部搭设横杆、铺脚手板形成施工层，施工一个层高，待转入上层后，再重新搭设脚手架，以供上一层施工；另外一种是多层悬挑，将全高的脚手架分成若干段，每段搭设高度不超过 25m，利用悬挑梁或悬挑架作脚手架基础分段搭设脚手架，利用此种方法可以搭设超过 50m 以上的脚手架。

2. 具体工作

(1) 地基处理

① 定距定位。根据构造要求在建筑物四角用尺量出内、外立杆离墙距离，并做好标记；用钢卷尺拉直，分出立杆位置，并用小竹片点出标记；垫板、底座应准确地放在定位线上，垫层必须铺放平整，不得悬空。

② 脚手架地基部位应在回填土完后夯实，采用强度不低于 C15 的混凝土进行硬化，混凝土硬化厚度不小于 10cm。地基承载能力能够满足外脚手架的搭设要求，立杆垫层或底座面标高高于自然地坪 50～100mm，两侧设置排水沟，并保证排水通畅。

③ 垫板尺寸采用长度不小于 2 跨、厚度不小于 50mm、宽度不小于 200mm 的木垫层或槽钢。

(2) 首层设置

在搭设首层脚手架过程中，沿四周每框架格内设一道斜支撑，拐角处双向增设，待该部位脚手架与主体结构的连墙件可靠拉结后方可拆除。当脚手架操作层高出连体墙以上两步时，宜先立外排，后立内排。首层设置如图 8-31 所示。

斜支撑

图 8-31　首层设置

(3) 立杆设置

① 立杆采用对接接头连接，立杆与纵向水平杆采用直角扣件连接。接头位置交错布置，两个相邻立杆接头避免出现在同步同跨内，并在高度方向错开的距离不小于 50cm；各接头中心距主节点的距离不大于步距的 1/3。

② 上部单立杆与下部双立杆交接处，采用单立杆与双立杆之间的一根对接连接。主立杆与副立杆采用旋转扣件连接，扣件数量不应少于

2 个。每根立杆底部应设置垫块，并且必须设置纵、横向扫地杆。纵向扫地杆应采用直角扣件固定在距底座上皮不大于 200mm 处的立杆上。

③ 当立杆基础不在同一高度上时，必须将高处的纵向扫地杆向低处延长两跨与立杆固定，高低差不应大于 1m。靠边坡上的立杆轴线到边坡的距离不应小于 500mm。

④ 立杆的垂直偏差应控制在不大于架高的 1/400。

⑤ 开始搭设立杆时，每隔 6 跨设置一根抛撑，直至连墙件安装稳定后，方可根据情况拆除。

悬挑式脚手架的立杆如图 8-32 所示。

图 8-32 悬挑式脚手架的立杆

（4）大横杆、小横杆设置

① 纵向水平杆纵向水平地设置在立杆内侧，其长度不小于 3 跨。纵向水平杆接长宜采用对接扣件连接，也可采用搭接。

② 立杆与纵向水平杆交点处设置横向水平杆，两端固定立杆上，以形成空间结构整体受力。

悬挑脚手架大横杆、小横杆的设置如图 8-33 所示。

图 8-33 大横杆、小横杆的设置

（5）脚手板、脚手片的铺设要求

① 脚手架里排立杆与结构层之间均应铺设木板，板宽为 200mm，里外立杆间应满铺脚手架，并应无探头板。

图 8-34　脚手板、脚手片的铺设

② 满铺层脚手片必须垂直墙面横向铺设，满铺到位，不留空位。

悬挑式脚手架的脚手板、脚手片的铺设如图 8-34 所示。

（6）防护栏杆

① 脚手架外侧使用建筑主管部门认证的合格绿色密目式安全网封闭，且将安全网固定在脚手架外立杆里侧。

② 张挂安全网要求严密、平整。

③ 脚手架外侧必须设 1.2m 高防护栏杆和 30cm 高踢脚杆，顶排防护栏杆不少于 2 道，高度分别为 0.9m 和 1.3m。

④ 脚手架内侧形成临边的，应在脚手架内侧设 1.2m 的防护栏和 30cm 高踢脚线杆。

悬挑式脚手架防护栏杆如图 8-35 所示。

图 8-35　悬挑式脚手架防护栏杆

3. 注意事项

① 悬挑式脚手架依附的建筑结构应为钢筋混凝土结构或钢结构，不得依附在砖混结构或石结构上。

② 悬挑式脚手架的支承结构应为型钢制作的悬挑梁或悬挑桁架等，不得采用钢管。

③ 悬挑式脚手架节点应螺栓连接或焊接，不得采用扣件连接，与建筑结构的固定方式应经设计计算确定。悬挑式脚手架适用范围为钢筋混凝土结构、钢结构高层或超高层建筑施工中的主体或装修工程的作业及其安全防护需要。

五、里脚手架

里脚手架又称内墙脚手架，是沿室内墙面搭设的脚手架。它分为多种，可用于内外墙砌筑和室内装修施工，具有用料少、灵活轻便等优点。

1. 折叠式里脚手架

折叠式里脚手架可用于建筑层间隔、围墙和内粉墙的场合，通常可由角钢、钢筋或钢管等材料制成。在脚手架上铺脚手板，以方便施工。若为砌筑时用，其架设的间距不能超过 2.0m；若为粉刷时用，则其架设的间距不能超过 2.5m。搭设可以分为两步，第一步高为 1.0m，第二步高为 1.65m，且每个脚手架质量为 25kg。钢筋和钢管折叠式里脚手架用于砌筑时，其架设间距均不能超过 1.8m；若用于粉刷，其架设间距均不能超过 2.2m，但每一个钢筋折叠式里手架的质量为 21kg，而每一个钢管折叠式里脚手架的质量为 18kg。

折叠式里脚手架如图 8-36 所示。

2. 支柱式里脚手架

支柱式里脚手架是由若干个支柱和横杆组成的，在其上铺设脚手板，主要适用于砌筑工程或粉刷工程，若用于砌筑，其搭设间距不能超过 2.0m，若用于粉刷或装饰装修，其搭设间距不能超过 2.5m，这种脚手架根据其组合方式的不同有套管式和承插式之分。脚手架在搭设时将插管插入套管之中，以销孔之间的间距来调节高度，在插管顶端的凹槽内搁置方木横杆，用以铺设脚手板，通常架设高度为 $1.57\sim2.17\mathrm{m}$，单个架重为 $14\mathrm{kg}$。

支柱式里脚手架如图 8-37 所示。

图 8-36　折叠式里脚手架

图 8-37　支柱式里脚手架

3. 注意事项

① 垫板、底座应准确地放在定位线上，垫板必须铺放平稳，不得悬空。

② 搭设立柱时，外径不同的钢管严禁混用，相邻立柱的对接扣件不得在同一高度内，错开距离应符合构造要求。

③ 开始搭设立柱时，应每隔 6 跨设置一根抛撑，直至连墙件安装稳定后，方可根据情况拆除。

④ 当搭至有连墙件的构造层时，搭设完该处的立柱、纵向水平杆、横向水平杆后，应立即设置连墙件。

⑤ 封闭行脚手架的同一步纵向水平杆必须四周交圈，用直角扣件与内、外角柱固定。

⑥ 双排脚手架的横向水平杆靠墙一端至墙装饰面的距离不应大于 100mm。

⑦ 当脚手架操作层高出连墙件两步时，应采取临时稳定措施，直到连墙件搭设完后方可拆除。

⑧ 剪刀撑、横向支撑应随立柱、纵横向水平杆等同步搭设，剪刀撑、横向支撑等扣件的中心线距主节点的距离不应大于 150mm。

⑨ 对接扣件的开口应朝上或朝内。各杆件端头伸出扣件盖板边缘

的长度不应小于 100mm。

⑩ 铺设脚手板时，应满铺、铺稳，靠墙一侧立墙面距离不应大于 150mm。脚手板的探头应采用直径 3.2mm 的镀锌钢丝固定在支承杆上，在拐角、斜道平口处的脚手板，应与横向水平杆可靠连接，以放置滑动。

⑪ 栏杆和挡脚板应搭设在外排立柱的内侧，上栏杆上皮高度 1.2m，中栏杆居中设置，挡脚板高度为 150mm。

⑫ 脚手架搭设完毕后，必须经验收后，方可投入使用。

第三节　脚手架的安全与维护

一、对脚手架的质量检查

脚手架材质的检查应符合下列规定。

1. 新钢管的检查

① 应有产品质量合格证。

② 应有质量检验报告，钢管材质检验方法应符合现行国家标准《金属材料　拉伸试验第 1 部分：室温试验方法》（GB/T 228.1—2010）的有关规定。

③ 钢管表面应平直光滑，不应有裂缝、结疤、分层、错位、硬弯、毛刺、压痕和深的划道。

④ 钢管外径、壁厚、端面等的偏差应符合规范的规定。

⑤ 钢管必须涂有防锈漆。

2. 旧钢管的检查

① 表面锈蚀深度应符合规范的规定，锈蚀检查应每年一次。检查时，应在锈蚀重的钢管中抽取三根，在每根锈蚀严重的部位横向截断取样检查，当锈蚀深度超过规定值时不得使用。

② 弯曲变形应符合规范规定。

3. 扣件的验收

① 新扣件应有生产许可证、法定检测单位的检测报告和产品质量

合格证。当对扣件质量有怀疑时，应按现行国家标准《钢管脚手架扣件》（GB/T 15831—2006）的规定抽样检测。

② 旧扣件使用前应进行质量检查，有裂缝、变形的严禁使用，出现滑丝的螺栓必须更新。

钢管扣件

③ 新、旧扣件均应进行防锈处理。

扣件如图 8-38 所示。

图 8-38　扣件

二、脚手架的安全技术措施

① 制定完善的施工方案，并有技术负责人审批。

② 有完善的安全防护措施，按规定设置安全网、安全护栏、安全挡板。

③ 操作人员上下架子，有保证安全的扶梯、爬梯或斜道。

④ 有良好的防漏电装置、避雷装置及可靠的接地。

⑤ 按规定设扫地杆、剪刀撑。

⑥ 脚手板要铺满、铺稳，不得有探头板，要保证有 3 个支撑点，并绑扎牢固。

⑦ 脚手架在搭设和使用过程中，必须随时进行检查，经常清除架子上的垃圾，注意控制架子上的荷载，禁止在架上过多地堆放材料和多人在一起作业。

⑧ 6 级以上大风或大雾、大雨天气，应停止作业，雨、雪后上架操作应有防滑措施。

⑨ 发现有立杆沉陷、悬空、接头松动、架子歪斜等情况应及时处理。

三、防电措施

1. 脚手架安装

脚手架（井架、龙门架、独杆提升架等）不得搭接在距 35kV 以上的高压线路 4.5m 以内地区和距离 1～10kV 高压线路 3m 以内地区。脚手架在架设和使用期间，要严防与带电体接触。在脚手架上施工的电焊机、混凝土振动器等应放在干燥木板上，经过脚手架的电线要严格检查并采取安全措施。电焊机、振动器外壳要采用接地或接零保护措施。夜间施工操作的照明用电线通过脚手架时，应使用不超过 12V 的低电压电源。

2. 脚手架穿过电力线路

脚手架需要穿过或靠近 380V 以内的电力线路，距离 2m 以内的，在架设和使用期间应断电或拆除，如不能拆除时，应采取下列防电措施。

① 对电线和钢脚手架进行绝缘包扎，并将包扎好的电线与包扎好的钢脚手架通过绝缘物绑扎牢固，以免晃动摩擦。

② 钢脚手架采取接地处理，如电力线路垂直穿过或靠近钢脚手架时，应将电力线路周围至少 2m 以内的钢脚手架水平连接，并将线路下方的钢脚手架垂直连接进行接地；如电力线路和钢脚手架平行靠近时，应将靠近的一段钢脚手架在水平方向连接，并在每隔 25m 处进行一次重复接地。

③ 搭设在旷野、山坡上的钢脚手架以及钢井架、钢龙门架、钢独杆提升架等垂直运输架，在雷击区域或雷雨季节时，应设避雷装置。

④ 避雷针可用直径为 25～32mm、壁厚不小于 3mm 的镀锌钢管或直径不小于 12mm 的镀锌钢筋制成，分设在房屋四角的脚手架立杆上，高度不小于 1m，并将所有最上层的大横杆全部连通，形成避雷网络。

⑤ 在垂直运输架上安装避雷针时，应将井架一侧中间立杆接高出顶端不小于 2m，并在立杆下端设置接地线，同时应将卷扬机外壳接地。

⑥ 接地线和接地极的设置可参照有关防雷接地规程。

⑦ 在施工期间遇有雷击或大雷雨时，钢脚手架上的施工人员应立即离开。

四、脚手架产生事故的原因

脚手架在搭设、施工、使用中作业危险因素多，极易发生伤亡事故。为此，应对建筑业脚手架的伤亡事故进行较为科学的分析，从中找出事故的成因及对策是非常有必要的。

1. 人为因素

在建筑施工过程中，各级管理人员的违章指挥是造成事故的原因之一。此外，操作者本人操作的违章作业，也容易造成事故。尤其脚手架的架子工从事脚手架搭设与拆除时，未按规定正确佩戴安全帽和系安全带，许多人自持"艺高人胆大"，嫌麻烦，认为不戴安全帽或不系安全带，只要小心一些就不会出事，由此导致的高处坠落事故时有发生。另外，有些作业人员安全意识差，对可能遇到或发生的危险估计不足，对施工现场存在的安全防护不到位等问题不能及时发现，也会导致事故的发生。

图 8-39　脚手架坍塌事故

脚手架坍塌事故如图 8-39 所示。

2. 设备及材料因素

脚手架搭设不符合规范要求。在部分施工现场，脚手架搭设不规范的现象比较普遍。

① 脚手架操作层防护不规范。

② 密目网、水平兜网系结不牢固，未按规定设置随层兜网和层间网。

③ 脚手板设置不规范，由此可能导致伤亡事故的发生。

④ 有些脚手架使用劣质的材料制造，刚度达不到要求，使用前没有进行必要的检验检测，也会造成重大伤亡事故的发生。

脚手架材料不合格导致的事故如图 8-40 所示。

3. 安全管理方面

手架搭设与拆除时，施工单位应编制安全技术方案，如果没有编制安全技术规范施工而仅凭个人经验操作，就可能会发生违反操作规程、

材料部分不符合要求造成坍塌

图 8-40   脚手架材料不合格导致的事故

技术规范等问题，引发重大伤亡事故。

安全管理方面存在的另一个问题是安全检查不到位，未能及时发现事故隐患。在脚手架的搭设与拆除过程中发生的伤亡事故，大都存在违反技术标准和操作规程等问题，但施工现场的项目经理、专职安全员在定期安全检查和平时检查中，均来能及时发现问题，或发现问题后未能及时整改和制止，最终导致些重大生产事故的发生。

五、脚手架的维护

1. 脚手架扣件的维护

① 使用完的脚手架扣件（包括构配件）应及时回支出库并分类寄存。露天堆放时，场地应平整、排水良好、下设支垫，并用苫布遮盖，配件、零件应寄存在室内。

② 凡弯曲、变形的杆件应先调直，损坏的构件应先修复，方能入库寄存。

③ 脚手架运用的扣件、螺母、垫板、插销等小配件极易丢失，在支搭时应将多余件及时回收寄存；在撤除时应及时验收，不得乱扔乱放。

④ 工具式脚手架（如门形架、桥式架、吊篮、受料台）在撤除后需求及时维修维护，并配套寄存。

脚手架扣件的维护如图 8-41 所示。

图 8-41　脚手架扣件维护

（图中标注：扣件维护）

2. 脚手架的维护

① 拆模板时要防止模板、支顶、木枋等跌落，脚手架要垫衬防护。

② 脚手架安装前，所有配件均要涂上防锈漆。

③ 模板的支撑严禁以脚手架作为支承点。

④ 为了在拆除门架式脚手架时不因使用过久连接锈蚀而咬死，在连接销插入门架前宜涂上黄油。

⑤ 安全警示标识要保持清洁醒目。

脚手架的维护如图 8-42 所示。

（图中标注：定期安排专人对脚手架进行维护检查）

图 8-42　脚手架的维护

3. 脚手架拆除质量与安全要求

① 架子使用完毕拆除应按搭设程序进行，拉结杆件应随外架的拆除而拆除，不准先行拆除。

② 架子拆除应配备良好的通信装置，拆除后的构件应及时分类，整理并运走，严禁高空坠落。

③ 架子拆除不允许分立面拆除或上下两步同时进行，认真做到一步一清、一杆一清。

④ 架子拆除应做好安全技术交底，并由专人负责，遇有六级以上大风严禁拆除架子。

第九章

混凝土工程

第一节 混凝土材料和技术性能

一、混凝土材料一般要求与规定

① 混凝土拌合物原材料质量一定要符合国家规范、规程、材料标准及工程施工技术合同要求，要有出厂质量证明文件及搅拌站复试报告单，并要按工程要求进行混凝土中氯化物、碱含量及主体材料挥发性有机化合物含量控制检验。

a. 适合用 32.5 及以上的硅酸盐水泥、普通硅酸盐水泥或矿渣硅酸盐水泥。

b. 适合用粗砂或中砂，含泥量要小于 3%，泥块含量要小于 1%。通过 0.300mm 筛孔的砂，含量要大于 15%。

c. 适合用碎石或卵石，含泥量要小于 1%，泥块含量小于 0.5%。

d. 用于结构工程时，要使用 Ⅱ 级及以上粉煤灰。

e. 应使用满足工程技术合同要求的外加剂，其掺量要经试验确定。

② 经搅拌站复试的混凝土拌合物原材料要进行质量状态标识，合格的原材料才能使用。

③ 袋装水泥进场应验明生产厂家、牌号、品种、级别、进场批量、出厂时间、试验合格与否，分别整齐定量堆放，按垛挂牌，不可混垛。每批应抽查 5% 以上，避免重量误差超标。

④ 散装水泥进场，要按品种、强度等级送入指定筒仓，不可混仓。

水泥筒仓要有明显标志，标明水泥品种、强度等级等。每个搅拌站至少有两个筒仓，轮流进料，保证轮流用完后彻底清仓再进水泥。

⑤ 砂、石要堆放在硬底场地，并有向后的排水坡度，方便测砂、石含水率时上下基本一致。砂石间要有挡墙，分品种、规格隔开堆放，不可混料或混入杂质，料场装载机轮、斗每天要清洗干净。每次装砂、石入斗应避免斗内混淆。装载机要确保不漏油。

二、混凝土技术性能

1. 混凝土的技术性能指标

① 混凝土拌合物的和易性。

② 混凝土的强度。

③ 混凝土的变形性能。

④ 混凝土的耐久性。

2. 影响混凝土强度的因素

（1）原材料方面的因素

① 水泥强度与水灰比。

② 骨料的种类、质量和数量。

③ 外加剂。

④ 掺合剂。

（2）生产工艺方面的因素

① 搅拌。

② 养护的温度和湿度。

③ 龄期。

浇水养护现场如图 9-1 所示。

（3）混凝土的耐久性

影响混凝土的耐久性因素有：抗渗性、抗冻性、抗侵蚀性、混凝土的碳化、碱骨料反应。

三、混凝土配合比

混凝土配合比是指混凝土中各组成材料之间的比例关系。

对混凝土浇水养护

图 9-1　浇水养护现场图

调整步骤：设试验室配合比为胶凝材料：水：砂子：石子＝1：x：y：z，现场砂子含水率为 m，石子含水率为 n，则施工配合比调整为 $1 : (x-ym-zn) : y \times (1+m) : z \times (1+n)$。

混凝土配合比设计是混凝土工程中很重要的一项工作，它直接影响到混凝土是否能顺利施工、混凝土工程的质量好坏和混凝土工程的成本的高低。

设计混凝土配合比的基本要求如下。

1. 强度要求

满足结构设计强度要求是混凝土配合比设计的首要任务。任何建筑物都会对不同结构部位提出强度设计要求。为了保证配合比设计符合这一要求，必须掌握配合比设计相关的标准、规范，结合使用材料的质量波动、生产水平、施工水平等因素，正确掌握高于设计强度等级的"配制强度"。配制强度毕竟是在试验室条件下确定的混凝土强度，在实际生产过程中影响强度的因素较多。

2. 满足施工和易性要求

根据工程结构部位、钢筋的配筋量、施工方法及其他要求，确定混凝土拌合物的坍落度，确保混凝土拌合物有良好的均质性，不发生离析和泌水现象，易于浇筑和抹面。水泥浆溢出造成的离析如图 9-2 所示。

3. 满足耐久性要求

混凝土配合比的设计不仅要满足结构设计提出的抗渗性、耐冻性等耐久性的要求，而且还要考虑结构设计未明确的其他耐久性要求，如严寒地区的路面、桥梁，处于水位升降范围的结构，以及暴露在氯污染环

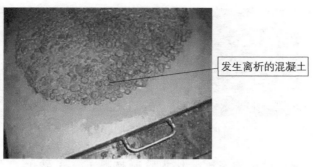

发生离析的混凝土

图 9-2 水泥浆溢出造成的离析

境的结构等。为了保证这些混凝土结构具有良好的耐久性，不仅要优化混凝土配合比设计，同样重要的工作就是在进行混凝土配合比设计前，应对混凝土使用的原材料进行优选，选用良好的原材料，是保证设计的混凝土具有良好耐久性的基本前提。

第二节 混凝土工程施工

一、混凝土搅拌

混凝土搅拌是将水泥、石灰、水等材料混合后搅拌均匀的一种操作方法。

商品混凝土是一种零库存的产品，自混凝土开始搅拌至初凝之前必须浇捣完毕，受混凝土凝结时间的限制，所以对产品有时效性的要求，不能长时间储存。而试验室对出厂混凝土质量检验，需等待时间（28d强度和耐久性等指标）。所以对试验室质量管理和试验员的专业技术水平提出更高的要求，由此试验室人员不仅要做好生产前各个环节的质量控制，而且重点是把控混凝土搅拌过程这一关。

1. 混凝土搅拌的分类

混凝土搅拌分为两种：人工搅拌和机械搅拌。

（1）人工搅拌

采用人工搅拌时，应力求动作敏捷，搅拌时间从加水时算起，应大致符合下列规定：搅拌物体积为 30L 以下时，搅拌时间为 4～5min；搅拌物体积为 30~50L 时；搅拌时间为 5~9min；搅拌物体积为 51~75L 时，搅拌时间为 9~12min。

拌好后，根据试验要求，立即做坍落度测定或试件成型。从开始加水时算起，全部操作须在 30min 内完成。混凝土人工搅拌施工现场如图 9-3 所示。

人工搅拌混凝土

图 9-3　混凝土人工搅拌施工现场

（2）机械搅拌

采用机械搅拌时，应先预拌一次，即先涮膛，以免正式拌和时影响拌合物的配合比。开动搅拌机，向搅拌机内依次加入石子、水泥、砂，干拌均匀，再将水徐徐加入，全部加料时间不超过 2min，水全部加入后，继续拌和 2min。将拌合物自搅拌机卸出，再经人工拌和 1~2min，即可做坍落度测定或试件成型。从开始加水时算起，全部操作必须在 30min 内完成。混凝土机械搅拌如图 9-4 所示。

混凝土搅拌机

图 9-4　混凝土机械搅拌

2. 注意事项

① 混凝土外加剂与水泥适应性不好会引起混凝土坍落度损失快。

② 若混凝土外加剂掺量不够，则缓凝、保塑效果会不理想。

③ 天气炎热时会使某些外加剂在高温下失效；水分蒸发快，气泡外溢也会造成新拌混凝土坍落度损失快。

④ 若初始混凝土坍落度太小，有可能是单位用水量太少引起的。

⑤ 若工地现场与搅拌站协调不好，使罐车压车、塞车时间太长，会导致混凝土坍落度损失过大。

⑥ 若混凝土搅拌称量系统计量误差大，则会造成混凝土质量不稳定。

⑦ 搅拌混凝土前应严格测定粗细骨料的含水率，准确测定因天气变化而引起粗细骨料含水量的变化，以便及时调整施工配合比。

二、混凝土运输

混凝土运输是指将混凝土从搅拌站送到浇筑点的过程。为了保证混凝土的施工质量，对混凝土拌合物运输的基本要求是：不产生离析现象，不漏浆，保证浇筑时规定的坍落度，在混凝土初凝前有充分时间进行浇筑和捣实。

1. 混凝土运输方法

（1）手推车运输

采用单轮车或架子车等人力车运输混凝土，多用于较小工程的水平运输。单轮手推车适宜于 $30\sim50m$ 的运距，双轮车适宜于 $100\sim300m$ 的运距。路面的纵坡一般不宜大于 15%，一次爬高不宜超过 $2\sim3m$。混凝土手推车如图 9-5 所示。

（2）翻斗车运输

机动翻斗车是用柴油机装配而成的翻斗车。机动翻斗车具有轻便灵活、结构简单、操纵简便、转弯半径小、速度快、能自动卸料等

双轮手推车

图 9-5　混凝土手推车

特点，适用于短距离水平运输。混凝土翻斗车如图 9-6 所示。

图 9-6　混凝土翻斗车

（3）混凝土搅拌运输车运输

混凝土搅拌运输车是运送混凝土的专用设备。其特点是在运量大、运距远的情况下，能保证混凝土的质量均匀，一般在混凝土制备点（商品混凝土站）与浇筑点距高较远时采用。

其运送方式有两种：一是在 10km 范围内作短距离运送时，只作运输工具使用，即将拌和好的混凝土运送至浇筑点，在运输途中为防止混凝土分离，搅拌筒只作低速搅动，避免混凝土拌合物分离或凝固；二是在运距较长时，搅拌运输两者兼用，即先在混凝土拌合站将干料（砂、石、水泥）按配比装入搅拌筒内，并将水注入配水箱，开始只做干料运送，然后在到达距使用点 10～15min 路程时，启动搅拌筒回转，并向搅拌筒注入定量的水，这样在运输途中边运输边搅拌成混凝土拌合物，送至浇筑点卸出。混凝土搅拌运输车如图 9-7 所示。

图 9-7　混凝土搅拌运输车

（4）缆索式起重机运输

在大型水电工程中，浇筑混凝土大坝时常采用缆索式起重机进行浇筑。采用吊斗运送混凝土，吊斗出口至混凝土仓面间的高度不得超过1.5～3.0m。采用载重汽车和吊斗配合运输混凝土，不经二次倒运，不但可以保证质量，而且冬期施工还有利于保温。采用此种运输方式，必须配备足够的起吊设备，否则，会影响汽车的运输效率。缆索式起重机如图 9-8 所示。

缆索式起重机

图 9-8　缆索式起重机

（5）皮带运输机运输

采用皮带运输机运送混凝土，以水平运送较好，斜坡道运输时，应采用较小的坡度，向上输送时坡度不应大于 14%～18%，向下输送时，坡度不应大于 6%～8%。皮带运输机的极限速度以不超过 1.2m/s 为宜，以避免因转速太快而造成混凝土产生分离现象。采用皮带运输机运输混凝土，应避免混凝土直接从皮带运输机卸入仓内，以防混凝土分离，或堆料过分集中影响平仓。混凝土从皮带运输机上卸料时，应设梢板或漏斗，使混凝土垂直下落。皮带运输机如图 9-9 所示。

为了减少砂浆损失，在皮带运输机的腰部或端部，应装有硬橡皮刮浆板，刮下皮带上黏附着的灰浆，仍掺入混凝土中。在混凝土的配合比设计中，应考虑到这种灰浆的损失。坍落度小的混凝土最适宜采用此种运送方法，皮带转运时灰浆不致发生流淌和分离现象。皮带机的坡度和混凝土坍落度的关系，最好根据具体情况进行试验确定。

图 9-9 皮带运输机

采用皮带运输机输送混凝土，操作比较简单，使用也较灵便，成本低，适用于大体积混凝土、大浇筑量的工程。若运距较长时，可将数台皮带运输机串联成组使用。

（6）混凝土泵运输

在运输不便而且混凝土量较大的情况下，如高层建筑、隧洞等可以采用混凝土泵输送混凝土。混凝土泵分活塞式、风动式，采用汽车泵泵送混凝土十分普通，也非常灵活。大型泵站水平输送距离目前可达 400～600m，高度可达 60～110m。采用混凝土泵运输混凝土，其配合比应专门进行设计。混凝土的最大骨料粒径，应与混凝土泵导管管径相适应，一般管径应为最大粒径的 2.5～3 倍，最好使用砾石，并不允许有超径颗粒进入导管，以防堵塞。混凝土应掺外加剂。混凝土泵运输如图 9-10 所示。

图 9-10 混凝土泵运输

使用混凝土泵，在布置管道线路时，应尽量避免弯管，特别是 90°的死弯。安装前，应清除管内污物及水泥砂浆。在输送混凝土前应先输送一部分水泥砂浆。在运输时保持输送工作的连续性是十分重要的。如因故间歇，则每隔 5min 应将混凝土泵转动 1～3 圈，以免管道堵塞。在正常温度下，间歇时间不得超过 45min。如间歇时间过长，应尽快设法将存留在管道内的混凝土排出管外，并加以清洗。

在冬期施工中，管道上应加保温设备；在夏季施工中，管道外表亦应加以遮盖，或刷成白色，以免管壁温度过高而黏附灰浆而造成堵塞。

2. 注意事项

① 用手推车运输混凝土时，前后车距在平地不得少于 2m，下坡不得少于 10m；手推车向料斗倒料时应有挡车设施，且倒料时不得撒把。

② 自卸车向坑洼地点卸混凝土时，必须使后轮与坑边保持适当的安全距离，防止塌方翻车；卸完混凝土后，车厢应立即复原，不得边走边落。

③ 混凝土吊罐使用前，应先对钢丝绳、平衡梁、吊罐和吊环等起重部件进行检查，如有破损严禁使用。

④ 吊罐的起吊、提升、转向、下降和就位，必须听从指挥；吊罐下方严禁站人；吊罐在空间摇晃时严禁扶拉，吊罐在仓内就位时不得硬拉。

⑤ 严禁混凝土超出吊罐顶部，以防塌落伤人。

⑥ 吊罐吊至仓面下落到一定高度时，应减慢下降、转向及吊机行车速度，避免紧急刹车，以免晃荡撞击人体；卸料时，仓内人员应注意避开，不得在吊罐正下方停留或工作；卸料完毕应将斗门关好，并将吊罐外部附着的骨料、砂浆清除后方可吊离。

三、混凝土浇筑

混凝土浇筑指的是将混凝土浇筑入模直至塑化的过程。

1. 混凝土浇筑过程

混凝土浇筑过程

（1）检查模板

在浇筑混凝土之前需要施工单位检查一下模板尺寸是否按照图纸要求进行搭设；检查梁的截面尺寸大小、板面标高是否符合要求；检查阳台、卫生间等部位的模板是否按照要求采取降板措施。

（2）检查钢筋

正常程序下泥工在浇筑混凝土之前，监理单位需要对钢筋等隐蔽工程进行验收。在验收的时候主要检查钢筋直径是否根据图纸进行施工，检查钢筋搭接尺寸是否符合规定要求，检查梁柱等钢筋锚固长度是否达标。检查钢筋如图 9-11 所示。

钢筋网

图 9-11 检查钢筋

（3）检查支模架

在浇筑混凝土之前还需要对支模架进行检查。检查支模架是否按照相关规范进行搭设，立管、横管以及扫地杆之间的间距、扣件连接方式是否符合要求。支模架检查一定要非常仔细，因为在浇筑混凝土的时候全部的支撑都靠支模架支撑，一旦存在隐患，很有可能造成严重的安全事故。支模架如图 9-12 所示。

扫地杆

图 9-12 支模架

（4）检查预埋管件

在浇筑混凝土之前还需要对预埋管件进行仔细的检查。检查预埋管件是否按照图纸所示的位置进行埋设，还要检查管件的直径是否符合实际要求。如预埋管件留设得好，这将大大减少后期的工作量，而且还能保护结构的整体稳定性。检查预埋管件如图 9-13 所示。

预埋的管件

图 9-13　检查预埋管件

（5）合理安排人员

人工的数量主要依据劳动定额或施工定额计算出来，在施工准备阶段也要根据流水段计算出分段人数，若是等量分段可以每段配备相等的人数，不等量分段应调整人数，因为混凝土的接槎和施工缝在部位上有一定要求，人数应与其相对应。大体积混凝土的连续施工一般是三班制，每班应该配备相应的人数。

在工人班组中，技术等级和操作经验是不同的，施工组织者对此应有所了解，尤其浇筑重要部位和构件，应指定技术等级高的工人把关，并对浇筑工序中前台、后台安排负责人，例如有人负责配合比的正确性、有人负责混凝土的运输、有人负责入模、有人负责振捣，有人专门负责预埋件和预留孔洞等。

在混凝土施工中，要有一定数量的配合作业者，例如，看钢筋的、看模板的、维修电工、机械工、司机、试验工等。施工组织者必须事先做出安排，要做到分工明确、大力协同、各司其职。

（6）计算混凝土方量

在浇筑混凝土之前，施工员还需要根据图纸计算楼层的混凝土方量，在计算的时候一定要仔细。目前混凝土浇筑一般都使用商品混凝土，所以计好混凝土量后应该提前几天把该方量报到商品混凝土搅拌站，以免打乱施工计划。棱台式构件混凝土方量的计算如图 9-14 所示。

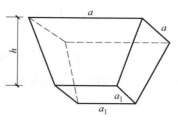

$$V = h/6 [a^2 + (a+a_1)^2 + a_1^2]$$

图 9-14　棱台式构件混凝土
方量的计算

（7）控制混凝土质量

楼层混凝土浇筑质量的好坏关键在于施工工程中，因此在浇筑的时候一定要控制好混凝土的质量。如果是商品混凝土，就需要检查运来的商品混凝土强度是否跟图纸上标注的一样。最重要的一点就是在实际浇筑时一定不能对混凝土进行加水。

2. 混凝土施工常见质量问题

① 蜂窝　原因是混凝土一次下料过厚，振捣不实或漏振；模板有缝隙导致水泥浆流失；钢筋较密而混凝土坍落度过小或石子过大；基础、柱、墙根部下层台阶浇筑后未停歇就继续浇筑上层混凝土，以致上层混凝土根部砂浆从下部涌出而造成。

② 露筋　原因是钢筋垫块位移，间距过大或漏放，钢筋紧贴模板而造成露筋或梁、板底部振捣不实也可能出现露筋。

③ 麻面　模板表面不光滑或模板湿润不够，构件表面混凝土易黏附在模板上造成脱皮麻面。

④ 孔洞　原因是在钢筋较密的部位混凝土被卡，未经振捣就继续浇筑上层混凝土。

⑤ 缝隙及夹层　施工缝处杂物清理不净或未浇底浆等原因造成缝隙、夹层。

⑥ 梁、柱节点处断面尺寸偏差过大　主要原因是柱接头模板刚度太差。

⑦ 现浇楼板和楼梯上表面平整度偏差太大　主要原因是混凝土浇筑后表面没有认真地用抹子抹平。

四、混凝土振捣

混凝土振捣应随时检查钢筋保护层和预留孔洞、预埋件及外露钢筋位置，确保预埋件和预应力筋承压板底部混凝土密实，外露面层平整。

1. 施工步骤

① 混凝土下料到具备振捣条件时，启动机器移动到位后，降低振捣棒，使振捣棒平滑地插入到混凝土中，插入深度为 55～60cm，插入过程耗时约 10s。

② 振捣棒插入到位后，开始持续地进行振捣，此时混凝土表面会有气泡排出并开始泛浆，持续振捣时间为 15～17s。

③ 将振捣棒慢慢地拔出，拔出速度约为 5cm/s，拔起过程约 10s。

④ 以上从振捣棒开始插入到拔出完毕为一个振捣周期，时间共 85s 左右。一个周期完成后要和上一个振捣区搭接，才能开始下一循环的振捣。

混凝土振捣现场如图 9-15 所示。

图 9-15　混凝土振捣现场

2. 基本要求

① 插入时要快，拔出时要慢，以免在混凝土中留下空隙。

② 每次插入振捣的时间为 20～30s，并以混凝土不再显著下沉，不出现气泡，开始泛浆时为准。

③ 振捣时间不宜过久，太久会出现砂与水泥浆分离，石子下沉，并在混凝土表面形成砂层，影响混凝土质量。

④ 振捣时振捣器应插入下层混凝土 10cm，以加强上下层混凝土的结合。

⑤ 振捣插入前后间距一般为 30～50cm，以防止漏振。

⑥ 做到三不靠。即振捣时不要碰到模板、钢筋和预埋件，在模板附近振捣时，应同时用木槌轻击模板，在钢筋密集处和模板边角处，应配合使用铁钎捣实。

混凝土振捣棒实物如图 9-16 所示。

混凝土
振捣棒

图 9-16　混凝土振捣棒实物图

3. 注意事项

① 在平仓振捣过程中，要经常观察模板、支撑、拉筋是否变形，如发现变形有倒塌危险时，应立即停止工作，并及时报告有关指挥人员。

② 不得将运转中的振捣器放在模板或脚手架上。

③ 使用电动振捣器，须有漏电保护器或接地装置。搬移振捣器或中断工作时，必须切断电源。

④ 不得用湿手接触振捣器电源开关；振捣器的电缆不得出现破皮以免发生漏电现象。

五、混凝土养护

混凝土浇捣后将逐渐凝结硬化，主要是因为水泥水化作用的结果，而水化作用需要适当的温度和湿度条件，因此为了保证混凝土有适宜的硬化条件，使其强度不断增长，必须对混凝土进行养护。混凝土养护方法有自然养护法和蒸汽养护法。

1. 自然养护法

混凝土的自然养护是指在平均气温高于 5℃ 的条件下于一定时间内使混凝土保持湿润状态。自然养护法又可分为洒水养护法和喷洒塑料薄膜养生液养护法两种。

（1）洒水养护法

洒水养护是用吸水保温能力较强的材料（如草帘、芦席、麻袋、锯末等）将混凝土覆盖，经常洒水使其保持湿润。养护时间长短取决于水泥品种。普通硅酸盐水泥和矿渣硅酸盐水泥拌制的混凝土不少于 7d；火山灰质硅酸盐水泥和粉煤灰硅酸盐水泥拌制的混凝土不少于 14d。养护时能保持混凝土具有足够的湿润状态为宜。洒水养护如图 9-17 所示。

（2）喷洒塑料薄膜养生液养护法

喷洒塑料薄膜养生液养护法适用于不宜采用洒水养护的高耸构造物和大面积混凝土结构及缺水地区。它是将养生液用喷枪喷洒在混凝土表面上，溶液挥发后在混凝土表面形成一层塑料薄

图 9-17　洒水养护

膜，使混凝土与空气隔绝，阻止其中的水分蒸发，以保证水化作用的正常进行。在夏季施工时，薄膜成型后要防晒，否则易产生裂纹。喷洒塑料薄膜养生液养护如图 9-18 所示。

图 9-18　喷洒塑料薄膜养生液养护

对于表面积大的混凝土构件（如地坪、楼板、屋面、路面），也可用湿土、湿砂覆盖或沿构件周边用黏土等围住，在构件中间蓄水进行养护。

混凝土必须养护至其强度达到 $1.2N/mm^2$ 以上，才准在上面行人和架设支架、安装模板，但不得冲击混凝土。

2. 蒸汽养护法

蒸汽养护是将构件放置在有饱和蒸汽或蒸汽空气混合物的养护室内，在较高的温度和相对湿度的环境中进行养护，以加速混凝土的硬化，使混凝土在较短的时间内达到规定的强度标准值。蒸汽养护分为静停、升温、恒温、降温四个阶段。蒸汽养护如图 9-19 所示。

蒸汽养护混凝土

图 9-19　蒸汽养护

（1）静停阶段

静停阶段是指混凝土构件成形后在室温下停放养护，时间为 2～6h，以防止构件表面产生裂缝和疏松现象。

（2）升温阶段

升温阶段是指构件的吸热阶段，升温速度不宜过快，以免构件表面和内部产生过大温差而出现裂纹。对薄壁构件（多肋楼板、多孔楼板）每小时不得超过 25℃；其他构件不得超过 20℃；用硬性混凝土制作的构件不得超过 40℃。

（3）恒温阶段

恒温阶段是指升温后温度保持不变的时间。此时强度增长最快，这个阶段应保持 80%～100% 的相对湿度，最高温度不得大于 96℃，时间为 3～8h。

（4）降温阶段

降温阶段是指构件散热过程。降温速度不宜过快，每小时不得超过 10℃，出池后，构件表面与外界温差不得大于 20℃。

3. 注意事项

① 对已成形的混凝土，应在浇筑完毕后进行覆盖和浇水（当日平均气温低于5℃时不得浇水）。

② 混凝土浇水养护时间如下：采用硅酸盐水泥、普通硅酸盐水泥或矿渣硅酸盐水泥拌制的混凝土，其养护时间不得少于7d；对掺有缓凝型外加剂或有抗渗性要求的混凝土，其养护时间不得少于14d；矾土水泥混凝土不得少于3d。

③ 在养护期间，每日浇水次数以保持混凝土处于润湿状态为宜，视气温和空气的湿度等环境条件而定，养护用水应与拌制用水相同。

④ 当采用塑料布覆盖养护时，混凝土敞露的表面（含四周侧面）应用塑料布覆盖严密，并应保持塑料布内有凝结水。

⑤ 大面积结构（如地坪，楼、屋面板等）可采用蓄水养护。贮水池一类工程可在拆除内模且混凝土达到一定强度后注水养护。一些地下结构或基础，可在其表面涂刷沥青乳液或用土回填以取代洒水养护。

六、大体积混凝土施工

大体积混凝土是指混凝土结构物实体最小几何尺寸不小于1m的大体量混凝土，或预计会因混凝土中胶凝材料水化引起的温度变化和收缩导致有害裂缝产生的混凝土。

1. 施工工艺流程

混凝土搅拌→混凝土浇筑→混凝土振捣→混凝土养护与测温。

2. 具体施工过程

（1）混凝土搅拌

根据配合比确定每盘各种材料用量，骨料含水率应经常测定并及时调整配合比用水量。混凝土搅拌机按其工作原理，可以分为自落式和强制式两大类。自落式混凝土搅拌机适用于搅拌塑性混凝土。强制式搅拌机的搅拌作用比自落式搅拌机强烈，宜搅拌干硬性混凝土和轻骨料混凝土。混凝土搅拌现场如图9-20所示。

（2）混凝土浇筑及浇筑方法

大体积混凝土浇筑方法需根据结构大小、混凝土供应等实际情况决

图 9-20　混凝土搅拌现场

定，一般有全面分层、分段分层、斜面分层三种方法。混凝土浇筑如图 9-21 所示。

图 9-21　混凝土浇筑

① 全面分层　全面分层法就是在整个结构内全面浇筑混凝土，要求每一层的混凝土浇筑必须在下层混凝土初凝前完成。此浇筑适用于平面尺寸不太大的结构，施工时宜从短边开始，顺着长边方向推进，有时也可从中间向两端进行或从两端向中间推进。大体积混凝土全面分层如图 9-22 所示。

② 分段分层　采用全面

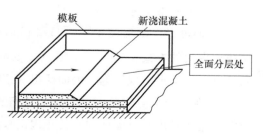

图 9-22　大体积混凝土全面分层示意

分层浇筑，混凝土的浇筑强度太高，施工难以满足时，则可采用分段分层浇筑法。它是将结构从平面上分成几个施工段，从厚度上分成几个施工层，混凝土从底层开始浇筑，进行一定距离后就回头浇筑第二层混凝土，如此依次浇筑以上各层。施工时要求在第一层第一段末端混凝土初凝前开始第二段的施工，以保证混凝土接触结合良好。该方法适用于厚度不大而面积或长度较大的结构。大体积混凝土分段分层如图9-23所示。

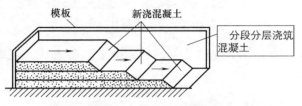

图9-23 大体积混凝土分段分层示意

③斜面分层 当结构的长度超过厚度的3倍时，宜采用斜面分层浇筑方法。施工时，混凝土的振捣需从浇筑层下端开始，逐渐上移，以保证混凝土的施工质量。大体积混凝土斜面分层如图9-24所示。

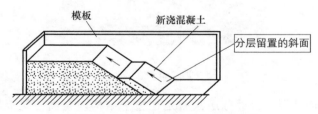

图9-24 大体积混凝土斜面分层示意

（3）混凝土振捣

①振捣时，振捣棒移动间距≤400mm，振捣时间为15～30s，采用快插慢拔的方式，插入下层混凝土50mm左右，当混凝土表面不再明显下沉、不再出现气泡、表面泛出灰浆时为充分振捣。

②在混凝土浇筑后40～50min进行二次振捣，消除沉降及收缩裂缝等，振捣过程要全面仔细，禁止因出现漏振而导致蜂窝、麻面等混凝土施工质量事故。

大体积混凝土振捣施工现场如图 9-25 所示。

（4）混凝土养护及测温

混凝土浇筑后，应及时进行养护。混凝土表面压实后，先在混凝土表面洒水，再覆盖一层塑料薄膜，然后在塑料薄膜上覆盖保温材料进行养护，防止混凝土暴露，中午气温高时可揭开适当散热。混凝土养护现场如图 9-26 所示。

图 9-25　大体积混凝土振捣施工现场

养护覆盖的薄膜及草帘

图 9-26　混凝土养护

大体积混凝土浇筑体内监测点的布置，以真实地反映出混凝土浇筑体内最高温升、最大应变、里表温差、降温速率及环境温度为原则。测温点如图 9-27 所示。

测温点设置的标识

图 9-27　测温点

3. 施工注意事项

① 水泥的选用。选用水化热低、初凝时间长的矿渣水泥，并控制水泥用量，一般控制在 $300kg/m^3$ 以下。

② 砂、石的选用。砂选用中、粗砂，石子选用粒径 $0.5 \sim 3.2cm$ 的碎石和卵石。夏季砂、石料堆可设简易遮阳棚，必要时可向骨料喷水降温。

③ 外加剂的选用。可选用复合性外加剂和粉煤灰以减少绝对用水量和水泥用量，延缓凝结时间。

④ 按设计要求铺设冷却水管，冷却水管应固定好。

⑤ 如承台厚度较厚，一次浇筑混凝土方量过大时，在设计单位和监理同意后可分层浇筑，以通过增加表面系数利于混凝土的内部散热。分层厚度以 $1.5m$ 为宜，层间间隔时间为 $5 \sim 14d$，上层浇筑前，应清除下层水泥薄膜和松动石子以及软弱混凝土面层，并进行湿润、清洗。

七、高性能与高强混凝土施工

1. 高性能混凝土

高性能混凝土（简称 HPC）是指一种能符合特殊性能综合与均匀性要求的混凝土，此种混凝土往往不能用常规的混凝土组分材料和通常的搅拌、浇捣和养护的习惯做法所获得。高性能混凝土是一种新型高技术混凝土，采用常规材料和工艺生产，具有混凝土结构所要求的各项力学性能，是具有高耐久性、高工作性和高体积稳定性的混凝土。

2. 高强混凝土

一般把强度等级为 C60 及其以上的混凝土称为高强混凝土。它是用水泥、砂、石原材料外加减水剂或同时外加粉煤灰、矿渣、硅粉、天然沸石粉等混合料（图 9-28），经常规工艺生产而获得高强的混凝土。高强混凝土作为一种新的建筑材料，以其抗压强度高、抗变形能力强、密度大、孔隙率低的优越性，在高层建筑结构、大跨度桥梁结构以及某些特种结构中得到广泛的应用。高强混凝土最大的特点是抗压强度高，一般为普通强度混凝土的 $4 \sim 6$ 倍，故可减小构件的截面，因此最适宜用于高层建筑。

(a) 硅粉   (b) 磨细矿渣微粉

(c) 超细粉煤灰   (d) 天然沸石粉

图 9-28 高强混凝土的掺入矿物

八、泵送混凝土

1. 施工概要

泵送混凝土是可用混凝土泵通过管道输送拌合物的混凝土。其流动性好，骨料粒径一般不大于管径的四分之一，需加入防止混凝土拌合物在泵送管道中离析和堵塞的泵送剂，以及使混凝土拌合物能在泵压下顺利通行的外加剂，减水剂、塑化剂、加气剂以及增稠剂等均可用作泵送剂。加入适量的混合材料（如粉煤灰等），可避免混凝土施工中拌合料分层离析、泌水和堵塞输送管道。泵送混凝土的原料中，粗骨料宜优先选用卵石。

2. 施工工艺

① 采用现场搅拌混凝土浇筑工艺 作业准备→混凝土搅拌→混凝土运输→混凝土浇筑、振捣→拆模、养护。

② 采用商品混凝土浇筑工艺 作业准备→商品混凝土运输到现场→混凝土质量检查→卸料→混凝土泵送至浇筑部位→混凝土浇筑、振

捣→拆模、养护。

3. 具体工作

（1）作业准备

浇筑前应对模板内的垃圾、泥土等杂物及钢筋上的油污清除干净，并应检查钢筋的水泥垫块是否垫好。如果使用木模板时应浇水使模板湿润，柱子模板的清扫口在清除杂物后再封闭。剪力墙根部松散混凝土应剔除干净。

混凝土浇筑前，应办理好前道工序的相关手续，并做好现场清理工作。

（2）混凝土泵送至浇筑部位施工

① 泵送混凝土前，先把储料斗内清水从管道泵出，以达到湿润和清洁管道的目的，然后向料斗内加入与混凝土配合比相同的水泥砂浆（或 1：2 水泥砂浆），润滑管道后即可开始泵送混凝土。

② 开始泵送时，泵送速度宜放慢，油压变化应在允许值范围内，待泵送顺利时，才用正常速度进行泵送。

③ 泵送期间，料斗内的混凝土量应保持不低于缸筒口上 10mm 到料斗口下 150mm 之间为宜。避免吸入效率低，且容易吸入空气而造成塞管，太多则反抽时会溢出并加大搅拌轴的负荷量。

④ 混凝土泵送宜连续作业，当混凝土供应不及时，需降低泵送速度，泵送暂时中断时，搅拌不应停止。当叶片被卡死时，需反转、正转、反转一定时间，待正转顺利后方可继续泵送。

⑤ 泵送中途若停歇时间超过 20min，管道又较长时，应每隔 5min 开泵一次，泵送少量混凝土管道较短时，可采用每隔 5min 正反转 2～3 个行程，使管内混凝土蠕动，防止泌水离析，长时间停泵（超过 45min）、气温高、混凝土坍落度小时可能造成塞管，宜将混凝土从泵和输送管中清除。

⑥ 泵送先远后近，在浇筑中逐渐拆管。

⑦ 在高温季节泵送，宜用湿草袋覆盖管道进行降温，以降低入模温度。

⑧ 泵送管道的水平换算距离总和应小于设备的最大泵送距离。

泵送混凝土施工如图 9-29 所示。

4. 注意事项

泵送混凝土施工要注意以下几点。

① 混凝土拌合物要用专用泵送混凝土搅拌车运输，坍落度设计要考虑运输的时间损失，运输途中严禁向搅拌筒内加水。

图 9-29 泵送混凝土施工

② 混凝土泵的布置要使输送管排列短、弯头少或布料杆覆盖范围大，尽量少移动泵车即可完成浇筑。多台泵车同时浇筑时，各泵车工作量要平衡，要能使浇筑工作基本同时结束，避免留设施工缝。

③ 泵送混凝土流动性好，施工冲击力大，对模板的侧压力大，要保证模板和支撑有足够的强度、刚度和稳定性。

④ 泵送混凝土浇筑速度快，作业面上操作人员多，易踩陷构件的水平钢筋，应设置足够的钢筋撑脚或钢支架，重要节点钢筋应采取加固措施。

以上是泵送混凝土的施工要点，但由于现场情况复杂，实际施工时还需根据情况再做调整。

九、清水混凝土

清水混凝土又称装饰混凝土，它属于一次浇注成形，不做任何外装饰，直接采用现浇混凝土的自然表面效果作为饰面，因此不同于普通混凝土，其表面平整光

清水混凝土

滑、色泽均匀、棱角分明、无碰损和污染，只是在表面涂一层或两层透明的保护剂，显得十分天然、庄重。

1. 施工概要

（1）混凝土配合比设计和原材料质量控制

每块混凝土所用配合比要严格一致；新拌混凝土须具有较好的工作性和黏聚性，绝对不允许出现分层离析的现象。原材料产地必须统一，

所用水泥尽可能用同一厂家同一批次的；砂、石的色泽和颗粒级均匀。

（2）模板工程

清水混凝土模板体系的选择应根据工程设计要求和工程具体情况确定，满足清水混凝土质量要求；所选择的模板体系应技术先进、构造简单、支拆方便、经济合理；模板必须具有足够的刚度，在混凝土侧压力作用下不允许产生变形，以保证结构物的几何尺寸均匀、断面一致，防止浆体流失。对模板的材料也有很高的要求，表面要平整光洁，强度高、耐腐蚀，并具有一定的吸水性。对模板的接缝和固定模板的螺栓等（图9-30），则要求接缝严密，要加密封条防止跑浆。

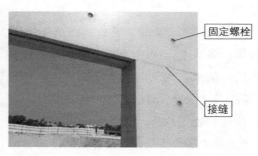

图 9-30　模板工程中的接缝和螺栓

固定模板的拉杆需要采用带金属帽或塑料扣的，以便拆模，并减少对混凝土表面产生破损等。

（3）混凝土养护

养护混凝土时若养护不当，表面极容易因失水而出现微裂缝，影响外观质量和耐久性。因此，对裸露的混凝土表面，应及时采用黏性薄膜或喷涂型养护膜覆盖，进行保湿养护。

2. 施工工艺流程

钢筋绑扎→模板支设→混凝土浇筑→混凝土养护→拆模→成品表面处理。

3. 具体施工过程

（1）钢筋绑扎

钢筋应随进随用，做好防雨防潮措施，避免钢筋因在现场放置时间过长而产生浮锈，污染模板而影响清水混凝土的饰面效果。钢筋绑扎现场如图9-31所示。

（2）模板支设

模板支设如图9-32所示。

图 9-31　钢筋绑扎现场

图 9-32　模板支设

（3）混凝土浇筑

① 浇筑前需先清理模板内垃圾，保持模内清洁、无积水。

② 采用振捣棒进行振捣时，混凝土振点应从中间开始向边缘分布，且布棒均匀，层层搭扣，并应随浇筑连续进行。

③ 振捣过程中，应尽可能地减少砂浆的飞溅，并及时清理掉溅于模板内侧的砂浆。

混凝土浇筑现场如图 9-33 所示。

图 9-33　混凝土浇筑现场

（4）混凝土养护

① 清水混凝土材质在上墙之后其实质感是很强烈的，但是混凝土的材质并不是很坚硬，因此一定要注意做好防护措施。首先要注意铁锈对于混凝土的附着力是很强的，不易清除，因此对于一些裸露在外的钢筋部件，要采用涂刷阻止生锈的方法进行保护。

② 使用的一些脚手架以及其他的材料，都不要靠在混凝土结构的表面摆放，未经允许的混凝土表面的覆盖物材料不要拆除。

清水混凝土养护现场如图 9-34 所示。

图 9-34　清水混凝土养护现场

（5）拆模

拆模顺序按模板设计要求进行，各紧固件依次拆除后，应轻轻将模板撬离，必须在确保模板与混凝土结构之间无任何连接后，方可起吊模板，且不得碰撞混凝土成品。拆模现场如图 9-35 所示。

开始拆除钢模板

图 9-35　拆模现场

（6）成品表面处理

不要在混凝土的构件上任意剔凿，如果说必须要剔凿，一定要经专业的技术人员批准后并制定了有效的方案后再行实施。严禁在混凝土表面上乱涂乱画，如果说要做标记，比如说是弹线，最好不要用墨线，最好是挑选容易清除的颜料。成品表面处理如图 9-36 所示。

修补残缺部位

图 9-36　成品表面处理

4. 施工注意事项

① 建议对预制混凝土部件的边缘进行倒角，以减少边缘破损的风险。锋利的边角需要更高的造价以及成品保护成本。

② 对于裸露的混凝土表面，应考虑天气条件对外观的影响（例如通过控制雨水排放减少污垢沉积）。

③ 必须考虑运输和装配锚固件的位置和外观保护，以及在施工阶段对暴露的混凝土表面的特殊保护。

十、喷射混凝土

喷射混凝土是用压力喷枪喷涂灌筑细石混凝土的施工法。常用于灌筑隧道内衬、墙壁、天棚等薄壁结构或其他结构的衬里以及钢结构的保护层。

1. 喷射混凝土常见方法

（1）干喷法

干喷法发展最早，应用最广泛。它是将干料拌和后送到喷头处与水混合，再到达受喷面上的一种方法。干喷法施工如图 9-37 所示。

干喷法的缺点如下。

① 其工作面粉尘量及回弹均较大，工作环境恶劣；喷料时有脉冲现象且均匀度差。

② 实际水灰质量比不易准确控制，影响喷射混凝土的质量。

③ 生产效率低。

图 9-37 干喷法施工

（2）湿喷法

喷湿法是指按一定配合比将水泥、粗细骨料和水一起搅拌好，然后借助各种类型的湿式喷射机，将拌好的混凝土，通过输料软管输送到喷嘴，并在喷嘴处添加液体速凝剂，用压缩空气补给能量，使混凝土形成料束，从喷嘴喷射到围岩面上。

（3）水泥裹砂法

水泥裹砂法喷射混凝土是将喷射集料分成两条线作不同处理后再压入混合管混合，然后通过连接混合管和喷头喷射到工作面上的施工方法。

（4）双裹并列法

双裹并列法喷射混凝土在工作方式上也是采用两条线路输送喷射物料的，但它将水泥裹砂法中的纯干路变成微湿路，也形成一种裹灰物料线路，这样两条输料线路都有水泥的包裹作用，故称双裹并列法。

（5）潮料掺浆法

潮料掺浆法喷射混混凝土工艺是在总结潮喷法和水泥裹砂法实践经验的基础上发展起来的，目的是采用传统干喷法的设备和作业方式，但能取得水泥裹砂法效果的一种方法。它也是两条管道进行作业，一条是造壳潮混合料，另一条是水泥净浆，由于水泥净浆具有良好的黏稠性，在喷头处能更好地与造壳潮混合料糊化融合，从而提高强度；另一优点就是它的设备和作业方式可以达到干喷法的简化程度。它所存在的问题也是集中在配料的优化设计上。潮料掺浆法施工如图 9-38 所示。

潮料掺浆法
喷射混凝土

图 9-38　潮料掺浆法施工

2. 施工工艺流程

前期准备→湿喷面处理→混凝土拌制和运输→喷射作业。

3. 具体施工过程

（1）前期准备

喷混凝土前应先处理危石，检查开挖断面净空尺寸，如有欠挖应及时处理后再喷；在不良地质地段，设专人随时观察围岩变化情况，当受喷面有涌水、淋水、集中出水点时，先进行引排水处理。施工机具布置在无危石的安全地带。喷射前设置好控制喷混凝土厚度的标志（图 9-39）。检查水、电、风管路及施工机械设备运行情况。

喷射前设置
控制喷混凝土
厚度的标志

图 9-39　前期准备

（2）湿喷面处理

喷射前用高压水冲洗受喷面，当受喷面遇水易泥化时，用高压风吹净岩面。

（3）混凝土拌制和运输

喷射混凝土的拌合料应随用随拌。采用自动式搅拌站应严格按照施工配合比配料，采用强制式搅拌机应分次投料，搅拌时间不少于 2min，拌合料在运输过程中必须保持混凝土的均匀性，不漏浆、不失水、不分层、不离析。运输及存放时间：当不掺加速凝剂时不得超过 2h，掺加速凝剂时不宜超过 20min。如喷射前混凝土发生离析或坍落度过低现象时，应进行二次拌制，二次拌制过程中可添加适量减水剂，但应严禁加水。

（4）喷射作业

① 初次喷射混凝土应在开挖后及时进行，喷射混凝土厚度约为 50mm。挂钢筋网时，初喷混凝土厚度不小于 4cm。在前次喷射混凝土达到初凝后方能喷射下一层混凝土。

② 喷射作业分段、分片、分层，由下而上顺序进行，有较大凹洼处，先喷射填平，应保证速凝剂掺量准确，添加均匀。

③ 喷嘴应与岩面垂直，喷嘴垂直受喷面做反复缓慢的螺旋形运动，螺旋直径为 20~30cm，以保证混凝土喷射密实。开挖后及时初喷，出渣后及时复喷。

④ 施工中经常检查出料弯头、输料管和管路接头，处理故障时断电、停风，发现堵管时立即停风关机。

4. 注意事项

① 喷射时先送风，并用高压水冲洗受喷面，然后开动喷射机进行喷射施工。喷射机的工作风压一般保证在喷嘴处有 0.1MPa 左右，一旦堵管，立即停风排除。喷嘴处水压比风压大 0.1MPa，且要求压力稳定。

② 设计加固混凝土厚度为 60mm，要求一次成活，喷射要均匀，不宜太厚或太薄。喷射顺序应分段分片、自下而上。喷射口与喷射面应尽量垂直，距离在 0.7~1.0m 之间，回弹率不得超过 25%。

③ 另设一人在喷射的同时，用铝合金刮尺找平，控制墙面的平整度，减少抹灰工程量。

④ 喷射过程中，要及时检查喷射混凝土表面是否有松动、开裂、下坠、滑移等现象，如有发生，应及时铲除重新喷射。

⑤ 操作人员应佩戴护目镜，以防止石子回弹伤人。同时要按照高空作业要求做好防护工作。

第三节　混凝土质量控制与检验

一、原材料质量控制

1. 基础知识

混凝土主要包括水、水泥、矿物掺合料、外加剂、砂、石等原材料，混凝土的强度、耐久性能很大程度上取决于原材料的质量，因此原材料的检测是试验的日常工作，是生产控制的依据。

2. 施工准备

（1）拌合用水

拌和混凝土一般使用纯净的地下水或自来水，应注意其有害离子（氯离子、硫酸根离子）不能超标。

（2）石子

石子的粒形和级配对混凝土的和易性影响较大。初次使用某个石场的石子应测定其压碎值，压碎值大的石子不能用于生产高标号混凝土。针片状物多、级配不好的石子空隙率大，导致混凝土可泵性差，需要较多黄砂和水泥填充，经济性差，应避免使用。采用同一石场的石子，平时应重点检测其级配，注意针片状物含量。

（3）砂

砂子分三个级配区，其各自的特点如下。

① Ⅰ区砂　Ⅰ区砂偏粗，由于所含细颗粒少，所配置的砂浆和混凝土拌合物泌水和离析现象严重，其和易性变异性较大，不易准确测定。配制混凝土应适当增大砂率，不适合配制胶凝材料用量少的混凝土。

② Ⅱ区砂　Ⅱ区砂粗细比较适宜，适合配制混凝土和砂浆。由Ⅱ

区上限砂配制的混凝土宜略高于Ⅱ区中限砂的砂率，由Ⅱ区下限砂配制的混凝土宜略低于Ⅱ区中限砂的砂率。

③ Ⅲ区砂　Ⅲ区砂偏细，属于细砂和一部分偏细的中砂。采用该区砂配制的混凝土，其特点是黏度略大、保水性较好，砂率可适当降低。

砂的检验如图 9-40 所示。

本图所使用的是Ⅱ区中砂，目测其中有无泥块，若有则应判断泥块的含量多少。一般泥块多的砂含量也大，会影响混凝土的强度和耐久性，含泥量多的湿砂用手一搓，手上就会有较多泥粉

图 9-40　砂的检验

（4）水泥

水泥进场时必须查验质量保证书，对水泥品种、强度等级、批号、出厂日期等进行核实登记。按相关国家标准对水泥强度、安定性及其他必要性能指标进行复验。

水泥的凝结时间直接影响施工，国家标准规定初凝时间不能早于 45min，终凝时间对于普通硅酸盐水泥不能迟于 10h，对于硅酸盐水泥不能迟于 6.5h。水泥安定性是指水泥在硬化过程中体积变化是否均匀，是评定水泥质量的一个重要指标，安定性不良的水泥，会使结构产生膨胀性裂缝，甚至会有更严重的后果，所以严禁使用安定性不合格的水泥。

（5）矿物掺合料

宜选用Ⅱ级及以上矿物掺合料，按相关要求抽样复验，复验合格后方可应用。粉煤灰取代水泥的最大限量应通过试验确定，使用普通硅酸盐水泥的钢筋混凝土最大限量为 25%。其他种类的混凝土或使用其他品种水泥，不得超过国家标准《粉煤灰混凝土应用技术规范》（GB/T

50146—2014）的规定。对露天工程和道路使用的混凝土应严格按相关规范的规定限制添加粉煤灰等火山灰质掺合料。

（6）外加剂

① 混凝土外加剂的质量及应用应符合相关标准规范的规定。混凝土生产前必须按标准规范的规定检验合格后方可使用。不具备外加剂检验能力的企业应委托具备相应资质和能力的检测机构进行检验。应做好外加剂与水泥的适应性试验，其合理掺量通过试验确定。在预应力混凝土结构中，严禁使用含有氯化物的外加剂，混凝土拌合物氯化物总量应符合《混凝土质量控制标准》（GB 50164—2011）的规定，混凝土中氯化物和碱的总含量亦应符合《混凝土结构设计规范》（GB 50010—2010）的要求。

② 应定期清除外加剂贮仓中的沉渣，要经常检查贮仓内外加剂的密度、称量装置的阀门，以防止漏液。

3. 具体工作

① 任何材料到达工地时，材料员应认真按采购计划所要求的材料名称、规格、型号、材质、等级、数量（计划数）等内容逐一清点核实，并做好进料登记工作。

② 任何材料到达工地时首先由材料员目测外观质量。

③ 对于构成工程实体和影响结构的原材料，均应随原材料附上相应的质量证明文件和技术证件，技术证件不全的不予开具材料交接单。

④ 需做物理和化学试验的原材料，首先通知试验室联系旁站监理取样，并填写委托单委托试验室检验。经检验合格的材料方可办理点收入账，发料使用，并做好标识，有关试验报告按质量记录要求及业主的规定进行管理。

⑤ 对于需要技术、安质、机械等部门参与的重大验收鉴定工作，由项目总工牵头组成验收鉴定小组共同办理质量验收手续。对于业主有特殊要求的检验项目或材料，应满足业主的要求。

4. 整理总结

混凝土的原材料质量控制直接影响着混凝土的强度、耐磨性、稳定性、耐久性等性能，因而原材料的质量必须严格控制。

二、配合比设计检验

1. 基础知识

试配是配合比产生的关键过程，做好配合比试配是试验室的重要工作，因此关于如何能够做好试配是配合比设计检验的重要环节。

2. 具体工作

（1）试拌

配合比设计出来后，首先应进行试拌，通过试拌检验设计出来的配合比与实际的差距和存在的问题，然后做出调整，直到拌合物的性能达到规定要求为止。试拌过程是非常考验技术人员能力的，因为不管采用多么先进的配合比设计技术，设计出的配合比往往仍然存在这样或那样的问题，无法直接投入使用，只有通过试拌才能发现问题和解决问题。试拌过程最重要的就是找到合适的单方用水量。在确定用水量过程中应注意以下问题。

① 用水量不是越低越好，更不是越高越好。不能用外加剂超掺强制降低单方用水量，也不能因单方用水量过高使外加剂加不进去，造成坍落度损失快。

② 不同的原材料组合有一个最低单方用水量。

③ 通过试拌找到合适的单方用水量。

混凝土试拌如图 9-41 所示。

（2）试配

试拌解决了混凝土拌合物性能的问题，但混凝土力学和耐久性能等必须通过对硬化的混凝土试验才能检验出来，因此以试拌混凝土配合比为基础，设计出相应的试配用配合比，也就是采用《普通混凝土配合比设计规程》（JGJ 55—2011）中上下波动小于 0.05 的水胶比，按照同样的设计路线计算出另外两个或更多的配合比，用这些配合比进行试配，过程中留取强度和耐久性试件，按照龄期检验其性能，并根据试验结果确定配合比。混凝土试配如图 9-42 所示。

图 9-41 混凝土试拌

图 9-42 混凝土试配

三、混凝土施工检验

为了更好地对混凝土进行施工检验，需在现场留置混凝土试块以检验混凝土的强度是否达到设计要求，如果试块不合格，需要有资质的检测机构现场对混凝土构件进行回弹或抽芯检测，若现场回弹及抽芯检测的结果是合格的，可判定此混凝土的强度符合设计要求。若现场回弹及抽芯检测的结果仍然是不合格，那就需要经过设计单位进行核算，若经过设计单位核算现场的实际强度可满足要求，设计单位需出具相关的验算结果、结论及相关的设计证明文件；若经过设计单位核算现场的实际强度不满足要求，则需要加固；如果强度非常低，那就只有拆除。现场预留的混凝土试块如图 9-43 所示。检验方法如下。

（1）回弹仪检测混凝土强度

由于混凝土的抗压强度与其表面硬度之间存在某种相关关系，而回弹仪的弹击锤被一定的弹力打击在混凝土表面上，其回弹高度（通过回弹仪读得回弹值）与混凝土表面硬度成一定的比例关系。因此以回弹值反映混凝土表面硬度，根据表面硬度则可推算出混凝土的抗压强度。回弹仪如图 9-44 所示。

（2）抽芯检测

抽芯检测也叫钻芯检测，就是使用专用钻机钻芯，提取芯样，根据芯样的状况检测混凝土强度。抽芯检测如图 9-45 所示。

图 9-43 现场预留的混凝土试块

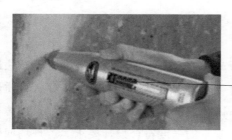

图 9-44 回弹仪

图 9-45 抽芯检测

四、现浇结构检验项目

现浇钢筋混凝土的质量需符合设计要求，混凝土结构模板拆除后，应对其外观检查其表面有无蜂窝、麻面、孔洞、露筋等缺陷。另外，现浇混凝土结构构件尺寸的偏差值必须在规定的允许偏差范围内。

1. 蜂窝

蜂窝指混凝土结构局部出现酥松，砂浆少、石子多，石子之间形成空隙类似蜂窝状的窟窿。

蜂窝产生的原因如下：

① 混凝土配合比不当，石子、水泥材料加水不准造成砂浆少、石子多；

② 混凝土搅拌时间不够，未拌均匀，和易性差，振捣不密实；

③ 下料不当或下料过高，未设串筒使石子集中，造成石子、砂浆离析；

④ 混凝土未分层下料，振捣不实或漏振或振捣时间不够；

⑤ 模板缝隙不严密，水泥浆流失；

⑥ 钢筋较密，使用石子粒径过大或坍落度不满足要求。

蜂窝的防治措施如下：

① 严格控制配合比，严格计量，经常检查；

② 混凝土搅拌要充分、均匀；

③ 下料高度超过 2m 要用串筒或溜槽；

④ 分层下料、分层捣固、防止漏振；

⑤ 堵严模板缝隙，浇筑中随时检查纠正漏浆情况。

蜂窝的处理措施如下：

① 对小蜂窝，洗刷干净后 1：2 水泥砂浆抹平压实；

② 较大蜂窝，凿去薄弱松散颗粒，洗净后支模，用高一强度等级的细石混凝土仔细填塞捣实；

③ 较深蜂窝可在其内部埋压浆管和排气管，表面抹砂浆或浇筑混凝土封闭后进行水泥压浆处理。

施工现场的蜂窝如图 9-46 所示。

2. 麻面

麻面是指混凝土局部表面出现缺浆和许多小凹坑、麻点形成粗糙面，但无钢筋外露现象。

麻面产生的原因如下：

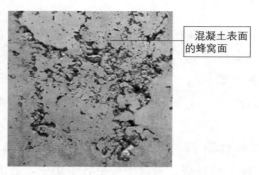

混凝土表面的蜂窝面

图 9-46 施工现场的蜂窝

① 模板表面粗糙或黏附水泥浆渣等杂物未清理干净，拆模板时混凝土表面被粘坏；

② 模板未浇水湿润或湿润不够，构件表面混凝土的水分被吸去，使混凝土失水过多出现麻面；

③ 模板拼缝不严密，局部漏浆；

④ 模板隔离剂涂刷不匀，或局部漏刷或失效，混凝土表面与模板黏结造成麻面；

⑤ 混凝土振捣不实，气泡未排出停在模板表面形成麻点。

麻面的防治措施如下：

① 模板要清理干净，浇筑混凝土前木模板要充分湿润，钢模板要均匀涂刷隔离剂；

② 堵严板缝，浇筑中随时处理好漏浆；

③ 振捣应充分密实。

麻面的处理方法：表面做粉刷的可不处理，表面不做粉刷的，应在麻面部位充分湿润后用水泥砂浆抹平压光。

施工现场的麻面如图 9-47 所示。

3. 孔洞

孔洞是指混凝土结构内部有尺寸较大的空隙，局部没有混凝土或蜂窝特别大，钢筋局部或全部裸露。

孔洞产生的原因如下：

混凝土表面形成的麻面

图 9-47　施工现场的麻面

① 在钢筋较密的部位或预留洞和埋设件处，混凝土不易下料或未振捣就继续浇筑上层混凝土；

② 混凝土离析，砂浆分离、石子成堆、严重跑浆，又未进行振捣；

③ 混凝土内掉入工具、木块、泥块等杂物，混凝土被卡住。

孔洞的防治措施如下：

① 在钢筋密集处采用高一强度等级的细石混凝土，认真分层捣固或配以人工插捣；

② 有预留孔洞处应从其两侧同时下料，认真振捣；

③ 及时清除落入混凝土中的杂物。

孔洞的处理方法：凿除孔洞周围松散混凝土，用高压水冲洗干净，立模后用高一强度等级的细石混凝土仔细浇筑捣固。

施工现场的孔洞如图 9-48 所示。

混凝土拆模后的孔洞

图 9-48　施工现场的孔洞

4. 露筋

露筋是指混凝土内部主筋、架立筋、箍筋局部裸露在结构构件表面。

露筋产生的原因如下：

① 灌筑混凝土时钢筋保护层垫块位移，或垫块太少或漏放，致使钢筋紧贴模板外露；

② 结构构件截面小，钢筋过密，石子卡在钢筋上，使水泥砂浆不能充满钢筋周围造成露筋；

③ 混凝土配合比不当，产生离析，靠模板部位缺浆或模板漏浆；

④ 混凝土保护层太小或保护层处漏振或振捣不实，或振捣棒撞击钢筋或踩踏钢筋，使钢筋位移造成露筋；

⑤ 木模板未浇水湿润，吸水黏结或脱模过早，拆模时缺棱、掉角，导致露筋。

露筋的防治措施如下：

① 浇筑混凝土前应检查钢筋及保护层垫块位置是否正确，木模板应充分湿润；

② 钢筋密集时粗骨料应选用适当粒径的石子；

③ 保证混凝土配合比与和易性符合设计要求。

漏筋的处理方法：表面露筋可洗净后在表面抹 1：2 水泥砂浆，露筋较深处应处理好界面后用高一级细石混凝土填塞压实。

施工现场的露筋如图 9-49 所示。

裸露在外的钢筋

图 9-49　施工现场的露筋

第十章

钢筋工程

第一节　钢筋检验和结构构件配筋规定

一、钢筋进场检验

① 按进场的批次和产品的抽样检验方案检查产品合格证、出厂检验报告，检查进场复验报告。进场钢筋产品合格证如图 10-1 所示。

钢筋合格证

图 10-1　进场钢筋产品合格证

② 进场的每捆（盘）钢筋均应有标牌。钢筋标牌如图 10-2 所示。

③ 带肋钢筋表面标志如图 10-3 所示。

二、钢筋工程结构构件配筋规定

1. 板的配筋规定

钢筋混凝土板纵向受力钢筋的直径不宜小于 6mm。板中受力钢筋的间距，当板厚 $h \leqslant 150$mm 时，不宜大于 200mm；当板厚 $h > 150$mm

按炉罐号、批次及直径分批验收，分类堆放整齐，严防混料，并应对其检验状态进行标识，防止混用

图 10-2　钢筋标牌

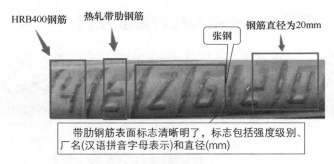

HRB400钢筋　　热轧带肋钢筋　　张钢　　钢筋直径为20mm

带肋钢筋表面标志清晰明了，标志包括强度级别、厂名(汉语拼音字母表示)和直径(mm)

图 10-3　带肋钢筋表面标志

时，不宜大于 1.5h，且不宜大于 250mm。

简支板或连续板下部纵向受力钢筋伸入支座的锚固长度不应小于 5d（d 为下部纵向受力钢筋的直径）。

当按单向板设计时，除沿受力方向布置受力钢筋外，尚应在垂直受力方向布置分布钢筋。

2. 柱的配筋规定

柱中纵向受力钢筋应符合下列规定。

① 纵向受力钢筋的直径不应小于 12mm，全部纵向钢筋的配筋率不宜大于 5%；圆柱中纵向钢筋宜沿周边均匀布置，根数不宜少于 8 根，且不应少于 6 根。

② 当偏心受压柱的截面高度 $h \geqslant 600$mm 时，在柱的侧面上应设置直径为 10～16mm 的纵向构造钢筋，并相应设置复合箍筋或拉筋。

③ 柱中纵向受力钢筋的净间距不应小于 50mm；对水平浇筑的预制柱，其纵向钢筋的最小净间距可按关于梁的有关规定取用。

④ 在偏心受压柱中，垂直于弯矩作用平面的侧面上的纵向受力钢筋以及轴心受压柱中各边的纵向受力钢筋，其中距不宜大于 300mm。

3. 梁的配筋规定

钢筋混凝土梁纵向受力钢筋的直径，当梁高 $h \geqslant 300$mm 时，不应小于 10mm；当梁高 $h < 300$mm 时，不应小于 8mm。梁上部纵向钢筋水平方向的净间距（钢筋外边缘之间的最小距离）不应小于 30mm 和 $1.5d$（d 为钢筋的最大直径）；下部纵向钢筋水平方向的净间距不应小于 25mm 和 d。梁的下部纵向钢筋配置多于两层时，两层以上钢筋水平方向的中距应比下面两层的中距增大一倍。各层钢筋之间的净间距不应小于 25mm 和 d。伸入梁支座范围内的纵向受力钢筋根数，当梁宽 $b \geqslant 100$mm 时，不宜少于两根；当梁宽 $b < 100$mm 时，可为一根。

第二节　钢筋加工

一、钢筋冷拉

钢筋冷拉是在常温下对钢筋进行强力拉伸，拉应力超过钢筋的屈服强度，使钢筋产生塑性变形，以达到调直钢筋、除锈、提高强度、节约钢材的目的。

1. 钢筋冷拉机冷拉

钢筋冷拉机的种类主要有两种：一种是采用长行程（1500mm 以上）的专用液压千斤顶配合台座机构进行冷拉；另一种是采用卷扬机带动滑轮组的冷拉装置系统进行冷拉工作。

2. 施工工艺流程

钢筋放盘→放圈→挑选相应的夹具→钢筋冷拉→捆扎堆放。

3. 具体施工过程

（1）钢筋放盘、放圈

钢筋放盘、放圈如图 10-4 所示。

将需要冷拉的钢筋盘好放于钢筋架上

图 10-4　钢筋放盘、放圈

（2）挑选相应的夹具

常用夹具如图 10-5 所示。

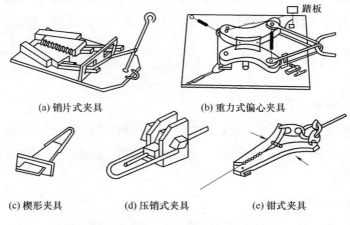

（a）销片式夹具　　　　　（b）重力式偏心夹具

（c）楔形夹具　　　（d）压销式夹具　　　（e）钳式夹具

图 10-5　钢筋冷拉机常用冷拉夹具

（3）钢筋冷拉

操作人员应站在冷拉线的侧向，操作人员应在统一指挥下进行作业。听到开车信号，看到操作人员离开危险区后，方能开车。钢筋冷拉现场如图 10-6 所示。

（4）捆扎堆放

钢筋捆扎堆放如图 10-7 所示。

图 10-6 钢筋冷拉现场

图 10-7 钢筋捆扎堆放

4. 施工注意事项

① 测力的千斤顶布置在固定端时，为了节省观测人员并使读数准确，亦可将压力表、油泵移到冷拉端，由开卷扬机的人一并观测操纵。

② 在卷扬机前面和固定端后面必须有可靠的安全防护装置。

二、钢筋冷拔

钢筋冷拔是钢筋冷加工方法之一，是利用钢筋冷拔机将直径为 6～8mm 的 HPB300 级钢筋，以强力拉拔的方式，通过用钨合金钢制成的拔丝模（模孔比钢筋直径小 0.5～1.0mm），而把钢筋拔成比原钢筋直径小的冷拔钢丝。

1. 机械冷拔

钢筋冷拔机是钢筋冷拔加工的专用设备，又称为拔丝机。

2. 施工工艺流程

轧头→剥壳（除锈）→进入拔丝模孔→冷拔、收线及卸成品。

图 10-8　钢筋轧头机

3. 具体施工过程

（1）轧头

先用轧头机将钢筋头部压小，站在滚筒一侧操作，与工作台保持 50cm。禁止用手指直接接触钢筋和滚筒。钢筋轧头机如图 10-8 所示。

（2）剥壳（除锈）

① 作业前应检查钢丝栓的固定螺栓有无松动、传导部分润滑和封闭式防护罩及排尘设备等完好情况。

② 操作人员必须束紧袖口，戴防尘口罩、手套和防护眼镜。

剥壳（除锈）施工现场如图 10-9 所示。

图 10-9　剥壳（除锈）施工现场

（3）进入拔丝模孔

为减少拔丝力和拔丝模孔损耗，抽拔时需涂以润滑剂，一般在拔丝模前安装一个润滑盒，使钢筋粘上润滑剂进入拔丝模。钢筋进入拔丝模孔如图 10-10 所示。

（4）冷拔、收线及卸成品

当钢筋的末端通过拔丝模后，应立即脱开离合器，同时用手闸挡住钢筋末端。冷拔、收线及卸成品如图 10-11 所示。

4. 施工注意事项

① 钢筋冷拔机运转时，严禁任何人在沿线材拉拔方向站立或停留。

润滑盒

图 10-10 钢筋进入拔丝模孔

收线，完成后卸成品

图 10-11 冷拔、收线及卸成品

拔丝卷筒用链条挂料时，操作人员必须离开链条甩动的区域，出现断丝应立即停车，待车停稳后方可接料和采取其他措施。不允许在机器运转中用手取冷拔机卷筒周围的物品。

② 钢筋冷拔机在冷拔过程中，如发现盘圆钢筋打结乱盘时，应立即停车，以免损坏设备。如果不是连续拔丝，要注意钢筋冷拔到最后端头时不能弹出伤人。

三、钢筋调直

钢筋应平直，无局部曲折，因此必须对钢筋调直，对局部弯曲可采用人工调直；对于盘条钢筋在使用前应调直，可采用调直机调直和卷扬机冷拉调直两种方法。

调直机械调直具有效率高，基本不损伤钢筋的优点，可以避免冷拉调直带来力学性能变化的问题。下面举例简述调直机械调直的施工流程。

1. 施工工艺流程

检查机械→安装切刀→安装导向管→运转调直。

2. 具体施工过程

（1）检查机械

用手转动飞轮，检查传动机构和工作装置，调整间隙，紧固螺栓，确认正常后启动空运转，检查轴承应无异响，齿轮咬合良好，待运转正常后方可作业。检查机械如图 10-12 所示。

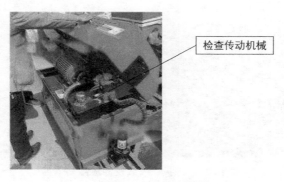

检查传动机械

图 10-12　检查机械

（2）安装切刀

安装切刀如图 10-13 所示。

安装滑动刀台上的固定切刀，保证其位置正确

图 10-13　安装切刀

（3）安装导向管

需调直的钢筋应先穿入长度约为 1m 的导向钢管，然后穿过导向套和调直筒，以防每盘钢筋接近调直完毕时其端头弹出伤人。安装导向管

如图 10-14 所示。

图 10-14　安装导向管

（4）运转调直

① 盘圆钢筋放入圈架上要平稳，如有乱丝或钢筋脱架时，必须停车处理。

② 操作人员不能离机械过远，以防发生故障时不能立即停车而造成事故。

钢筋调直如图 10-15 所示。

图 10-15　钢筋调直

3. 施工注意事项

钢筋调直机为了确保施工中的安全问题，施工时当注意以下几点：

① 料架、料槽应安装平直，对准导向筒、调直筒和下切刀孔的中心线；

② 按调直钢筋的直径，先用适当的调直块及传动速度。经调试合格后方可送料；

③ 在调直块未固定、防护罩未盖好前不得送料。作业中严禁打开

防护罩及调整间隙；

④ 当钢筋送入后，手与轮子必须保持一定距离，不得接近；

⑤ 进行调直工作时，不允许无关人员站在机械附近，特别是当料盘上钢筋快完时，要严防钢筋端头打入。

四、钢筋切断

钢筋切断工序一般是在钢筋调直后进行，这样可以下料准确、节省钢筋。在钢筋切断时，除下料长度必须准确外，还要核对配料牌上的钢筋品种、规格是否相符，以免造成浪费。

粗钢筋应采用钢筋切断机切断。钢筋切断机是把钢筋原材料和已调直的钢筋切断成所需长度的机械。下面简单介绍一下钢筋切断机切断的施工流程。

1. 施工工艺流程

检查机械→机械试运转→切断钢筋。

2. 具体施工过程

（1）检查机械

启动前，应检查并确认切刀无裂纹、刀架螺栓紧固、防护罩牢靠，然后用手转动皮带轮，检查齿轮啮合间隙，调整切刀间隙。检查机械如图 10-16 所示。

工人进行启动前的检查工作

图 10-16　检查机械

（2）机械试运转

启动后，应先空运转，检查各传动部分及轴承运作正常后方可作业。机械试运转如图 10-17 所示。

图 10-17 机械试运转

（3）切断钢筋

切断钢筋时，手和刀口的距离应不得少于 15cm，距离手握端小于 40cm 时，应用套管或夹具将钢筋短头压住或夹住，严禁用手直接送料。切断钢筋施工如图 10-18 所示。

图 10-18 切断钢筋施工

3. 施工注意事项

① 断料时，必须将被切断的钢筋握紧。应在活动刀片（冲切刀片）向后退时将钢筋送入刀口，以防止钢筋末端摆动或弹出伤人。

② 在机器运转时，不得进行任何修理、校正工作，不得触及运转部位，也不得取下防护罩，严禁将手置于刀口附近；不得用手抹或嘴吹遗留于切断机上的铁屑、铁末。

③ 禁止切断切断机技术性能规定范围外的钢材以及超过刀刃硬度或烧红的钢筋。

五、钢筋弯曲

钢筋弯曲机是将已切断的钢筋按要求弯曲成所需要的形状和尺寸的专用设备。

钢筋弯曲

1. 施工工艺流程

准备工作→画线→样件试弯→弯曲成型。

2. 具体施工过程

（1）准备工作

① 工作台和弯曲机台面应保持水平。

② 应按加工钢筋的直径和弯曲半径的要求，装好相应规格的芯轴和成型轴、挡铁轴。

准备工作如图 10-19 所示。

工作台

图 10-19 准备工作

（2）画线

弯曲形状复杂的钢筋应画线、放样后进行。

（3）样件试弯

① 检查芯轴、挡铁轴、转盘等应无裂纹和损伤，防护罩坚固可靠，经空运转确认正常后方可作业。作业时，将钢筋需弯一端插入在转盘固定销的间隙内，另一端紧靠机身固定销，并用手压紧，检查机身固定销确实安放在挡住钢筋的一侧后方可开动。作业中，严禁更换轴芯、销子和变换角度以及调速等作业，也不得进行清扫和加油。

② 转盘换向时，必须待停稳后进行。

样件试弯如图 10-20 所示。

进行试弯

图 10-20　样件试弯

（4）弯曲成型

① 操作人员应站在机身设有固定销的一侧进行作业。

② 成品钢筋应堆放整齐，弯钩不得朝上放置。

钢筋弯曲成型如图 10-21 所示。

弯曲成型后的钢筋

图 10-21　钢筋弯曲成型

3. 施工注意事项

① 芯轴直径应为钢筋直径的 2.5 倍。挡铁轴应有轴套，以消除钢筋弯曲时与挡铁轴的摩擦。

② 挡铁轴的直径和强度不得小于被弯钢筋的直径和强度。不直的钢筋，不得在弯曲机上弯曲。

③ 严禁弯曲超过机械铭牌规定的钢筋。在弯曲未经冷拉或带有锈皮的钢筋时，必须戴防护镜。

六、钢筋焊接

钢筋焊接是用电焊设备将钢筋沿轴向接长或交叉连接。钢筋焊接质量与钢材的可焊性、焊接工艺有关。可焊性与钢筋含碳、锰、钛等合金元素有关。钢筋焊接机械主要有钢筋点焊机、钢筋闪光对焊机、钢筋电渣压力焊机和钢筋气压焊机等。

电渣压力焊（简称竖焊）是利用电流通过渣池产生的电阻热将钢筋端部熔化，再施加压力使钢筋焊合。该工艺操作简单、工效高、成本低，比电弧焊接头节电 80％以上，比绑扎连接和帮条焊节约钢筋 30％。多用于施工现场直径为 14～40mm 的竖向或斜向（倾斜度 4：1）钢筋的焊接接长。下面简述一下电渣压力焊的施工流程。

1. 施工工艺流程

钢筋端部 120mm 范围内除锈→上下钢筋固定→安装引弧导电铁丝圈→安放焊剂盒→通电、引弧、稳弧、电渣、熔化→断电并持续顶压几秒钟→焊接完成。

2. 具体施工过程

（1）上下钢筋固定

正确安装夹具和钢筋，下夹钳夹住下钢筋，扶直上部钢筋并夹牢于上夹钳中，对接钢筋的两端面应保证平行，与夹具保持垂直，轴线基本保持一致，使上下钢筋处于同一铅垂线上。上下钢筋固定施工如图 10-22 所示。

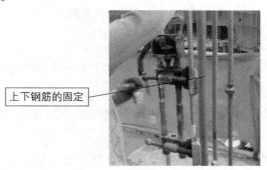

图 10-22　上下钢筋固定施工

（2）安放焊剂盒

用小铁簸箕将焊剂装入焊剂盒中，边装入边用棒条插捣填充密实。安放焊剂盒施工如图 10-23 所示。

将焊剂装入焊盒

图 10-23　安放焊剂盒施工

（3）通电、引弧、稳弧、电渣、熔化

通电后，摇动手柄将上钢筋略向上提进行引弧，稳定电弧，使上下钢筋两端面均匀烧化。焊接过程如图 10-24 所示。

（4）顶压

迅速将上部钢筋向下顶压，液态金属和熔渣被全部挤出，随即切断电源，焊接结束。顶压如图 10-25 所示。

图 10-24　焊接过程

工人将上部钢筋向下顶压

图 10-25　顶压

（5）焊接完成

上、下钢筋中心对齐，焊接完成后敲除渣壳，露出具有金属光泽的电渣压力焊接头。焊接完成如图 10-26 所示。

图 10-26　焊接完成

3. 施工注意事项

① 焊机操作人员必须经过培训，合格后方可上岗操作。

② 操作前，应检查焊机各机构是否灵敏、可靠，电气系统是否安全。

③ 焊接前，应对钢筋端部进行除锈，并将杂物清除干净。

④ 按焊接钢筋的直径选择焊接电流、焊接电压和焊接时间。

七、钢筋机械连接

钢筋机械连接具有接头强度高于母材、速度比电焊快五倍、无污染、节省 20％的钢材等优点。下面简单介绍一下钢筋螺纹连接的施工流程。

1. 钢筋螺纹连接的基本知识

钢筋螺纹连接是利用钢筋端部的外螺纹和特制钢套筒上的内螺纹连接钢筋的一种机械式连接方法，按螺纹形式，钢筋螺纹连接方法有锥螺纹连接和直螺纹连接两种。

2. 施工工艺流程

钢筋断料→剥肋滚压螺纹→螺纹检验→套螺纹保护→连接套筒检验→现场连接→接头检验。

3. 具体施工过程

（1）钢筋断料

简单地说，底筋不截断。在支座做搭接，面筋在梁净跨的 1/3 处截断。而从受力角度来说，宜在反弯点（就是弯矩为 0 的地方）截断。一般都是在净跨的 1/3 处，所以约定在 1/3 处截断。

（2）剥肋滚压螺纹

将待连接的钢筋端部的纵肋和横肋用滚丝机采用切削的方法剥掉一部分，然后直接滚轧成普通直螺纹。剥肋滚压螺纹制作如图 10-27 所示。

图 10-27　剥肋滚压螺纹制作

（3）螺纹检验

机械连接的钢筋端头断面应平直，螺纹应连续，螺纹有保护。螺纹如图 10-28 所示。

（4）连接套筒检验

① 外观检查。连接套筒螺纹牙型应饱满，连接套筒表面不得有裂纹，表面及内螺纹不得有严重的锈蚀及其他肉眼可见的缺陷。

图 10-28　螺纹

② 尺寸检查。重要尺寸（外径、长度）及螺纹牙型、精度应经检验符合厂家产品设计图纸要求。内螺纹用专用的螺纹塞规检验，其塞通规应能顺利旋入，塞止规旋入长度不得超过 $3P$（P 为一个螺距长度）。允许偏差：套筒直径 $D \leqslant 50\text{mm}$；外径允许偏差 $\pm 0.5\text{mm}$；长度允许偏差 $\pm 0.5\text{mm}$。

连接套筒检验如图 10-29 所示。

4. 施工注意事项

① 设备工作时不得检修、调整和加油。

套筒连接

图 10-29　连接套筒检验

② 在加工前，电器箱上的正反开关应置于规定位置。加工标准螺纹时开关置于"标准螺纹"位置，加工左旋螺纹时开关置于"左旋螺纹"位置。对剥肋滚压直螺纹成型机在加工左旋螺纹时，应更换左旋滚丝头及左剥肋机构。

③ 钢筋端头弯曲时，应调直或切去后才能加工，严禁用气割下料。

④ 出现紧急情况应立即停机，检查并排除故障后再行使用。

⑤ 整机应设有防雨篷，防止雨水从箱体进入水箱。

第三节　钢筋的绑扎与安装

钢筋绑扎连接是利用混凝土的黏结锚固作用，实现两根锚固钢筋的应力传递。为保证钢筋的应力能充分传递，必须满足施工规范规定的最小搭接长度的要求，且应将接头位置设在受力较小处。

一、绑扎工艺要点

① 钢筋搭接处，应在中心和两端用镀锌钢丝扎牢；钢筋的交叉点都应采用镀锌钢丝扎牢。

② 在绑扎骨架中非焊接的搭接接头长度范围内，当搭接钢筋为受拉时，其箍筋的间距不应大于 $5d$（d 为受力钢筋中的最小直径），且不应大于 100mm。当搭接钢筋为受压时，其箍筋间距不应大于 $10d$，且不应大于 200mm。

③ 钢筋绑扎用的镀锌钢丝，可采用 20～22 号镀锌钢丝，其中 22 号镀锌钢丝只用于绑扎直径为 12mm 以下的钢筋。

④ 控制混凝土保护层应采用水泥砂浆垫块或塑料卡。

二、绑扎方法与步骤

1. 一面扣法

① 一面扣法的操作步骤是将镀锌钢丝对折成 180°，理顺叠齐，放在左手掌内，绑扎时左手拇指将一根钢丝推出，食指配合将弯折端伸入绑扎点钢筋底部。

② 右手持绑扎钩子用钩尖钩起镀锌钢丝弯折处向上拉至钢筋上部，以左手所执的镀锌钢丝开口端靠紧上拉至钢筋上部，以左手所执的镀锌钢丝开口端紧靠，两者拧紧在一起，拧转 2～3 圈。

③ 将镀锌钢丝向上拉时，镀锌钢丝要紧靠钢筋底部，将底面筋绷紧在一起，绑扎才能牢靠。一面扣法多用于平面上扣很多的地方，如楼板等不易滑动的部位。一面扣法施工步骤如图 10-30 所示。

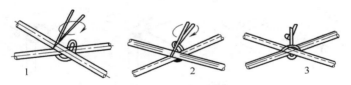

图 10-30 一面扣法施工步骤

2. 其他钢筋绑扎方法

其他钢筋绑扎方法有：十字花扣、反十字花扣、兜扣加缠、套扣等，这些方法主要根据绑扎部位进行选择。其他绑扎方法如图 10-31 所示。

① 十字花扣、兜扣，适用于平板钢筋网和箍筋处的绑扎。

② 缠扣，多用于墙钢筋网和柱箍。

③ 反十字花扣、兜扣加缠，适用于梁骨架的箍筋和主筋的绑扎。

④ 套扣用于梁的架立钢筋和箍筋的绑扎。

3. 绑扎步骤

对照下料单核对钢筋的品种、规格、形状尺寸和数量后，分工合作开展绑扎。现以钢筋交叉点绑扎方法为例说明其绑扎步骤。

① 钢筋交叉点绑扎应采用 20～22 号镀锌钢丝，其中 22 号镀锌钢

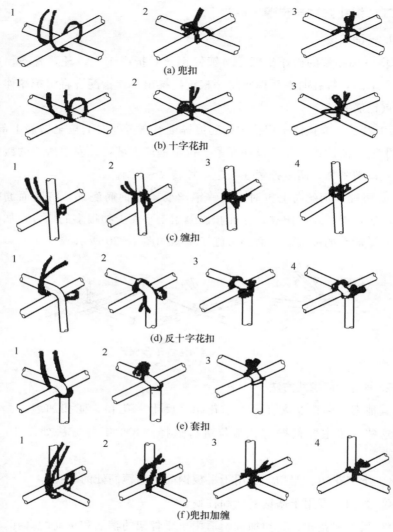

图 10-31　其他绑扎方法

丝只用于绑扎直径为 12mm 以下的钢筋。

　　② 确定交叉点绑牢位置。钢筋网顺扣绑扎方向如图 10-32 所示。

　　③ 箍筋布置。梁和柱的箍筋应与受力钢筋垂直设置。箍筋弯钩叠合处，应沿受力钢筋方向错开设置。板、次梁与主梁交接处钢筋绑扎如

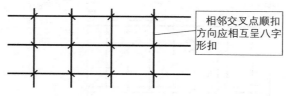

图 10-32　钢筋网顺扣绑扎方向

图 10-33 所示。

④ 板、次梁与主梁交接处钢筋的位置分布如图 10-34 所示。主梁与圈梁交接处钢筋的位置分布如图 10-35 所示。

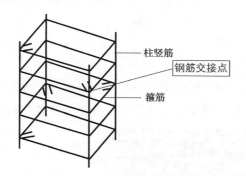

图 10-33　板、次梁与主梁交接处钢筋绑扎

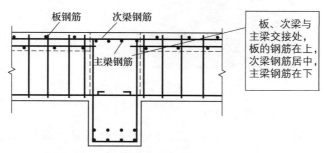

图 10-34　板、次梁与主梁交接处钢筋的位置分布

三、钢筋安装

下面举例简述独立基础钢筋绑扎的施工流程。

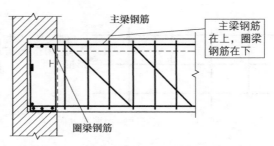

图 10-35　主梁与圈梁交接处钢筋的位置分布

1. 施工工艺流程

基础垫层清理→弹放底板钢筋位置线→按钢筋位置线布置钢筋→绑扎钢筋→布置垫块→绑柱预留插筋。

2. 具体施工过程

（1）基础垫层清理

将垫层清扫干净，混凝土基层要等基层硬化，没有垫层时要把基层清理平整，有水时要将水排净晾干。基础垫层清理如图 10-36 所示。

图 10-36　基础垫层清理

（2）弹放底板钢筋位置线

按设计的钢筋间距，直接在垫层上用石笔或墨斗弹放钢筋位置线，这一工作非常重要，常由有经验、细心的技术工人来完成。弹放底板钢筋位置线如图 10-37 所示。

（3）按钢筋位置线布置钢筋

基础底板为双向受力钢筋网时，一般情况下，底面短边方向的钢筋

放钢筋位置线

图 10-37 弹放底板钢筋位置线

放在最下面，底面长边方向的钢筋应放在短边方向的钢筋上面；而单向受力钢筋，短边方向受力钢筋放在下面，长边方向钢筋放在上面。规范规定：当独立基础的边长 $B \geqslant 300mm$ 时（基础支承在桩上除外），受力钢筋的长度可以减至 $0.9B$，交错布置。按钢筋位置线布置钢筋如图 10-38 所示。

按弹好的钢筋位置线布置钢筋

图 10-38 按钢筋位置线布置钢筋

（4）绑扎钢筋

用铁线在钢筋交叉点上绑扎，直径为 $6 \sim 10mm$ 钢筋用 22 号、24 号铁线，直径为 $12 \sim 25mm$ 及以上钢筋用 20 号铁线。每扣用两根为宜。绑扎钢筋施工现场如图 10-39 所示。

（5）布置垫块

① 基础底板采用单层钢筋网片时，基础钢筋网绑扎好以后，可以用小撬棍将钢筋网略向上抬后，放入准备好的混凝土垫块，将钢筋网垫起。

用铁线绑扎钢筋

图 10-39　绑扎钢筋施工现场

② 基础底板采用双层钢筋网片时，在上层钢筋网下面应设置钢筋撑脚或混凝土撑脚，以保证钢筋上下位置正确。上层钢筋弯钩应朝下，而下层钢筋弯钩应朝上，弯钩不能倒向一边。

布置垫块如图 10-40 所示。

混凝土垫块，垫块高度要符合要求

图 10-40　布置垫块

（6）绑柱预留插筋

现浇独立基础与柱的连接，是在基础内预埋柱子的纵向钢筋，这里往往是柱子的最低部位。要保证柱子轴线位置准确，柱子插筋位置一定要准确，且要绑扎牢固，以保证浇筑混凝土时不发生偏移。绑柱预留插筋如图 10-41 所示。

3. 施工注意事项

（1）基础常见错误

① 基础梁接头位置不对，按楼层框架梁接头位置设置，且没有错开（基础梁与框架梁的受力正好相反，接头亦然）。

预埋柱子的纵向钢筋

图 10-41 绑柱预留插筋

② 筏板钢筋接头在施工缝处预留长度不够，且接头没有错开。

③ 筏板面积较大，仍按 50％接头百分率，未按 25％接头，导致钢筋接头浪费。

④ 底板纵筋接头长度太长，超过一个搭接长度，或者底板纵筋接头长度太短，未能满足规范所要求的长度。底板通长筋没绑扎成平行直线，导致同截面钢筋根数不同。

（2）柱常见错误

① 柱梁节点箍筋未设置或间距太大。柱梁节点是核心节点，是抗震的关键节点。

② 柱纵筋没有长短交错，这是钢筋翻样问题，对柱上下钢筋根数发生变化时没有在下层调整竖向钢筋长度，导致接头未能错开。

③ 柱保护层未满足最小保护层厚度。

（3）墙常见错误

① 墙水平筋（外侧与内侧）在同一位置搭接，没有按接头百分率错开接头。

② 墙水平筋接头未设置在受力最小处。外墙外侧水平钢筋应位于跨中三分之一或墙高四分之一区域，外墙内侧应位于支座及支座附近。

③ 地下室外墙竖向钢筋接头位置错误，根据规范，外墙外侧竖向钢筋应位于墙高中间的三分之一区域，外墙内侧竖向纵筋应位于墙高根部的四分之一区域。

④ 外墙外侧钢筋顶模无保护层，外墙外侧钢筋露筋后果很严重，

最终会把整个外墙破坏掉。外墙外侧是直接接触泥土和水的，保护层厚度不得少于 40mm。

（4）梁的常见错误

① 梁支座钢筋包括第一排支座负筋伸入支座均为 $L_0/4$（L_0 为梁的净跨长度）。

② 主次梁交接处，主梁两侧增加附加箍筋。主梁在次梁位置未布置正常箍筋，直接布三道附加箍筋。

③ 梁底筋一般都未绑扎。需要先把梁抬高，用钢管支架固定，待梁上下钢筋包括腰筋全部绑扎完成后再把梁落下去。

④ 梁拉筋漏放或斜放，有的没有绑扎，起不到拉筋的作用。

第十一章
预应力混凝土工程

第一节 概述

预应力混凝土是为了弥补混凝土过早出现裂缝的现象,在构件使用(加载)以前,预先给混凝土一个预压力,即在混凝土的受拉区内,用人工加力的方法,将钢筋进行张拉,利用钢筋的回缩力,使混凝土受拉区预先受压力,这种储存下来的预加压力,当构件承受由外荷载产生拉力时,首先抵消受拉区混凝土中的预压力,然后随荷载增加,才使混凝土受拉,这就限制了混凝土的伸长,延缓或不使裂缝出现,这就叫作预应力混凝土。

一、预应力混凝土的优缺点

1. 优点

(1)抗裂性好,刚度大

由于对构件施加预应力,大大推迟了裂缝的出现,在使用荷载作用下,构件可不出现裂缝,或使裂缝推迟出现,所以提高了构件的刚度,增加了结构的耐久性。

(2)节省材料,减小自重

其结构由于必须采用高强度材料,因此可减少钢筋用量和构件截面尺寸,节省钢材和混凝土用量,降低结构自重,对大跨度和重荷载结构有着明显的优越性。

(3)可以减小混凝土梁的竖向剪力和主拉应力

预应力混凝土梁的曲线钢筋（束）可以使梁中支座附近的竖向剪力减小，又由于混凝土截面上预应力的存在，使荷载作用下的主拉应力也会减小。这利于减小梁的腹板厚度，使预应力混凝土梁的自重可以进一步减小。

（4）提高受压构件的稳定性

当受压构件长细比较大时，在受到一定的压力后便容易被压弯，以致丧失稳定而破坏。如果对钢筋混凝土柱施加预应力，使纵向受力钢筋张拉得很紧，不但预应力钢筋本身不容易压弯，而且可以帮助周围的混凝土提高抵抗压弯的能力。

（5）提高构件的耐疲劳性能

因为具有强大预应力的钢筋，在使用阶段因加荷或卸荷所引起的应力变化幅度相对较小，故此可提高抗疲劳强度，这对承受动荷载的结构来说是很有利的。

（6）预应力可以作为结构构件连接的手段

这可促进大跨结构新体系与施工方法的发展。

2. 缺点

① 工艺较复杂，对质量要求高。

② 需要有一定的专门设备，如张拉机具、灌浆设备等。先张法需要有张拉台座；后张法还要耗用数量较多、质量可靠的锚具等。

③ 预应力混凝土结构的开工费用较大，对构件数量少的工程成本较高。

④ 预应力反拱度不易控制，它随混凝土徐变的增加而增大，容易造成施工面不平顺。

⑤ 钢筋混凝土由于施加预应力会使得高温下钢筋强度下降，因此其耐火极限也会下降，因此在消防上存在隐患。

二、预应力筋的种类

1. 基础须知

（1）预应力筋的概念

预应力筋通常由单根或成束的钢丝、钢绞线或钢筋组成。在先张法施工中，为了与混凝土黏结可靠，一般采用螺纹钢筋、刻痕钢丝或钢绞线。在后张法施工中，则采用光面钢筋、光面钢丝或钢绞线，并分为无黏结预应力筋和有黏结预应力筋。有黏结预应力筋是和混凝土直接黏结的或是在张拉后通过灌浆使之与混凝土黏结的预应力筋；无黏结预应力筋是用塑料、油脂等涂包预应力钢材后制成的，可以布置在混凝土结构体内或体外，且不能与混凝土黏结，这种预应力筋的拉力永远只能通过锚具和变向装置传递给混凝土。预应力筋如图 11-1 所示。

图 11-1　预应力筋

（2）预应力筋的分类

预应力筋按材料可分为：钢丝、钢绞线、钢筋和非金属预应力筋等。

金属类预应力筋下料应采用砂轮锯或切断机切断，不得采用电弧切断。

2. 具体种类介绍

（1）冷拔低碳钢丝

冷拔低碳钢丝是由圆盘的 HPB300 级钢筋在常温下通过拔丝模冷拔而成。冷拔钢丝强度比原材料屈服强度显著提高，但塑性降低，适用于小型构件的预应力筋。冷拔低碳钢丝如图 11-2 所示。

常用的钢丝
直径为3mm、
4mm和5mm

图 11-2　冷拔低碳钢丝

（2）冷拉钢筋

冷拉钢筋是将 HRB335、HRB400、RRB400 级热轧钢筋在常温下通过张拉到超过屈服点的某一应力，使其产生一定的塑性变形后卸荷，再经时效处理而成。冷拉钢筋如图 11-3 所示。

冷拉钢筋的塑性和弹性模量有所降低而屈服强度和硬度有所提高，可直接用作预应力钢筋

图 11-3　冷拉钢筋

（3）高强钢丝

高强钢丝是用优质碳素钢热轧盘条经冷拔制成，然后可用机械方式对预应力钢绞线进行压痕处理形成刻痕钢丝，对钢丝进行低温（一般低于 500℃）矫直回火处理后便成为矫直回火钢丝。

常用的高强钢丝分为冷拉和矫直回火两种，按外形分为光面、刻痕和螺旋肋三种。

预应力钢丝经矫直回火后，可消除钢丝冷拔过程中产生的残余应力，这种钢丝通常被称为消除应力钢丝。消除应力钢丝的松弛损失虽比消除应力前低一些，但仍然较高，经"稳定化"处理后，钢丝的松弛值仅为普通钢丝的 0.25～0.33，这种钢丝被称为低松弛钢丝，目前已在国内外广泛应用。高强钢丝如图 11-4 所示。

（4）钢绞线

预应力钢绞线一般是由几根碳素钢丝围绕一根中心钢丝在绞丝机上绞成螺旋状，再经低温回火制成。钢绞线的直径较大，一般为 9～15mm，较柔软，强度较高，施工方便，但价格较贵。7 股钢绞线由于面积较大、柔软、施工定位方便，适用于先张法和后张法预应力结构与

常用的高强钢丝的直径有4mm、5mm、6mm、7mm、8mm和9mm六种

图 11-4 高强钢丝

构件中，是目前国内外应用最广的一种预应力筋。钢绞线加工现场如图 11-5 所示。

（5）热处理钢筋

热处理钢筋是由普通热轧中碳合金钢经淬火和回火调质热处理制成，具有高强度、高韧性和高黏结力等优点，

钢绞线规格有2股、3股、7股和19股等

图 11-5 钢绞线加工现场

直径为 6～10mm。产品钢筋为直径 2m 的弹性盘卷，每盘长度为 100～120m。热处理钢筋如图 11-6 所示。

(a) 带肋钢筋

(b) 无肋钢筋

图 11-6 热处理钢筋

3. 注意事项

① 施工过程中应防止电火花损伤预应力筋，对有损伤的预应力筋应予以更换。

② 先张法预应力施工时应选用非油脂性的模板隔离剂，在铺设预应力筋时严禁隔离剂沾污预应力筋。

③ 在后张法施工中，对于浇筑混凝土前穿入孔道的预应力筋，应有防锈措施。

④ 无黏结预应力的护套应完整，局部破损处采用防水塑料胶带缠绕紧密修补好。

⑤ 无黏结预应力筋的定位应牢固，浇筑混凝土时不应出现移位和变形，端部的预埋垫板应垂直于预应力筋，内埋式固定端垫板不应重叠，锚具与垫块应贴紧。

⑥ 预应力筋的保护层厚度应符合设计及有关规范的规定。无黏结预应力筋成束布置时，其数量及排列形状应能保证混凝土密实，并能够握裹住预应力筋。

三、对混凝土的要求

① 强度要高，要与高强度钢筋相适应，保证预应力钢筋充分发挥作用，并能有效地减少构件截面尺寸和减轻自重。

② 收缩、徐变要小，以减小预应力的损失。

③ 快硬、早强，使能尽早施加预应力，加快施工进度，提高设备利用率。

四、预应力的施加方法

常用的对混凝土结构构件施加预应力的方法有两大类：一类是采用张拉钢筋的方法；另一类是不用张拉钢筋的方法。

采用张拉钢筋的方法对混凝土构件施加预应力是建筑结构构件最常用的方法，根据张拉钢筋顺序的不同，又分为先张法和后张法。

不用张拉钢筋的方法，通常直接利用千斤顶或扁顶对混凝土结构构件施加预应力，如机械法等。若在山谷中建造水坝，可利用石山坡为不动点，用千斤顶采用机械法对混凝土大坝施加预应力。

五、预应力混凝土的施工方法

按施工顺序分为：先张法和后张法。

按张拉方法分为：机械张拉和电热张拉。

第二节 先张法施工

先张法是在浇筑混凝土前张拉预应力筋，并将张拉的预应力筋临时锚固在台座或钢模上，然后浇筑混凝土，待混凝土强度达到不低于混凝土设计强度值的 75%，保证预应力筋与混凝土有足够的黏结时，放松预应力筋，借助于混凝土与预应力筋的黏结，对混凝土施加预应力的施工工艺。

先张法生产构件可采用长线台座法，一般台座长度在 50~150m 之间，或在钢模中机组流水法生产构件。先张法施工适用于构件厂生产中小型构件，如楼板、屋面板、吊车梁等。

先张法如图 11-7 所示。

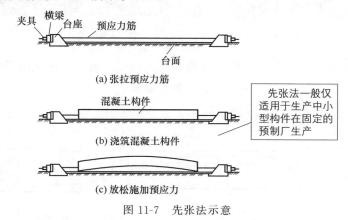

(a) 张拉预应力筋

先张法一般仅适用于生产中小型构件在固定的预制厂生产

(b) 浇筑混凝土构件

(c) 放松施加预应力

图 11-7 先张法示意

一、张拉台座

1. 基础须知

对张拉台座的要求如下。

① 有足够的强度、刚度和稳定性；

② 满足生产工艺的要求。

2. 张拉台座的形式

(1) 墩式

由传力墩、台面、横梁组成。长度为 100～150m，适用于中小型构件。墩式台座如图 11-8 所示。

(2) 槽式

由传力柱、上下横梁、撞墙组成。长度为 45～76m，适用于双向预应力构件，易于蒸汽养护。槽式台座如图 11-9 所示。

图 11-8　墩式台座　　　　　　　　　　图 11-9　槽式台座

台座按构造形式分为墩式台座和槽式台座。槽式台座适用于张拉吨位较大的构件，如吊车梁、屋架、薄腹梁等。

张拉台座如图 11-10 所示。

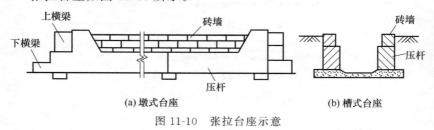

(a) 墩式台座　　　　　　　　　　(b) 槽式台座

图 11-10　张拉台座示意

二、张拉设备与夹具

1. 张拉设备

常用的张拉设备有油压千斤顶、卷扬机、电动螺杆张拉机等。张拉设备如图 11-11 所示。

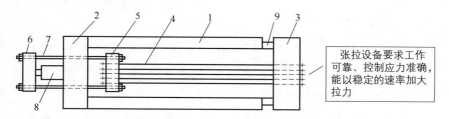

图 11-11 张拉设备示意

1—台座；2—前横梁；3—后横梁；4—预应力筋；5，6—拉力架横梁；

7—大螺丝杆；8—油压千斤顶；9—放张装置

2. 夹具

夹具是预应力筋张拉和临时固定的锚固装置，用在先张法施工中。按其用途不同，可分为钢质锥形夹具、锚固夹具和张拉夹具等。

（1）钢质锥形夹具

钢质锥形夹具主要用来锚固直径为 3～5mm 的单根钢丝夹具。钢质锥形夹具如图 11-12 所示。

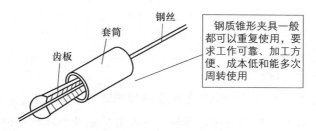

图 11-12 钢质锥形夹具示意

（2）锚固夹具

① 锥形锚固夹具 有锥销式、二片式、三片式。可锚固单根直径为 12～14mm 的预应力筋。

② 镦头锚具 有带槽螺栓和梳子板，主要用于冷拉筋、冷拔丝以及碳素钢丝。对镦头锚具的要求如下：

a. 镦头强度不低于材料强度的 98%；

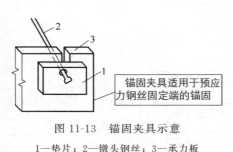

图 11-13　锚固夹具示意

1—垫片；2—镦头钢丝；3—承力板

锚固夹具适用于预应力钢丝固定端的锚固

b. 钢丝束长度差值不大于 $L/5000$（L 为钢丝长度），且不大于 5mm。

c. 成组张拉长度不大于 10m 的钢丝，长度极差不大于 2mm。

锚固夹具如图 11-13 所示。

（3）张拉夹具

张拉夹具是将预应力筋与张拉机械连接起来进行预应力张拉的工具。常用的张拉夹具有月牙夹具、偏心式夹具和楔形夹具等。张拉夹具如图 11-14 所示。

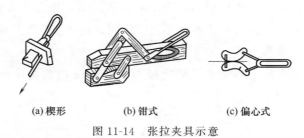

(a) 楔形　　　　(b) 钳式　　　　(c) 偏心式

图 11-14　张拉夹具示意

3. 张拉机械

（1）手动卷筒式张拉机

手动卷筒式张拉机的构造是将手摇绞车装在小钢轨道上，钢丝绳卷在卷筒上，卷筒与齿轮连接，齿轮上方装有锥销及制动爪；钢丝绳另一端串联弹簧测力计和嵌式夹具。

手动卷筒式张拉机的使用方法：摇动手柄，齿轮带动卷筒顺转，张拉钢丝；提起锥销及制动爪，齿轮倒转，松开钢丝。其具体操作是将钢丝夹在嵌式夹具上→转动卷筒，张拉钢丝→张拉到预定张拉力值，停止摇手柄，固定钢丝→提起锥销制动爪，卷扬机倒转→松开夹具，取出钢丝，张拉完毕。

（2）电动卷筒式张拉机

电动卷筒式张拉机是把慢速电动卷扬机装在小车上制成。其优点是：张拉行程大，张拉速度快，可张拉直径 3～5mm 的钢丝。

为了准确地控制张拉力，张拉速度以 1～2m/min 为宜，张拉机与弹簧测力计配合使用时，宜装行程开关进行控制，使达到规定的张拉力时能自动停车。

（3）电动螺杆张拉机

电动螺杆张拉机既可以张拉预应力钢筋也可以张拉预应力钢丝。它是由张拉螺杆、电动机、变速箱、测力装置、拉力架、承力架和张拉夹具等组成。最大张拉力为 300～600kN，张拉行程为 800mm，张拉速度为 2m/min，自重 400kg。

（4）油压千斤顶

油压千斤顶可张拉单根预应力筋或多根成组预应力筋。多根成组张拉时，可采用四横梁装置进行。

三、先张法施工工艺流程

先张法预应力混凝土构件在台座上生产时，其施工工艺主要包括预应力筋的铺设、预应力筋的张拉、混凝土的浇筑和养护、预应力筋的放张等施工过程。先张法施工工艺流程如图 11-15 所示。

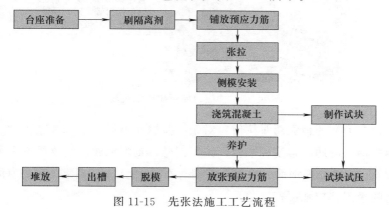

图 11-15　先张法施工工艺流程

预应力混凝土施工先张法工艺的特点是：预应力筋在浇筑混凝土前张拉，预应力的传递依靠预应力筋与混凝土之间的黏结力，为了获得良好质量的构件，在整个生产过程中，除确保混凝土质量以外，还必须确保预应力筋与混凝土之间的良好黏结，使预应力混凝土构件获得符合设计要求的预应力值。

1. 预应力筋张拉

预应力筋张拉应根据设计要求，采用合适的张拉方法、张拉顺序和张拉程序，并应有可靠的保证质量措施和安全技术措施。

预应力筋的张拉可采用单根张拉或多根同时张拉，当预应力筋数量不多，张拉设备拉力有限时常采用单根张拉。在确定预应力筋张拉顺序时，应考虑尽可能减少台座的倾覆力矩和偏心力，先张拉靠近台座截面重心处的预应力筋。此外，在施工中为了提高构件的抗裂性能或为了部分抵消由于应力松弛、摩擦、钢筋分批张拉以及预应力筋与张拉台座之间温度因素产生的预应力损失，张拉应力可按设计值提高5%。预应力筋张拉施工现场如图 11-16 所示。

当预应力筋数量较多且密集布筋，另外张拉设备拉力较大时，可采用多根同时张拉

图 11-16　预应力筋张拉施工现场

预应力筋的最大超张拉值：对于冷拉钢筋不得大于 $0.95f_{pyk}$（f_{pyk} 为冷拉钢筋的屈服强度标准值）碳素钢丝、刻痕钢丝、钢绞线不得大于 $0.80f_{pyk}$；热处理钢筋、冷拔低碳钢丝不得大于 $0.75f_{ptk}$（f_{ptk} 为预应力筋的极限抗拉强度标准值）。

2. 预应力筋的张拉力方法

有超张拉法和一次张拉法两种。

① 超张拉法　张拉过程为 $0 \rightarrow 105\%\sigma_{con} \rightarrow$ 持续 $2\text{min} \rightarrow \sigma_{con}$。

② 一次张拉法　张拉过程为 $0 \rightarrow 103\% \sigma_{con}$。

其中 σ_{con} 为预应力筋张拉控制应力，一般由设计而定。采用超张拉工艺的目的是为了减少预应力筋的松弛应力损失。

所谓"松弛"即钢材在常温、高应力状态下具有随时间而增长的塑性变形性质。一方面，在钢筋长度保持不变的条件下钢筋的应力会随时间的增长而逐渐降低，这种现象称为钢筋的应力松弛；另一方面，在钢筋应力保持不变的条件下，应变会随时间的增长而逐渐增大，这种现象称为钢筋的徐变。钢筋的松弛和徐变均将引起预应力钢筋中的应力损失，这种损失统称为钢筋应力松弛损失 σ_{14}。松弛的数值与张拉控制应力和延续时间有关，控制应力越高，松弛也越大，所以钢丝、钢绞线的松弛损失比冷拉热轧钢筋大，松弛损失还随着时间的延续而增加，但在第一分钟内可完成损失总值的 50%，$24h$ 内则可完成 80%。所以采用超张拉工艺，先超张拉 5% 再持荷 $2min$，则可减少 50% 以上的松弛应力损失。而采用一次张拉锚固工艺，因松弛损失大，故张拉力应比原设计控制应力提高 3%。

对于长线台座生产，构件的预应力筋为钢筋时，一般常用弹簧测力计直接测定钢丝的张拉力，伸长值可不作校核，钢丝张拉锚固后，应采用钢丝测力仪检查钢丝的预应力值。

多根预应力筋同时张拉时，应预先调整初应力，使其相互之间的应力一致。在张拉过程中预应力筋断裂或滑脱的数量，严禁超过结构同一截面预应力筋总根数的 5%，且严禁相邻两根断裂或滑脱。先张法构件在浇筑混凝土前发生断裂或滑脱的预应力筋必须予以更换。预应力筋张拉锚固后，预应力筋位置与设计位置的偏差不得大于 $5mm$，且不得大于构件截面最短边长的 4%。张拉过程中，应按混凝土结构工程施工及验收规范要求填写施加预应力记录表，以便参考。

预应力筋张拉现场如图 11-17 所示。

3. 预应力筋的放张

预应力筋放张过程是预应力的传递过程，是先张法构件能否获得良好质量的一个重要环节，应根据放张要求，确定适宜的放张顺序、放张

预应力筋张拉锚固后，实际预应力值与工程设计规定检验值的相对允许偏差应在±5%以内

图 11-17 预应力筋张拉现场

方法及相应的技术措施。

（1）放张要求

放张预应力筋时，混凝土强度必须符合设计要求，当设计无专门要求时，不得低于设计的混凝土强度标准值的 75%。放张过早由于混凝土强度不足，会产生较大的混凝土弹性回缩而引起较大的预应力损失或钢丝滑动。放张过程中，应使预应力构件自由压缩，避免过大的冲击与偏心。

（2）放张方法

当预应力混凝土构件用钢丝配筋时，若钢丝数量不多，钢丝放张可采用剪切、锯割或氧乙炔焰熔断的方法，并应从靠近生产线中间处剪断，这样比在靠近台座一端处剪断时回弹减小，且有利于脱模。若钢丝数量较多，所有钢丝应同时放张，不允许采用逐根放张的方法，否则，最后的几根钢丝将承受过大的应力而突然断裂，导致构件应力传递长度骤增，或使构件端部开裂。放张方法可采用放张横梁来实现。横梁可用千斤顶或预先设置在横梁支点处的放张装置（砂箱或楔块等）来放张。

粗钢筋预应力筋应缓慢放张。当钢筋数量较少时，可采用逐根加热熔断或借预先设置在钢筋锚固端的楔块或穿心式砂箱等单根放张。当钢筋数量较多时，所有钢筋应同时放张。

4. 混凝土浇筑与养护

① 混凝土应一次浇完。

② 应防止较大的徐变和收缩。选用收缩变形小的水泥，水泥的水灰比不大于 0.5，级配应良好，且振捣、密实。

③ 防止碰撞、踩踏钢丝。

④ 减少应力损失。可选择变形小或预应力钢筋内缩小的锚具，尽量减少垫板数量。对先张法构件，选择长台座。对较长的构件可在两端进行张拉。

5. 施工注意事项

① 施工中应注意安全。张拉时，正对钢筋两端禁止站人。敲击锚具的锥塞或楔块时，不应用力过猛，以免损伤预应力筋而断裂伤人，锚固应可靠。冬期张拉预应力筋时，其温度不宜低于-15℃，且应考虑预应力筋容易脆断的危险。

② 采用湿热养护的预应力混凝土构件宜热态放张，不宜降温后放张。

③ 预应力筋的放张顺序应符合设计要求；当设计无专门要求时，应符合下列规定：

a. 对承受轴心预压力的构件（如压杆、桩等），所有预应力筋应同时放张；

b. 对承受偏心预压力的构件，应先同时放张预压力较小区域的预应力筋，再同时放张预压力较大区域的预应力筋；

c. 当不能按上述规定放张时，应分阶段、对称、相互交错地放张，以防止在放张过程中构件产生弯曲、裂纹及预应力筋断裂等现象。

第三节　后张法施工

后张法，指的是先浇筑混凝土，待达到设计强度的 75% 以上后再张拉预应力钢材以形成预应力混凝土构件的施工方法。

一、后张法的特点与适用范围

1. 后张法施工的具体工作

后张法是先制作构件（浇筑混凝土），并在构件体内按预应力筋的位置留出相应的孔道，待构件的混凝土强度达到规定的强度（一般不低于设计强度标准值的 75%）后，在预留孔道中穿入预应力筋进行张拉，并利用锚具把张拉后的预应力筋锚固在构件的端部，依靠构件端部的锚具将预应力筋的预张拉力传给混凝土，使其产生预压应力，最后在孔道中灌入水泥浆，使预应力筋与混凝土构件形成整体。

与先张法施工相比，后张法施工的特点是不需要台座设备，不需要较大的场地；大型构件可分块制作，运抵现场进行拼装，利用预应力筋连成整体，施工灵活性大，适宜在工厂或工地预制后在现场安装的大中型预应力构件、特种结构和构筑物等。后张法施工也可用于对已有工程的修复。

预应力筋的后张法施工现场如图 11-18 所示。预应力筋的后张法生产如图 11-19 所示。

后张法既适用于配直线预应力筋的构件，也适用于配曲线预应力筋的构件

图 11-18　预应力筋的后张法施工现场

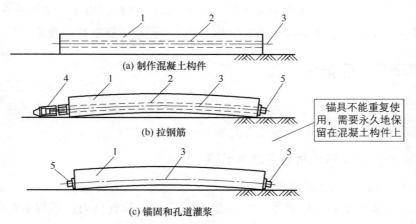

(a) 制作混凝土构件

(b) 拉钢筋

锚具不能重复使用，需要永久地保留在混凝土构件上

(c) 锚固和孔道灌浆

图 11-19　预应力筋的后张法生产示意

1—混凝土构件；2—预留孔道；3—预应力筋；4—千斤顶；5—锚具

与先张法相比，后张法张拉钢筋后，需要将预应力筋固定在混凝土构件的端头锚具上。后张法预应力筋锚具的消耗量大，成本高，而且后张法施工工序多，施工工艺复杂。

2. 后张法的适用范围

后张法施工适用于大型构件及结构的现场施工，如预制拼装、结构张拉，主要用于后张法施工预应力孔道灌浆，灌入法施工土路基的快速加固，设备基础、锚杆、道钉等构件的灌浆，同时也可用于混凝土疏松、孔洞灌浆等缺陷修补。

3. 后张法施工的特点

① 不需要台座；

② 工序多，工艺复杂；

③ 锚具不能重复利用。

二、后张法施工工艺流程

后张法施工工艺与预应力施工有关的主要是孔道留设、预应力筋张拉和孔道灌浆三部分，后张法工艺流程如图 11-20 所示。

三、张拉工艺与孔道灌浆

1. 后张法孔道留设

预留孔道是后张法构件生产的关键工作之一，一般预留孔道的形状有直线、曲线和折线等类型。对孔道的基本要求是：孔道尺寸与位置正确，孔道应平顺，接头应不漏浆，端部预埋钢板应垂直于孔道中心等；孔道成形的质量对孔道摩阻损失的影响较大，应注意严格把关。

（1）预留孔道的要求

① 预留孔道间距不宜小于 50mm，孔道至构件边缘的净距不小于 40mm。

② 为便于穿筋，预留孔道的内径应大于需穿入的钢筋及连接器的外径 10～20mm。

③ 在构件两端及跨中应设置灌浆孔或排气孔，其孔径为 20mm，孔距≤12m。

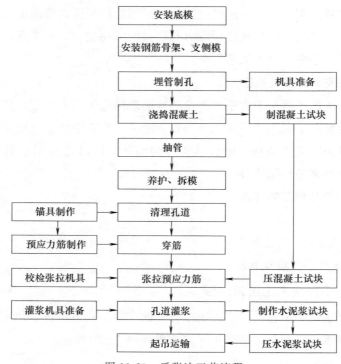

图 11-20　后张法工艺流程

④ 如制作时构件需要预先起拱的，预留孔道应同时起拱。

（2）预留孔道的成孔方式

① 钢管抽芯法　钢管抽芯法适用于直线孔道，该方法要求钢管的表面必须圆滑，且在预埋前应对钢管进行除锈和刷隔离剂。在预应力筋的位置上预埋钢管，在混凝土浇筑后，间隔一定时间转动钢管，待混凝土初凝后、终凝前，抽出钢管形成预留孔道。

钢管应平直、光滑，预埋前应除锈、刷油。固定钢管用的钢筋井字架的间距不宜大于 1000mm，钢管的长度不宜大于 15m，以便转动与抽管。抽管的时间与混凝土性质、气温和养护条件有关，通常在混凝土初凝后、终凝前，以手指按压混凝土不黏浆又没有明显印痕时即可抽管（常温 3～6h）。抽管过早容易塌孔，太晚则抽管困难。抽管顺序应先上后下，抽管要边抽边转，速度均匀，并与孔道成直线。

② 胶管抽芯法 胶管抽芯法适用于直线、曲线或折线的孔道留孔。在浇筑混凝土前，应在胶管内充入 $0.6\sim0.8\text{N/mm}^2$ 的压缩空气或压力水，待浇筑的混凝土初凝后，放出压缩空气或水，管径回缩，与混凝土脱离，以便将管子抽出。胶管接头如图 11-21 所示。

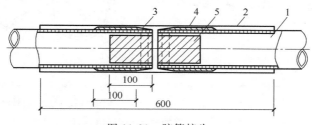

图 11-21 胶管接头

1—胶管；2—白铁皮套管；3—钉子；4—厚 1mm 的钢管；5—硬木塞

③ 预埋管法——波纹管 波纹管是由镀锌薄钢带（厚 0.3mm）经压波后卷成，具有质量轻、刚度好、弯折方便、连接简单、摩阻系数小、与混凝土黏结好等优点，可用于各种形状的孔道，是现代后张法预应力筋孔道成型的理想材料。波纹管预埋在构件中，混凝土浇筑后不再拔出，预埋时用间距不大于 600mm 的钢筋井字架固定。要求波纹管在外荷载的作用下，有抵抗变形的能力，在混凝土浇筑过程中，水泥浆不得渗入管内。波纹管外形如图 11-22 所示。

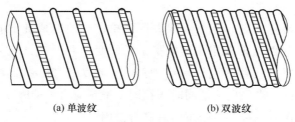

(a) 单波纹　　　　　　　　(b) 双波纹

图 11-22 波纹管外形

波纹管之间的连接是采用大一号同型波纹管连接，接头的长度一般为 $200\sim300\text{mm}$，用塑料热塑管或密封带封口。波纹管的连接与灌浆孔的留设如图 11-23 所示。

灌浆孔与波纹管的连接做法是在波纹管上开洞，在其上覆盖海绵垫

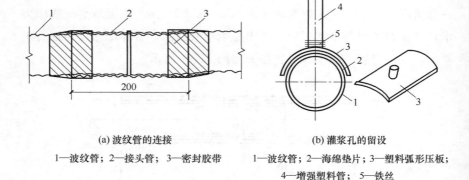

(a) 波纹管的连接

1—波纹管；2—接头管；3—密封胶带

(b) 灌浆孔的留设

1—波纹管；2—海绵垫片；3—塑料弧形压板；
4—增强塑料管；5—铁丝

图 11-23　波纹管的连接与灌浆孔的留设

片与带嘴的塑料弧形压板，并用铁丝绑扎牢固，再用增强塑料管插在嘴上，并将其引出至构件外面。

2. 预应力筋张拉

预应力筋制作时，应采用砂轮锯或切割机切断下料，不得采用电弧切割。预应力筋的张拉是后张法预应力施工的关键，张拉时构件或构件的混凝土强度应符合设计要求，且不应低于混凝土设计强度的 75%。张拉前，应将构件端部预埋件与锚具接触处的焊渣、毛刺、混凝土残渣等清除干净。

（1）张拉方式

对曲线预应力筋，应在两端进行张拉；对抽芯成孔的直线预应力筋、长度大于 24m 时应采用两端张拉，长度不大于 24m 时可采用一端张拉；对预埋波纹管的直线预应力筋，长度大于 30m 时宜两端张拉，不可一端张拉；当采用两端同时张拉同一根预应力筋的时候，宜先在一端锚固，再在另一端补足张拉力后进行锚固。

① 一端张拉　如预应力钢筋为直线布置，且长度不超过 30m 时，可采用一端张拉的方式。

② 两端张拉　当预应力筋长度大于 30m，或为曲线预应力筋张拉时，应采用两端张拉。可在同一根预应力筋的两端同时张拉，也可以先在一端张拉，然后再将张拉设备移到预应力筋的另一端再张拉，补足预

应力后再永久锚固。

预应力筋张拉如图 11-24 所示。

张拉方式有一端张拉和两端张拉两种

图 11-24 预应力筋张拉

（2）张拉顺序

当构件或结构有多束预应力筋时，需分批张拉。分批张拉的顺序应符合设计要求，当设计无规定时，一般应考虑对称张拉的顺序，以避免构件在偏心压力作用下产生扭转或侧弯。分批张拉时，后批张拉时会造成混凝土的进一步变形而造成已张拉批的预应力筋的应力损失，所以先批张拉的预应力筋在确定张拉应力时应考虑此差值。

对施工现场平卧叠制的构件，其张拉的顺序是先上后下、逐层进行，为了减少上下层间因摩擦引起的预应力损失可逐层加大张拉力。根据重叠构件的层数和隔离剂的不同，增加的张拉力为 $1\% \sim 5\%$。

根据构件的类型、张拉锚固体系、应力松弛损失等因素，综合确定预应力的张拉操作程序。后张拉程序与先张法相同，一般仍以控制应力为主，但同时需进行预应力筋伸长值的校核。

预应力筋张拉顺序如图 11-25 所示。

（3）张拉注意事项

① 张拉时对构件混凝土强度要求达设计强度的 75% 以上。

② 对配多根钢筋不能同

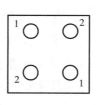
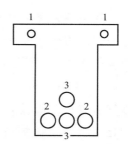

图 11-25 预应力筋的张拉顺序

时张拉，应分批对称张拉。对称张拉是为了避免张拉时构件出现过大的偏心压力。分批张拉要考虑后批张拉时产生的混凝土弹性压缩，会对先批张拉的预应力筋的应力产生损失。

③ 对叠浇构件宜考虑上、下层摩阻力的影响，并由上向下逐层张拉，同时加大张拉力，但最大不宜比顶层大 5%（钢丝、钢绞线、热处理钢筋）和 9%（冷拉钢筋）。

④ 锥形锚具应考虑摩阻力损失。

⑤ 宜尽量采用两端张拉的方法，抽芯成形的曲线和长度大于 24m 直线预应力筋应采用两端张拉。预埋管成形曲线和长度大于 30m 直线预应力筋宜两端张拉。

⑥ 张拉过程中，预应力钢材（钢丝、钢绞线或钢筋）断裂或滑脱数量严禁超过结构同一截面预应力钢材总根数的 3%，且一束钢丝只允许有一根。

3. 孔道灌浆

预应力筋张拉锚固完成后应立即进行孔道灌浆工作。

（1）孔道灌浆的目的

① 保护预应力筋，减少生锈现象的发生。

② 使预应力筋与混凝土黏结在一起，共同工作。

因此，孔道灌浆的质量情况将对钢筋与混凝土间的传力效果影响非常大，应特别注意。在高应力状态下预应力筋容易生锈，预应力筋张拉后孔道应尽快灌浆。

（2）灌浆材料

孔道灌浆应采用强度等级不低于 42.5 级的普通硅酸盐水泥配制的水泥浆。为保证水泥浆具有良好的流动性、较小的干缩性和泌水性，水泥浆的水灰比应控制在 0.4～0.45 之间。搅拌后 3h 的泌水率应控制在 2%，最大不得超过 3%。为改善水泥浆的性能，可掺入适量减水剂，如掺入占水泥质量 0.25% 的木质素磺酸钙等，但严禁掺入含氯化物、硫化氨、硝酸盐等或对预应力筋有腐蚀作用的外加剂。灌浆孔道如图 11-26 所示。

灌浆用的水泥浆的试块可用边长为70.7mm的立方体试模制作，试块28d的抗压强度等级不应低于30MPa

图 11-26　灌浆孔道

（3）灌浆工艺

孔道灌浆前需先进行检查（图 11-27），灌浆用的水泥浆应采用机械搅拌，并需过滤。为了防止泌水沉淀，水泥浆需不断搅拌；灌浆的顺序宜先灌下层孔道，再灌上层孔道。灌浆工作应缓慢均匀，不得中断，并应注意排气通畅。在灌满孔道至两端冒出浓浆并封闭排气孔后，宜继续加压至 $0.5\sim0.7N/mm^2$，稳压 2min 后再封闭灌浆孔。当孔道直径较大且水泥浆中未掺入微膨胀剂或减水剂时，可采用一次压浆法，其间隙时间宜为 $30\sim40min$，以提高灌浆的密实性。对不掺外加剂的灰浆，可采用二次灌浆法来提高灌浆的密实性。

灌浆前应全面检查预应力筋孔道、灌浆孔、泌水孔及排气孔等是否洁净畅通。根据设计与施工方案确定是否采用压力水冲洗润湿孔道。灌浆孔道检查现场如图 11-27 所示。

在曲线孔道的上曲部分应设置泌水管

图 11-27　灌浆孔道检查现场

冷天施工时，灌浆前孔道周边的温度需在 5℃ 以上，水泥浆的温度在灌浆时宜在 $10\sim25℃$，灌浆后至少 5d 保持在 5℃ 以上。

（4）端头封锚

预应力筋锚固后外露长度应≥30mm，多余部分宜用砂轮锯切割。锚具应采用封头混凝土保护。封头混凝土的尺寸应大于预埋钢板尺寸，厚度≥100mm，封锚的混凝土应采用比构件设计强度高一等级的细石混凝土，其尺寸应大于预埋钢板锚具的保护层厚度，且不应小于50mm。封头处原有混凝土应凿毛，以增加黏结性。封头内应配有钢筋网片，细石混凝土强度为C30～C40。孔道端头封锚如图11-28所示。

应注意锚具封闭后与周边混凝土间不得有裂纹

图11-28　孔道端头封锚现场图

（5）梁的起吊和堆放

当达到设计要求的强度后，即可进行起吊和堆放。起吊时采用龙门式吊机进行，堆放时场地一定要平整，且存梁时间不宜超过两个月。

四、有黏结预应力施工

1. 施工概要

预应力筋张拉后，通过灌浆使预应力筋与混凝土共同工作的施工方法称为有黏结预应力施工。这种方法可以使预应力筋与混凝相互黏结，协同工作，减轻了锚具传递预应力的作用，提高了锚具的可靠性，其适用性广泛。

2. 施工准备

（1）材料准备

有黏结筋用钢绞线、夹片锚、挤压锚、承压板、螺旋筋、波纹管、马凳等。

（2）机具准备

高压电动油泵、千斤顶、液压挤压机、砂轮切割机。

3. 施工工艺流程

有黏结预应力施工过程为：混凝土构件在钢筋绑扎安装时，在预应力筋部位先预留孔道，然后浇筑混凝土并进行养护，制作预应力筋并将其穿入孔洞，待混凝土达到设计要求的强度后，张拉预应力筋并用锚具锚固，最后进行孔道灌浆和封锚。后张法有黏结预应力施工工艺流程如图 11-29 所示。

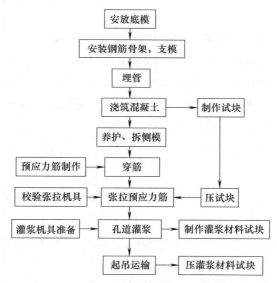

图 11-29　后张法有黏结预应力施工工艺流程示意

有黏结预应力混凝土可以控制构件裂缝的开展，减小两端锚具的负荷应力。

4. 具体施工过程

① 按设计进行有黏结筋下料和制束。

② 根据设计图纸中的预应力筋曲线坐标，在梁上的侧模上放线标出波纹管的标高以及位置。

③ 安放波纹管。与梁内非预应力筋同时进行。按预应力筋曲线坐

标与定位筋绑扎间距为 800mm 左右。波纹管安装定位后，应检查其是否牢固、接头是否完好、管壁是否破损，如有破损应及时用胶带修补。

④ 连接波纹管。波纹管每根 5m，接头用大一号波纹管连接，接头套管长 300~400mm，两边各旋入 150mm，接头外用防水胶带密封。

⑤ 安装承压板和螺旋筋。波纹管安放完毕后，在张拉端和锚固端同时安放承压板和螺旋筋，安放高度按图纸要求控制。

⑥ 穿束。钢绞线前套一个子弹头形的壳帽，穿束时用人工把钢绞线束平顺地穿入波纹管内，并检查穿出钢绞线数量是否与穿入钢绞线数量相一致。

⑦ 波纹管矢高定位和灌浆孔及排气孔的设置。

⑧ 经过隐蔽验收后，方可进行混凝土的浇筑。

⑨ 采用"数层浇筑，顺向张拉"法，本层预应力筋的张拉需在混凝土强度达到设计强度的 100% 时，且需上层混凝土强度达到 C15 以上，张拉前严禁拆除底模与支撑。

⑩ 张拉采用"应力控制，伸长校核"法，每束预应力筋应在张拉以前先计算。

⑪ 理论伸长值和控制压力表读数作为施工张拉的依据，每一束不得停顿，应一次灌满为止。

⑫ 张拉 24h 后，采用砂轮锯切断超长部分的预应力筋，严禁采用电弧切割。

⑬ 有黏结预应力筋张拉端锚具和外露预应力筋封堵前均匀涂上一层环氧树脂黏结剂，对张拉端锚具和外露预应力筋进行防腐处理，设专人支模。封堵时，设专人进行混凝土的捣实。张拉墙组件如图 11-30 所示。

5. 成品保护

① 在施工中，严禁振捣棒触及波纹管灌浆孔和排气孔。

② 钢绞线下料时采用砂轮切割机，严禁使用电焊和气焊。

③ 钢绞线应顺直无旁弯，切口无松散，如遇死弯必须切掉。

④ 堆放场地应平整、坚实，垫块要上下一致。

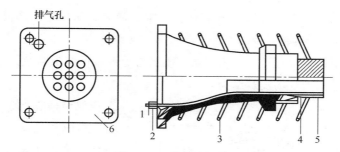

图 11-30 张拉墙组件

1—锚具；2—夹片；3—螺旋筋；4—波纹管；5—钢绞线；6—锚垫板

⑤ 构件起吊时不得发生扭曲和损坏。

五、无黏结预应力施工

1. 施工概要

（1）无黏结预应力的概念

无黏结预应力是指在预应力构件中的预应力筋与混凝土没有黏结力，预应力筋张拉力完全靠构件两端的锚具传递给构件。具体做法是预应力筋（图 11-31）表面刷涂料并包塑料布（管）后，将其铺设在支好的构件模板内，并浇筑混凝土，待混凝土达到规定强度后进行张拉锚固。

（2）无黏结预应力的优点

无黏结预应力的优点是没有预留孔

图 11-31 无黏结预应力筋

道、穿筋、灌浆等复杂工序，施工程序简单，能提高施工速度。同时，摩擦力小且易弯成多跨曲线形状，特别适用于大跨度的单、双向连续多跨曲线配筋梁板结构和屋盖。

（3）无黏结预应力施工的原理

在预应力筋表面刷防腐润滑油脂并套塑料管后，浇筑混凝土张拉并锚固预应力筋的预应力混凝土构件。

（4）无黏结预应力施工技术的特点

① 是后张法的发展，施工方便，摩擦损失少，预应力筋易弯成多跨曲线形状；对锚具要求高。

② 不需预留孔道，不需穿索，不需管道灌浆，施工简便。

③ 适用于现场浇筑结构。

2. 无黏结预应力筋

（1）组成及要求

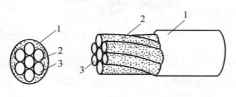

图 11-32　无黏结预应力筋的组成
1—外包层；2—涂料层；3—无黏结筋

无黏结预应力筋由无黏结筋、涂料层、外包层组成，如图 11-32 所示。

① 无黏结筋

无黏结筋的钢材，一般选用 7 根 AS5 高强钢丝组成钢丝束，也可选用 7AS4 或 7AS5 钢绞线。

② 涂料层

a. 涂料层的作用　能使预应力筋与混凝土隔离，减少张拉时的摩擦损失，防止预应力筋腐蚀等。

b. 对涂料的要求　要有较好的化学稳定性、韧性；在 $-20\sim70℃$ 温度范围内，不裂缝、不变脆、不流淌；能更好地黏附在钢筋上，对钢筋和混凝土无腐蚀作用；不透水、不吸湿；润滑性好、摩擦阻力小。

c. 常用的涂料层　有防腐沥青和防腐油脂。

③ 外包层

a. 无黏结用的外包层在 $-20\sim70℃$ 温度范围内，不脆化，化学稳定性高；具有足够的韧性，抗磨性强。

b. 对周围材料无侵蚀作用，以保证预应力筋在运输、贮存、铺设和浇筑混凝土过程中不会发生不可修复的破坏。

c. 无黏结筋的外包层，可用塑料布或者高压聚乙烯塑料制作。

（2）无黏结预应力筋的制作

① 制作单根无黏结筋时，宜优先选用防腐油脂作涂料层，其塑料外包层应用塑料注塑机注塑成形。

② 防腐油脂应充足饱满，外包层应松紧适度。

③ 成束无黏结筋可用防腐沥青或防腐油脂作涂料层，当使用防腐沥青时，应用密缠塑料带作外包层，塑料带各圈之间的搭接宽度应不小于带宽的 1/4，缠绕层数不应少于两层。

④ 防腐油脂涂料层无黏结筋的张拉摩擦系数不应大于 0.12，防腐沥青涂料层无黏结筋的张拉摩擦系数不应大于 0.25。

⑤ 制作好的预应力筋可以用直线或盘圆运输、堆放，存放地点应设有遮盖棚，以避免日晒雨淋。装卸堆放时，应采用软钢绳绑扎并在吊点处垫上橡胶衬垫，避免塑料套管外包层遭到损坏。

3. 锚具

无黏结预应力构件中，预应力筋的张拉力主要是靠锚具传递给混凝土的。因此，无黏结预应力筋的锚具不仅受力比有黏结预应力筋的锚具大，而且承受的是重复荷载。无黏结预应力筋的锚具性能应符合Ⅰ类锚具的规定。预应力筋为高强度钢丝时，主要是采用镦头锚具；预应力筋为钢绞线时，可采用 XM 型锚具和 QM 型锚具。锚具如图 11-33 所示。

> XM型和QM型锚具可夹持多根直径为15mm或12mm的钢绞线，或平行钢丝束，以适应不同的结构要求

图 11-33　锚具

4. 成型工艺

无黏结预应力筋制作时，应将钢绞线、钢丝束涂料层的涂敷，以及护套的制作一次完成，一般用缠纸工艺和挤塑涂层工艺。在一般情况下，应优先采用挤塑涂层工艺，下面主要介绍该工艺的施工方法。挤塑涂层工艺制作无黏结预应力筋的工艺设备及流程如图 11-34 所示。

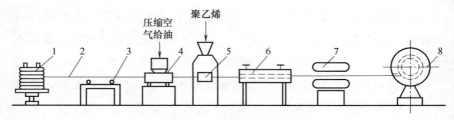

图 11-34　挤塑涂层工艺设备及流程示意

1—放线盘；2—钢绞线；3—滚动支架；4—给油装置；5—塑料挤出机；6—水冷装置；

7—牵引机；8—收线装置

钢绞线（或钢丝束）经给油装置涂油后，通过塑料挤出机的机头出口处，塑料熔融物被挤成管状包覆在钢绞线（或钢丝束）上，经冷却水槽塑料套管硬化，即形成无黏结预应力筋。牵引机继续将钢绞线（或钢丝束）牵引至收线装置上，自动排列成盘卷。这种工艺涂包质量好、生产效率高、设备性能稳定。

5. 无黏结预应力施工

（1）无黏结预应力筋的制作

① 挤压涂层工艺。挤压涂层工艺主要是无黏结筋通过涂油装置涂油，再通过塑料挤压机涂刷塑料薄膜，经过冷却筒槽成型塑料套管。这种方法效率高、质量好、设备性能稳定。

② 涂色成型工艺。在无黏结筋经过涂料槽涂刷后，再使用归束滚轮归成一束进行补充涂刷，涂料的厚度保持在 2mm。涂好涂料后即使用绕布转筋自动地交叉缠绕两层塑料布，达到需要的长度后进行切割，完成后就得到一个完整的无黏结预应力筋，这种方法制成的无黏结筋质量好，适应性能强。

制动完成后的预应力筋要在包装、运输、保管上严格按照设计要求进行，不同预应力筋的规格要明确标清；带有墩头锚具的无黏结预应力筋要有塑料袋包裹；无黏结筋要堆放在通风干燥处，露天保存时要加以覆盖措施并放在架板上。

（2）质量检验

① 产品外观。

② 油脂用量。

③ 管壁厚度。

无黏结预应力筋张拉前，应清理锚垫板表面，并检查锚垫板后面的混凝土质量。如有空鼓现象，应在无黏结预应力筋张拉前修补。

（3）铺设

① 严格按设计要求的曲线形状就位并固定牢靠。

② 曲率可通过垫铁马凳控制，铁马凳一般采用直径大于 12mm 的钢筋焊接，间隔不宜大于 2m。

③ 张拉时应先拉两端，同时从中间往两端绑扎定位。

（4）张拉

① 无黏结预应力混凝土楼盖结构的张拉顺序：宜先张拉楼板，后张拉楼面梁。板中的无黏结筋可依次张拉。

② 梁中的无黏结筋宜对称张拉。板中的无黏结筋一般采用前卡式千斤顶单根张拉，并用单孔夹片锚具锚固。

③ 无黏结曲线预应力筋的长度超过 35m 时，宜采取两端张拉。

④ 当筋长超过 70m 时，宜采取分段张拉。

⑤ 如遇到摩擦损失较大的情况，宜先松动一次再张拉。

⑥ 在梁板顶面或墙壁侧面的斜槽内张拉无黏结预应力筋时，宜采用变角张拉装置。

⑦ 无黏结预应力筋张拉伸长值校核与有黏结预应力筋相同。对超长无黏结筋，由于张拉初期的阻力大，初拉力以下的伸长值比常规推算伸长值小，应通过试验修正。张拉时，无黏结筋的实际伸长值宜在初应力为张拉控制应力 10% 左右时开始测量，测量得到的伸长值，必须加上初应力以下的推算伸长值，并扣除混凝土构件在张拉过程中的弹性压缩值。无黏结预应力筋的张拉与普通后张法带有螺丝端杆锚具的有黏结预应力钢丝束张拉方法相似。由于无黏结预应力一般为曲线配筋，故应采用两端同时张拉。无黏结预应力束的张拉顺序应根据其铺设顺序，先铺设的先张拉，后铺设的后张拉。

⑧ 无黏结预应力束一般长度大，有时又呈曲线形布置，如何减少

其摩阻损失值是一个重要的问题。影响摩阻损失值的主要因素是润滑介质、包裹物和预应力束截面形式。摩阻损失值可用标准测力计或传感器等测力装置进行测定。施工时，为降低摩阻损失值，宜采用多次重复张拉工艺。

（5）端部锚头处理

① 端头留 30mm，用切钢器或轮锯切断。

② 端部锚固区必须进行密封防护。

6. 施工注意事项

无黏结预应力筋制作的质量，除预应力筋的力学性能应满足要求外，涂料层油脂应饱满、均匀，无漏涂现象，油脂用量不小于 0.5kg/10m；护套厚度在正常环境下不小于 0.8mm，腐蚀环境中不小于 1.2mm。

无黏结预应力筋制作后，对不同规格的无黏结预应力筋应有标记，当无黏结预应力筋带有镦头锚具时，应有塑料袋包裹。无黏结预应力筋应堆放在通风干燥处，露天堆放应搁置在架板上，并加以覆盖。

第四节　施工安全与质量验收

一、预应力混凝土工程施工安全技术

1. 预应力钢筋张拉的一般规定

① 必须经过专门培训，掌握预应力钢筋张拉的安全技术知识并经考试合格后方可上岗作业。

② 必须按照检测机构检验、编号的配套组使用张拉机具。

③ 张拉作业区域应设明显的警示牌，非作业人员不得进入作业区。

④ 作业前应检查高压油泵与千斤顶之间的连接件，连接件必须完好、紧固，确认安全后方可作业。

⑤ 钢筋张拉时，严禁敲击钢筋、调整旋力装置。

⑥ 张拉时必须服从统一指挥，严格按照安全技术交底要求读表。油压不得超过安全技术交底的规定值。发现油压异常等情况时，必须立

即停机。

⑦ 高压油泵操作人员应戴护目镜。

2. 先张法施工的安全要求

① 张拉台两端必须设置防护墙，沿台座外侧纵向每隔 2～3m 设置一个防护架，并且在张拉预应力筋时，台座两端严禁站人，更不准进入台座。

② 油泵必须放在台座的侧面，操作人员必须站在油泵的侧面。

③ 紧固夹具时，作业人员应站在横梁的上面或侧面击打夹具中心。

④ 张拉时，张拉工具与预应力筋应在一条直线上，顶紧锚塞时，用力不要过猛，以防钢丝折断。拧紧螺母时，应注意压力表读数，一定要保持所需的张拉力。先张法施工的钢筋如图 11-35 所示。

图 11-35　先张法施工的钢筋

⑤ 预应力筋放张的顺序。

a. 轴心受预压的构件（如拉杆、桩等），所有预应力筋应同时放张。

b. 偏心受预压的构件（如梁等），应先同时放张预压力较小区域的预应力筋，然后放张预压力较大区域的预应力筋。

⑥ 切断钢丝时应严格测定钢丝向混凝土内的回缩情况，且应先从靠近生产线中间处切断，然后再按剩下段的中点处逐次切断。钢丝的回缩值，冷拔低碳钢丝不应大于 0.6mm，碳素钢丝不应大于 1.2mm，测试数据不得超过上列数值规定的 20%。

⑦ 预应力筋放松时，混凝土强度必须符合设计要求，如无设计规定时，则不得低于强度等级的 70%。

⑧ 预应力筋放张时，应分阶段、对称、交错地进行。对配筋多的钢筋混凝土构件，所有的钢丝应同时放松，严禁采用逐根放松的方法。放张时，应拆除侧模，保证放松时构件能自由伸缩。

⑨ 预应力筋的放张工作，应缓慢进行，防止冲击。若用乙炔或电弧切割时，应采取隔热措施，严防烧伤构件端部混凝土。

⑩ 电弧切割时的地线应搭在切割点附近，严禁搭在另一头，以防过电后使预应力筋伸张造成应力损失。

3. 后张法（无黏结预应力）施工的安全要求

① 孔道直径

a. 粗钢筋：其孔道直径应比预应力筋直径、钢筋对焊接头处外径、需穿过孔道的锚具或连接器外径大 10～15mm。

b. 钢丝或钢绞线：其孔道直径应比预应力束外径大 5～10mm，其孔道面积应大于预应筋面积的两倍。

c. 预应力筋孔道之间的净距不应小于 25mm；孔道至构件边缘的净距不应小于 25mm，且不应小于孔道直径的一半；凡需起拱的构件，预留孔道宜随构件同时起拱。

② 在构件两端及跨中应设置灌浆孔，其孔距不应大于 12m。

③ 曲线预应力筋和长度大于 24m 的直线预应力筋，应在两端张拉，长度等于或小于 24m 的直线预应力筋，可在一端张拉，但张拉端宜分别设置在构件的两端。

④ 平卧重叠构件的张拉，应根据不同预应力筋与不同隔离剂的平卧重叠构件逐层增加其张拉力的百分率。对于大型或重要工程应在正式张拉前至少必须实测屋架的各层压缩值，然后计算出各层应增加的张拉力百分率。

⑤ 预应力筋张拉完后，为减少应力松弛损失应立即进行灌浆。堵灌浆孔时应站在孔的上面。

⑥ 在进行预应力张拉时，任何人员不得站在预应力筋的两端，同时在千斤顶的后面应设立防护装置。两端或分段张拉时，作业人员应明确联系信号，协调配合。

⑦ 操作千斤顶和测量伸长值的人员，要严格遵守操作规程，应站在千斤顶侧面操作。油泵开动运行过程中，不得擅自离开岗位，如需离开，必须把油阀门全部松开或切断电路。

⑧ 预应力筋张拉时，构件的混凝土强度应符合设计要求，如无设计要求时，不应低于设计强度等级的 70%。主缝处混凝土或砂浆强度如无设计要求时，不应低于 15MPa。

⑨ 张拉时应认真做到孔道、锚环与千斤顶的三对中，以便保证张拉工作顺利进行。

⑩ 钢丝、钢绞线、热处理钢筋及冷拉Ⅳ级钢筋，严禁采用电弧切割。

⑪ 采用锥锚式千斤顶张拉钢丝束时，应先使千斤顶张拉缸进油，至压力表略有启动时暂停，检查每根钢丝的松紧进行调整，然后再打紧楔块。

⑫ 作业前必须在张拉端设置 5cm 厚的防护木板。

⑬ 高处张拉时，所业人员应在牢固、有防护栏的平台上作业，上下平台必须走安全梯或坡道。

⑭ 孔道灌浆作业时，喷嘴插入孔道口、喷嘴后面的胶皮垫圈必须紧压在孔口上，胶皮管与灰浆泵必须连接牢固。

二、预应力混凝土工程施工质量验收

预应力混凝土工程施工质量验收的一般规定有如下三点。

① 后张法预应力混凝土工程的施工，应由具有相应资质等级的预应力专业施工单位承担，无相应资质等级的施工单位不得承担此类工程。

② 预应力筋张拉机具设备及仪表应当定期进行维护和校验。张拉设备配套标定，并配套使用。张拉设备的标定期限不应超过半年。当在使用过程中或在千斤顶检修后出现反常现象时，应重新进行标定。张拉设备标定时，千斤顶活塞的运行方向应与实际张拉工作状态一致；标定张拉设备用的试验机或测力精度不应低于±2%。

③ 在浇筑混凝土之前，应进行预应力混凝土隐蔽工程验收，其内容主要包括：预应力筋的品种、规格、数量、位置等；预应力筋锚具和连接器的品种、规格、数量、位置等；预留孔道的规格、数量、位置、形状及灌浆孔、排气兼泌水管等；锚固区局部加强构造等。

三、常见质量事故及处理

1. 先张法预应力混凝土常见的质量事故及处理

（1）钢丝滑动

① 产生原因

a. 钢丝表面被污染，钢丝与混凝土之间的黏结力遭到破坏；

b. 放松钢丝的速度过快；

c. 超张拉值过大。

② 防治措施

a. 保持钢丝表面洁净；

b. 振捣混凝土一定要密实；

c. 等混凝土强度达到 80% 以上才能放松钢丝。

（2）钢丝被拉断

① 产生原因

a. 钢丝应力，应变性能差；

b. 配筋率低，张拉控制应力过高；

c. 台座不平，预应力位置不准。

② 防治措施

a. 控制冷拔钢丝截面的总压缩率，以改善应力、应变性能；

b. 避免过高的预应力值；

c. 不要用增加冷拔次数来提高钢丝的强度；

d. 增大混凝土构件的截面。

2. 后张法预应力混凝土常见的质量事故及处理

（1）孔道位置不正

① 产生原因

a. 芯管未与钢筋固定牢，井字架间距过大；

b. 浇筑混凝土时，振动棒的振动使芯管偏移。

② 防治措施

a. 井架位置要正确，绑扎在钢筋骨架上，其间距不得大于 1.0m；

b. 灌注混凝土时，防止振动棒振动芯管产生偏移，需起拱的构件，芯管应同时起拱。

（2）孔道塌陷、堵塞

① 现象　后张法构件预留孔道塌陷或堵塞，使预应力筋不能顺利穿过，不能保证灌浆质量。

② 产生原因

a. 抽芯过早，混凝土尚未凝固；

b. 孔壁受外力和振动影响，如抽管时，因方向不正而产生的挤压和附加振动等；

c. 抽管速度过快。

③ 防治措施

a. 抽芯在混凝土初凝之后、终凝前；

b. 浇筑混凝土后，钢管每隔 10～15min 同向转动一次，宜先上后下、先曲后直；

c. 抽管速度要均匀；

d. 抽出后及时检查孔道，塌陷处应及时疏通。

第一节　钢零件与部件加工

一、放样、号料及切割

1. 放样

钢结构的放样和号料都属于钢结构的零件加工工作。

整个钢结构的制作，所有的工件都必须先进行放样，包括核对图纸的安装尺寸和孔距。按足尺放出节点，核对各部分的尺寸、形状、起拱，并应把每个零件的加工要求、数量、零件号码等写在实样上，放样过程可以及时发现施工图的差错并及时改正。放样工作的准确性直接影响产品的质量。放样时要先打出构件的中心线，再画出零件尺寸，得出实样。放样如图 12-1 所示。

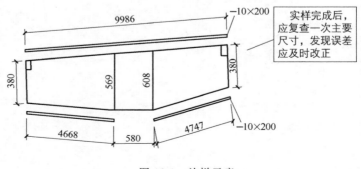

图 12-1　放样示意

2. 号料

钢结构的号料是采用经检查合格的样板（样杆）在钢板或型钢上画出零件的形状及切割、铣刨、弯曲等加工线以及钻孔、打冲孔位置，并标出零件编号。号料要根据图纸用料要求和材料尺寸合理配料。号料要求如图 12-2 所示。

尺寸大、数量多的零件，应统筹安排、长短搭配

图 12-2 号料要求

号料后钢零件和钢部件应进行标识，以便于切割及后续工序工作，避免造成混乱。号料现场如图 12-3 所示。

标识包括工程号、零部件编号、加工符号、孔的位置等

图 12-3 号料现场

3. 切割

钢结构切割是指在工业生产中，根据需要对钢材结构进行切割加工的过程，钢结构切割又名钢板切割。切割现场如图 12-4 所示。

图 12-4 切割现场

二、矫正、弯折和边缘加工

1. 矫正

号料时钢材如有较大的弯曲、凹凸不平时，应先进行矫正。钢板矫正现场如图 12-5 所示。

图 12-5 钢板矫正现场图

2. 钢构件弯折及加工机械

① 钢构件弯折及加工机械如图 12-6 所示。

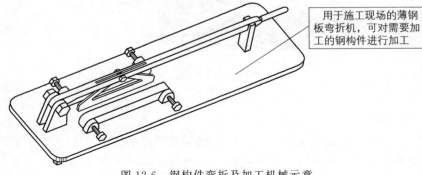

图 12-6 钢构件弯折及加工机械示意

② 板弯器矫直工字钢如图 12-7 所示。

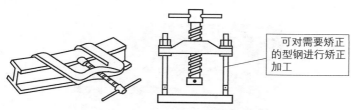

可对需要矫正
的型钢进行矫正
加工

图 12-7　板弯器矫直工字钢示意图

③ 钢构件弯折加工现场如图 12-8 所示。

钢板弯折加工现场

图 12-8　钢构件弯折加工现场

3. 边缘加工

边缘加工是指在钢结构制造中，经过剪切或气割过的钢板边缘，其内部结构会发生硬化和变态。一般需要做边缘加工的部位包括：吊车梁翼缘板、支座支撑面等具有工艺性要求的加工面；设计图纸中有技术要求的焊接坡口；尺寸精度要求严格的加劲板、隔板、腹板及有孔眼的节点板等。常用的边缘加工方法有铲边、刨边、铣边（图 12-9）和碳弧电气刨边四种。

图中为
机器正在
铣边加工

图 12-9　铣边

为了保证桥梁或重型吊车梁等重型构件的质量，需要对边缘进行加工，其刨切量不应小于 2.0mm。此外，为了保证焊缝质量，考虑到装配的准确性，要将钢板边缘刨成或铲成坡口，往往还要将边缘刨直或铣平。经边缘加工后的构件如图 12-10 所示。翼缘板边缘加工如图 12-11 所示。

图 12-10　经边缘加工后的构件

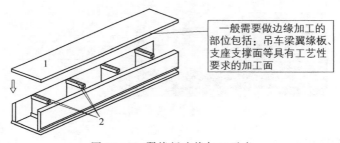

图 12-11　翼缘板边缘加工示意

1—上翼缘板；2—翼缘板连接

第二节　钢结构的拼装与连接

一、钢焊接结构的拼装

1. 钢焊接结构

焊接结构，是指常见的最适宜于用钢焊接方法制造的金属结构。钢焊接结构的拼装现场如图 12-12 所示。

2. 钢结构焊接拼装

组装严格控制轴线尺寸，保证偏差在允许范围内。组装完后校核尺寸轴线标高等无误差后，方可施焊。

每道焊接层间温度应控制在 $100\sim150℃$，温度太低时应重新预热，

图 12-12　钢焊接结构拼装现场

太高时应暂停焊接。焊接时不得在坡口外的母材上打火引弧，对接焊缝须相互错开 200mm 以上，并用精确方法检查合格。

型钢对接焊接或沿截面围焊时，不得在同一位置起弧灭弧，而应盖过起弧处一段距离后方能灭弧；也不得在钢材的非焊接部位和焊缝端部起弧或灭弧。构件所有焊缝的弧坑必须填满，钢材上不可有肉眼可见的咬肉，宜采用平焊以保证质量。

钢结构焊接拼装现场如图 12-13 所示。

图 12-13　钢结构焊接拼装现场

3. 钢焊接结构拼装使用的工具

钢焊接结构拼装使用工具有：卡兰或铁楔夹具（可把两个零件夹紧在一起定位进行焊接）、槽钢夹紧器（可用于装配结构的对接接头）、矫正夹具及拉紧器（矫正夹具用于装配钢结构）、正反丝扣推掌器（用于在装配圆筒体时调整焊缝间隙矫正筒体形状之用）、液压油缸及手动千斤顶。

铁楔夹具如图 12-14 所示，钢焊接结构拼装如图 12-15 所示。

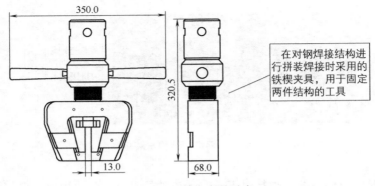

图 12-14　铁楔夹具示意

图 12-15　钢焊接结构拼装

二、钢结构的连接

1. 钢结构连接的定义及分类

钢结构连接是指钢结构构件或部件之间的互相连接。钢结构连接示意如图 12-16 所示。

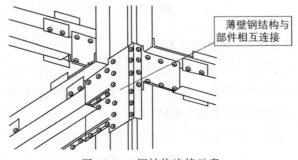

图 12-16　钢结构连接示意

钢结构常用的连接方法有：焊缝连接、螺栓连接和铆接。

2. 焊缝连接

焊缝连接属刚接（可以承受弯矩），除了在直接承受动力荷载的结构中及超低温状态下，均可采用焊缝连接。

（1）焊缝连接的形式

钢材焊缝连接的形式，有正对接焊缝和斜对接焊缝。焊缝连接示意如图 12-17 所示。

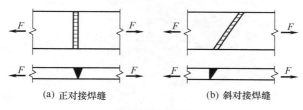

(a) 正对接焊缝　　　　　　(b) 斜对接焊缝

图 12-17　焊缝连接示意

（2）焊缝打磨抛光

① 打磨。

a. 安装砂轮：选择合适粒度尺寸的砂轮，仔细检查所安装的砂轮确无破损和裂纹并确认砂轮安装牢固。

b. 电磨机试运转：在正式研磨前应使电磨机在周围无人的情况下进行试运转，确保正常后方可进行研磨。只用电磨机本身的重量研磨是切实可行的，不要将电磨机强压在被研磨的表面上，握住电磨机使它轻轻地和磨削面接触，所施加的压力不超过 0.3MPa。

c. 研磨时不要利用砂轮的整个表面，应使砂轮倾斜 $15°\sim30°$，只利用它的周边表面磨。打磨时，先难后易，先内后外。打磨处要平整，无针孔、沙眼及凸凹不平、漏磨等现象。

② 抛光。将抛光机的开关关上，用手抬起控制杆，将砂纸一端插进夹紧杆内，使砂纸的边缘与底板相对齐，待平行放好后，将控制杆扳回原位。待砂纸夹紧后，用手握紧工具，将开关移动到"ON"的位置。开机操作时，手指或手掌不要堵住马达的出风口，底板要与加工工件相平齐，然后在工件表面上来回移动，所用的力不超过 0.5MPa。对

于棱角和暗角处，只能用手打磨，严禁使用抛光。抛光面要平整、光滑，无针孔、沙眼及明显的打磨痕迹，不得漏抛。加工过程中，一定要轻拿轻放；保护好工件表面。

焊缝打磨抛光如图 12-18 所示。

现场施工工人正在进行焊缝打磨抛光

图 12-18　焊缝打磨抛光现场

3. 螺栓连接

螺栓连接可分为普通螺栓连接和高强螺栓连接两种。螺栓连接具有易于安装、施工进度和质量容易保证、方便拆装维护的优点，其缺点是因开孔对构件截面有一定削弱，有时在构造上还须增设辅助连接件，故用料增加，构造较复杂；螺栓连接需制孔，拼装和安装时需对孔，工作量增加，且对制造的精度要求较高，但螺栓连接仍是钢结构连接的重要方式之一。

螺栓连接如图 12-19 所示。螺栓连接施工现场如图 12-20 所示。

4. 铆接

铆接，是利用轴向力，将零件铆钉孔内钉杆墩粗并形成钉头，使多个零件相连接的方法，使用铆钉连接两件或两件以上的工件叫铆接。铆接流

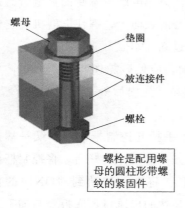

螺母
垫圈
被连接件
螺栓

螺栓是配用螺母的圆柱形带螺纹的紧固件

图 12-19　螺栓连接示意图

现场工人正在上紧螺栓，以加固构件的连接

图 12-20　螺栓连接施工现场

程示意如图 12-21 所示。

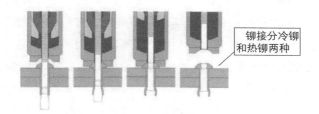

铆接分冷铆和热铆两种

图 12-21　铆接流程示意

铆接分为三类，即活动铆接、固定铆接、密封铆接。活动铆接如图 12-22 所示。固定铆接、密封铆接两者都属于是刚性连接。

活动铆接结合件可以相互转动

图 12-22　活动铆接

三、钢结构焊接的问题及处理方法

1. 焊接中的局部变形

（1）产生原因

① 加工件的刚性小或不均匀，焊后收缩，变形不一致。

② 加工件本身焊缝布置不均，导致收缩不均匀，焊缝多的部位收缩大，变形也大。

③ 施工人员操作不当，未对称分层、分段、间断施焊，焊接电流、速度、方向不一致，造成加工件变形的不一致。

④ 焊接时咬肉过大，引起焊接应力集中和过量变形。

⑤ 焊接放置不平，应力集中释放时引起变形。

（2）预防措施

① 设计时尽量使工件各部分刚度和焊缝均匀布置，对称设置焊缝以减少交叉和密集焊缝。

② 制定合理的焊接顺序，以减少变形，如先焊主要焊缝后焊次要焊缝，先焊对称部位的焊缝后焊非对称焊缝，先焊收缩量大的焊缝后焊收缩量小的焊缝，先焊对接焊缝后焊角焊缝。

③ 对尺寸大焊缝多的工件，采用分段、分层、间断施焊，并控制电流、速度、方向一致。

④ 手工焊接较长焊缝时，应采用分段进行间断焊接法，由工件的中间向两头退焊，焊接时人员应对称分散布置，避免由于热量集中引起变形。

⑤ 大型加工件如形状不对称，应将小部件组焊校正完变形后，再进行装配焊接，以减少整体变形。

⑥ 工件焊接时应经常翻动，使变形互相抵消。

⑦ 对于焊后易产生角变形的零部件，应在焊前进行预变形处理，如钢板 V 形坡口对接，在焊接前应将接口适当垫高，这样可使焊后变平。

⑧ 通过外焊加固件增大工件的刚性来限制焊接变形，加固件的位置应设在收缩应力的反面。

（3）处理方法

对已变形的构件，如变形不大，可人工用卡具校正。如变形较大，可用火炮校正，对局部变形可用火烤外部位。角变形可用边烤边用千斤顶的方法校正。

2. 工件侧弯

（1）产生原因

① 构件组未搭设平台，基准面出现侧弯，焊接后产生弯曲。

② 构件节点间隙不均，焊接后收缩向间隙大的一侧弯曲。

③ 组焊与焊接工艺顺序不当，或强行组装，焊接后还存在较大残余应力或焊后放置不平、支点太少，或位置不正确而产生弯曲。

④ 运输、堆放、起吊点不当，导致工件向一侧弯曲。

（2）预防措施

① 构件组装应在找平的钢平台上进行，焊接前挂通线检查。

② 构件节点间隙应保持均匀一致，按工艺设计焊接顺序焊接，避免不对称焊接。

③ 工件运输、堆放、起吊点应保持受力一致，不使侧向出现大应力造成侧弯。

（3）处理方法

采用火焰法在侧弯的一侧用三角加热法校正，或辅以千斤顶顶正。

3. 构件扭曲

（1）产生原因

① 节点角钢拼接不严密，间隙不均或节点尺寸不符合要求，焊接后收缩不一。

② 组装工艺与焊接顺序不当，未对称分层、分段、间断施焊，而是一个节点或一个面一次焊完，从而引起扭曲变形。

③ 构件拼装在地面上进行，基准面高低不平，造成工件焊接后尺寸不准、扭曲不平。

④ 对刚度差的工件，翻身时未进行加固，翻身后未检查找平就进行焊接。

（2）预防措施

① 下料前对节点放样，按放样尺寸下料。

② 拼接节点的连接角钢与母材之间用夹紧器或者卡口卡紧，点焊固定，再进行拼装。

③ 构件在平台上拼装，尺寸大者可设马凳找平，作为主装基准面，构件全长应拉通线或用水平仪找平，确认符合设计尺寸后将始点焊固定，再进行焊接。

④ 焊接时人员要对称分散分布，使收缩应力分散，以借自身的刚性抵消部分变形。

⑤ 组对焊接位置要垫平，使支点正确，以避免焊接应力释放时产生变形。

⑥ 隔板加工时，应控制对角线误差在 1～2mm 范围内。

⑦ 吊运或翻身时应防止乱摔而使构件受猛烈冲击，对侧向刚度差的物件翻身前要加固，翻身后要找平。

⑧ 拼装节点应有反变形措施。

（3）处理方法

一般扭曲采用千斤顶顶压和火焰烘烤加热相结合的方法校正，可视扭曲变形情况，用火焰打开翘曲处的主焊缝，将腹板或翼板分别用火焰校正后再焊上校正。

4. 构件下挠

（1）产生原因

① 制作时未按设计和规范要求拱度起拱。

② 制作角度不准确或构件尺寸不符合设计要求。

③ 放线错误，未考虑起拱，数值过小。

④ 连接处未用卡具卡紧。

⑤ 屋架立拼装中间支（顶）点下沉或变曲。

（2）预防措施

① 构件放线拼装时按设计规范规定的拱度值起拱。

② 严格按钢结构构件制作允许偏差进行检验。发现拼装节点角度有误应及时处理。

③ 在小拼过程中严格控制累计偏差。

④ 屋架立拼装时，支承点、支架应经计算有足够的强度和刚度，支点处夯实。

（3）处理方法

已下挠的构件采取割开中间节点焊缝，按要求起拱后要重新焊接处理。

5. 焊缝开裂

（1）产生原因

① 焊件的含碳量过高或硫、磷成分过高及分布不均匀。

② 焊条质量差或采用与母材强度、性能相差悬殊的焊条焊接，造成强度不够被拉裂。

③ 定位点焊数量太少或零件本身存在较大误差，组装不上，采取强制变形不定位、焊接造成应力过大将焊缝拉裂。

④ 刚度大的构件焊接范围顺序和方向选用不当。

⑤ 厚度大的焊件未进行预热或在低温下焊接使焊缝冷脆。

⑥ 由于结构本身构造或存在缺口，引起严重应力集中。

⑦ 构件焊接后受到强烈的冲击振动。

（2）预防措施

① 严格检查焊件的材质，控制硫磷的含量在允许的范围内。

② 正确选用与母材相适应的焊条、焊剂。

③ 合理设置定位点焊接的数量，避免在强制变形下定位焊接，不使焊接应力过大。

④ 根据结构情况，正确选定焊接顺序和方向，先焊收缩量大的焊缝。

⑤ 在低温下焊接厚焊件，应将母材进行预热，焊后保温缓冷却。

⑥ 改进设计构造，避免缺口，减少应力集中。

⑦ 已焊构件在运输、堆放、吊装过程中，严防强烈碰撞、振动。

⑧ 适当提高焊缝形状系数。采用对称、分段、多道多层、间断焊法，消除焊缝应力，提高焊缝强度。

（3）处理方法

将裂缝部位焊缝应用气弧刨将裂缝消除，重新接焊。

第三节 钢结构的结构安装工程

钢结构厂房的主要承重构件是由钢材组成的，包括钢柱、钢梁、钢结构基础、钢屋架和钢屋盖，注意，钢结构的墙也可以采用砖墙围护。

随着我国钢产量的增大，钢结构厂房也越来越多，具体可分为轻型和重型钢结构厂房。用钢材建造的工业与民用建筑设施被称为钢结构建筑。

钢结构建筑的特点有：

① 钢结构建筑质量轻、强度高、跨度大；

② 钢结构建筑施工工期短、投资成本低；

③ 钢结构建筑防火性高、防腐蚀性强；

④ 钢结构建筑搬移方便、回收无污染。

钢结构单层
厂房安装

一、钢结构单层厂房安装

1. 钢柱

大型钢柱一般在变截面处或肩梁上部分段进行分段运输。工地拼装后，用焊接或高强度螺栓连接，组成整根柱子进行吊装。钢柱安装如图 12-23 所示。

2. 钢柱柱脚安装

柱脚按结构内力的边界条件划分，可分为铰接柱脚和刚性固定柱脚两大类。铰接柱脚仅传递竖向荷载和水平荷载，刚性固定柱脚除传递竖向和水平荷载外，还传递弯矩。刚性固定柱脚就其构造形式可分为三种形式：露出式柱脚、埋入式或插入式柱脚、外包式柱脚。按柱脚的结构形式则可分为整体式柱脚和分离式柱脚。

钢柱柱脚安装如图 12-24 所示。

可将钢柱
分为两节制作

图 12-23 钢柱安装示意

柱脚按照
设计要求焊
接固定

图 12-24 钢柱柱脚安装现场

3. 柱间支撑

安装时应该首先构建稳定的区格单元，然后逐榀将平面刚架连接于稳定单元上直至完成全部结构。在稳定的区格单元形成前，必须施加临时支撑固定已安装的刚架部分。

柱间支撑如图 12-25 所示。

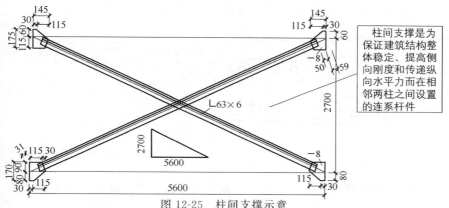

柱间支撑是为保证建筑结构整体稳定、提高侧向刚度和传递纵向水平力而在相邻两柱之间设置的连系杆件

图 12-25 柱间支撑示意

4. 钢吊车梁临时就位

吊车梁吊升时，应在构件上系上溜绳，用来控制吊升过程吊车梁的空中姿态，方便对位及避免碰撞。当将梁升到牛腿面上时，操作人员应利用吊机带负荷的条件，将吊车梁准确对位并塞垫梁下口使其平稳后，放松吊钩解开索具。吊车梁应和柱临时固定。

钢吊车梁临时就位如图 12-26 所示。

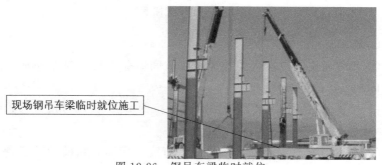

现场钢吊车梁临时就位施工

图 12-26 钢吊车梁临时就位

5. 屋面梁、屋面支撑

（1）屋面梁

屋面梁是指在屋面结构中承受来自檩条、屋面板压力的主要结构构件。它主要承受弯矩和剪力。

屋面梁如图 12-27 所示。

现场屋面梁施工，钢结构房屋屋面梁的拼装以两柱间作为一单元，单元拼接后要检验

图 12-27 屋面梁

（2）屋面支撑

用来保证屋盖稳定性，提高空间刚度，承受及传递纵向水平力。屋面支撑如图 12-28 所示。

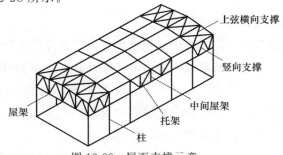

图 12-28 屋面支撑示意

6. 钢吊车梁的校正固定

① 校正时机：应在屋盖系统（或节间屋盖系统）吊装完成，结构的空间刚度形成后再进行。

② 校正方法：宜采用通线法（也称拉钢丝法），也可用平移轴线法（也称仪器法）。

③ 校正内容：主要校正吊车梁垂直度、标高、纵横轴线位置，并保证两排吊车梁平行。

钢吊车梁的校正固定施工现场如图 12-29 所示。

图 12-29 钢吊车梁的校正固定施工现场

二、多层房屋结构安装

1. 基础须知

所谓结构安装工程，就是采用不同类型的起重机械将预制构件或组合单元安装到设计位置的施工过程，是装配式结构房屋施工中的主导工程。

2. 施工要点

（1）构件清理

构件清理现场如图 12-30 所示。

施工现场工人正在进行构件的清理工作

图 12-30 构件清理现场

（2）起重机的选择

① 外形不规则多层房屋结构起重机的选择　对外形不规则的多层框架结构房屋，多选用履带式起重机或汽车式起重机，这种起重机起重量大、移动灵活。外形不规则多层房屋结构起重机如图 12-31 所示。

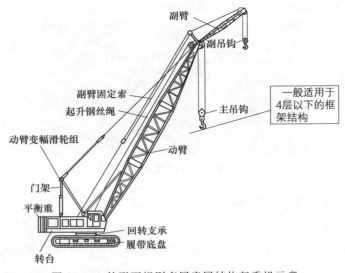

图 12-31　外形不规则多层房屋结构起重机示意

② 外形规则多层房屋结构起重机的选择　对外形较规则的多层房屋结构，构件安装高度高，根据结构形式和安装方法，当起重设备布置在跨外时，多选用塔式起重机。外形规则多层房屋结构起重机如图 12-32 所示。这种起重机具有较高的提升高度和较大的工作半径，吊运特性好、构件布置灵活、安装率高。

图 12-32　外形规则多层
房屋结构起重机

（3）测量工艺及控制

选择合理的测量监控工艺。多层及高层钢结构安装时，楼层标高可采用相对标高或设计标高进行控制，并应符合以下规定。

① 当采用设计标高控制时，应以每节柱为单位进行柱标高调整，并应使每节柱的标高符合设计的要求。

② 建筑物总高度的允许偏差和同一层内各节柱的柱顶高度差，应

符合《钢结构工程施工质量验收标准》（GB 50205—2020）的有关规定。

（4）钢框架吊装顺序

流水作业段内的构件吊装宜符合以下规定。

① 吊装可采用整个流水段内先柱后梁或局部先柱后梁的顺序；单柱不得长时间处于悬臂状态。

② 钢楼板及压型金属板安装应与构件吊装进度同步。

③ 特殊流水作业段内的吊装顺序应按安装工艺确定，并应符合设计文件的要求。

（5）多层、高层钢结构安装工艺流程

① 合理划分流水作业区段。

② 确定构件安装顺序。

③ 在起重机起重能力允许的情况下，为减少高空作业、确保安装质量、安全生产、减少吊次、提高生产率，能在地面组拼的，尽量在地面组拼好，如钢柱与钢支撑、层间柱与钢支撑、钢桁架组拼等，一次吊装就位。

④ 安装流水段，可按建筑物平面形状、结构形式、安装机械的数量、工期、现场施工条件等划分。

⑤ 构件安装顺序，平面上应从中间核心区及标准节框架向四周发展，竖向应由下向上逐件安装。

⑥ 确定流水区段，且构件安装、校正、固定（包括预留焊接收缩量）后，确定构件接头焊接顺序，平面上应从中部对称地向四周发展，竖向根据有利于工艺间协调、方便施工、保证焊接质量的原则，确定焊接顺序。

⑦ 一节柱的一层梁安装完后，立即安装本层的楼梯及压型钢板。楼面堆放物不能超过钢梁和压型钢板的承载力。

⑧ 钢构件安装和楼层钢筋混凝土楼板的施工，两项作业不宜超过 5 层；当必须超过 5 层时，应通过主管设计者验算而定。

（6）现场焊接工艺

多层及高层钢结构的焊接顺序，应从建筑平面中心向四周扩展，采取结构对称、节点对称和全方位对称焊接，如图 12-33 所示。

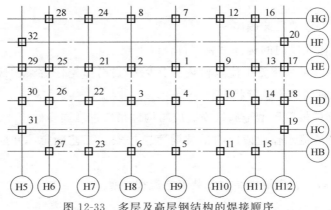

图 12-33　多层及高层钢结构的焊接顺序

柱与柱的焊接应由两名焊工在两相对面等温、等速对称施焊；一节柱的竖向焊接顺序是先焊顶部梁柱节点，再焊底部梁柱节点，最后焊接中间部分梁柱节点；梁和柱接头的焊缝，一般先焊梁的下翼缘板，再焊上翼缘板；梁的两端先焊一端，待其冷却至常温后再焊另一端，不宜对一根梁的两端同时施焊。

（7）高强螺栓施工工艺

① 高强螺栓在施工前必须有材质证明书（质量保证书），必须在使用前做复试。

② 高强螺栓设专人管理，妥善保管，不得乱扔乱放，在安装过程中，不得碰伤螺纹及污染脏物，以防扭矩系数发生变化。

③ 高强螺栓的存放要防潮、防腐蚀。

④ 安装螺栓时，应用光头撬棍及冲钉对正上下（或前后）连接板的螺孔，使螺栓能自由插入。

⑤ 对于箱形截面部件的接合部，全部从内向外插入螺栓，在外侧进行紧固。如操作不便，可将螺栓从反方向插入。

（8）结构安装及校正

同一流水作业段、同一安装高度的一节柱，当各柱的全部构件安装、校正、连接完毕。并验收合格后，应再从地面引放上一节柱的定位轴线。高层钢结构安装时，应分析竖向压缩变形对钢结构的影响，并应根据钢结构的特点和影响程度采取预调安装标高、设置后连接构件等相应措施。

三、高层钢结构安装

1. 钢构件进场

钢构件运至现场，现场卸货后，堆放到临时堆场的指定位置。钢构件以及材料运输进场应根据平面布置要求以及安装进度计划来安排，钢构件进场最晚在吊装前一两天进场，进行构件检验及报验，有需要现场拼装的构件要提前一周进场。构件进场还要考虑安装现场的堆场限制，协调好安装现场与加工制作的关系，保证安装工作按计划进行。

钢构件进场如图 12-34 所示。

按照平面布置的要求组织钢结构构件进场

图 12-34　钢构件进场

2. 钢构件的配套预检

钢构件到场后，按随车货运清单核对所到构件的数量及编号是否相符、构件是否配套，如发现问题，应立即通知制作厂迅速采取措施，更换或补充构件，以保证现场顺利进行。验收要严格按照图纸的有关要求和规范，对构件的质量进行验收，并做好记录。对于制作超过规范误差和运输中受到的损伤的构件，应当在安装前由制作单位进行返修。但对于轻微的损伤，安装单位也可以在现场进行修整。

钢构件的配套预检如图 12-35 所示。

将所有钢构件整理出来到配套场地，将数量和规格集全后对构件预检和修复处理

图 12-35 钢构件的配套预检示意图

3. 钢梁柱安装

① 钢柱的安装。钢柱在吊装之前首先要确定钢柱的位置，绑扎牢固吊装时，要做好一切防护措施。钢柱在吊起来以后，离地脚螺栓大约 40cm 的时候，要及时扶正，使柱脚的安装孔对准螺栓，然后吊车慢慢地落钩就位。当垂直偏差在可允许的范围之内，可以进行初拧螺栓，临时固定之后即可脱钩。

② 钢梁吊装在钢柱安装完成以后再进行，钢梁吊装的时候，要采用两点对称，然后再进行起吊、就位安装。钢梁起吊以后，距柱基准面 10cm 的时候慢慢就位，然后进行对接调整，之后再进行固定，吊装的时候要随时用经纬仪纠偏矫正。

钢梁柱安装如图 12-36 所示。

注意安装顺序以便消除安装误差

图 12-36 钢梁柱安装

4. 钢梁钢柱校正

（1）标高的校正

用水准仪对每根吊车梁两端标高进行测量，首先采用千斤顶或倒链将吊车梁一端吊起，然后用调整吊车梁垫板厚度的方法，至标高满足设计要求。

（2）平面位置的校正（通线校正法）

采用经纬仪在吊车梁两端定出吊车梁的中心线，用一根 16～18 号钢丝在两端中心点间拉紧，钢丝两端用 20mm 小钢板垫高，松动安装螺栓，用千斤顶或撬杠拨动偏移的吊车梁，使吊车梁中心线与通线重合。

（3）垂直度的校正

在平面位置校正的同时用线坠和钢尺校正其垂直度，当一侧支承面出现空隙，应用楔形铁片塞紧，以保证支承贴紧面不少于 70％。

（4）跨距校正

在同一跨吊车梁校正好之后，应用拉力计数器和钢尺检查吊车梁的跨距，其偏差值不得大于 10mm。

钢梁钢柱校正如图 12-37 所示。

主梁安装时应根据焊缝收缩量预留焊缝变量

图 12-37 钢梁钢柱校正示意

5. 钢结构连接

钢结构连接如图 12-38 所示。

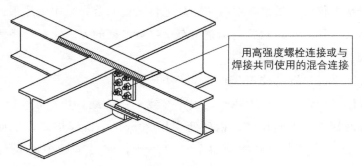

用高强度螺栓连接或与焊接共同使用的混合连接

图 12-38 钢结构连接

四、大跨度钢网架屋盖结构安装

1. 基础须知

大跨度结构为横向跨越 30m 以上空间的各类结构形式的建筑。大跨度结构多用于工业建筑中的大跨度厂房、飞机装配车间和大型仓库等。

2. 施工工艺流程

安装柱顶提升平台→拼装上部网架→空中悬停→安装附件。

3. 具体施工过程

（1）安装柱顶提升平台

安装柱顶提升平台如图 12-39 所示。

在混凝土柱顶设置平台埋件，安装平台并放置提升设备，穿钢绞线并与下吊点的提升地锚连接

图 12-39 安装柱顶提升平台

（2）拼装上部网架

拼装上部网架现场如图 12-40 所示。

工人在地面上铺设简易胎架，按照设计拼装网架结构和其他附属结构

图 12-40 拼装上部网架

（3）空中悬停

空中悬停现场如图 12-41 所示。

被提升结构脱离胎架应做短暂的空中悬停，悬停期间对整体提升支承结构检查，符合要求后继续提升

图 12-41 空中悬停示意

（4）安装附件

安装附件现场如图 12-42 所示。

4. 施工注意事项

① 提升验算时，需注意整个提升结构与周边结构的相互关系，避免结构提升过程中的互相冲突。

工人正在补齐周边后补杆件、支座等网架构件

图 12-42　安装附件现场

② 提升支架设计时应考虑尽量简洁，并留有一定的强度裕度，以应对可能出现的局部不同步所引起的吊点反力偏差。

③ 连接上下部结构的预应力拉索应充分考虑上部和下部结构的挠度差，并留有一定长度的调节余地。

④ 被提升结构提升点的位置应对应位于提升点的垂直下方，水平误差按 1/1000 控制，且不大于 30mm。

⑤ 吊装时，如果将网架与下部轨道一同吊装，则其与轨道的连接节点应特别处理。建议将轨道顶面连接开孔改为长圆孔，使长度满足水平自由伸缩，以避免网架与轨道协同受力，如不满足要求，则可能导致网架上弦杆件附加压应力过大后失稳。

⑥ 吊装时，注意下部结构的重心位置，调整拉索型号和布置位置，避免出现严重偏心和倾覆。

⑦ 吊装过程中，结构处于受力状态，严禁在主要受力构件上进行焊接作业。

第四节　结构吊装工程的质量要求及安全措施

1. 标高的控制

楼板以墙板顶下 10cm 处作为安装楼板标高的控制线，抹找平层后再吊装楼板。对于墙板安装，是在已吊装好的楼板面上，在每块墙板位置下边，抹两个 1∶3 的水泥砂浆灰墩。为保证控制标高的作用，灰墩必须提前铺设找平，达到一定强度后方准吊装。

2. 吊装

按逐间封闭顺序吊装，临时固定以操作平台为主。用拉杆、转角器解决楼梯间及不能放置操作平台房间板的固定。

3. 铺灰

在墙板下两个找平灰墩以外区域，要均匀铺灰，厚度高出水平墩 2cm。为保证灰浆的和易性，铺灰与吊装进度不应超过一间。一般情况铺灰用 M10 混合砂浆，灰缝厚度大于 3cm 时，应采用豆石混凝土。

4. 焊缝要求

焊缝长度不得小于 6cm，厚度不得低于母材 1mm，做到不咬肉、不夹渣、无砂眼。焊缝要求如图 12-43 所示。

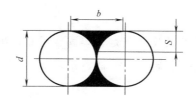

图 12-43　焊缝尺寸示意

d—钢筋直径；b—焊缝宽度；S—焊缝有效厚度

5. 塞缝

墙板安装后，立即进行水平缝塞缝工序。缝要塞紧塞密，两面凹进 1cm。墙板塞缝如图 12-44 所示。

图 12-44　墙板塞缝

6. 警示牌

吊装现场应设置安全警戒标志，并设专人监护，非作业人员禁止入内。警示牌如图 12-45 所示。

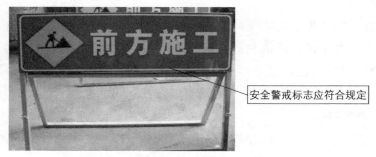

安全警戒标志应符合规定

图 12-45　警示牌

7. 吊装要求

起升吊物时应检查其连接点是否牢固、可靠；吊运零散件时，应使用专门的吊篮、吊斗等器具，吊篮、吊斗等不应装满。吊装现场如图 12-46 所示。

吊物捆绑应牢靠，吊点和吊物的中心应在同一垂直线上

图 12-46　吊装现场

用定型起重吊装机械（例如履带吊车、轮胎吊车、桥式吊车等）进行吊装作业时，除遵守本标准外，还应遵守该定型起重机械的操作规程。

第十三章
装饰装修工程

第一节 抹灰工程

一、一般抹灰

1. 施工概要

用水泥抹灰砂浆、水泥粉煤灰抹灰砂浆、水泥石灰抹灰砂浆、聚合物水泥抹灰砂浆、石膏砂浆及塑化剂水泥抹灰砂浆等涂抹在建筑物的墙、顶、柱等表面上，直接做成饰面层的装饰工程，称为一般抹灰工程。一般抹灰工程优先选用预拌砂浆。

2. 施工工艺流程

基层清理→浇水湿润→吊垂直、贴灰饼、冲筋→抹水泥踢脚或墙裙→抹水泥窗台→抹底灰→修抹预留孔洞、电气箱、电气盒等→抹面灰→养护。

3. 具体施工过程

（1）基层清理

① 砖砌体基层 将墙面上残存的砂浆、舌头灰剔除，污垢、灰尘等清理干净，用清水冲洗墙面，将砖缝中的浮砂、尘土冲掉。

② 混凝土基层处理 因混凝土墙面在结构施工时大都使用脱模隔离剂，表面比较光滑，故应将其表面进行处理，其方法为：采用脱污剂将墙面的油污清除干净，晾干后采用机械喷涂或笤帚涂刷一层薄的胶黏性水泥浆或涂刷一层混凝土界面剂（图 13-1、图 13-2），使其凝固在光

滑的基层上，以增加抹灰层与基层的附着力，不出现空鼓、开裂现象；另一种方法可采用将其表面用尖钻均匀剔成麻面，使其表面粗糙不平，然后浇水湿润。抹灰时墙面不得有明水。

图 13-1　机械喷浆

图 13-2　喷浆成品

（2）浇水湿润

一般在抹灰前一天，用水管或喷壶顺墙自上而下浇水湿润。不同的墙体、不同的环境，需要不同的浇水量。浇水要分次进行，最终以墙体既湿润又不泌水为宜。

灰饼

图 13-3　大墙面灰饼

（3）吊垂直、贴灰饼（图 13-3）、冲筋（图 13-4）

根据设计图纸要求的抹灰质量和基层表面平整垂直情况，用一面墙做基准，吊垂直、套方、找规矩，确定抹灰厚度，抹灰厚度不应小于 7mm。当墙面凹度较大时，应分层抹平。每层厚度不大于 7～9mm。操作时应先抹上灰饼，再抹下灰饼。抹灰饼时应根据室内抹灰要求，确定灰饼的正确位置，再用靠尺找好垂直与平整。灰饼宜用 M15 水泥砂浆抹成 50mm 见方形状，抹灰层总厚度不宜大于 20mm。

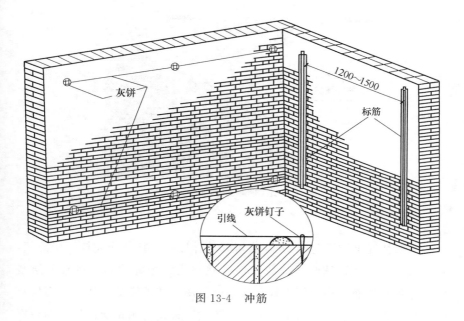

图 13-4 冲筋

（4）抹水泥踢脚或墙裙

根据已抹好的灰饼冲筋（此筋可以冲得宽一些，以 80～100mm 为宜，因此筋即为抹踢脚或墙裙的依据，同时也作为墙面抹灰的依据）。水泥踢脚、墙裙、梁、柱、楼梯等处应用 M20 水泥砂浆分层抹灰，抹好后用大杠刮平，木抹搓毛，常温第二天用水泥砂浆抹面层并压光，抹踢脚或墙裙厚度应符合设计要求，无设计要求时凸出墙面 5～7mm 为宜。凡凸出抹灰墙面的踢脚或墙裙上口必须保证光洁、顺直，踢脚或墙面抹好将靠尺贴在大面与上口平，然后用小抹子将上口抹平压光，凸出墙面的棱角要做成钝角，不得出现毛茬和飞棱。

（5）抹水泥窗台

先将水泥窗台基层清理干净，清理砖缝，松动的砖重新砌好，用水润透，用 1∶2∶3（水泥∶黄沙∶豆石）豆石混凝土确定，厚度宜大于25mm，一般 1d 后抹 1∶2.5 水泥砂浆面层，待表面达到初凝后，浇水养护 2～3d，窗台板下口抹灰要平直，没有毛刺。水泥窗台如图 13-5 所示。

水泥窗台

图 13-5　水泥窗台

（6）抹底灰

一般情况下冲筋完成 2h 左右可开始抹底灰，抹前应先抹一层薄灰，要求将基体抹严，抹时用力压实使砂浆挤入细小缝隙内，接着分层装档，抹灰与冲筋平齐，用木杠刮找平整，用木抹子搓毛。然后全面检查底子灰是否平整，阴阳角是否方直、整洁，管道与阴角交接处、墙顶板交接处是否光滑、平整、顺直，并用托线板检查墙面的垂直与平整情况。抹灰面接槎应平顺，地面踢脚板或墙裙、管道背后应及时清理干净，做到活完场清。抹底灰施工如图 13-6 所示。

工人正在抹底灰

图 13-6　抹底灰施工

（7）修抹预留孔洞、电气箱、电气盒等

当底灰抹平后，要随即由专人把预留孔洞、配电箱、槽、电气盒周边 5cm 宽的石灰砂刮掉，并清除干净，用大毛刷沾水沿周边刷水湿润，然后用 1：1.4 水泥混合砂浆，把洞口、箱、槽、盒周边压抹平整、光滑。预留孔洞如图 13-7 所示。

预留孔洞

图 13-7 预留孔洞

（8）抹面灰（图 13-8）

罩面灰应在底灰六七成干时开始抹罩面灰（抹时如底灰过干应浇水湿润），罩面灰两遍成活，每遍厚度约 2mm，操作时最好两人同时配合进行，一人先刮一遍薄灰，另一人随即抹灰。依先上后下的顺序进行，然后赶实压光，压时要掌握火候，既不要出现水纹，也不可压活，压好后随即用毛刷蘸水，将罩面灰污染处清理干净，施工时整面墙不宜留施工槎。如遇到预留施工洞时，可甩下整面墙待抹为宜。

抹罩面灰

图 13-8 抹面灰

（9）养护

水泥砂浆抹灰面层初凝后应适时喷水养护，养护时间不少于 5d。

4. 施工注意事项

① 抹灰前必须事先把门窗框与墙连接处的缝隙用水泥砂浆嵌塞密

实（铝合金门窗框应留出一定间隙填塞嵌缝材料，嵌缝材料由设计确定）；门口钉设铁皮或木板保护。

② 要及时清扫干净残留在门窗框上的砂浆。铝合金门窗框必须有保护膜，并保持到竣工清擦玻璃时为止。

③ 推小车或搬运东西时，要注意不要损坏阳角和墙面。抹灰用的大杠和铁锹把不要靠在刚抹完灰的墙上。严禁蹬踩窗台，防止损坏其棱角。

④ 拆除脚手架要轻拆轻放，拆除后材料码放整齐，不要撞坏门窗、墙角和阳角。

⑤ 要保护好墙上的预埋件、窗帘钩、通风箅子等。墙上的电线槽、盒、水暖设备预留洞等不要随意抹死。

⑥ 抹灰层凝结前，应防止快干、水冲、撞击、振动和挤压，才能保证灰层有足够的强度。

二、装饰抹灰工程

1. 施工概要

装饰抹灰一般是指采用水泥、石灰砂浆等抹灰的基本材料，除对墙面作一般抹灰之外，还利用不同的施工操作方法将其直接做成饰面层。面层材料主要包括水刷石、干粘石、斩假石、假面砖等。

2. 施工工艺流程

堵门窗口缝→基层处理→吊垂直、套方→分层抹底层砂浆→分格弹线、粘分格条→抹面层→喷刷→起分格条，勾缝→养护。

3. 具体施工过程（水刷石）

（1）堵门窗口缝

抹灰前检查门窗口位置是否符合设计要求，安装牢固，四周缝按设计及规范要求填充，然后用 1：3 水泥砂浆塞实抹严。

（2）基层处理

抹灰前需将基层上的尘土、污垢、灰尘、残留砂浆、舌头灰等清除干净。

（3）吊垂直、套方

　　根据建筑类型确定放线方法，高层建筑可利用墙大角、门窗开口两边，用经纬仪打直线找垂直。吊垂直如图 13-9 所示。

　　（4）分层抹底层砂浆

　　抹底层灰前为增加黏结强度，先在基层刷一遍掺 107 胶的水泥浆，107 胶的掺量为水泥质量的 15%～20%，刷后随抹 1∶2 的水泥砂浆。稍收水后将其表面划毛，再找规矩，先做上排灰饼，再吊垂直线和横向拉通线，补做中间和下排的灰饼及冲筋。抹底层砂浆如图 13-10 所示。

图 13-9　吊垂直

　　（5）分格弹线、粘分格条

　　水刷石的分格是避免施工接槎的一种措施，同时便于面层分块分段进行操作。分格条应刨成双面斜口，小面粘于墙面。分格条厚为 8～10mm，宽度为 15～25mm。用水泥素浆粘贴，水泥浆不宜超过分格条小面范围，超出的要刮掉。贴分格条如图 13-11 所示。

图 13-10　抹底层砂浆

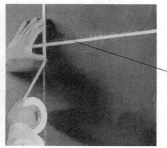

贴分格条

图 13-11　贴分格条

　　（6）抹面层

　　抹平面墙面时，要视找平层砂浆干湿程度酌情洒水，并刷一遍水泥素浆，随即抹水泥石子浆，在每一分格舱内从上往下抹，每抹完一个分格舱，应拍实抹平，石子浆不宜高出或低于分格条，拍实要先轻后重，并把石子尖棱拍入浆内，拍后即用直尺检查平整度，如有凹面应及时增添石子浆，重新拍实抹平，待水分稍干，表面无水光感觉，再用钢皮铁板溜抹一遍，使小孔洞压实挤密，其涂抹厚度根据不同粒径大小而不同，应控制在规定的厚度内。

同一平面的面层要求一次完成，不宜留施工缝，必须留施工缝时，应留在分格条上。抹完一块用直尺检查其平整度，不平处应及时增补抹好。

抹阳角时，一般先抹的一侧不宜用八字靠尺，将石粒浆稍抹过转角，然后再抹另一侧。在抹另一侧时，需用八字靠尺将角靠直找齐，这样，可以避免两侧都用八字靠尺而在阳角处出现明显的接槎印。抹面层如图 13-12 所示。

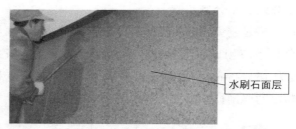

图 13-12　抹面层

（7）喷刷

喷刷石子浆面，应待水泥石子浆开始凝结，手指轻捺无痕，用软刷子刷石不掉时，方可开始。一人先用刷子蘸水刷掉面层灰浆，另一人紧跟着用喷雾器将四周相邻部位喷湿，并随喷随用毛刷刷掉表面浆水，喷水压力要均匀，喷刷顺序应从上而下，喷头一般距墙面 10～20cm。门、窗洞口或贴脸等部位，应先喷刷底部后做大面，以保证大面清洁美观，有阴角的部位应先刷侧面后做正面。为了保证表面洁净，应再用小水壶盛清水缓缓从上往下冲洗一遍。如上下排同时操作，在下排的操作人员喷刷时应及时用干毛刷和干抹布将水分吸掉，防止冲坏面层。如果一旦水刷石面层超过喷刷时间，开始硬结，用清水洗不去水泥浆时，可用 3％～5％盐酸稀释溶液洗刷，然后用清水冲洗，否则，会将面层腐蚀成黄色斑点。

（8）起分格条，勾缝

喷刷面层露出石子后，就要起出分格条。起分格条时，用木抹子柄敲去木条，用抹子扎入木条，上下活动，轻轻起动，用小溜子找平，用鸡腿刷子刷光理直缝角，并用素灰将格缝修补平直，使其颜色一致。

（9）养护

水刷石抹完第二天起要经常洒水养护，养护时间不少于 7d，在夏季酷热天施工时，应考虑搭设临时遮阳棚，防止阳光直接辐射，致水泥早期脱水影响强度，削弱黏结力。

4. 施工注意事项

（1）灰层黏结不牢、空鼓

① 原因　基层未浇水湿润；基层没清理或清理不干净；每层灰跟得太紧或一次抹灰太厚；打底后没浇水养护；预制混凝土外墙板太光滑，且基层没"毛化"处理；板面酥皮未剔凿干净；分格条两侧空鼓是因为起条时将灰层拉裂。

② 处理方法　应注意基层的清理、浇水；每层灰控制抹灰厚度不能过厚；打底灰抹好 24h 内注意浇水养护。对预制混凝土外墙板一定要清除酥皮，并进行"毛化"处理。

（2）墙面脏、颜色不一致

① 原因　刷石墙面没抹平压实，凹坑内水泥浆没冲洗干净，或最后没用清水冲洗干净；原材料一次备料不够；水泥或石渣颜色不一致或配合比不准，级配不一致。

② 处理方法　操作时应反复揉压抹平，使其无凸凹不平之处，最后用清水冲刷干净。要求刷石配合比有专人掌握，所用水泥、石渣应一次备齐。

（3）坠裂、裂缝

① 原因　面层厚度不一，冲刷时厚薄交接处由于自重不同坠裂，干后裂缝加大；压活遍数不够，灰层下密实也易形成抹纹或龟裂；石渣内有未熟化的颗粒，遇水后体积膨胀将面层爆裂。

② 处理方法　要求打底灰一定要平整，面层施工一定要按工艺标

准边刷水边压，直至表面压实、压光为止。

（4）烂根

① 原因　刷石与散水及与腰线等接触的平面部分没有清理干净，表面有杂物，待将杂物清净后形成烂根；由于在下边施工困难，压活遍数不够，灰层不密实，冲洗后形成掉渣或局部石渣不密实。

② 处理方法　刷石与散水和腰线接触部位的清理要仔细；刷石根部的施工要仔细和认真。

（5）阴角刷石、墙面刷石污染、浑浊，不清晰

① 原因　阴角做刷石分两次做两个面，后刷的一面就会污染前面已刷好的一面；整个墙面多块分格，后做的一块，刷洗时污染已经做好的一块。

② 处理方法　将阴角的两个面找好规矩，一次做成，同时喷刷。对大面积墙面刷石，为防止污染，在冲刷后做的刷石前，先将已做好的刷石用净水冲洗干净并湿润后，再冲刷新做的刷石，新活完成后，再用净水冲洗已做好的刷石，防止因冲洗不净造成污染、浑浊。

第二节　楼地面工程

一、整体水磨石面层

1. 施工概要

水磨石面层具有表面光滑、平整、观感好等特点，根据设计和使用要求，可以做成各种颜色图案的地面。水磨石面层适用于有一定防潮（防水）要求、有较高清洁要求或不起尘、易清洁等要求的建筑物楼地面。如工业建筑中的一般装配车间、恒温恒湿车间等。在民用建筑和公共建筑中使用也较为广泛，如库房、室内旱冰场、餐厅、酒吧等。

2. 施工准备

（1）材料及施工机具准备

① 水泥　普通硅酸盐水泥或矿渣硅酸盐水泥，有出厂合格证。普通硅酸盐水泥如图 13-13 所示。

② 白水泥　白色硅酸盐水泥是指由氧化铁含量少的白色硅酸盐水泥熟料、适量石膏及混合材料（石灰石和窑灰）磨细制成的水硬性胶凝材料，简称白水泥。

③ 砂　粗砂或中砂，含泥量不大于 3%。中砂如图 13-14 所示。

图 13-13　普通硅酸盐水泥

图 13-14　中砂

④ 石子　应采用坚硬可磨的岩石（常用白云石、大理石等）。应洁净无杂物、无风化颗粒。同一单位工程宜采用同批产地石子。颜色规格不同的石子应分类保管。白云石如图 13-15 所示。

⑤ 玻璃条　由普通平板玻璃裁制而成，厚 3mm，宽 10mm 左右（视石子粒径定）。玻璃条如图 13-16 所示。

⑥ 颜料　采用耐光、耐碱的矿物颜料。如采用彩色水泥，可直接与石子拌和。

图 13-15　白云石

图 13-16　玻璃条

（2）作业条件

① 施工前应在四周墙身弹好水平墨线。

② 门框和楼地面预埋件、水电设备管线等均应施工完毕与检查合格。对于有室内外高差的门口位，如果是安装有下槛的铁门时，尚应顾及室内外完成面能各自在下槛两侧收口。

③ 各种立管孔洞等缝隙应先用细石混凝土灌实堵严。

④ 作业层的天棚（天花）、墙柱饰面施工完毕。

⑤ 石子粒径及颜色需由设计人确定后进货。

⑥ 彩色水磨石如用白色水泥掺色粉拌制时，应事先按不同的配比做样板。

3. 施工工艺流程

基层处理→找标高弹水平线→铺抹找平层砂浆并养护→弹分格线、镶分格条→铺面层、滚压、抹平→磨面→二遍刮浆→磨光→清洗、打蜡、上光。

4. 具体施工过程

（1）找标高弹水平线

根据墙面上的＋100cm 标高线，往下量测出磨石面层的标高，弹在四周墙上，并考虑其他房间和通道面层的标高要相一致。弹水平线如图 13-17 所示。

（2）铺抹找平层砂浆并养护

找平层用 1∶3 干硬性水泥砂浆，先将砂浆摊平，再用靠尺（压尺）按冲筋刮平，随即用灰板磨平压实，要求表面平整、密实并保持粗糙。找平层抹好后，第二天应浇水养护至少 1d。铺抹找平层砂浆如图 13-18 所示。

图 13-17　弹水平线　　　　　　图 13-18　铺抹找平层砂浆

（3）弹分格线、镶分格条

根据设计要求的分格尺寸和各房间分格原则，在房间中部弹十字线，周边先弹出 200mm 宽的镶边宽度，以十字线为准弹出分格线，后镶分格条。房间镶贴分格条布置原则：镶边交圈，遇柱时居中布置，分格条能够贯通，分格均衡。铜条宽不小于 5mm，应用靠尺比齐用小铁抹子抹稠水泥浆将分格条固定住，为确保水磨石面层的平整度，分格条安装距地面 2mm，抹成 30°八字形。分格条如图 13-19 所示。

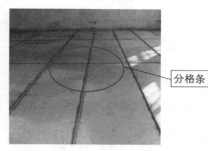

图 13-19　分格条

（4）铺面层、滚压、抹平

面层铺设前，在基层表面刷一遍与面层颜色相同的、水灰比为 0.4～0.5 的水泥浆黏结层，随刷随铺设水磨石拌合料。水磨石拌合料的铺设厚度要高出分格嵌条 1～2mm，要铺平整，用滚筒滚压密实，待表面出浆后，再用抹子抹平。在滚压过程中，如发现表面石子偏少，可在水泥浆较多处补撒石粒并拍平，以增加美观。再在水泥砂浆结合层上按设计要求的分格和图案弹线分格，但分格间距以 1m 为宜。面层分格的一部分分格位置必须与基层（包括垫层和结合层）的缩缝相对齐，以适应上下能同步收缩。铺面层如图 13-20 所示。

（5）磨面

磨面至少要 3 遍，最后一遍磨面时间在踢脚线完工后，墙面刷完一遍涂料后开始。磨面如图 13-21 所示。

图 13-20　铺面层

（6）磨光

用细金刚石磨，磨至表面石子显露均匀、无缺石粒现象。表面平整光滑、无孔隙。磨光如图 13-22 所示。

图 13-21　磨面

（7）清洗、打蜡、上光

打蜡时将蜡包在薄布里，在面层上薄薄涂一层，待干后用木块装在磨石机上研磨。打蜡如图 13-23 所示。

图 13-22　磨光

图 13-23　打蜡

5. 施工注意事项

① 清理楼面时严禁从窗口、留洞口和阳台等处直接向外抛垃圾、杂物。

② 夜间施工或在光线较暗的地方施工时，应采用 36V 低压照明设备照明。

③ 室内手推车拐弯时，要注意防止车把手挤手。

④ 磨石机在操作前应试机检查，确认电线插头牢固，无漏电才能使用。

二、地砖面层

1. 施工概要

地砖面层为工业及民用建筑铺设缸砖、水泥花砖、陶瓷地砖等的地面。地砖面层施工应满足以下条件。

① 墙面抹灰完及抹灰修理完。

② 内墙＋500mm 水平标高线已弹好，并校核无误。

③ 屋面防水和门框已安装完。

④ 地面垫层以及预埋在地面内各种管线已做完。穿过楼面的竖管已安完，管洞已堵塞密实。地面防水做完，并完成蓄水试验办好检验手续。地漏的房间应找好泛水。

⑤ 提前做好选砖的工作，预先用木条钉方框（按砖的规格尺寸）模子，拆包后每块进行套选，长、宽、厚允许偏差不得超过 ±1mm，平整度用直尺检查，不得超过 ±0.5mm。

⑥ 将外观有裂缝、掉角和表面上有缺陷的板剔出，并按花形、颜色挑选后分别堆放。

⑦ 复杂的地面施工前，应绘制施工大样图，并做出样板间，经检查合格后方可大面积施工。

2. 施工工艺流程

基层清理→测量放线→试排编号→刷防护液→冲筋→水泥砂浆结合层→铺贴块料→擦缝→清理→打蜡。

3. 具体施工过程

（1）基层清理

基层应打凿清扫，然后洒水冲洗干净，保持湿润不得有积水。基层清理如图 13-24 所示。

（2）测量放线

根据水平标准线和设计厚度，在四周墙上、柱上弹出面层的上水平标高控制线。测量放线如图 13-25 所示。

（3）试排编号

试排前，根据施工图及现场测试，熟悉各部位尺寸和做法，弄清洞

图 13-24　基层清理

图 13-25　测量放线

口边、角等部位之间的关系。所有石材板块按图案颜色、纹理试拼，并按两个方向编号排列，然后按编号码放整齐。试排编号如图 13-26 所示。

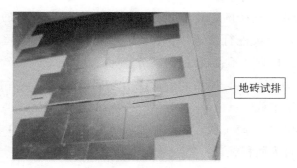

地砖试排

图 13-26　试排编号

（4）刷防护液

石材应六面涂刷防护液，防护液应涂刷均匀，不应有漏刷现象。石材背面的网格及胶应除去。

（5）冲筋

在房间主要部位弹互相垂直的控制十字线，用以控制板材的位置。

（6）水泥砂浆结合层

在清理好的地面上均匀洒水，然后用扫帚均匀洒水泥素浆（水灰比为 0.5 或按图纸设计要求）。根据水平线，定出地面结合层厚度，拉十字线，此层与下道工序铺砂浆找平层必须紧密配合。铺水泥砂浆如图 13-27 所示。

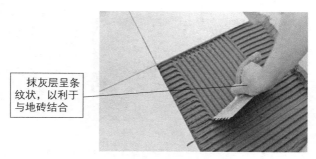

抹灰层呈条纹状，以利于与地砖结合

图 13-27　铺水泥砂浆

（7）铺贴块料

将砖放置在干拌料上（地砖 5～10mm 厚），用橡胶锤找平，之后将砖拿起，在干拌料上浇适量素水泥浆，同时在砖背面涂厚度约为 1mm 的素水泥膏，再将砖放置在找过平的干拌料上，用橡胶锤按标高控制线和方正控制线坐平坐正。铺贴块料如图 13-28 所示。

块料应铺平

图 13-28　铺贴块料

（8）擦缝

当面砖强度达到可上人时，用稀水泥浆进行勾缝，要求缝清晰、顺直、平整、光滑、深浅一致，缝应低于砖面。砖缝如图 13-29 所示。

（9）清理

当水泥砂浆凝固后再用棉纱等物对砖表面进行清理。清理完毕后用锯末养护 2～3d。

4. 施工注意事项

① 清理基层并浇水湿润，在抹底层砂浆之前应于基层上刷一道水

图 13-29 砖缝

泥素浆。

② 找平层、防水层、找坡层等施工完毕，并经验收合格后，才能铺设地砖。防水层应做好隐检记录及闭水试验记录。

③ 地砖应在埋地管安装完成且各专业检查无误后，方可进行施工，以免造成返工。

④ 铺贴时，应从里向外铺贴，先房间后公用空间。

⑤ 铺贴时，一个房间一次完成，不能分次铺贴。

⑥ 铺贴完成后，铺锯末浇水养护，养护期间不得上人。

三、石材面层

1. 施工概要

石材面层包含大理石和花岗岩面层等，是指采用各种规格型号的天然石材板材、合成花岗岩在水泥砂浆结合层上铺设而成。

大理石和花岗岩板材在铺贴前应先对色、拼花并编号。按设计要求的排列顺序，对铺贴板材的部位，以现场实际情况进行试铺，核对楼地面平面尺寸是否符合要求，并对大理石和花岗岩的自然花纹和色调进行挑选排列和编号。

2. 施工准备

① 楼（地）面构造层已验收合格。

② 沟槽、暗管等已安装并已验收合格。

③ 门框已安装固定，其建筑标高、垂直度、平整度已验收合格。

④ 设有坡度和地漏的地面，流水坡度符合设计要求。

⑤ 厕浴间防水层完工后，蓄水试验不渗不漏，已验收合格。

⑥ 墙面＋50cm 基准线已弹好。

⑦ 石材复验放射性指标限量符合室内环境污染控制规范规定。

3. 施工工艺流程

清扫基层→定标高、弹线→板材浸水湿润→铺水泥砂浆结合层→铺贴石材→灌缝→清洁。

4. 具体施工过程

（1）清扫基层

基层处理要干净，高低不平处要先凿平和修补，基层应清洁，不能有砂浆，尤其是白灰砂浆灰、油渍等，并用水湿润地面。清理基层如图 13-30 所示。

（2）定标高、弹线

为了检查和控制石材板块的位置，在房间内拉十字控制线，弹在混凝土垫层上，并引至墙底部，然

图 13-30　清理基层

后依据墙面＋50cm 标高线找出面层标高，在墙上弹出水平标高线，弹水平线时要注意室内与楼道面层标高要一致。弹线如图 13-31 所示。

弹线要平直

图 13-31　弹线

（3）板材浸水湿润

板材应先用水浸湿，待擦干或表面晾干后使用。

（4）铺水泥砂浆结合层

试铺后将干砂和板块移开，清扫干净并用喷壶洒水湿润，刷一层素

水泥浆。根据板面水平线来确定结合层砂浆厚度，拉十字控制线，开始铺结合层，厚度控制在放上石材板块时宜高出面层水平线 3～4mm 为宜。铺砂浆如图 13-32 所示。

图 13-32　铺砂浆

（5）铺贴石材

先在水泥砂浆结合层上满浇一层水灰比为 0.5 的素水泥浆（用浆壶浇均匀），再铺板块，安放时四角同时往下落，用橡胶锤或木槌轻击木垫板，根据水平线用铁水平尺找平，铺完第一块，向两侧和后退方向顺序铺砌。铺完纵、横行之后有了标准，可分段分区依次铺砌，一般房间宜先里后外进行，逐步退至门口，便于成品保护，但必须注意与楼道相呼应。也可从门口处往里铺砌，板块与墙角、镶边和靠墙处应紧密砌合，不得有空隙。铺石材如图 13-33 所示。

工人正在铺贴石材

图 13-33　铺石材

（6）灌缝

在板块铺砌后 1～2d 进行灌浆擦缝。根据大理石（或花岗石）颜色，选择相同颜色矿物颜料和水泥（或白水泥）拌和均匀，调成 1∶1 的稀水泥浆，用浆壶徐徐灌入板块之间的缝隙中（可分几次进行），并用长把刮板把流出的水泥浆刮向缝隙内，至基本灌满为止。灌浆 1～2h 后，用棉纱团蘸原稀水泥浆擦缝与板面擦平，同时将板面上水泥浆擦净，使大理石（或花岗石）面层的表面洁净、平整、坚实，以上工序完成后，面层加以覆盖。养护时间不应少于 7d。石材楼地面如图 13-34 所示。

图 13-34　石材楼地面

5. 施工注意事项

① 铺贴前将板材进行试拼，对花、对色、编号，以保证铺设出的地面花色一致。

② 石材必须浸水阴干，以免影响其凝结硬化而发生空鼓、起壳等问题。

③ 铺贴完成后，2～3d 内不得上人。

四、实木地板面层

1. 施工概要

实木地板采用条材或板材，以空铺或实铺方式在基层上铺设。实木地板面层分为免刨免漆类和原木无漆

实木地板面层

类，具有木材自然生长的纹理，是热的不良导体，能起到冬暖夏凉的作用，且具有脚感舒适、使用安全的特点，是卧室、客厅、书房等地面装

修的理想材料。

2. 施工工艺流程

清理基层、测量弹线→安装木龙骨→铺钉毛地板→铺实木地板面层→刨平、磨光→安装木踢脚板→涂刷油漆、打蜡→清理。

3. 具体施工过程

(1) 清理基层、测量弹线

对基层空鼓、麻点、掉皮、起砂、高低偏差等部位先进行返修，并把沾在基层上的浮浆、落地灰等用錾子或钢丝刷清理掉，再用扫帚将浮土清扫干净。待所有清理工作完成后进行验收，合格后方可弹线。测量弹线如图 13-35 所示。

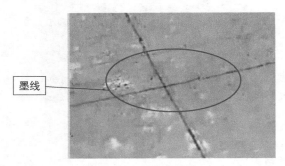

图 13-35　测量弹线

(2) 安装木龙骨

先在楼板上弹出各木龙骨的安装位置线（间距 300mm 或按设计要求）及标高，将龙骨（断面梯形，宽面在下）放平、放稳，并找好标高，用膨胀螺栓和角码（角钢上钻孔）把龙骨牢固地固定在基层上，木格栅下与基层间缝隙应用干硬性砂浆填密实，接触部位刷防腐剂。安装木龙骨如图 13-36 所示。

(3) 铺钉毛地板

根据木龙骨的模数和房间的情况，将毛地板下好料。将毛地板牢固钉在木龙骨上，钉法采用直钉和斜钉混用，直钉钉帽不得凸出板面。毛地板可采用条板，也可采用整张的细木工板或中密度板等类产品。采用

本框架选用断面尺寸为30mm×40mm的木方

图 13-36　安装木龙骨

整张板时，应在板上开槽，槽的深度为板厚的 1/3，方向与龙骨垂直，间距 200mm 左右。铺钉毛地板如图 13-37 所示。

毛地板

图 13-37　铺钉毛地板

（4）铺实木地板面层

从墙的一边开始铺钉实木地板，靠墙的一块板应离开墙面 10mm 左右，以后逐块排紧。钉法采用斜钉，实木地板面层的接头应按设计要求留置。铺实木地板时应从房间内退着往外铺设。铺实木地板面层如图 13-38 所示。

（5）刨平、磨光

需要刨平磨光的地板应先粗刨后细刨，便面层完全平整后再用砂带机磨光。不符合模数的板块，其不足部分在现场根据实际尺寸将板块切割后镶补，并应用胶黏剂加强固定。

（6）安装木踢脚板

先在墙面上弹出踢脚板上口水平线，在地板上弹出踢脚厚度的铺钉边线，用 51mm 钉子将踢脚板上下钉牢在嵌入墙内的木砖上。接头锯

图 13-38　铺实木地板面层

成 45°斜面，接头上下各钻两个小孔钉入圆钉，钉帽打扁，冲入 2～3mm。安装木踢脚板如图 13-39 所示。

图 13-39　安装木踢脚板

（7）涂刷油漆、打蜡

应在房间内所有装饰工程完工后进行。硬木拼花地板花纹明显，所以，多采用透明的清漆刷涂，这样可透出木纹，增强装饰效果。打蜡可用地板蜡，以增加地板的光洁度，打蜡时均匀喷涂 1～2 遍，稍干后用净布擦拭，直至表面光滑、光亮。面积较大时用机械打蜡，可增加地板的光洁度，使木材固有的花纹和色泽最大限度地显示出来。涂刷油漆如图 13-40 所示。

4. 施工注意事项

① 安装之前，将木地板晾置 5d 左右，使木地板与室内环境相

木地板刷漆

图 13-40 涂刷油漆

适应。

② 铺设当天，避开阴雨潮湿天气，保持室内温度与湿度的稳定，以免地板受潮，产生空鼓变形。

第三节 吊顶工程

一、暗龙骨吊顶工程

1. 施工概要

暗龙骨是龙骨隐蔽于面层饰面板内，不外露于装饰空间，龙骨大多采用 U 形和 T 形的轻钢龙骨、铝合金龙骨，在设计为上人龙骨的情况下可使用钢龙骨，饰面板与龙骨的连接方式为企口暗缝连接、卡件连接、螺栓连接，其构造为金属吊杆（吊索）、主龙骨、副龙骨、装饰面板。

2. 施工工艺流程

顶棚标高弹水平线→画龙骨分档线→安装吊杆→安装主龙骨→安装次龙骨→安装面板。

3. 具体施工过程

（1）顶棚标高弹水平线

根据标高水平线，用尺竖向量至顶棚设计标高，沿墙四周弹顶棚标高水平线，并沿顶棚的标高水平线，在墙面画好龙骨分档位置线。顶棚标高弹水平线如图 13-41 所示。

图 13-41　顶棚标高弹水平线

（2）安装吊杆

先在吊杆的一端配装好吊杆螺母，再根据弹好的顶棚标高水平线及龙骨位置线，确定吊杆下端头的标高，按主龙骨位置及吊挂间距，将吊杆的另一端与楼板连接固定。吊杆距主龙骨端部不得超过 300mm，否则应增加吊杆。吊顶灯具、风口及检修口等应设附加吊杆。吊杆的安装如图 13-42 所示。

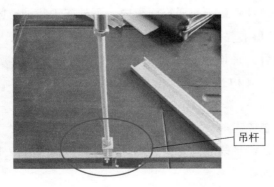

图 13-42　吊杆的安装

（3）安装主龙骨

在主龙骨上预先装好吊挂件，将组装吊挂件的主龙骨，按分档线位置使吊挂件穿入相应的吊杆螺母，拧好螺母。主龙骨之间采用连接件连接，拉线调整起拱高度。主龙骨平行房间长向安装，起拱高度为房间短跨的 $1/300\sim1/200$，主龙骨的悬臂端不应大于 300mm，否则应增设吊杆，主龙骨的接长应采用对接，相邻龙骨的接头要相互错开。主龙骨的安装如图 13-43 所示。

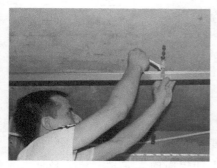

图 13-43 主龙骨的安装

图 13-44 次龙骨的安装

（4）安装次龙骨

按已弹好的次龙骨分档线卡放次龙骨吊挂件，按设计规定的次龙骨间距，将次龙骨通过吊挂件吊挂在主龙骨上，设计无要求时，一般间距为 $500\sim600$mm。次龙骨的安装如图 13-44 所示。

（5）安装面板

顶棚面板的种类繁多，安装方式主要有自攻螺钉钉固法、托卡固定法、胶结粘固法，应按设计顶棚的种类选用。面板的安装如图 13-45 所示。

4. 施工注意事项

① 横撑龙骨的间距应该根据设计的要求确定，常用间距有 1200mm、600mm、400mm。

② 平板玻璃隔墙所用的木龙骨其横截面面积及纵向、横向的间距都应符合设计的要求。为了保证木龙骨骨架的连接牢固，木龙骨的横龙骨和竖龙骨连接处采用开半榫、加胶与加钉的方法连接。

③ 石膏板在对接时一定要靠紧，接缝处需要加横撑龙骨，石膏板

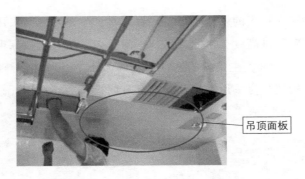

图 13-45　面板的安装

应在不受力的状态下安装，不得强压定位，应该保证副龙骨的底面处于同一平面，龙骨接长的接插部位应错开。

④ 主次龙骨要求平直，起拱高度为不小于房间短向跨度的 1/200。大面积吊顶时，每 12m 应在主龙骨上加焊横向大龙骨一道。轻钢大龙骨可以焊接，但宜点焊，次龙骨不能焊接。校正后将龙骨所在吊挂件、连接件拧、夹紧。

⑤ 全面校正主、次龙骨的位置及水平度，连接件应错位安装。明装龙骨目测应无明显弯曲。通常次龙骨对接错误偏差不得超过 2mm，当次龙骨间距＞800mm 时，其间应增加横撑，与主龙骨垂直用小吊挂件固定。

二、明龙骨吊顶工程

1. 施工概要

明龙骨是将饰面板浮搁在合金龙骨或轻钢龙骨上，属于活动式吊顶，悬吊方式简单，采用伸缩式吊杆悬吊即可，表现形式是外露型，饰面板以矿棉板、金属板为主。

2. 施工工艺流程

弹顶棚标高水平线、画龙骨分档线→固定吊杆挂件→安装边龙骨→安装大龙骨→安装次龙骨→安装罩面板。

3. 具体施工过程

（1）弹顶棚标高水平线

　　用水准仪在房间内每个墙（柱）角上抄出水平点（若墙体较长，中间也应适当抄出几点），弹出水准线（水准线距地面一般为500mm），从水准线量至吊顶设计高度，用粉线沿墙（柱）弹出吊顶次龙骨的下皮线。同时，按吊顶平面图，在混凝土顶板弹出主龙骨的位置线。主龙骨宜平行房间长向布置，同时应考虑格栅灯的方向，一般从吊顶中心向两边分。主龙骨及吊杆间距为 900 ～ 1200mm，一 般 取 1000mm。如遇到梁和管道固定点大于设计和规程要求，应增加吊杆的固定点。弹水平线如图 13-46 所示。

图 13-46　弹水平线

　　（2）固定吊杆挂件

　　采用膨胀螺栓固定吊挂杆件。不上人的吊顶，吊杆长度小于或等于1000mm 时，可以采用 $\phi6$ 的吊杆，大于 1000mm 时，应采用 $\phi8$ 的吊杆，并应设置反向支撑。吊杆可以采用冷拔钢筋或盘圆钢筋，盘圆钢筋应采用机械将其拉直。上人的吊顶，吊杆长度小于或等于 1000mm 时，可以采用 $\phi8$ 的吊杆，如果大于 1000mm，应采用 $\phi10$ 的吊杆，还应设置反向支撑。吊杆的一端与 L 30×30×3 的角钢焊接（角钢的孔径应根据吊杆和膨胀螺栓的直径确定），另一端套出螺纹，螺纹长度不小于100mm，也可以用成品丝杆与吊杆焊接。制作好的吊杆应做防锈处理，吊杆用膨胀螺栓固定在楼板上，用冲击电锤打孔，孔径应稍大于膨胀螺栓的直径。

　　吊挂杆件应通直并有足够的承载能力。当预埋的杆件需要接长时，必须搭接焊牢，搭接长度为 10d（d 为吊杆直径），焊缝要均匀饱满。吊杆距主龙骨端部距离（即悬挑长度）不得超过 300mm，否则应增加吊杆。灯具、风口及检修口等处应设附加吊杆。大于 3kg 的重型灯具、电扇及其他重型设备严禁安装在吊顶工程的龙骨上，应另设吊挂件与结构连接。固定吊杆挂件如图 13-47 所示。

图 13-47　固定吊杆挂件

（3）安装边龙骨

边龙骨的安装应按设计要求弹线，沿墙（柱）上的水平龙骨线把 L 形镀锌轻钢条用自攻螺丝固定在预埋木砖上，木砖应做防腐处理，如为混凝土墙（柱）上可用射钉固定，射钉间距应不大于吊顶次龙骨的间距。安装边龙骨如图 13-48 所示。

（4）安装大龙骨

主龙骨应吊挂在吊杆上。主龙骨间距为 900～1200mm，一般取 1000mm。轻钢龙骨可选用 UC50 中龙骨或 UC38 小龙骨。主龙骨应起拱，起拱高度为房间短向跨度的 1/500。主龙骨的接长应采取对接，相邻龙骨的对接接头要相互错开。主龙骨挂好后应基本调平，跨度大于 15m 的吊顶，应在主龙骨上每隔 15m 加一道大龙骨，并垂直于主龙骨且连接牢固，如有大的造型顶棚，造型部分应用角钢或扁钢焊接成框架，并应与楼板连接牢固。安装大龙骨如图 13-49 所示。

图 13-48　安装边龙骨

图 13-49　安装大龙骨

（5）安装次龙骨

次龙骨应紧贴主龙骨安装。次龙骨间距为 300～600mm。次龙骨分为 T 形烤漆龙骨、T 形铝合金龙骨。用 T 形镀锌铁片连接件把次龙骨固定在主龙骨上时，次龙骨的两端应搭在 L 形边龙骨的水平翼缘上。安装次龙骨如图 13-50 所示。

图 13-50　安装次龙骨

（6）安装罩面板

吊顶罩面板常用的板材有矿棉装饰吸音板、硅钙板、塑料板、装饰石膏板等。

① 矿棉装饰吸音板的安装　规格一般分为 300mm × 600mm、600mm×600mm、600mm×1200mm 三种，300mm×600mm 的多用于暗插龙骨吊顶，将面板插于次龙骨上。600mm × 600mm、600mm × 1200mm 一般用于明装龙骨，将面板直接搁于龙骨上。安装时，应注意板背面的箭头方向和白线方向一致，以保证花样、图案的整体性。

② 硅钙板、塑料板、装饰石膏板的安装　规格一般为 600mm × 600mm，一般用于明装龙骨，将面板直接搁于龙骨上。安装时，应注意板背面的箭头方向和白线方向一致，以保证花样、图案的整体性。

图 13-51　面板的安装

③ 饰面板上的灯具、烟感、温感、喷淋头、风口、广播等设备的位置应合理、美观，与饰面的交接应吻合、严密。面板的安装如图 13-51 所示。

4. 施工注意事项

① 吊顶龙骨必须牢固、平整。利用吊杆或吊筋螺栓调整拱度。安装龙骨时应严格按水平标准线和规方线组装周边骨架。受力节点应装钉

严密、牢固，保证龙骨的整体刚度。龙骨的尺寸应符合设计要求，纵横拱度均匀，互相适应。吊顶龙骨严禁有硬弯，需要调直后再进行固定。

② 吊顶面层必须平整。施工前应弹线，中间按平线起拱。长龙骨的接头应采用对接；相邻龙骨接头要错开，主龙骨挂件应正反安装，避免主龙骨向一边倾斜。龙骨安装完毕，应经检查合格后再安装饰面板。吊件必须安装牢固，严禁松动变形。龙骨分格的几何尺寸必须符合设计要求和饰面板块的模数。饰面板的品种、规格符合设计要求，外观质量必须符合材料技术标准的规格。

③ 大于 3kg 的重型灯具、电扇及其他重型设备严禁安装在吊顶工程的龙骨上。

第四节　饰面板（砖）工程

一、干挂石材饰面板

1. 施工概要

石材饰面板安装有两种方法，一种是粘接法，另一种是干挂法，相比较而言粘接法更传统一些，干挂法是近些年来才得以广泛使用的。

干挂法分为大龙骨法和挂件法，对于墙面装饰面积较大、石材的规格也较大的外墙面使用大龙骨法较为普遍也比较适宜。龙骨一般情况下大都使用镀锌型钢，在型钢的翼缘上固定挂件，用挂件固定石材饰面板。对于不够平整的墙面可以通过设置的大龙骨进行平整度的调整。挂件法主要使用在墙面装饰面积较小的部位，同时要求墙面的平整度很好，石材饰面板安装前先将挂件固定在墙面，然后将挂件与饰面板相连。

2. 施工准备

① 检查石材的质量、规格、品种、数量、力学性能和物理性能是否符合设计要求，并进行表面处理工作。

② 水电及设备、墙上预埋件已安装完成。

③ 垂直运输机具均事先准备好，如没有安装完成，能够满足进行钢骨架施工的要求，可以先进行钢骨架施工。

④ 外门窗已安装完毕，安装质量符合要求。

⑤ 对施工人员进行技术交底时，应强调技术措施、质量要求和成品保护，大面积施工前应先做样板，经质检部门鉴定合格后，方可组织班组施工。固定槽钢的角钢角码已经完成防锈处理，并切割打孔完成。

3. 施工工艺流程

墙面放线→石材排版→安装龙骨→准备石材、刷防护剂→安装干挂件、安装石材→打胶、擦缝。

4. 具体施工过程

（1）墙面放线

按照施工现场的实际尺寸进行墙面放线，编制石材干挂的施工方案。放线如图 13-52 所示。

（2）石材排版

根据现场的实际尺寸进行墙面石材干挂安装排版，现场弹线，并根据现场排版图进行石材加工进货依据。石材的编号和尺寸必须准确。

（3）安装龙骨

在墙面上，根据石材的分块线和石板开槽（打孔）位置弹出纵横向龙骨位置线。干挂石材宜采用墙面预埋铁件的方法，如采

图 13-52　放线

用后置埋件应符合设计图纸要求。焊接将钢型材龙骨焊在埋件上。宜先焊接竖向龙骨，焊接的焊缝高度、长度应符合设计要求，经检查合格后按分块线位置焊接水平龙骨。水平龙骨焊接前应根据石材尺寸、挂件位置提前进行打孔，孔径一般应大于固定挂件螺栓的 1~2mm，左右方向最好打成椭圆形，以便挂件的左右调整。墙面打孔如图 13-53 所示、预埋件安装如图 13-54 所示、竖龙骨安装如图 13-55 所示、横龙骨安装如图 13-56 所示、龙骨安装完成如图 13-57 所示。

图 13-53　墙面打孔

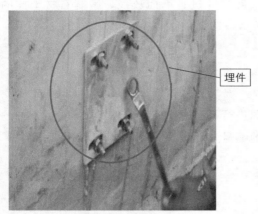

埋件

图 13-54　预埋件安装

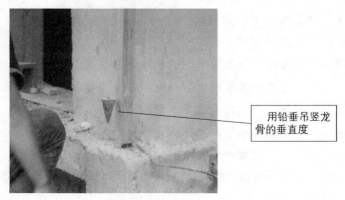

用铅垂吊竖龙骨的垂直度

图 13-55　竖龙骨安装

横龙骨要保证和竖龙骨垂直

图 13-56 横龙骨安装

图 13-57 龙骨安装完成

（4）准备石材、刷防护剂

一般情况下，室内钢材涂刷 2 遍防锈漆，室外焊缝先涂刷一遍富锌底漆，干燥后在涂刷防锈漆 1～2 遍，要求涂刷均匀，不得漏刷。

（5）安装干挂件、安装石材

① 将石板临时固定，按设计位置用云石机在石板的上下边各开两个短平槽。短平槽长度不应小于 100mm，在有效长度内槽深不宜小于 15mm；开槽宽度宜为 6～7mm（挂件：不锈钢支撑板厚度不宜小于 3mm、铝合金支撑板厚度不宜小于 4mm）。弧形槽的有效长度不应小于 80mm。两挂件间的距离一般不应大于 600mm。设计无要求时，两段槽边距离石板两端部的距离不应小于石板厚度的 3 倍且不应小于 85mm，也不应大于 180mm。石板开槽如图 13-58 所示。

图 13-58　石板开槽

② 石板开槽后不得有损坏或崩边现象，槽口应打磨成 45°倒角，槽内应光滑、洁净。开槽后应将槽内的石屑吹干净或冲洗干净。

③ 将挂件用螺栓临时固定在横龙骨的打眼处，安装时螺栓的螺帽朝上，同时应将平垫、弹簧垫安放齐全并适当拧紧。将首层石板逐块进行试挂，位置不相符时应调整挂件的左右使其相符。试挂板材如图 13-59 所示。

石材面板试挂

图 13-59　试挂板材

④ 将石板下的槽内抹满环氧树脂专用胶，然后将石板插入，调整石板的左右位置找完水平、垂直、方正后将石板上槽内抹满环氧树脂专用胶。抹胶如图 13-60 所示。

⑤ 将上部的挂件支撑板插入抹胶后的石板槽并拧紧固定挂件的螺

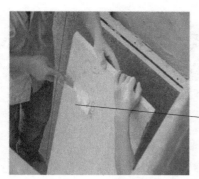

对石材进行抹胶处理

图 13-60 抹胶

帽,再用靠尺板检查有无变形。等环氧树脂胶凝固后按同样方法按石材的编号依次进行石板块的安装。首层板安装完毕后再用靠尺板找垂直、水平尺找平整、方尺找阴阳角方正、游标卡尺检查板缝,发现石板安装不符合要求应进行修正。板材安装如图 13-61 所示。

图 13-61 板材安装

(6)打胶、擦缝

① 设计为密封时,石板安装完毕后,用麻布擦干净石板表面,并按石板颜色调制色浆塞缝,边嵌边将缝擦干净,使缝隙密实、均匀、干净、颜色一致。

② 用麻布擦干静石板表面,在石板的缝隙内放入与缝大小相适应的泡沫棒,使其凹进石板表面 3~5mm 并均匀直顺,然后用注胶枪注耐候胶,使缝隙密实、均匀、干净、颜色一致、接头处光滑。擦缝如图 13-62 所示。

5. 施工注意事项

① 干挂石材墙面的造型、立面分格、颜色、光泽、花纹和图案应符合设计要求。

② 石材孔、槽的数量、深度、位置、尺寸应符合设计要求。

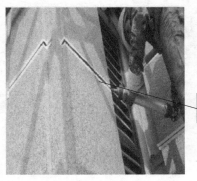

安装完成后，
对墙面进行擦缝

图 13-62　擦缝

③ 干挂石材墙面主体结构上的预埋件和后置埋件的位置、数量及后置埋件的拉拔力必须符合设计要求。

④ 干挂石材墙面的金属框架立柱与主体结构预埋件的连接、立柱与横梁的连接、连接件与金属框架的连接、连接件与石材面板的连接必须符合设计要求，安装必须牢固。

⑤ 金属框架和连接件的防腐处理必须符合设计要求。

⑥ 干挂石材墙面的防雷装置必须与主体结构防雷可靠连接。

⑦ 干挂石材墙面的防火、保温、防潮材料的设置应符合设计要求，填充应密实、均匀、厚度一致。

二、木饰面板

1. 施工概要

木饰面板是以人造板为基层板，并在其表面上粘贴带有木纹的面层板。常用面层板有三聚氰胺贴面板和薄木贴面板。

木饰面板构造可分为胶粘型和挂装型，挂装型又可分为金属挂件和中密度挂件。

2. 施工准备

混凝土和墙面抹灰完成，基层已按设计要求埋入木砖或木筋，水泥砂浆找平层已抹完并刷冷底子油；水电及设备、顶墙上预留预埋件已完成；房间的吊顶分项工程基本完成，并符合设计要求；房间里的地面分项工程基本完成，并符合设计要求；对施工人员进行技术交底时，应强调技术措施和质量要求；调整基层并进行检查，要求基层平整、牢固，垂直度、平整度均符合细木制作验收规范。

3. 施工工艺流程

放线→铺设木龙骨→木龙骨刷防火涂料→安装防火夹板→粘贴面层板或挂装面层板。

4. 具体施工过程

（1）放线

根据图纸和现场实际测量的尺寸，确定基层木龙骨分格尺寸，将施工面积按边长为 300～400mm 的方格均匀分格木龙骨的中心位置，然后用墨斗弹线，完成后进行复查，检查无误后开始安装龙骨。放线如图 13-63 所示。

（2）铺设木龙骨

将木方采用半榫扣方做成网片安装在墙面上，安装时先在龙骨交叉中心线位置打直径为 14～16mm 的孔，将直径为 14～16mm、长 50mm 的木块植入，将木龙骨网片用 10cm 铁钉固定

图 13-63　放线

在墙面上，再用靠尺和线坠检查平整度和垂直度，并进行调整，并达到质量要求。铺设木龙骨如图 13-64 所示。

图 13-64　铺设木龙骨

图 13-65 木龙骨刷防火涂料

（3）木龙骨刷防火涂料

铺设木龙骨后将木质防火涂料涂刷在基层木龙骨可视面上。木龙骨刷防火涂料如图 13-65 所示。

（4）安装防火夹板

用自攻螺丝固定防火夹板，安装后用靠尺检查平整度，如果不平整应及时修复到合格为止。安装防火夹板如图 13-66 所示。

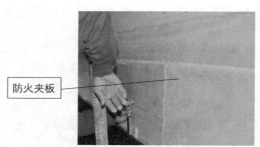

图 13-66 安装防火夹板

（5）粘贴面层板或挂装面层板

面层板用专用胶水粘贴后用靠尺检查平整度，如果不平整应及时修复直到合格为止，挂装时可采用厚 8mm 的中密度板正、反裁口或专业挂件挂装。挂装面层板如图 13-67 所示。

图 13-67 挂装面层板

5. 施工注意事项

① 禁止穿硬底鞋、拖鞋、高跟鞋在架子上工作，架子上人不得集中在一起，工具要搁置稳定，以防止坠落伤人。

② 在两层脚手架上操作时，应尽量避免在同一垂直线上工作，必须同时作业时，下层操作人员必须戴安全帽。

③ 夜间临时用的移动照明灯，必须用安全电压。机械操作人员须培训持证上岗，现场一切机械设备，非机械操作人员一律禁止操作。

④ 禁止搭设飞跳板，严禁从高处往下乱投东西，脚手架严禁搭设在门窗、暖气片、水暖等管道上。

⑤ 隔墙木龙骨及罩面板安装时，应注意保护顶棚内装好的各种管线、木骨架的吊杆。

⑥ 施工部位已安装的门窗，已施工完的地面、墙面、窗台等应注意保护，防止损坏。

⑦ 条木骨架材料，特别是罩面板材料，在进场、存放、使用过程中应要小心管理，使其不变形、不受潮、不损坏、不污染。

三、瓷砖饰面

1. 施工概要

陶瓷砖是指由黏土和其他无机非金属原料，经成型、烧结等工艺生产的板状或块状陶瓷制品，用于装饰与保护建筑物、构筑物的墙面和地面。其主要分为釉面瓷砖、陶瓷锦砖、通体砖、玻化砖、抛光砖、大型陶瓷饰面板等。

2. 施工准备

① 外架应按有关规定搭设好，架子的步高和支搭要符合施工要求和安全操作规程，其横竖杆及拉杆等应离开墙面和门窗口角 150～200mm。室内粘贴时马凳或门字架应准备就绪。

② 主体结构已经检查验收合格。墙面抹灰、天棚抹灰已做好。有防水要求的房间地面防水、墙面防水按设计要求已经做好。

③ 阳台栏杆、预留孔洞及排水管等应处理完毕，门窗框扇要固定好，并用 1∶3 水泥砂浆将缝隙堵塞密实，并事先粘贴好保护膜。

④ 水电管线已安装完毕，管洞已堵好。墙面基层清理干净，脚手眼、窗台、窗套等事先砌堵好。

⑤ 按面砖的尺寸、颜色进行选砖，并分类存放备用。

⑥ 大面积施工前应先放大样，并做出样板墙，确定施工工艺及操作要点，并向施工人员做好交底工作。外墙面砖粘贴时样板墙完成后必须经抗拔拉试验鉴定合格后，还要经过设计、甲方和施工单位共同认定，方可组织班组按照样板墙要求施工。

3. 施工工艺流程

基层处理→吊垂直、套方、找规矩→贴灰饼→抹底层砂浆→弹线分格→排砖→浸砖→镶贴面砖→勾缝与擦缝。

4. 具体施工过程

（1）基层处理

首先将凸出墙面的混凝土剔平，对大钢模施工的混凝土墙面应凿毛，并用钢丝刷满刷一遍，再浇水湿润。如果基层混凝土表面很光滑时，亦可采取如下的"毛化"处理办法，即先将表面尘土、污垢清扫干净，用10%火碱水将板面的油污刷掉，随之用净水将碱液冲净、晾干，然后用1:1水泥细砂浆内掺水重20%的107胶，喷或用笤帚将砂浆甩到墙上，其甩点要均匀，终凝后浇水养护，直至水泥砂浆疙瘩全部粘到混凝土光面上，并有较高的强度（用手掰不动）为止。基层处理如图13-68所示。

（2）吊垂直、套方、找规矩、贴灰饼

外墙面砖粘贴时，若建筑物为高层时，应在四大角和门窗口边用经纬仪打垂直线找直；如果建筑物为多层时，可从顶层开始用特制的大线坠绷铁丝吊垂直，然后根据面砖的规格尺寸分层设点、做灰饼。横线则以楼层为水平基准线交圈控制，竖向线则以四周大角和通天柱或垛子为基准线控制，应全部是整砖。每层

图 13-68　基层处理

打底时则以此灰饼作为基准点进行冲筋，使其底层灰做到横平竖直。同时要注意找好凸出檐口、腰线、窗台、雨篷等饰面的流水坡度和滴水线（槽）。吊垂直如图 13-69 所示、贴灰饼如图 13-70 所示。

工人正在对垂直度进行检查

图 13-69　吊垂直

（3）抹底层砂浆

先刷一道掺水重 10％的 107 胶水泥素浆，紧跟着分层分遍抹底层砂浆（采用配合比为 1：3 的水泥砂浆），第一遍厚度宜为 5mm，抹后用木抹子搓平，隔天浇水养护；待第一遍六至七成干时，即可抹第二遍，厚度为 8～12mm，随即用木杠刮平、木抹子搓毛，隔天浇水养护，若需要抹第三遍时，其操作方法同第二遍，直至把底层砂浆抹平为止。抹底层砂浆如图 13-71 所示。

灰饼

图 13-70　贴灰饼

图 13-71　抹底层砂浆

（4）弹线分格

待基层灰六至七成干时，即可按图纸要求进行分段分格弹线，同时亦可进行面层贴标准点的工作，以控制面层出墙尺寸及垂直度和平整度。弹线分格如图13-72所示。

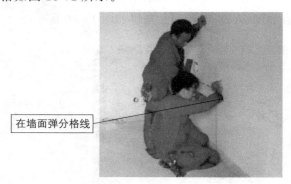

在墙面弹分格线

图 13-72　弹线分格

（5）排砖

根据大样图及墙面尺寸进行横竖向排砖，以保证面砖缝隙均匀，符合设计图纸要求，注意大墙面、通天柱子和垛子要排整砖，以及在同一墙面上的横竖排列，均不得有一行以上的非整砖。非整砖行应排在次要部位，如窗间墙或阴角处等。亦要注意一致和对称。如遇有凸出的卡件，应用整砖套割吻合，不得用非整砖随意拼凑镶贴。排砖如图13-73所示。

排砖图

图 13-73　排砖

（6）浸砖

釉面砖和外墙面砖镶贴前，首先要将面砖清扫干净，放入净水中浸泡2h以上，取出待表面晾干或擦干净后方可使用。浸砖如图13-74所示。

图 13-74 浸砖

（7）镶贴面砖

面砖宜采用专用瓷砖胶黏剂铺贴，一般自下而上进行，整间或独立部位宜一次完成。阳角处瓷砖采取 45°对角，并保证对角缝垂直均匀。粘贴墙砖时在基层和砖背面都应涂批胶黏剂，黏结厚度在 5mm 为宜，抹黏结层之前应用有齿抹刀的无齿直边将少量的胶黏剂用力刮在底面上，清除底面的灰尘等杂物，以保证黏结强度，然后将适量胶黏剂涂在底面上，并用抹刀有齿边将砂浆刮成齿状，齿槽以 10mm×10mm 为宜。将瓷砖等粘贴饰材压在砂浆上，并由凸槽横向凹槽方向揉压，以确保全面粘着，瓷砖本身粘贴面凹槽部分太深，在粘贴时就需先将砂浆抹在被贴面上，然后排放在合适的铺装位置上，轻轻揉压，并由凸槽横向凹槽方向压，以确保全面粘着。要求砂浆饱满，亏灰时，取下重贴，并随时用靠尺检查平整度，同时保证缝隙宽度一致。阴角预留 5mm 宽的缝隙，打胶时作为伸缩缝。阳角留 1.5mm 的宽边，对角留缝打胶。镶贴面砖如图 13-75 所示。

图 13-75 镶贴面砖

（8）勾缝与擦缝

面砖铺贴拉缝时，用 1∶1 水泥砂浆勾缝，先勾水平缝再勾竖缝，勾好后要求凹进面砖外表面 2～3mm。若横竖缝为干挤缝，或小于3mm 者，应用白水泥配颜料进行擦缝处理。面砖缝勾完后，用布或棉丝蘸稀盐酸擦洗干净。勾缝如图 13-76 所示。

用勾缝剂勾缝

图 13-76　勾缝

5. 施工注意事项

① 操作前检查脚手架和跳板是否搭设牢固，高度是否满足操作要求，合格后才能上架操作，凡不符合安全之处应及时修整。

② 禁止穿硬底鞋、拖鞋、高跟鞋在架子上工作，架子上人时不得集中在起，工具要搁置稳定，以防止坠落伤人。

③ 在两层脚手架上操作时，应尽量避免在同一垂直线上工作，必须同时作业时，下层操作人员必须戴安全帽。

④ 抹灰时应防止砂浆掉入眼内；采用竹片或钢筋固定八字靠尺板时，应防止竹片或钢筋回弹伤人。

⑤ 夜间临时用的移动照明灯，必须用安全电压。机械操作人员需培训持证上岗，现场一切机械设备，非机械操作人员一律禁止操作。

⑥ 要及时清擦干净残留在门框上的砂浆，特别是铝合金等门窗宜粘贴保护膜，预防污染、锈蚀，施工人员应加以保护，不得碰坏。

⑦ 粉刷油漆时不得将油漆喷滴在已完工的饰面砖上，如果面砖上部为涂料，宜先做涂料，然后贴面砖，以免污染墙面。若需先做面砖时，完工后必须采取贴纸或塑料薄膜等措施，防止污染。

第五节　轻质隔墙和隔断工程

一、轻钢龙骨隔墙

1. 施工概要

轻钢龙骨隔墙是以连续热镀锌钢板（带）为原料，采用冷弯工艺生产的薄壁型钢为支撑龙骨的非承重内隔墙。隔墙面材通常采用纸面石膏板、纤维水泥加压板（FC 板）、玻璃纤维增强水泥板（GRC 板）、加压低收缩性硅酸钙板、粉石英硅酸钙板等。面材固定于轻钢龙骨两侧，对于有隔声、防火、保温要求的隔墙，墙体内可填充隔声防火材料。通过调整龙骨间距、壁厚和面材的厚度、材质、层数以及内填充材料来改变隔墙高度、厚度、隔声耐火、耐水性能以满足不同的使用要求。

2. 施工准备

① 轻钢骨架隔断工程施工前，应先安排外装，安装罩面板应待屋面、顶棚和墙体抹灰完成后进行，并经有关单位、部验收合格，办理完工种交接手续。如设计有地枕时，钢筋混凝土地枕应达到设计强度后方可在上面进行隔墙龙骨安装。

② 安装各种系统的管、线盒弹线及其他准备工作已到位，特别是线槽的绝缘处理。

③ 房间内应达到一定的干燥程度，湿度应≤60%。

④ 已落实电、通信、空调、采暖各专业协调配合问题。

3. 施工工艺流程

弹线→安装沿地、沿顶及沿边龙骨→安装竖龙骨→安装通贯龙骨→安装横撑龙骨→安装罩面板→安装填充棉→安装另一侧罩面板。

4. 具体施工过程

（1）弹线

根据双方已经确认的图纸及现场实际情况确定的隔断墙位，在楼地面弹线，并将线引测至顶棚和侧墙。弹线顶棚如图 13-77 所示。

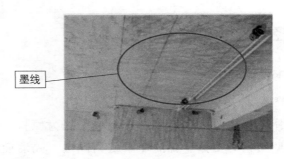

墨线

图 13-77 顶棚弹线

（2）安装沿地、沿顶及沿边龙骨

沿弹线位置用射钉或膨胀螺栓固定，龙骨对接应平直，固定点的间距通常按 900mm 布置，最大不应超过 1000mm，龙骨的端部必须固定牢固。轻钢龙骨与建筑基体表面接触处，一般要求在龙骨接触面的两边各粘贴 1 根通长的橡胶密封条，以起防水和隔声作用。龙骨与墙用射钉或膨胀螺栓固定，射钉或膨胀螺栓入墙长度：砖墙为 30～50mm，混凝土墙为 22～32mm。沿顶龙骨如图 13-78 所示。

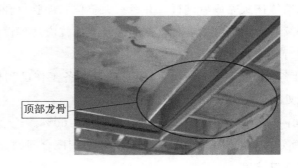

顶部龙骨

图 13-78 沿顶龙骨

（3）安装竖龙骨

竖龙骨按设计确定的间距就位，通常是根据罩面板的宽度尺寸而定。对于罩面板材较宽时，在中间加设 1 根竖龙骨，竖龙骨中距最大不应超过 600mm。竖龙骨上设有方孔，是为了适应于墙内暗穿管线，所以首先要确定龙骨上、下两端的方向，尽量将方孔对齐。竖龙骨的长度应该比沿顶、沿地龙骨内侧的距离短一些，以便于竖龙骨在沿顶、沿地龙骨中滑动，竖龙骨的间距为 450mm 或 600mm，但第一档的间距应减 1/2 竖龙骨宽度。龙骨的上、下端如果为钢柱连接，均用自攻螺钉或抽心铆钉与横龙骨固定。应注意当采用有冲孔的竖龙骨时，其上下方向不能颠倒，竖龙骨现场截断时一律从其上端切割，并应保证各条龙骨的贯通孔高度必须在同一水平面上。竖龙骨的安装如图 13-79 所示。

竖龙骨

图 13-79　竖龙骨的安装

（4）安装通贯龙骨

通贯龙骨的设置，高度低于 3m 的隔墙安装一道；3～5m 时安装两道；5m 以上时安装三道。门窗或特殊节点处，应使用附加龙骨，加强其安装并达设计要求。通贯龙骨横穿各条竖龙骨上的贯通冲孔，需要接长时使用其配套的连接件。将支撑卡安装在竖龙骨的开口上，卡距为 400～600mm，距龙骨两端的距离为 20～25mm。通贯龙骨如图 13-80 所示。

竖向通贯龙骨

图 13-80　通贯龙骨

（5）安装横撑龙骨

隔断墙轻钢骨架的横向支撑，除采用通贯龙骨外，有的需设其他横撑龙骨。一般是在隔墙骨架超过 3m 高度时，或是罩面板的水平方向板端（接缝）并非落在沿顶沿地龙骨上时，应设横向龙骨使其起到对骨架加强或固定板缝的作用。具体做法是，可选用 U 形横龙骨或 C 形竖龙骨作横向布置，利用卡托、支撑卡及角托与竖向龙骨连接固定。

（6）安装罩面板

安装石膏板前，应对预埋隔断中的管道连接与石膏板隔墙处进行防火密封处理，且管道的持力点不能位于隔墙处。附于墙内的设备采取局部加强措施；罩面板长边接缝应落在竖龙骨上，曲面墙罩面板宜横向铺设。龙骨两侧的罩面板应错缝排列，接缝不得排在同一根龙骨上。

安装石膏板时，石膏板应采用自攻螺钉固定。周边螺钉的间距不应大于 150mm，中间部分螺钉的间距不应大于 200mm，螺钉与板边缘的距离应为 8～10mm，应从板的中部开始向板的四边固定。钉头略埋入板内，但不得损坏纸面，钉头应做防锈处理，钉眼应用石膏腻子抹平。石膏板宜使用整板，如需对接时应靠紧，但不得强压就位。石膏板的接缝一般宽 3～6mm，必须是坡口与坡口相接。隔墙端部的石膏板与周围的墙或柱应留有 3mm 的槽口。施工时，应先在槽口处加注嵌缝膏，然后铺板，挤压嵌缝膏使其和邻近表层接触紧密。安装罩面板如图 13-81 所示。

图 13-81　安装罩面板

（7）安装填充棉

当竖向龙骨已经卡入沿顶、沿地龙骨间，且有一侧石膏板已经安装好后，应根据设计要求，进行隔声、保温、防火等材料的填充，一般采用防火棉或 30～100mm 厚的岩棉板进行隔声防火处理；采用 50～100mm 厚的聚苯板进行保温处理。填充棉应垂直安装在竖向龙骨之间，并确保在填充棉接头处及填充棉卷之间没有空隙。

（8）安装另一侧罩面板

装板的板缝不得与对面的板缝落在同一根龙骨上，必须错开。板材的铺钉操作及自攻螺钉钉距等要求和第一面罩面板一样。如果设计要求双层板罩面，内、外层板的钉距，应采用不同的疏密，错开铺钉。安装另一侧的罩面板如图 13-82 所示。

5. 施工注意事项

① 上下槛与主体结构连接牢固，上下槛不允许断开，保证隔断的整体性。严禁隔断墙上连接件采用射钉固定在砖墙上。应采用预埋件或膨胀螺栓进行连接。上下槛必须与主体结构连接牢固。

图 13-82　安装另一侧罩面板

② 罩面板应经严格选材，表面应平整光洁。安装罩面板前应严格检查搁栅的垂直度和平整度。

③ 厨、卫等有防水要求的隔墙，地面建议增加钢筋混凝土地枕带。高度为 150mm，宽度根据踢脚做法而定，踢脚做法有凸踢脚做法和凹踢脚做法两种。

④ 潮湿环境下罩面石膏板不应落地，应增设 300mm 高水泥纤维等具有防潮效果的罩面板。其他部位的罩面板通常不直接落地，离完成面留 5mm 高的空隙以起到防潮、防漏水的效果。

⑤ 板缝开裂是轻钢龙骨石膏罩面板隔墙的质量通病。克服板缝开裂，不能单独着眼于板缝处理，必须综合考虑。一是轻钢龙骨结构构造要合理，应具备一定刚度；二是罩面板不能受潮变形，与轻钢龙骨的钉固要牢固；三是接缝腻子要符合要求，保证墙体伸缩变形时接缝不被拉开；四是接缝处理要认真仔细，严格按操作工艺施工。只有综合处理，才能克服板缝开裂的质量通病。

⑥ 超过 12m 长的墙体应按设计要求做控制变形缝，以防止温度和湿度的影响产生墙体变形和裂缝。

⑦ 轻钢骨架连接不牢固，其原因是局部节点不符合构造要求，安装时局部节点应严格按图上的规定处理，钉固间距、位置、连接方法应符合设计要求。

二、玻璃隔断

1. 施工概要

玻璃隔断也称为玻璃花格墙，采用木框架或金属框架，玻璃可采用磨砂玻璃、刻花玻璃、夹花玻璃、玻璃砖等与木、金属等拼成，有一定的透光性和较高的装饰性，多用作室内的隔墙、隔断或活动隔断等。使用的平板玻璃、钢化玻璃的厚度、边长应符合设计要求，表面无划痕、气泡、斑点等，并不得有裂缝、缺角、爆边等缺陷。

2. 施工准备

① 主体结构已完成及办理好交接验收手续，并清理完现场。

② 根据设计要求进行龙骨的架设，如采用木龙骨，则必须进行防火处理，并应符合有关防火规范的规定。直接接触结构的木龙骨应预先刷防腐漆。

③ 做隔断房间需在地面的湿作业工程前将直接接触结构的木龙骨安装完毕，并做好防腐处理。

④ 采用金属框架时，框架断料已完成。

3. 施工工艺流程

弹定位线→画分龙骨分档线→安装电线等设施→安装大龙骨→安装小龙骨→防腐处理→安装玻璃→打玻璃胶→安装压条。

4. 具体施工过程

（1）弹定位线

根据双方已经确认的图纸及现场实际情况，按楼层设计标高水平线，顺墙高量至顶棚设计标高，沿墙弹隔墙垂直标高线及天地龙骨的水平线，并在天地龙骨的水平线上画好龙骨的分档位置线。弹定位线如图 13-83 所示。

（2）安装大龙骨

根据设计要求固定边龙骨，边龙骨应启抹灰收口槽，如无设计要求时，可以用 $\phi8\sim\phi12$ 的膨胀螺栓或 $3\sim5$ 寸❶的钉子固定，膨胀螺栓固定点间距 $800\sim1000\mathrm{mm}$。安装前做好防腐处理。

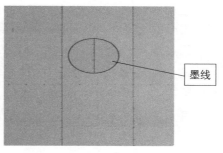

图 13-83　弹定位线

根据设计要求按分档线位置固定主龙骨，用 4 寸的铁钉固定，龙骨每端固定应不少于 3 颗钉子，且必须安装牢固。

（3）安装小龙骨

根据设计要求按分档线位置固定次龙骨，用扣榫或钉子固定，必须安装牢固。安装次龙骨前，也可以根据安装玻璃的规格在次龙骨上安装玻璃槽。

（4）安装玻璃

根据设计要求按玻璃的规格安装在次龙骨上；如用压条安装时先固定玻璃一侧的压条，并用橡胶垫垫在玻璃下方，再用压条将玻璃固定；如用玻璃胶直接固定玻璃，应将玻璃先安装在次龙骨的预留槽内，然后用玻璃胶封闭固定。安装玻璃如图 13-84 所示。

（5）打玻璃胶

首先在玻璃上沿四周粘上纸胶带，根据设计要求将玻璃胶均匀地打在玻璃与次龙骨之间。待玻璃胶完全干后撕掉纸胶带。打玻璃胶如图 13-85 所示。

（6）安装压条

根据设计要求将各种规格材质的压条用直钉或玻璃胶固定次龙骨上。

---

❶　1 寸＝3.33cm。

玻璃

图 13-84　安装玻璃　　　　　　　图 13-85　打玻璃胶

如设计无要求，可以根据需要选用 10mm×12mm 的木压条、10mm× 10mm 的铝压条或 10mm×20mm 的不锈钢压条。

5. 施工注意事项

① 隔断龙骨必须牢固、平整、垂直。

② 安装有框玻璃隔断或无竖框玻璃隔断前，应根据设计图纸，核算施工预留洞口标高、尺寸，施放隔断墙地面线、垂直位置线以及固定点、预埋铁件位置等。

③ 订制玻璃时，尺寸一定要准确，为保证玻璃与框架的弹性连接，每边应预留适当的缝隙。最好与玻璃厂家一同量度，确认尺寸后编号加工。

④ 玻璃隔断型框架必须与结构地面、墙面、顶棚安装固定牢固可靠。一般采用膨胀螺栓固定。

⑤ 无竖框玻璃隔断隔墙的安装宜采用预埋铁杆固定，无埋件时，设置金属膨胀螺栓。型钢（角钢或槽钢）必须与预埋铁件或金属膨胀螺栓焊牢，型钢材料在安装前必须涂刷涂防腐涂料，焊好后应在焊接处再进行补刷。

⑥ 玻璃与构件不得直接接触。玻璃四周与构件凹槽应保持一定空隙，每块玻璃下部应设置不少于两块弹性定位垫块；垫块的宽度与槽口宽度应相同，长度不应小于 100mm。玻璃两边嵌入量及空隙应符合设计要求。

第六节　建筑幕墙工程

一、玻璃幕墙

1. 施工概要

构件式玻璃幕墙在工厂制作的是一根根元件（立柱、横梁）和一块块玻璃（组件），再运往工地将立柱用连接件安装在主体结构上，再在立柱上安装横梁，形成幕墙框格后安装固定玻璃（组件）。构件式幕墙是在主体结构上安装杆件（立柱、横梁）形成框格的，框格的外形、尺寸及外表面平整度是在杆件安装过程中调整、定位、固定形成的，杆件安装完毕形成固定在主体结构上的框格后，再安装玻璃（金属板、石板、装配玻璃组件等）形成幕墙，面板的接缝在一根整体杆（立柱、横梁）上，这个杆件在型材挤压时就是一个整杆件，面板固定在这个杆件上。上墙安装时先安装杆件，此时由于尚未安装面板，人可在外侧操作，对杆件进行调整、定位后固定，在杆件安装定位固定后再安装面板。玻璃幕墙如图 13-86 所示。

图 13-86　玻璃幕墙

2. 构件式玻璃幕墙施工工艺流程

测量放线与埋件清理→立柱安装→横梁安装→防雷、防火安装→玻璃面板安装→铝合金压块安装→铝合金装饰线安装→玻璃板块打胶→防水测试→清扫。

3. 具体施工过程

（1）测量放线与埋件清理

① 测量放线　测量放线前，应先复查由土建方移交的主体结构的水平基准线和标高基准线。测量放线应结合主体结构的偏差及时调整幕墙分格，防止积累误差。风力大于 4 级时，不宜测量放线。测量放线如

图 13-87 所示。

② 埋件清理　按照幕墙的设计分格尺寸用测量仪器定位安装预埋件，应采取措施防止浇筑混凝土时埋件发生移位。预埋件的标高偏差≤±10mm，水平偏差≤±10mm，表面进出偏差≤10mm。偏差过大，不满足设计要求的预埋件应废弃，原设计位置补做后置埋件，后置埋件的安装螺栓应有防松脱措施。埋件如图 13-88 所示。

 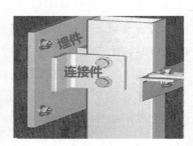

图 13-87　测量放线　　　　　　　图 13-88　埋件

（2）立柱安装

构件式玻璃幕墙框料宜由下往上进行安装。框料与连接件连接后，应对整幅幕墙进行检查和纠偏，然后将连接件与主体结构的预埋件焊牢。立柱安装如图 13-89 所示。

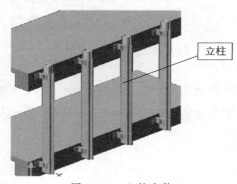

图 13-89　立柱安装

（3）横梁安装

横梁一般分段与立柱连接，横梁两端与立柱每边留出 2mm 的空隙，涂密封胶处理，也可以采用弹性橡胶垫，橡胶垫应有 20%～30% 的压缩变形能力，以适应和消除横向温差效应。

（4）防雷、防火安装

玻璃幕墙防雷措施首先应确保与建筑主体结构的避雷均压环有效连接。连接部位应清除非导电保护层。连接点相隔距离 12～18m，形成一个环形连接通路。

构件式玻璃幕墙的窗间墙和窗槛墙的防火封堵材料应采用不燃烧材料，当外墙面采用耐火极限不低于 1.0h 的不燃烧体时，其墙内填充材料可采用难燃烧材料。

构件式玻璃幕墙与各层楼、隔墙外沿间的空隙，应采用防火材料填充密实。当采用防火岩棉或矿棉封堵时，其厚度不应小于 50mm；楼层间水平防烟带的岩棉或矿棉宜采用厚度不小于 1.5mm 的镀锌钢板承托。

（5）玻璃面板安装

玻璃板块运送到现场，监理等单位应对硅酮（聚硅氧烷）结构胶部位进行黏结剥离检测，在结构胶黏结处用刀具切开，检查人员检测胶内在质量。隐藏或横向半隐框玻璃幕墙，每分格的玻璃下端宜设置两个铝合金或不锈钢托块，满足承受该分格玻璃的重力荷载，其长度不应小于100mm、厚度不应小于 2mm、高度不应超过玻璃墙外表面，且与玻璃之间设置衬垫。玻璃面板如图 13-90 所示。

图 13-90　玻璃面板

（6）玻璃板块打胶

玻璃板块安装定位后，进行胶缝清刷。打胶宜在晴天进行，不宜在夜晚、雨天打胶，打胶时环境的温度及湿度应在产品施工要求的范围之内。打密封胶之前应放置泡沫棒；在胶缝两侧边口粘贴保护胶带。玻璃板块打胶如图 13-91 所示。

工人对幕墙进行打胶处理

图 13-91　玻璃板块打胶

（7）清扫

对整幅幕墙进行清理时，可采用丙酮或二甲苯等稀释剂对幕墙清洗。清扫幕墙如图 13-92 所示。

图 13-92　清扫幕墙

4. 施工注意事项

① 产品的保管场所应设在雨水淋不到并且通风良好的地方，根据各种材料的规格，分类堆放，并做好相应的产品标识。要定期检查仓库的防火设施和防潮情况。

② 施工用电的线路、闸箱、接零接地、漏电保护装置应符合有关规定，并严格按照有关规定安装和使用电气设备。

③ 施工机具在使用前应严格检查，保证机械性能良好，安全装置

齐全有效；电动工具应进行绝缘测试，手持玻璃吸盘及玻璃吸盘机应测试吸附重量和吸附持续时间。

④ 配备消防器材，防火工具和设施应齐全，并有专人管理和定期检查；各种易燃易爆材料的堆放和保管应与明火区有一定的防火间距；电焊作业时，应有防火措施。

⑤ 安装工人进场前，应进行岗位培训并对其做安全、技术交底后方能上岗操作，必须正确使用安全帽、安全带。

⑥ 脚手架经验收合格后方可使用，脚手架上不得超载，应及时清理杂物，防止机具、材料的坠落，如需部分拆除脚手架与主体结构的连接时，应采取措施防止失稳。

⑦ 减少施工时机具噪声污染，减少夜间作业，避免影响施工现场附近居民的休息。

⑧ 完成每项工序后，应及时清理施工后滞留的垃圾，比如胶、胶瓶、胶带纸等，保证施工现场的清洁。

⑨ 对于密封材料及清洗溶剂等可能产生有害物质或气体的材料，应做好保管工作，并在挥发过期前使用完毕，以免对环境造成影响。

二、石材幕墙

1. 施工概要

在石材幕墙的结构设计中应对幕墙及其连接件的承载力、刚度和相对于主体结构的位移能力进行设计。由于石材幕墙构件的变形能力很小，在受到地震作用和风力作用下，幕墙构件将会产生一定的侧移，因此石材幕墙的设计应含有抗震构造措施的设计。为防止主体结构水平力产生的位移使幕墙构件损坏，需要通过设计弹性连接件来避免主体结构过大侧移的影响。幕墙构件与横梁、立柱之间的连接还必须要设计成有一定的活动余地，以使连接具有一定的适应位移能力。此外石材幕墙钢骨架系统也需要设置热胀冷缩的变形缝。

在石材幕墙结构设计中的防雷装置应自上而下地安装，同时还要与主体结构的防雷装置进行有效、牢固的连接。防雷装置的设计与安装还需要经过建筑设计单位的认可。石材幕墙的保温材料可以与石材板块连接在一起，也可直接附着在结构主体上。石材幕墙如图 13-93 所示。

图 13-93　石材幕墙

2. 施工准备

① 施工现场要清理干净，要有足够的材料、部件、设备的放置场地，有库房保管零部件。可能对幕墙施工环境造成严重污染的分项工程应安排在幕墙施工前进行。

② 主体结构上预埋件已按设计要求埋设完毕，无漏埋、过大位置偏差的情况，后置埋件已完成拉拔试验，其拉拔强度合格。

③ 幕墙安装施工前完成幕墙各项性能检测试验并合格，如合同要求有样板间的应在大面积施工前完成。

④ 脚手架等操作平台搭设到位。吊篮等垂直运输设备安设到位。

3. 施工工艺流程

测量放线→安装预埋件→安装骨架→安装防雷、防火材料→安装石材板→石材板打胶→清扫。

4. 具体施工过程

（1）测量放线

测量放线前，应先复查由土建方移交的主体结构的水平基准线和标高基准线。测量放线应结合主体结构的偏差及时调整幕墙分格，防止积累误差。风力大于 4 级时，不宜进行测量放线工作。测量放线如图 13-94 所示。

图 13-94 测量放线

（2）安装预埋件

按照幕墙的设计分格尺寸用测量仪器定位安装预埋件，应采取措施防止浇筑混凝土时预埋件发生移位。预埋件安装如图 13-95 所示。

图 13-95 安装预埋件

（3）安装骨架

① 立柱宜从上往下进行安装，与连接件连接后，应对整幅幕墙金属龙骨进行检查和纠偏，然后将连接件与主体结构的预埋件焊牢。

② 根据水平钢丝，将每根立柱的水平标高位置调整好，稍紧螺栓。

③ 再调整进出、左右位置，经检查合格后，拧紧螺帽。

④ 当调整完毕，整体检查合格后，将垫片、螺帽与钢件电焊上。

⑤ 最后安装横龙骨，安装时水平方向应拉线，并保证竖龙骨与横龙骨接口处的平整，且不能有松动。安装骨架如图 13-96 所示。

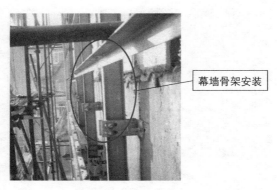

图 13-96   安装骨架

（4）安装防火材料

龙骨安装完毕，用螺丝或射钉将防火镀锌板固定。防火棉安装时注意厚度和均匀度，保证与龙骨料接口处的饱满。安装过程中要注意对玻璃、铝板、铝材等成品以及内装饰的保护。安装防火材料如图 13-97所示。

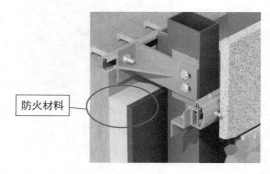

图 13-97   安装防火材料

（5）安装石材板

① 在板安装前，应根据结构轴线外表面与干挂石材外露面之间的尺寸后，在建筑物大角处做出上下生根的金属丝垂线，并以此为依据，根据建筑物宽度设置满足要求的垂线、水平线，确保钢骨架安装后处于同一平面上。

② 安装过程中拉线检查相邻石材板面的平整度和板缝的水平度和垂直度，注意控制缝的宽度，缝宽误差应均分在每条胶缝中。石材板安装如图 13-98 所示。

图 13-98 石材板安装

5. 施工注意事项

① 进入施工现场必须戴好安全帽，系好帽带，施工操作人员必须系好安全带。

② 施工操作前，必须对搭设好的脚手架进行检查验收，经确认安全后方可使用。若施工部位存在安全隐患，必须将安全隐患消除后，再进行正常施工。

③ 接、拆线路由专业电工进行操作，非专业电工禁止随意接、拆线路。

④ 操作中不准在脚手架上追逐、打闹。严禁酒后从事外墙装修工作。

⑤ 作业前清理作业现场，下班后整理现场，不要将材料、工具乱放，在作业中断或结束时，应当天清理垃圾并投放到指定地点。

⑥ 不得随意拆除脚手架等临时设施，不得已必须拆除脚手架或搭板时，必须得到安全管理人员的允许，作业结束必须复原上述装置。

⑦ 上一道工序施工完毕，要进行班组自检，检查合格后经建设、监理单位验收合格后可进行下一道施工工序。下一道工序操作人员要对上一道工序的工程进行保护性施工，不得进行破坏。

⑧ 成品、半成品进入施工现场要保存好，遮盖严密，以防风刮雨淋，并由专人看管，以防破坏。

三、金属幕墙

1. 施工概要

金属幕墙一般有复合铝板、单层铝板、铝蜂窝板、夹芯保温铝板、不锈钢板、彩涂钢板、珐琅钢板等材料形式。而铝板幕墙一直占主导地位，轻量化的材质减少了建筑的负荷，为高层建筑提供了良好的选择条件。金属幕墙如图 13-99 所示。

图 13-99　金属幕墙

2. 施工工艺流程

测量放线→安装预埋件→安装立柱→安装横梁→安装防雷、防火材料→安装金属面板→金属面板打胶→防水测试→清扫。

3. 具体施工过程

（1）测量放线

测量放线前，应先复查由土建方移交的主体结构的水平基准线和标高基准线。测量放线应结合主体结构的偏差及时调整幕墙分格，防止积累误差。风力大于 4 级时，不宜进行测量放线工作。测量放线如图 13-100 所示。

——测量工具

图 13-100　测量放线

（2）安装预埋件

按照幕墙的设计分格尺寸用测量仪器定位安装预埋件，应采取措施防止浇筑混凝土时预埋件发生移位。预埋件安装如图 13-101 所示。

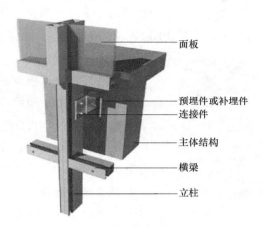

面板

预埋件或补埋件

连接件

主体结构

横梁

立柱

图 13-101　预埋件安装

（3）安装立柱

立柱宜从上往下进行安装，与连接件连接后，应对整幅幕墙金属龙骨进行检查和纠偏，然后将连接件与主体结构的预埋件焊牢。立柱安装如图 13-102 所示。

（4）安装防雷、防火材料

龙骨安装完毕后，可进行防火材料的安装。将防火镀锌板固定（用螺丝或射钉），要求牢固可靠，并注意板的接口。然后铺防火棉，安装时应注意防火棉的厚度和均匀度，保证与龙骨接口处的饱满，且不能挤压，以免影响面材。最后进行顶部封口处理即可安装封口板。

立柱

图 13-102　立柱安装

（5）安装金属面板

安装前应将钢件或钢架、立柱、避雷、保温、防锈全部检查一遍，合格后再将相应规格的面材搬入就位，然后自上而下进行安装。安装过程中拉线相邻玻璃面的平整度和板缝的水平、垂直度，用木板模板块控制缝的宽度。金属面板安装如图 13-103 所示。

图 13-103 金属面板安装

（6）金属面板打胶

用清洁剂将金属板及框表面清理干净后，立即在金属板之间的缝隙中先安放密封条或防风雨胶条，再注入硅酮（聚硅氧烷）耐候密封胶等材料，注胶要饱满，不能有空隙或气泡。

4. 施工注意事项

① 注意保证板面平整，接缝齐平。为此施工中应确保连接件的固定，并在连接件固定时放通线定位，且在上板前严格检查金属板的质量。

② 对高层金属板幕墙的测量放线应在风力不大于四级的情况下进行。每天应定时对幕墙的垂直度进行校核。

③ 连接件与膨胀螺栓或与墙上的预埋件焊牢后应及时进行防锈处理。

④ 幕墙四周与主体结构之间的缝隙，应采用防火的保温材料填塞；内外表面采用密封胶连续封闭，接缝应严密不漏水。

⑤ 施工中应做到"活完脚下清"，包装材料、下脚料应集中存放，并及时清理回收或消纳处理。

⑥ 防火、保温及胶类材料应符合环保要求，现场存放应封闭保存，使用后不得随意丢弃，剩料应分类回收并及时消纳。

第七节　涂饰工程和裱糊工程

一、水性涂料涂饰

1. 施工概要

水性涂料是一种以水为稀释剂的不含有机溶剂的、新型环保的涂料，里面不含甲醛等对人体有害的物质，具有较广泛的适用性。水性涂料看起来与溶剂型涂料的色泽丰满度相当，柔韧度很好，防水性能较佳，能广泛应用于木材、塑料、玻璃等多种建筑材质。

水性涂料的优点主要是环保、污染小，因其以水作为溶剂，味道相对较小，也减少了对环境的污染，节省了资源和成本，非常符合现阶段资源环保型时代发展步伐，所以在推出之后迅速受到人们的青睐。而且水性漆的涂装工具也都可以用清水直接清洗，方便节能。更重要的是，水溶性漆基本能够适应市场中常见材质的表面，具有较强的附着力，不易脱落、氧化。但是在施工过程中，水性漆对于材质表面的清洁度和平整度要求较高，如果清理得不是很干净，那么水性漆涂出的效果也会受到很大影响。涂料涂饰墙面如图 13-104 所示。

图 13-104　涂料涂饰墙面

2. 施工工艺流程

基层处理→刷底漆→满刮两遍腻子→喷刷第一涂层→喷第二道涂层→喷面层→清扫。

3. 具体施工过程

（1）基层处理

涂料基层必须符合坚固、平整、干燥、中性、清洁等基本要求。在涂料工程施工前应首先检查基层状况，对不符合要求的基层要进行处理，处理后仍达不到上述基本要求的，应要求上道工序施工人员采取补救措施，否则严禁施工。

基层处理的内容包括：清除基层表面上的灰尘、油污、疏松物；减轻或消除表面缺陷；改善基层表面的物理和化学性能。不同类型的基层有不同的处理方法。基层处理如图 13-105 所示。

图 13-105 基层处理

（2）刷底漆

墙面批灰基层完成后先刷一道与内墙涂料相配套的抗碱封闭底漆，防止墙面析碱破坏涂层。刷底漆一般刷醇酸清漆二遍，批灰的腻子里需加 10％的清漆。

（3）满刮两遍腻子

第一遍满刮腻子施工前将基层面清扫干净，使用胶皮刮板满刮一遍，刮时要一板排一板，两板中间顺一板，既要刮严，又不得有明显接槎和凸处薄刮，凹处厚刮，应大面积找平。

第二遍满刮腻子要用稀腻子找平，并做到线脚顺直、阴阳角方正。刮腻子如图 13-106 所示。

图 13-106 刮腻子

（4）喷刷底层涂料

底层涂料主要起封闭、抗碱和与面漆的连接作用。其施工环境及用量应按照产品使用说明书要求进行。使用前应搅拌均匀，在规定时间内用完，做到涂刷均匀，厚薄一致。喷刷底层涂料如图 13-107 所示。

喷枪喷涂料

图 13-107　喷刷底层涂料

（5）喷面层

① 第一遍面层涂料　待修补的底层涂料干透后进行涂刷面层。第一遍面层涂料的稠度应加以控制，使其在放涂时不流坠，不显刷纹，施工过程中不得任意稀释。其施工环境及用量应按照产品使用说明书要求进行。使用前应搅拌均匀，在规定时间内用完。内墙涂料施工的顺序是先左后右、先上后下、先难后易、先边角后大面。涂刷时，每次蘸涂料后宜在匀料板上来回滚匀或在桶边添料，涂刷的涂膜应充分盖底，不透虚影，表面均匀，不露底、不流坠，色泽均匀，确保涂层的厚度。

对于干燥较快的涂饰材料，大面积涂刷时，应由多人配合操作，流水作业，顺同一方向涂刷，应处理好接槎部位，做到上下涂层接头无明显接槎，涂料干后颜色均匀一致。

② 第二遍面层涂料　水性涂料的施工，后一遍涂料必须在前一遍涂料表干后进行。涂刷面为垂直面时，最后一道涂料应由上向下刷。刷涂面为水平面时，最后一道涂料应按光线的照射方向刷。刷涂木材表面时，最后一道涂料应顺木纹方向。全部涂刷完毕，应再仔细检查是否全部刷匀刷到，有无流坠、起皮或皱纹，边角处有无积油问题，并应及时

进行处理。对于流平性较差、挥发性快的涂料，不可反复过多回刷。应做到无掉粉、起皮、漏刷、透底、泛碱、咬色、流坠和疙瘩。涂刷面层如图 13-108 所示。

图 13-108　涂刷面层

（6）清扫

第二遍涂料涂刷完毕后，将所有纸胶带、保护膜、废旧纸等遮挡物清理干净，特别是与涂料分界的遮挡物，揭纸时要小心，最好用裁刀顺直划一下后再揭纸或撕胶带，防止涂料膜撕成缺口而影响美观效果。

4. 施工注意事项

① 在基层修补时，需先修补墙面存在的不足，如不平整位置、线槽位置。不平整位置用石膏粉补平。线槽位置用胶带补平以防止开裂，应先将线槽湿润后再抹灰找平，然后用石膏腻子找平，再用布满贴（盖过线槽），然后满刮腻子刷乳胶漆，这样的处理办法是防止在刷完乳胶漆后线槽处开裂的有效措施。

② 对于基层为石膏板时，石膏板的螺钉帽必须进行防锈点漆处理（冒出的钉子必须钉入板内），待防锈漆干透后再批嵌一道防锈腻子进行加强处理；嵌缝分二次成活，确保板缝内腻子密实，表面平整；待嵌缝石膏板完全干透后再用纤维网格带或专用纸绷带封住接缝，纸绷带粘贴前先浸水湿润，但不能时间过长，绷带用白胶粘贴，要求绷带在板缝两侧均匀一致，表面平整，并与基层粘贴牢固，确保其无起泡空鼓现象。

③ 特殊部位的处理：天花转角采用 L 形加固细木工板做底板，面板采用石膏板，可有效防止腻子开裂、防霉发黄。

④ 机械喷涂涂料时，底漆及第一遍面漆采用喷涂，第二遍面漆使用人工滚筒滚涂。灯具开关面板先安装，后进行面漆施工，可有效控制灯具及开关面板四周缝隙的修补及防止安装工程中有油垢而污染涂料。施工时应对灯具、开关面板进行保护。

二、裱糊工程

1. 施工概要

裱糊分壁纸裱糊和墙布裱糊。本施工工艺适用于聚氯乙烯塑料壁纸、复合纸质壁纸、金属壁纸、玻璃纤维壁纸、锦缎壁纸、装饰壁纸以及玻璃纤维墙布、无纺墙布、纯棉装饰墙布、化纤装饰墙布、高级墙布等裱糊工程。墙纸墙面如图 13-109 所示。

2. 施工准备

（1）技术准备

施工前应熟悉施工图纸，包括壁纸和墙布的种类、规格、图案、颜色和燃烧性能等级和环保等要求。掌握天气情况，依据施工技术交底和安全交底，做好各方面的准备工作。

图 13-109　墙纸墙面

（2）材料准备

① 壁纸、墙布　品种、规格、图案、颜色应符合设计要求，应有产品合格证和环保及燃烧性能检测报告。壁纸如图 13-110 所示。

图 13-110　壁纸

② 壁纸、墙布专用黏结剂　嵌缝腻子、玻璃丝网格布、清漆等，应有产品合格证和环保检测报告。

（3）主要机具

① 工具　裁切工作台、壁纸刀、白毛巾、塑料桶、塑料盆、油工刮板、拌腻子槽、压辊、开刀、毛刷、排笔、擦布或棉丝、粉线包、小白线、锤子、铅笔、砂纸、扫帚、电动砂纸机等。

② 计量检测用具　钢板尺、水平尺、钢尺、托线板、线坠等。

3. 施工工艺流程

基层处理→吊直、弹线→计算用纸、裁纸→刷胶→裱糊→修整。

4. 具体施工过程

（1）基层处理

裱糊壁纸的基层是混凝土面、抹灰面（如水泥砂浆、水泥混合砂浆、石灰砂浆等），要满刮腻子一遍打磨砂纸。但当混凝上面、抹灰面有气孔、麻点、凸凹不平时，为了保证质量，应增加满刮腻子和磨砂纸遍数。基层是空心砖、泡沫砖的，满刮腻子前宜满贴网格布。

刮腻子时，将混凝土或抹灰面清扫干净，使用胶皮刮板满刮一遍。刮时要有规律，要一板排一板，两板中间顺一板。既要刮严，又不得有明显接槎和凸痕。做到凸处薄刮，凹处厚刮，大面积找平。待腻子干固后，打磨砂纸并扫净，处理好的底层应该平整光滑，阴阳角线通畅、顺直，无裂痕、崩角，无砂眼麻点。基层处理如图 13-111 所示。

图 13-111　基层处理

（2）吊直、弹线

首先应将房间四角的阴阳角通过吊垂直、套方、找规矩，并确定从哪个阴角开始按照壁纸的尺寸进行分块弹线控制，有挂镜线的按挂镜线弹线，没有挂镜线的按设计要求弹线控制。吊直、弹线如图 13-112 所示。

（3）计算用纸、裁纸

按基层实际尺寸进行测量计算所需用量，并在每边增加 2～3cm 作为裁纸量。裁剪在工作台上进行。对有图案的材料，无论顶棚还是墙面均应从粘贴的第一张开始对花，墙面从上部开始。边裁边编顺序号，以便按顺序粘贴。裁纸如图 13-113 所示。

（4）刷胶

在进行施工前将 2～3 块壁纸进行刷胶，使壁纸起到湿润、软化的作用，塑料纸基背面和墙面都应涂刷胶黏剂，刷胶应厚薄均匀，从刷胶

到最后上墙的时间一般控制在
5~7min。

刷胶时，基层表面刷胶的宽
度要比壁纸宽约 3cm。刷胶要全
面、均匀、不裹边、不起堆，以
防溢出而弄脏壁纸。但也不能刷
得过少，甚至刷不到位，以免壁
纸黏结不牢。一般抹灰墙面用胶

图 13-112　吊直、弹线

量为 $0.15kg/m^2$ 左右，纸面为
$0.12kg/m^2$ 左右。壁纸背面刷胶后，应是胶面与胶面反复对叠，以避
免胶干得太快，也便于上墙，并使裱糊的墙面整洁平整。刷胶如
图 13-114 所示。

根据设计裁墙纸

图 13-113　裁纸

对墙纸进行刷胶处理

图 13-114　墙纸刷胶

（5）裱糊

裱贴壁纸时，首先要垂直，后对花纹拼缝，再用刮板用力抹压平整。原则是先垂直面后水平面，先细部后大面。贴垂直面时先上后下，贴水平面时先高后低。

裱贴时剪刀和长刷可放在围裙袋中或手边。先将上过胶的壁纸下半截向上折一半，握住顶端的两角，在四脚梯或凳上站稳后。展开上半截，凑近墙壁，使边缘靠着垂线成一直线，轻轻压平，由中间向外用刷子将上半截敷平，在壁纸顶端做出记号，然后用剪刀修齐或用壁纸刀将多余的壁纸割去。再按上法同样处理下半截，修齐踢脚板与墙壁间的角落。用海绵擦掉沾在踢脚板上的胶糊。壁纸贴平后 3~5h 内，在其微干状态时，用小滚轮（中间微起拱）均匀用力滚压接缝处，这样做比传统的有机玻璃片抹刮能更有效地减少对壁纸的损坏。裱糊如图 13-115 所示。

铺墙纸

图 13-115　裱糊

5. 施工注意事项

① 裱贴壁纸时，注意在阳角处不能拼缝，阴角边壁纸搭缝时，应先裱糊压在里面的转角壁纸，再粘贴非转角的正常壁纸。搭接面应根据阴角垂直度而定，搭接宽度一般不小于 2~3cm，并且要保持垂直无毛边。

② 裱糊壁纸时，室内相对湿度不能过高，一般应低于 85％，同时，温度也不能有剧烈的变化。

③ 在潮湿天气粘贴壁纸时，粘糊完成后，白天应打开门窗，加强通风，夜间应关闭门窗，防止潮气侵袭。

④ 墙布、锦缎裱糊时，在斜视壁面上有污斑时，应将两布对缝挤出的胶液及时擦干净，已干的胶液用温水擦洗干净。

第八节　门窗工程

一、木门窗

1. 施工概要

木门窗主要可分为平开门窗及推拉门窗两大类。施工时图纸要先通过自审与会审，解决存在的问题。门窗的尺寸、形式应符合设计要求并按施工图纸要求做好技术交底。木门窗生产应以专业化、工厂化为原则，产品应有出厂合格证、检验报告。不提倡现场制作，现场只允许修饰性制作。

2. 施工工艺流程

弹线、确定安装标高→样板框体安装→窗框、窗扇安装→门框安装→门扇安装。

3. 具体施工过程

（1）弹线、确定安装标高

窗安装洞口交接检查合格后，洞口框边线（窗框安装边线）经弹线确定，对不符合要求的洞口需做处理。确定标高如图 13-116 所示。

（2）样板框体安装

门窗大量安装前需做样板引路，检查安装质量合格后方可开展以点带面、大规模展开安装。样板框体如图 13-117 所示。

（3）窗框、窗扇安装

框体安装预埋木砖应按设计要求布置好，连框木螺钉长度、直径必须符合设计要求，个别框与墙缝隙过大应采用加长螺栓，定位固定木楔在塞砂浆固定后可移除，且不应影响安装牢固度。窗框、扇安装如图 13-118 所示。

（4）门框安装

以木门框为例，选择结实的木头做芯材，按照尺寸将木板裁成等宽大小，做成门框的基本框架。用电锤在墙上打眼，顶上木楔，做好标记，将门套各个方向垂直水平安装，保证框架直角，然后将圆钉穿过门

图 13-116　确定标高

图 13-117　样板框体

安装窗框

图 13-118　窗框、扇安装

框，钉入木楔子，将门框固定在墙上。当门套的基本框架固定好之后，就需要做一层叠级，让门关得更严实些，且开关门更加方便，在装门的一侧，通常要留出 4～5cm 的距离。在所有的部件都安装完毕后，接着就是贴面板了，无论是清水门还是混水门，都要跟整体的装修风格相配套，这里需要注意的是，贴面板的时候，要测量好尺寸，再裁剪面板，保证同一扇门的面板色差相近，保证边缘没有毛刺，交界处缝隙严密。

门框安装如图 13-119 所示。

(5) 门扇安装

在抹灰工序完成后进行扇体安装，五金配件、执手锁等安装未交付使用前应符合相关规范。门窗表面要清洁，擦抹布表面不得有砂粒，以

图 13-119　门框安装

免损门窗表面。门扇安装如图 13-120 所示。

4. 施工注意事项

① 门窗安装完成后验收前应做保护，适当采用木夹板或薄铁皮遮挡，防止损坏。走道框、下轨需用夹板做木盒做下框保护，竖框需用铁皮做成槽形包裹门框，以防出入手推车轴划伤。

图 13-120　门扇安装

② 玻璃贴保护膜，并做醒目标志，防止碰撞损坏。

③ 门窗安装梯子必须牢固，靠墙体角度不宜过陡，排栅脚手架应符合安装要求。安装工人爬高超 2m 都必须扣挂安全带，进入施工现场需戴安全帽。

④ 开木方、夹板时需戴防尘口罩，以防粉尘危害。涂料喷涂时要戴活性炭型防毒口罩。

⑤ 施工过程产生的废物垃圾应及时处理，装袋运送指定堆放点。门窗应在加工场加工完成后运至现场，尽量减少现场制作。加工木材、

夹板噪声应控制在规定范围内，现场防火工作应严格监管。

⑥ 现场用电安全按施工现场用电安全规定执行，电源线不允许拖地，勤检查、防漏电，用电必须有漏电保护措施，使用合格电缆。

二、金属门窗

1. 施工概要

金属门窗应有生产许可证、产品出厂合格证。建筑外窗的抗风压性、气密性、水密性及采光性应分别满足现行国家标准《建筑外窗抗风压性能分级及检测方法》（GB/T 7106）、《建筑外窗气密性能分级及检测方法》（GB/T 1707）、《建筑外窗采光性能分级及检测方法》（GB/T 1708）的规定。铝合金门窗的品种、规格型号、外观、尺寸允许偏差、装配质量应符合设计要求，并应符合现行国家标准的规定。金属窗如图13-121 所示。

图 13-121　金属窗

2. 施工工艺流程

弹线定位→立副框→门窗框就位固定→嵌缝→清洁修色→门窗扇及玻璃安装→配件安装→装纱窗。

3. 具体施工过程

（1）弹线定位

① 弹放垂直控制线　按设计要求，从顶层至首层用大线坠或经纬仪吊垂直，检查外立面门、窗洞口位置的准确度，并在墙上弹出垂直线，出现偏差超标时，必须先对其进行处理。室内用线坠吊垂直弹线。

② 弹放水平控制线　门、窗的标高应根据设计标高，结合室内标高控制线进行放线。弹线如图 13-122 所示。

图 13-122　弹线

（2）立副框

先将连接件固定在副框上，然后按照弹线的位置将门框准确就位，再用检测工具校正副框的水平度、垂直度，调整正确后用木楔临时固定，之后将连接件与预埋件或墙体连接固定。立副框如图 13-123 所示。

图 13-123　立副框

（3）门窗框就位固定

将门框装入洞口临时就位，按照画好的门窗定位线将门框调整至横平竖直，再用螺丝钉将门窗与副框连接牢固。

（4）嵌缝

金属门窗固定后，应先进行隐蔽工程验收，合格后及时按照设计要求进行处理门窗框与墙体之间的缝隙。填充建筑外门窗与洞口之间的缝隙内腔以及副框与洞口之间的缝隙内腔，应采用中性硅酮（聚硅氧烷）系列密封胶，不得采用丙烯酮密封膏。嵌缝打胶如图 13-124 所示。

（5）清洁修色

安装完毕后剥去门窗保护膜，将门窗上的油污、脏物清洗干净；对于在运输、安装过程中门窗破损的表面用门窗厂家提供的与门窗颜色、涂层材质一致的修色液进行修色，以保证门窗颜色一致。

（6）门窗扇及玻璃安装

门窗扇和门窗玻璃应在洞口墙体表面装饰完工后安装。门窗固定后，将门窗扇安装在框上。金属门窗的扇一般在工厂加工、组装，到施工现场直接安装门窗玻璃，玻璃安装后，将各个压条压好，然后填嵌密封条及密封胶。玻璃安装如图 13-125 所示。

（7）配件安装

按设计要求选配五金件，配件与门窗连接用镀锌螺钉，安装应结实牢固，使用灵活。门锁安装如图 13-126 所示。

（8）装纱窗

纱窗安完纱后，按要求安装到门窗上。纱窗如图 13-127 所示。

图 13-124 嵌缝打胶

图 13-125 玻璃安装

图 13-126 门锁安装

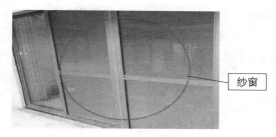

纱窗

图 13-127　纱窗

4. 施工注意事项

① 查阅门窗工程施工图、竣工图，设计说明书、计算书及其他设计文件。

② 安装时使用脚手架、门字架、人字梯等必须检查落实是否牢固，梯子是否缺档、松动，梯子摆放不应过陡，梯子与地面夹角宜为 60°～70°，严禁两人同时使用一个梯子，高凳不能作为安装登高设施，在 2m 以上高度施工人员必须扣系好安全带，且应高挂低用。

③ 在焊接与墙体连接的铁脚件时，应配备灭火器、水枪及其他消防器材等。作业现场不得堆放或留有易燃物品，焊接前需要办理好动火申请，审批合格领证后设专人监护。

④ 门窗安装过程中产生的包装、胶筒、胶纸、碎玻璃等垃圾应及时装袋，分可回收垃圾及不可回收垃圾分类堆放在指定的垃圾池。

⑤ 门窗安装施工过程中，应控制产生噪声、粉尘，以免影响周围环境，在安装门窗下方为人行通道时应考虑加设人行通道防高空坠落物遮挡棚，以免高空落物伤及路人。

第九节　细部工程

一、软包墙面

1. 施工概要

软包墙面是建筑中精装修工程的一种，采用装饰布和海绵把室内墙面包起来，有较好的吸声和隔声效果，且颜色多样，装饰效果好。软包墙面按软包面层材料的不同可以分为：平绒织物软包、锦缎织物软包、毡类织物软包、皮革及人造革软包、毛面软包、麻面软包、丝类挂毯软包等；按装饰功能的不同可以分为：装饰软包、吸音软包、防撞软包等。

2. 施工准备

① 水电及设备，顶墙上预留预埋件已完成。

② 房间的吊顶分项工程基本完成，并符合设计要求。

③ 房间里的地面分项工程基本完成，并符合设计要求。

④ 对施工人员进行技术交底时，应强调技术措施和质量要求。

⑤ 调整基层并进行检查，要求基层平整、牢固，垂直度、平整度均符合细木制作验收规范要求。

⑥ 软包周边装饰边框及装饰线安装完毕。

3. 施工工艺流程

基层或底板处理→测量放线→套割衬板及试铺→安装装饰面。

4. 具体施工过程

（1）基层处理

在做软包墙面装饰的房间基层（砖墙或混凝土墙），应先安装龙骨，再封基层板。龙骨可用木龙骨或轻钢龙骨，基层板宜采用 9～15mm 木夹板（或密度板），所有木龙骨及木板材应刷防火涂料。并符合消防要求。如在轻质隔墙上安装软包饰面，则先在隔墙龙骨上安装基层板，再安装软包。基层处理如图 13-128 所示。

图 13-128 基层处理

（2）测量放线

根据设计图纸要求，把该房间需要软包墙面的装饰尺寸、造型等通过吊直、套方、找规矩、弹线等工序，把实际设计的尺寸与造型放样到墙面基层上，并按设计要求将软包挂墙套件固定于基层板上。测量放线如图 13-129

图 13-129　测量放线

所示。

（3）套割衬板及试铺

① 裁割衬板　根据设计图纸的要求，按软包造型尺寸裁割衬底板材，衬板厚度应符合设计要求。如软包边缘有斜边或其他造型要求，则在衬板边缘安装相应形状的木边框。衬板裁割完毕后即可将挂墙套件按设计要求固定于衬板背面。木边框节点图如图 13-130 所示。

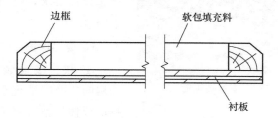

图 13-130　木边框节点图

② 试铺衬板　按图纸所示尺寸、位置试铺衬板，尺寸位置有误的需调整好，然后按顺序拆下衬板，并在背面标号，以待粘贴填充料及面料。

（4）安装装饰面

按设计要求将裁切好的面料按照定位标志找好横竖坐标上下摆正粘贴于填充材料上部，并将面料包至衬板背面，然后用胶水及钉子固定，再将粘贴完面料的软包按编号挂贴或粘贴于墙面基层板上，并调整平直。软包节点图如图 13-131、图 13-132 所示；安装装饰面如图 13-133 所示。

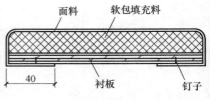

图 13-131　带边软包节点图　　　　图 13-132　不带边软包节点图

5. 施工注意事项

① 软包墙面木框或底板所用材料的树种、等级、规格、含水率和防腐处理必须符合设计要求和相应的验收规范规定。

图 13-133　安装装饰面

② 软包布及填充材料必须符合设计要求，并符合建筑室内装修设计防火有关规定。

③ 软包木框构造做法必须符合设计要求，钉粘严密、镶嵌牢固。

6. 成品保护

① 软包墙面装饰工程已完的房间应及时清理干净，不得做料房或休息室，避免污染和损坏成品，应设专人管理（不得随便进入，定期通风换气、排湿）。

② 在整个软包墙面装饰工程施工过程中，严禁非操作人员随意触摸成品。

③ 暖卫、电气及其他设备等在进行安装或修理工作中，应注意保护墙面，严防污染或损坏墙面。

④ 严禁在已完软包墙面装饰房间内剔眼打洞。若属设计变更，也应采取相应可靠有效的措施，施工时要小心保护，施工后要及时认真修复，以保证成品完整。

⑤ 二次修补油浆工作及地面磨石清理打蜡时，要注意保护好成品，防止污染、碰撞和损坏。

⑥ 软包墙面施工时，各项工序必须严格按照规程施工，操作时要

做到干净利落，边缝要切割修整到位，胶痕应及时清擦干净。

二、门窗套

1. 施工概要

门窗套是用于保护和装饰门框及窗框。门窗套包括筒子板和贴脸，与墙连接在一起。

门窗套具有保护和装饰的功能。门窗套起着保护墙体边线的功能，还可以连接室内装饰材料的收口，使工艺更加完美。门套还起着固定门扇的作用，没有门套，门扇就会安装不牢固、密封效果差；窗套还能在装饰过程中修补因窗框封不实而导致的通风漏气的毛病。

门窗套本身还有相当突出的装饰作用，门窗套是家庭装修的重要内容之一，它的造型、材质、色彩对整个家庭装修的风格有着非常重要的影响。

2. 施工准备

（1）作业条件

① 验收主体结构是否符合设计要求。采用胶合板制作的门、窗洞口应比门窗樘宽 40mm，洞口比门窗樘高出 25mm。

② 检查门窗洞口垂直度和水平度是否符合设计要求。

③ 检查预埋木砖或金属连接件是否齐全、位置是否正确。如有问题必须校正。

（2）基层处理

将墙面、地面的杂物、灰渣铲干净，然后将基层扫净。用水泥砂浆将墙面、地面的坑洼、缝隙等处找平。基层处理如图 13-134 所示。

（3）主要机具

主要机具包括：电锯、电钻、电锤、压刨、罗机、割角机、修边机等。

3. 施工工艺流程

测量放线→制作及安装预埋件→安装装饰面。

4. 具体施工过程

（1）测量放线

根据设计图纸与现场实际情况放出门窗套的装饰线。测量放线如

图 13-134　基层处理

图 13-135 所示。

图 13-135　测量放线

（2）制作及安装预埋件

① 窗套线的安装　根据设计图纸要求埋入木塞或木砖，面封大芯板并与木塞固定，板面应平整、垂直，固定应牢固。大芯板应做防火及防腐处理。

② 门套线的安装　根据设计图纸要求埋入木塞或金属连接件，面封大芯板。大型或较重的门套及门扇安装，应采用金属连接件，金属连接件可用角钢、方钢等制作并用膨胀螺栓与墙体固定，金属件应埋入墙体且表面与墙体平齐。然后面封两层大芯板，用螺丝将板材固定于金属件上，板面应平整、垂直，固定应牢固。板材与墙体之间的空隙应用防火及隔声材料封堵，并应满足防火要求。

门窗套节点图如图 13-136、图 13-137 所示，铝合金门窗预埋件如图 13-138 所示。

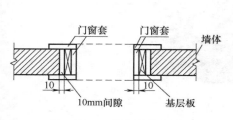

图 13-136 门窗套节点图

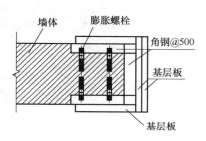

图 13-137 门窗套基层板安装节点图

（3）安装装饰面

面板应挑选木纹和颜色相近的用在同一洞口、同一房间。裁板时要略大于龙骨架实际尺寸，大面净光，小面刮直，木纹根部朝下。长度方向需要对接时，木纹应通顺，其接头位置应避开视线范围。

图 13-138 铝合金门窗预埋件

一般窗筒子板拼缝应在室内地坪 2m 以上；门洞筒子板拼缝离地面 1.2m 以下。同时接头位置必须留在横撑上；当采用厚木板时，板背面应做卸力槽，以免板面弯曲。卸力槽一般间距为 100mm，槽宽 10mm，深度为 5～8mm。

板面与木龙骨间要涂胶。固定板面所用钉子的长度为面板厚度的 3 倍，间距一般为 100mm，钉帽砸扁后冲进木材面层 1～2mm。筒子板里侧要装进门、窗框预先做好的凹槽里。外侧要与墙面齐平，割角要严密方正。安装装饰面如图 13-139 所示。

5. 施工注意事项

① 门套应垂直，饰面板粘贴平整、角尺，不得有大小头、喇叭口现象存在。

② 木门、窗套的割角整齐，接缝严密，表面光滑，无刨痕、毛刺。

图 13-139　安装装饰面

③ 窗套的下口宜用大理石，以免因受潮变黑变形。

④ 门套宜用木料制成框架后，刨平、刨直，然后装配成型安装在墙体上，再覆盖基层板和饰面板。

⑤ 门窗套制品的材质种类、规格、形状应符合设计要求。木制门窗套材料的含水率不大于12%。人造板的有害物质限量必须符合国家现行标准的有关规定，进场应进行复试。门窗套应采用门窗框相同树种的木材，不得有裂纹、扭曲、死节等缺陷。

⑥ 按设计构造及材质性能选用安装固定材料，基底可选用圆钉，面层使用气钉、螺丝、黏结剂、膨胀螺栓等。

⑦ 结合现场要求施工。

6. 成品保护

① 有其他工种作业时，要适当加以掩盖，防止对饰面板产生污染或碰撞。

② 不能将水、油污等溅湿饰面板。

三、窗台板

1. 施工概要

窗台板是木工用夹板、饰面板做成木饰面的形式，也可以是用水泥、石材做成。窗台板的款式主要是从材质上来分类的，常见的材质有大理石、花岗石、人造石、装饰面板和装饰木线。

2. 施工准备

（1）材料要求

① 窗台板制作与安装所使用的材料和规格、木材的燃烧性能等级和含水率及人造板的甲醛含量应符合设计要求和国家现行标准的有关规定。

② 木方料。木方料是用于制作骨架的基本材料，应选用木质较好、无腐朽、无扭曲变形的合格材料，含水率不大于12％。

③ 防腐剂、油漆、钉子等各种小五金必须符合设计要求。

（2）作业条件

① 窗帘盒的安装已经完成。

② 窗台表面按要求已经清洁干净。

3. 施工工艺流程

窗台板的制作→砌入防火木→窗台板抛光→拉线找平、找齐→钉牢。

4. 具体施工过程

（1）窗台板的制作

按图纸要求加工的木窗台表面应光洁，其净料尺寸厚度为20～30mm，比待安装的窗长240mm，板宽视窗口深度而定，一般要凸出窗口60～80mm，台板外沿要倒棱或起线。台板宽度大于150mm，需要拼接时，背面必须穿暗带防止翘曲，窗台板背面要开卸力槽。窗台板的制作如图13-140所示。

窗台板原料

图13-140　窗台板的制作

（2）砌入防火木

防火木材料如图 13-141 所示。

图 13-141　防火木材料

（3）窗台板抛光

窗台板抛光如图 13-142 所示。

工人师傅在用手持型抛光机进行抛光

图 13-142　窗台板抛光

（4）拉线找平、找齐

拉线找平、找齐如图 13-143 所示。

（5）钉牢

将窗台板钉牢，如图 13-144 所示。

5. 施工注意事项

① 窗台板制作与安装所使用材料的材质和规格、木材的燃烧性能等级和含水率、人造板的甲醛含量应符合设计要求及国家现行标准的有关规定。

图 13-143 拉线找平、找齐

② 窗台板的造型、规格、尺寸、安装位置和固定方法必须符合设计要求；窗台板的安装必须牢固。

③ 窗台板配件的品种、规格应符合设计要求，安装应牢固。

图 13-144 将窗台板钉牢

④ 窗台板表面应平整、洁净、线条顺直、接缝严密、色泽一致，不得有裂缝、翘曲及损坏。

⑤ 窗台板与墙面、窗框的衔接应严密，密封胶应顺直、光滑。

四、窗帘盒

1. 施工概要

窗帘盒是家庭装修中的重要部位，是隐蔽窗帘帘头的重要设施。在进行吊顶和包窗套设计时，就应进行配套的窗帘盒设计，才能起到提高整体装饰效果的作用。根据顶部的处理方式不同，窗帘盒有两种形式。一种是房间有吊顶的，窗帘盒应隐蔽在吊顶内，在做顶部吊顶时就一同完成，另一种是房间未吊顶，窗帘盒固定在墙上，与窗框套成为一个整体。窗帘盒构造较简单，施工较为容易。

2. 明窗帘盒施工工艺流程

下料→制作卯榫→装配→修正砂光。

3. 具体施工过程

（1）下料

按图纸要求截下的不用的料要长于要求规格 30～50mm，厚度、宽度要分别大于 3～5mm。窗帘盒构造如图 13-145 所示。

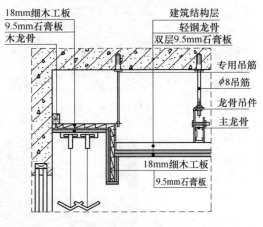

图 13-145　窗帘盒构造

（2）制作卯榫

最佳结构方式是采用 45°全暗燕尾卯榫，也可采用 45°斜角钉胶结合，上盖面可加工后直接涂胶钉入下框体。制作卯榫如图 13-146 所示。

图 13-146　制作卯榫

（3）装配

用直角尺测准暗转角度后把结构固定牢固，注意转角处不得露缝。装配如图 13-147 所示。

（4）修正砂光

结构固化后可修正砂光。用 0 号砂纸打磨掉毛刺、棱角、立槎，注

先按平线确定标高，画好窗帘盒中线，安装时将窗帘盒中线对准窗口中线，盒的靠墙部位要贴严，固定方法按设计要求

图 13-147　装配

意不可逆木纹方向砂光，要顺木纹方向砂光。砂光机如图 13-148 所示。

木工小型砂光机

图 13-148　砂光机

4. 施工注意事项

① 窗帘盒的规格为高 100mm 左右，单杆宽度为 120mm，双杆宽度为 150mm 以上，长度最短应超过窗口宽度 300mm，窗口两侧各超出 150mm，最长可与墙体通长。

② 制作窗帘盒使用大芯板，如饰面为清油涂刷，应做与窗框套同材质的饰面板粘贴，粘贴面为窗帘盒的外侧面及底面。

③ 贯通式窗帘盒可直接固定在两侧墙面及顶面上，非贯通式窗帘应使用金属支架，为保证窗帘盒安装平整，两侧距窗洞口长度相等，安

装前应先弹线。

④ 窗帘盒制作与安装所使用材料的材质和规格、木材的阻燃性能等级和含水率、人造木板的甲醛含量应符合设计要求及国家现行标准的有关规定。

⑤ 窗帘盒的造型、规格、尺寸、安装位置和固定方法必须符合设计要求；窗帘盒的安装必须牢固。

⑥ 窗帘盒配件的品种、规格应符合设计要求，安装应牢固。

5. 成品保护

① 安装窗帘盒后，应进行饰面的终饰施工，应对安装后的窗帘盒进行保护，防止污染和损坏。

② 安装窗帘及轨道时，应注意对窗帘盒的保护，避免对窗帘盒碰伤、划伤等。

第十四章

防水工程

第一节　防水基本知识

一、防水等级与设防要求

屋面防水工程根据建筑物的性质、重要程度、使用功能及防水层耐用年限要求等，分为三个等级。屋面防水的能力，一般根据施工工艺和选用的防水材料判定。各级防水的具体材料没有明确的要求，只要达到防水能力和使用年限即可。

1. 屋面 1 级防水

① 应用场合：特别重要或对防水有特殊要求的建筑。

② 防水层合理使用年限：25 年。

③ 防水层选用材料：宜选用合成高分子防水卷材、高聚物改性沥青防水卷材、金属板材、合成高分子防水涂料、细石混凝土等材料。

④ 设防要求：三道或三道以上防水设防。

2. 屋面 2 级防水

① 应用场合：重要的建筑和高层建筑。

② 防水层合理使用年限：15 年。

③ 防水层选用材料：宜选用高聚物改性沥青防水卷材、合成高分子防水卷材、金属板材、合成高分子防水涂料、高聚物改性沥青防水涂料、细石混凝土、平瓦、油毡瓦等材料。

④ 设防要求：两道防水设防。

3. 屋面 3 级防水

① 应用场合：一般的建筑。

② 防水层合理使用年限：10 年。

③ 防水层选用材料：宜选用三毡四油沥青防水卷材、高聚物改性沥青防水卷材、合成高分子防水卷材、金属板材、高聚物改性沥青防水涂料、合成高分子防水涂料、细石混凝土、平瓦、油毡瓦等材料。

④ 设防要求：一道防水设防。

二、防水卷材

防水卷材是指将沥青类或高分子类防水材料浸渍在胎体上，制作成的防水材料产品，以卷材形式提供，称为防水卷材。

防水卷材主要是用于建筑墙体、屋面，以及隧道、公路、垃圾填埋场等处，起到抵御外界雨水、地下水渗漏的一种可卷曲成卷状的柔性建材产品，作为工程基础与建筑物之间的无渗漏连接，是整个工程防水的第一道屏障，对整个工程起着至关重要的作用。产品主要有沥青防水卷材和高分子防水卷材。

1. 沥青防水卷材

沥青防水卷材是用原纸、纤维毡等胎体材料浸涂沥青，表面撒布粉状、粒状或片状材料制成可卷曲的片状防水材料。

沥青防水卷材指的是有胎卷材和无胎卷材。凡是用厚纸或玻璃丝布、石棉布、棉麻织品等胎料浸渍石油沥青制成的卷状材料，称为有胎卷材；将石棉、橡胶粉等掺入沥青材料中，经碾压制成的卷状材料称为辊压卷材即无胎卷材。沥青防水卷材如图 14-1 所示。

2. 高分子防水卷材

高分子防水卷材是经不同工序加工而成可卷曲的片状防水材料，或把上述材料与合成纤维等复合形成两层或两层以上可卷曲的片状防水材料。总体而言，高分子防水卷材的材性指标较高，如优异的弹性和抗拉强度，使卷材对基层变形的适应性增强；优异的耐候性能，使卷材在正常的维护条件下，使用年限更长，可减少维修、翻新的费用。高分子防水卷材如图 14-2 所示。

有胎卷材包括
油纸和油毡

图 14-1 沥青防水卷材

以合成橡胶、合成
树脂或此两者的共混
体为基料，加入适量
的化学助剂和填充料
等组成

图 14-2 高分子防水卷材

三、防水涂料

涂刷在建筑物表面上，经溶剂或水分的挥发或两种组分的化学反应形成一层薄膜，使建筑物表面与水隔绝，从而起到防水、密封的作用，这些涂刷的黏稠液体称为防水涂料。防水涂料经固化后形成的防水薄膜具有一定的延伸性、弹塑性、抗裂性、抗渗性及耐候性，能起到防水、防渗和保护作用。防水涂料有良好的温度适应性，操作简便，易于维修与维护。

1. 聚氨酯类防水涂料

这类材料一般是由聚氨酯与煤焦油作为原材料制成。它所挥发的焦油气毒性大，且不容易清除。尚在销售的聚氨酯防水涂料，是用沥青代替煤焦油作为原料。但在使用这种涂料时，一般采用含有甲苯、二甲苯等有机溶剂来稀释，因而也含有毒性。聚氨酯类防水涂料如图 14-3 所示。

此类防水涂料于2000年在我国被禁止使用

图 14-3　聚氨酯类防水涂料

2. 聚合物水泥基防水涂料

它由多种水性聚合物合成的乳液与掺有各种添加剂的优质水泥组成，聚合物（树脂）的柔性与水泥的刚性结为一体，使得它在抗渗性与稳定性方面表现优异。聚合物水泥基防水涂料如图 14-4 所示。

其优点是施工方便、综合造价低、工期短，且无毒环保

图 14-4　聚合物水泥基防水涂料

四、建筑密封材料

建筑密封材料是建筑工程中不可缺少的一类用以处理建筑物的各种

缝隙，并能与缝隙表面很好地结合成一体，实现缝隙密封的材料。按产品形式分类，可分为定型密封材料（密封条和压条等）和非定型密封材料（密封膏或嵌缝膏等）两大类。

1. 定型密封材料

根据不同工程要求制成的断面形状呈带状、条状、垫状等的防水材料，专门处理建筑物或地下构筑物的各种接缝，以达到止水和防水的目的。常用的定型密封材料品种和规格很多，主要有止水带和密封垫。定型密封材料如图 14-5 所示。

2. 非定型密封材料

（1）塑形密封膏

其价格低，具有一定的弹塑性和耐久性，但弹性差，延伸率也较差。

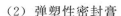

图 14-5　定型密封材料

（2）弹塑性密封膏

其弹性较低，塑性较大，延伸性及黏结性较好。

（3）弹性密封膏

综合性能好，但价格较贵。

非定型密封材料如图 14-6 所示。

图 14-6　非定型密封材料

五、防水剂

防水剂是一种化学外加剂，加在水泥中，当水泥凝结硬化时，随其体积膨胀，起补偿收缩和张拉钢筋产生预应力以及充分填充水泥间隙的作用。

1. 防水剂的特点

① 高效的减水、增强功能。

② 高效抗渗功能：掺用混凝土防水剂，能有效改善混凝土毛细孔结构，同时析出凝胶，堵塞混凝土内部毛细孔通道，与未加防水剂相比，其抗渗性能可提高 5～8 倍，具有永久性

防水效果。

③ 改善砂浆的工作性能：能改善新拌砂浆的和易性，泌水率小，显著改善砂浆的工作性。

④ 效益分析：具有替代石灰膏，克服空鼓、起壳、减少落地灰、节省劳力和提高功效的作用。

⑤ 缓凝效果：可延缓水泥水化放热速率，能有效防止混凝土开裂。

⑥ 节省水泥，在保持与基准混凝土等强度、等坍落度的前提下，可节省水泥 10%。

防水剂如图 14-7 所示。

图 14-7　防水剂

2. 注意事项

① 在水泥变更或新进水泥时，应做混凝土兼容性试验。

② 与其他外加剂混用时，应先检验其兼容性。

③ 按配合比正确配料，浇筑混凝土时严格按施工规范操作。

④ 与常规混凝土一样，必须按施工规范加强养护。

⑤ 混凝土防水剂应存放于干燥处，注意防潮，保质期 2 年，在保质期内，如遇受潮结块，经磨碎过筛后仍可使用。

第二节　屋面防水施工

一、屋面卷材防水施工

1. 施工概要

（1）防水屋面的种类

防水屋面的种类包括：卷材防水屋面、涂膜防水屋面、刚性防水屋面及瓦屋面等。

（2）卷材防水屋面施工

卷材防水施工

卷材防水屋面属于柔性防水屋面，它具有重量轻，防水性能较好，尤其是防水层具有良好的柔韧性，能适应一定程度的结构振动和胀缩变形，但它造价高，特别是沥青卷材易老化、起鼓、耐久性差，施工工序多，工效低，维修工作量大，产生渗漏时修补找漏困难。

（3）卷材防水屋面的构成

卷材防水屋面一般由结构层、隔气层、保温层、找平层、防水层和保护层组成，其中隔气层和保温层在一定的气温和使用条件下可不设。

2. 施工工艺流程

清理基层→附加层施工→涂刷基层处理剂→铺贴卷材→热熔封边→防水层蓄水试验→防水保护层施工。

3. 具体施工过程

（1）清理基层

① 施工前将验收合格的基层表面尘土、杂物清理干净，如图 14-8 所示。

② 涂刷基层处理剂：高聚物改性沥青卷材施工，按产品说明书配套使用，基层处理剂是氯丁橡胶沥青胶黏剂加入工业汽油稀释，搅拌均匀，用长把滚刷均匀涂刷于基层表面上，常温经过 4h 后，开始铺贴卷材。

（2）附加层施工

一般用热熔法，使用改性沥青卷材施工防水层，在女儿墙、水落口、管根、檐口、阴阳角等细部先做附加层，附加的范围应符合设计要求。附加层施工如图 14-9 所示。

（3）涂刷基层处理剂

基层处理剂是为了增强防水材料与基层之间的黏结力，在防水层施工前，预先涂刷在基层上的涂料。需要注意，防止卷材防水层空鼓。卷材防水层空鼓，发生的原因多是卷材防水层的基层含水率高，找平层未干燥就施工卷材防水层，将湿气封在里面，遇热气体将防水层鼓起。铺贴不同油毡卷材时，压得不紧，粘贴不密实，窝住操作时的热气，使卷材起泡、空鼓。施工时应注意保持基层干燥，操作中应压实粘紧，不可

图 14-8　清理基层

图 14-9　附加层施工

窝住气体，即可防止空鼓的发生。另外，不同的防水材料对应不同的基层处理剂。

涂刷基层处理剂的具体施工过程如下。

① 基层处理剂开桶后手动或用电动搅拌器搅拌均匀后方可用。施工面要求坚实、平整、干燥、无明水、无尘土、无油污，低凹破损处须填补抹平。

② 基层处理剂涂刷前用高压吹风机将基层表面的浮尘吹扫干净。为增加防水层与保护层之间的黏结力，在第二层尚未固化前，在其表面撒上粗砂或细石米，可使保护层和防水层之间的黏结更牢固。

③ 基层处理干净后，涂刷基层处理剂（平面）。用长把辊刷把基层处理剂涂刷在干净干燥的基层表面上，复杂部位用油漆刷刷涂，要求不露白，涂刷均匀。干燥至含水率不超过 9% 时，方可进行下道工序。

涂刷基层处理剂施工现场如图 14-10 所示。

（4）铺贴卷材

卷材的层数、厚度应符合设计要求。多层铺贴时接缝应错开。首先，将改性沥青防水卷材剪成相应尺寸，用原卷心卷好备用；铺贴时随放卷随用火焰喷枪加热基层和卷

图 14-10　涂刷基层处理剂施工现场

材的交接处，喷枪距加热面 300mm 左右，经往返均匀加热，趁卷材的材面刚刚熔化时，将卷材向前滚铺、粘贴。铺贴卷材施工现场如图 14-11 所示。

① 卷材应平行屋脊从檐口处往上铺贴，双向流水坡度卷材搭接应顺水方向，长边及端头的搭接宽度，满粘法均为 80mm，且端头接槎要错开 50mm。

图 14-11　铺贴卷材施工现场

② 卷材应从流水坡度的下坡开始，按卷材规格弹出基准线铺贴，并使卷材的长度与流水坡向垂直。注意卷材配置应减少阴阳角处的接头。

③ 铺贴平面与立面相连接的卷材，应由下向上进行，使卷材紧贴阴角，铺展时对卷材不可拉得太紧，且不得有皱褶、空鼓等现象。

（5）热熔封边

将卷材搭接处用喷枪加热，趁热使二者黏结牢固，以边缘挤出沥青为度。末端收头用密封膏嵌填严密。热熔封边如图 14-12 所示。

图 14-12　热熔封边

（6）防水层蓄水试验

卷材防水层完工后，确认做法符合设计要求，将所有雨水口堵住，然后灌水，水应高出屋面最高点 2cm，24h 后进行认真观察，尤其是管根、风道根，看是否符合质量标准，不合格应进行返工。防水层蓄水试验如图 14-13 所示。

图 14-13　防水层蓄水试验

（7）防水保护层施工

不上人屋面做保护层有两种形式：

① 防水层表面涂刷氯丁橡胶沥青胶黏剂，随机撒石片，要求铺撒均匀、黏结牢固，形成石片保护层；

② 防水层表面涂刷银色反光涂料。

防水保护层施工如图 14-14 所示。

上人屋面按设计要求做出各种刚性防水层屋面保护层

图 14-14　防水保护层施工

4. 施工注意事项

① 屋面不平整。找平层不平顺，造成积水，施工时应找好线，放好坡，找平层施工中应拉线检查，做到坡度符合要求，平整无积水。

② 空鼓。铺贴卷材时基层不干燥，铺贴不认真，边角处易出现空

鼓；铺贴卷材时应掌握基层含水率，不符合要求不能铺贴卷材，同时铺贴时应平实、压边紧密、黏结牢固。

③ 渗漏。多发生在细部位置。铺贴附加层时，从卷材剪配、粘贴操作，应使附加层紧贴到位，封严、压实，不得有翘边等现象。

④ 女儿墙卷材封口未压实固定，无油膏封口。

⑤ 管根未做圆弧，上面无伞罩，无沥青麻丝缠绕收头。

⑥ 卷材入下口长度不足 10mm。

二、屋面涂膜防水施工

1. 施工概要

涂膜防水屋面是在屋面基层上涂刷防水涂料，经固化后形成一层有一定厚度和弹性的整体涂膜，从而达到防水目的的一种防水屋面形式。

2. 施工工艺流程

基层处理→涂刷底胶→特殊部位加强处理→涂布防水涂料→收头处理→淋水试验→保护层或饰面层施工。

3. 具体施工过程

（1）基层处理

涂刷防水层施工前，将基层表面的杂物、砂浆硬块等清扫干净，经检查基层无不平、空裂、起砂等缺陷，方可进行下一道工序。屋面涂膜防水施工基层处理如图 14-15 所示。

（2）涂刷底胶

① 底胶配置　按说明书的比例（重量级）配比搅拌均匀，配好的料在规定的时间内用完。

② 底胶涂刷　将配制好的底胶料，用长把滚刷均匀涂刷在基层表面，底胶干燥不黏手时，即可进入下一道工序。

涂刷底胶如图 14-16 所示。

（3）特殊部位加强处理

对易发生漏水的部位，应进行密封或加强处理。

① 天沟、檐沟与屋面交界处的附加层宜空铺，空铺的宽度宜为200～300mm。屋面设有保温层时，天沟、檐沟处宜铺设保温层。

图 14-15　屋面涂膜防水施工
　　　　　　基层处理

图 14-16　涂刷底胶

② 檐口处涂膜防水层的收头，应用防水涂料多遍涂刷或用密封材料封严。

③ 泛水处的涂膜防水层宜直接涂刷在女儿墙的压顶下；收头处理应用防水涂料多遍涂刷封严。压顶应做防水处理。

④ 变形缝内应填充泡沫塑料或沥青麻丝，其上放衬垫材料，并用卷材封盖；顶部应加扣混凝土盖板或金属盖板。

⑤ 水落口杯埋设标高应考虑水落口设防时增加的附加层的厚度及排水坡度加大的尺寸。水落口周围直径 500mm 范围内坡度不应小于 5%，并应用防水涂料涂封，其厚度不应小于 2mm。水落口杯与基层接触处应留宽 20mm、深 20mm 凹槽，嵌填建筑密封膏。

（4）涂布防水涂料

防水涂料分很多种，有聚氨酯防水涂料、JS 复合防水涂料、聚合

物防水浆料、丙酯防水涂料等，不同的防水涂料配比也是不一样的。

涂布防水涂料施工现场如图 14-17 所示。

（5）收头处理

所有涂膜收头均应采用防水涂料多面涂刷密实或用密封材料压边封固，压边宽度不得小于 10mm。

图 14-17　涂布防水涂料施工现场

屋面涂膜防水施工收头处理如图 14-18 所示。

图 14-18　屋面涂膜防水施工收头处理

（6）淋水试验

在最后一遍防水层干固 48h 后，淋水 24h，无渗漏者为合格。

（7）保护层或饰面层施工

淋水试验合格后，即可做保护层或饰面层施工。

4. 施工注意事项

① 涂膜防水层的基层一经发现出现有强度不足引起的裂缝应立刻进行修补，凹凸处也应修理平整。基层干燥程度仍应符合所用防水涂料的要求后方可施工。

② 配料要准确，搅拌要充分、均匀。双组分防水涂料操作时必须做到各组分的容器、搅拌棒、取料勺等不得混用，以免产生凝胶。

③ 节点的密封处理、附加增强层的施工应达到要求。

④ 控制胎体增强材料铺设的时机、位置，铺设时要做到平整、无皱褶、无翘边，搭接准确；胎体增强材料上面涂刷涂料时，涂料应浸透胎体，覆盖完全，不得有胎体外露现象。

⑤ 严格控制防水涂膜层的厚度和分遍涂刷厚度及间隔时间。涂刷应厚薄均匀、表面平整。

⑥ 防水涂料施工后，应尽快进行保护层施工，在平面部位的防水涂层，应经一定自然养护期后方可上人行走或作业。

三、屋面刚性防水施工

1. 施工概要

刚性防水屋面是采用混凝土浇捣而成的屋面防水层。在混凝土中掺入膨胀剂、减水剂、防水剂等外加剂，使浇筑后的混凝土细致密实，水分子难以通过，从而达到防水的目的。

2. 施工工艺流程

基层处理→做隔离层→粘贴安放分格缝木条→绑扎钢筋网片→浇筑细石混凝土→养护。

3. 具体施工流程

（1）基层处理

① 刚性防水层的基层宜为整体现浇钢筋混凝土板或找平层，应为结构找坡或找平层找坡，为了缓解基层变形对刚性防水层的影响，在基层与防水层之间应设隔离层。

② 基层为装配式钢筋混凝土板时，板端缝应先嵌填密封材料处理。

③ 刚性防水层的基层为保温屋面时，保温层可兼做隔离层，但保温层必须干燥。

屋面刚性防水施工基层处理如图 14-19 所示。

工人正在进行屋面刚性防水施工基层处理

图 14-19　屋面刚性防水施工基层处理

（2）做隔离层

① 在细石混凝土防水层与基层之间设置隔离层，依据设计可采用干铺无纺布、塑料薄膜或者低强度等级的砂浆，施工时避免钢筋破坏防

水层，必要时可在防水层上做砂浆保护层。

② 采用低强度等级的砂浆的隔离层表面应压光，施工后的隔离层应表面平整光洁，厚薄一致，并具有一定的强度。在浇筑细石混凝土前，应做好隔离层成品保护工作，不能踩踏破坏，待隔离层干燥，并具有一定的强度后，细石混凝土防水层方可施工。

做隔离层施工现场如图 14-20 所示。

（3）粘贴安放分格缝木条

① 分格缝的宽度应不大于 40mm，且不小于 10mm，如接缝太宽，应进行调整或用聚合物水泥砂浆处理。

② 按分格缝宽度和防水层厚度加工或选用分格木条。使用前在水中浸透，涂刷隔离剂。

③ 采用水泥素灰或水泥砂浆固定于弹线位置，要求尺寸、位置正确。

图 14-20　做隔离层施工现场

粘贴安放分格缝木条示意如图 14-21 所示。

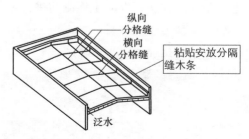

图 14-21　粘贴安放分格缝木条示意

（4）绑扎钢筋网片

钢筋网片要保证位置的正确性并必须在分格缝处断开，可采用如下方式施工。

　　将分格缝木条开槽、穿筋，将冷拔钢筋调直拉伸并固定在屋面周围设置的临时支座上，待混凝土浇筑完毕，强度达到50%时，取出木条，剪短分格缝处的钢丝，然后拆除支座。绑扎钢筋网片施工现场如图14-22所示。

图 14-22　绑扎钢筋网片施工现场

　　（5）浇筑细石混凝土

　　① 混凝土浇筑应按照由远而近，先高后低的原则进行。在每个分格内，混凝土应连续浇筑，不得留施工缝，混凝土要铺平铺匀，用高频平板振动器振捣或用滚筒碾压，保证达到密实程度，振捣或碾压泛浆后，用木抹子拍实抹平。

　　② 待混凝土收水初凝后，大约10h左右，起出木条，避免破坏分格缝，用铁抹子进行第一次抹灰，混凝土终凝前进行第二次抹压，使混凝土表面平整、光滑，无抹痕。

　　浇筑细石混凝土施工现场如图14-23所示。

图 14-23　浇筑细石混凝土施工现场

（6）养护

养护方法可采用洒水湿润，也可采用喷涂养护剂、覆盖塑料薄膜或锯末等方法，必须保证细石混凝土处于充分的湿润状态。细石混凝土养护如图 14-24 所示。

> 细石混凝土终凝后
> (12~24h)应养护，养
> 护时间不应少于14d，
> 养护初期禁止上人

图 14-24　细石混凝土养护

4. 施工注意事项

① 水泥为 32.5 普通硅酸盐或硅酸盐水泥。碎石含泥量不得超过 1%，中砂或粗砂含泥量不得超过 2%。

② 板块养护初期不得上人。

③ 每个板块混凝土必须一次浇灌完成。

④ 压光时不得在表面洒水、加水泥净浆或撒干水泥。

⑤ 防水层完工后禁止破坏防水层。

第三节　地下防水施工

一、地下防水方案

1. 地下防水工程

地下防水工程是防止地下水对地下构筑物或建筑物基础的长期浸透，保证地下构筑物或地下室使用功能正常发挥的一项重要工程。根据防水标准，地下防水分为四个等级，其中建筑物的地下室多为一、二级防水，即达到"不允许渗水，结构表面无湿渍"和"不允许漏水，结构表面可有少量湿渍"的标准。

2. 地下防水施工的特点

① 质量要求高；

② 施工条件差；

③ 材料品种多；

④ 成品保护难；

⑤ 薄弱部位多。

3. 地下防水施工应遵循的原则

① 杜绝防水层对水的吸附和毛细渗透；

② 接缝严密，形成封闭的整体；

③ 消除所留孔洞造成的渗漏；

④ 防止不均匀沉降而拉裂防水层；

⑤ 防水层须做至可能渗漏范围以外。

二、防水混凝土

防水混凝土是一种具有高的抗渗性能，并达到防水要求的一种混凝土。

1. 基础须知

（1）防水混凝土的特点

具有防水和承载等多种功能，且其防水年限同结构寿命；施工简便、质量可靠；成本低廉、耐久性好；易于检查和修堵。但由于混凝土属脆性材料，易因变形、开裂而产生渗漏。

（2）防水混凝土的种类

① 普通防水混凝土

② 外加剂防水混凝土

a. 减水剂防水混凝土；

b. 引气剂防水混凝土；

c. 密实剂防水混凝土；

d. 防水剂防水混凝土；

e. 膨胀剂防水混凝土。

2. 施工工艺流程

混凝土搅拌→运输→混凝土浇筑→养护。

3. 具体施工过程

（1）混凝土搅拌

投料前先干拌 0.5～2min 后再加水。水分三次加入，加水后搅拌 1～2min（比普通混凝土搅拌时间延长 0.5min）。混凝土搅拌前必须严格按试验室配合比通知单操作，不得擅自修改。混凝土搅拌如图 14-25 所示。

（2）运输

混凝土运输应保持连续不断，间隔不应超过 1.5h，夏季或运距较远可适当掺入缓凝剂。运输后如出现离析，浇筑前可进行二次搅拌。混凝土运输如图 14-26 所示。

图 14-25　混凝土搅拌

图 14-26　混凝土运输

（3）混凝土浇筑

① 混凝土入模，不得集中倾倒冲击模板或钢筋骨架，当浇筑高度大于 2m 时，应采用串筒、溜管下料，出料管口至浇筑层的倾落自由高度不得大于 1.5m。

② 混凝土必须在 5h 内浇筑完毕（从发车时起），为防止混凝土浇筑出现冷缝（冷缝是指上下两层混凝土的浇筑时间间隔超过初凝时间而形成的施工质量缝），两次混凝土浇筑时间不超过 1.5h，交接处用振捣棒不间断地搅动。

③ 浇筑过程中，振捣持续时间应使混凝土表面产生浮浆，无气泡，

不下沉为止。振捣器插点呈梅花形均匀排列，采用行列式的次序移动，移动位置的距离应不大于 40cm，应保证不漏振、不过振。

④ 浇筑梁板混凝土时，先浇筑梁混凝土，从梁柱节点部位开始，保证梁柱节点部位的振捣密实，再用赶浆法循环向前和板一起浇筑，但不得出现冷缝。

⑤ 混凝土浇筑快要完成时，应估算剩余混凝土方量和剩余的混凝土量，联系搅拌站进行合理调度。

⑥ 混凝土浇筑完成后用刮杠刮平表面，刮平后用毛刷进行拉毛。拉毛处理是用水泥和混凝土界面处理剂和成水泥砂浆，将以上水泥砂浆通过拉毛滚筒或者笤帚，抹到墙面上，形成刺状凸起，干燥后即成拉毛。其主要作用是加强黏结能力。现在的毛坯房墙面一般不需要拉毛处理即可贴砖，但要看具体情况，如果墙面比较光滑，则需要做拉毛处理。

⑦ 混凝土表面进行二次压抹及三次压抹后，及时进行覆盖养护。待混凝土终凝后，先洒水充分润湿后，用塑料薄膜进行密封覆盖，并经常检查塑料薄膜表面，但薄膜表面无水珠时，应再洒水。地下 3 层至地下夹层顶板养护时间为 7d，地下一层顶板养护时间为 14d。

混凝土浇筑施工现场如图 14-27 所示。

图 14-27　混凝土浇筑施工现场

（4）养护

防水混凝土养护如图 14-28 所示。

常温(20~25℃)浇筑
后6~10h苫盖浇水养护，
要保持混凝土表面湿润，
养护不少于14d

图 14-28　防水混凝土养护

4. 施工注意事项

① 严禁在混凝土内任意加水，严格控制水灰比，水灰比过大将影响补偿收缩混凝土的膨胀率，将直接影响补偿收缩及减少收缩裂缝的效果。

② 细部构造处理是防水的薄弱环节，施工前应审核图纸，特殊部位如变形缝、施工缝、穿管墙、预埋件等细部要精心处理。

③ 地下室防水工程必须由防水专业队施工，其技术负责人及班长组长必须持有上岗证书。施工完毕后应及时整理施工技术材料，交总包归档。地下室防水工程保修期三年，出现渗漏要负责返修。

④ 穿墙管外预埋带有止水环的套管，应在浇筑混凝土前预埋固定，止水环周围混凝土要细心振捣密实，防止漏振，主管与套管按设计要求用防水密封膏封严。

⑤ 结构变形缝应严格按照设计要求进行处理，止水带位置要固定准确，周围混凝土要细心振捣，保证密实，止水带不得偏移，变形缝内填沥青木丝板或聚乙烯泡沫棒，缝内 20mm 处填防水密封膏，在迎水面上铺一层防水卷材，并抹厚 20mm 的防水砂浆保护。

⑥ 后浇缝一般待混凝土浇筑六周后，应以原设计混凝土等级的补偿收缩混凝土浇筑，浇筑前接槎处要清理干净，养护 28d。

⑦ 对防水混凝土的使用要求。

a. 防水混凝土基础下应做混凝土垫层，其厚度不小于 100mm，强度等级不低于 C10。

b. 防水混凝土抗渗结构的厚度不应小于 250mm；裂缝宽度应控制在 0.2mm 以内；迎水面钢筋的混凝土保护层厚度不应小于 50mm。

c. 防水混凝土若用于侵蚀性介质中时，其耐蚀系数（试块分别在侵蚀介质与饮用水中养护 6 个月的抗折强度之比）不应小于 0.8，否则应采取可靠的防腐措施。

d. 用于受热部位时，防水混凝土表面温度不得高于 80℃，否则应采取隔热措施。

e. 防水混凝土不得用于受到剧烈振动或冲击的结构。

三、卷材防水

1. 施工概要

防水卷材是一种可卷曲的片状防水材料，是建筑工程防水材料中的重要品种之一。

（1）技术准备

工作屋面防水工程施工前，施工单位应组织技术管理人员会审屋面工程图纸，掌握施工图中的细部构造及有关技术要求，并根据工程的实际情况编制屋面工程的施工方案或技术措施。施工前期的准备工作充分，则可以避免施工后出现缺陷，甚至造成返工等质量事故。同时工程必须严格遵照施工组织计划展开施工，这样则可防止工作遗漏、错乱、颠倒，影响工程质量。

根据施工组织设计，施工负责人应向班组进行技术交底。

技术交底内容包括：施工的部位、施工顺序、施工工艺、构造层次、节点设防方法、增强部位及做法、工程质量标准、保证质量的技术措施、成品的保护措施和安全注意事项。

（2）人员和作业计划准备

屋面工程的防水必须由防水专业队伍施工，严禁没有资质等级证书的单位和非防水专业队伍进行屋面工程的防水施工，建设单位或监理公司应认真地检查施工人员的上岗证。施工中施工单位应按施工工序、层次进行质量的自检、自查、自纠，并且做好施工记录，监理单位做好每步工序的验收工作，验收合格后方可进行下道工序、层次的作业。

2. 施工工艺流程

基层处理→涂刷基层处理剂→大面卷材的铺贴。

3. 具体施工过程

（1）基层处理

清理基层表面凸起物、异物等，如有油污铁锈等用钢丝刷或有机溶剂彻底清洗。卷材防水基层处理如图14-29所示。

图14-29　卷材防水基层处理

（2）涂刷基层处理剂

用长柄滚刷将基层处理剂涂刷在已处理好的基层表面，并且要涂刷均匀，不得漏刷或露底。基层处理剂涂刷完毕，达到干燥程度（一般以不黏手为准）方可进行热熔施工，以避免失火。涂刷基层处理剂施工现场如图14-30所示。

（3）大面卷材的铺贴

大面卷材以"热熔法"施工，先铺贴大面，后热熔黏结搭接缝。

① 卷材的铺贴。将整卷卷材置于铺贴起始端，对准基层上已弹好的粉线滚展卷材约1m，由一个站在卷材正面将这1m卷材拉起，另一人站在卷材底面，手持汽油喷灯热熔，待卷材底面胶呈熔融状即进行粘铺，将端部卷材铺牢压实。

② 起始端卷材粘牢后，持火焰喷灯的人应站在滚铺前方对着待铺的整卷卷材，使喷灯距卷材及基层加热处0.3～0.5m施行往复移动烘

达到干燥程度一般以不黏手为准

图 14-30　涂刷基层处理剂施工现场

烤，应加热均匀，不得过分加热或烧穿卷材。

③ 第二层卷材的铺贴。用以上方法进行第二层卷材的铺贴，铺贴上下两层卷材应注意上下两层卷材的搭接缝，应错开 $1/3\sim1/2$ 幅宽；上下两层卷材不得垂直铺贴。大面卷材的铺贴如图 14-31 所示。

特别要注意平立面交接处、转角处、阴阳角部位的做法是否正确

图 14-31　大面卷材的铺贴

4. 施工注意事项

① 在点火时以及在烘烤施工中，火焰喷口严禁对着人。

② 施工现场应清除易燃物及易燃材料，并备有灭火器等消防器材，消防道路要畅通。

③ 施工使用的易燃物及易燃材料，应存放在指定处所，并有防护措施及专人看管。

④ 汽油喷灯以及其他易燃品等下班后必须放入有人员管理的指定处所。

⑤ 如基层潮湿，可用喷枪适当烘烤基层表面至干燥。

⑥ 在施工中暂不加热时，要及时将火焰调到最小状态，节约燃料，但不必完全熄灭。

四、水泥砂浆防水

1. 施工概要

水泥砂浆防水层是一种刚性防水层，主要依靠砂浆本身的憎水性能和砂浆的密实性来达到防水目的。这种防水层取材容易、施工简单、成本较低，但抵抗变形的能力差，适用于一般深度不大、对干燥程度要求不高的地下工程，不适用于因震动、沉陷或温度、湿度变化易产生裂缝的结构和有腐蚀性介质的高温工程中。水泥砂浆防水层有刚性多层抹面防水和掺外加剂防水层两种。

2. 施工工艺流程

基层处理→刷水泥素浆（刷多次）→铺底层砂浆→刷水泥素浆→铺面层砂浆→刷水泥素浆。

3. 具体施工过程

（1）基层处理

① 混凝土如有蜂窝及松动的地方要剔掉，用水冲刷干净，然后用 1：2 水泥砂浆捻实。表面油污应用 10％火碱水溶液刷洗干净。

② 砖墙抹防水层时，必须在砌砖时划缝，深度为 10～12mm。穿墙预埋管露出基层，在其周围剔成 20～30mm 宽、50～60mm 深的槽，用 1：2 水泥砂浆捻实。

水泥砂浆防水基层处理如图 14-32 所示。

（2）刷水泥素浆（刷多次）

基层浇水润湿后，先均匀刮抹 1mm 厚素浆作为结合层，并用铁抹子往返用力刮抹 5～6 遍，使素浆填实基层孔隙，以增加防水层的黏结力，随后再抹 1mm 厚的素浆找平层，厚度要均匀。抹完后，用湿毛刷或排笔蘸水在素浆层表面依次均匀水平涂刷一遍，以堵塞和填平毛细孔

管道穿墙应按设计
要求做好防水处理

图 14-32　水泥砂浆防水基层处理

道，增加不透水性。刷水泥素浆如图 14-33 所示。

厚度2mm，水
灰比为0.55～0.6，
分两次抹压

图 14-33　刷水泥素浆

（3）铺底层砂浆

用 1∶2.5 水泥砂浆抹 4～5mm 厚，水灰比为 0.4～0.5，稠度为 7～8cm，在素浆初凝时进行。即当素浆干燥后用手指能按入水泥砂浆层 1/4～1/2 进行，抹压要轻，以免破坏素灰层，但也要使水泥砂浆层薄薄压入素浆层约 1/4，以使两层结合牢固。水泥砂浆初凝前，用扫把将表面扫成横条纹。砂浆要随用，应在 3h 内使用完毕，当施工期间最高气温超过 30℃时，应在拌成后 2h 内使用完毕。如掺用外加剂，其时间可根据设计要求和现场试配结果确定。底层砂浆如图 14-34 所示。

图 14-34 底层砂浆

（4）刷水泥素浆

待底层水泥砂浆凝固并具有一定强度后，一般间隔 24h，适当浇水润湿即可进行，操作方法同第一层。施工时如有第二层表面析出的由游离氢氧化钙形成的白色薄膜，则需要用水冲洗干净后再进行第三层的施工，以免影响第二层和三层之间的黏结，形成空鼓。刷水泥素浆如图 14-35 所示。

图 14-35 刷水泥素浆

（5）铺面层砂浆

面层砂浆的配合比、厚度和操作方法同第二层水泥砂浆，但抹完后不扫条纹，而是在水泥砂浆凝固前、水分蒸发过程中，分次用铁抹子抹压 5～6 遍，以增加密实性，最后再压光。每次抹压间隔时间应视施工现场湿度大小、气温高低及通风条件而定，一般抹压前三遍的间隔时间为 1～2h，最后从抹压到压光的时间：夏季为 10～12h，冬季最长 14h，

图 14-36　面层砂浆

以免因砂浆凝固后反复抹压而破坏表面的水泥结晶，使强度降低，产生起砂现象。面层砂浆如图 14-36 所示。

（6）刷水泥素浆

待第四层砂浆抹压两遍后，用毛刷均匀地将水泥素浆涂刷在第四层表面并随第四层抹压压光。刷水泥素浆如图 14-37 所示。

水灰比为 0.37～0.4

图 14-37　刷水泥素浆

4. 施工注意事项

① 防水层各层应紧密贴合，每层宜连续施工，必须留施工缝时应采用阶梯坡形槎。

② 防水层的阴阳角处应做好圆弧形。

五、涂膜防水结构

1. 施工概要

（1）涂膜防水的概念

涂膜防水是在自身有一定防水能力的结构层表面涂刷一定厚度的防水涂料，经常温胶联固化后，形成一层具有一定坚韧性的防水涂膜的防水方法。

（2）防水涂料的概念

防水涂料的种类繁多，按其防水原理和固化形式可分为溶剂型、水乳型、反应型和渗透结晶型四大类；按主要成膜物质可分为合成树脂类、合成橡胶类、高分子改性沥青类、沥青类和水泥类。

（3）质量要求

① 所用涂膜防水的材料性能及配比均应符合设计要求和标准规定。

② 防水层底胶均匀，无漏刷现象；局部增强处理做法及质量应符合要求，无漏做现象。

③ 涂膜防水层应形成一个封闭严密的整体。

④ 涂膜厚度检测可用针测法。

2. 施工工艺流程

基层清理→涂刷基层处理剂→涂膜防水层施工。

3. 具体施工过程

（1）基层清理

基层处理要点同本章第三节中"三、卷材防水"的基层处理。

（2）涂刷基层处理剂

此工序相当于沥青防水施工涂刷冷底子油。其目的是隔断基层潮气，防止防水涂膜起鼓脱落，同时可以加固基层，提高基层与涂膜的黏结强度，防止涂层出现针眼气孔等缺陷。

① 聚氨酯底胶的配制　如图 14-38 所示。

将聚氨酯甲料与专供底涂用的乙料按(1∶3)～(1∶4)(质量比)的比例配合，搅拌均匀后即可使用

图 14-38　聚氨酯底胶的配制

② 涂布施工　小面积的涂布可用油漆刷进行；大面积的涂布，可先用油漆刷蘸底胶在阴阳角、管子根部等复杂部位均匀涂布一遍，再用长把滚刷进行大面积涂布施工。涂胶要均匀，不得过厚或过薄，更不允许露白见边；一般涂布量以 $0.15\sim0.2kg/m^2$ 为宜。涂布施工如图 14-39 所示。

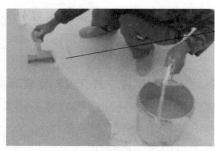

底胶涂布后要干燥固化12h以上才能进行下道工序施工

图 14-39　涂布施工

（3）涂膜防水层施工

① 涂膜材料的配制　聚氨酯涂膜防水材料应随用随配。配制方法是将聚氨酯甲、乙组分和二甲苯按 1：1.5：0.3 的比例配合，倒入拌料桶中，用转速为 100～500r/min 的电机搅拌器搅拌 5min 左右，即可使用。涂膜材料的配制如图 14-40 所示。

配制好的混合料宜在1h内用完

图 14-40　涂膜材料的配制

② 涂膜防水层操作要点　垫层混凝土平面与模板墙立面聚氨酯涂膜防水施工，可用长把滚刷蘸取配制好的混合料，顺序均匀地涂刷在基层处理剂的基层表面，涂刷时要求厚薄均匀一致，对平面基层以涂刷 3～4 遍为宜，每层涂刷量为 0.6～0.8kg/m²；对立面模板墙基础以涂刷 4～5 遍为宜，每遍涂刷量为 0.5～0.6kg/m²，防水涂膜的总厚度宜大于 2mm。

涂完第一遍涂膜后一般需固化12h以上，至指触基本不粘手时，再按上述方法涂刷第 2～5 遍涂膜。对平面的涂刷方向，后一遍应与前一遍的涂刷方向垂直，平面部位铺贴油毡保护隔离层。当平面部位最后一遍涂膜完全固化，经检查验收合格后，即可虚铺一层纸胎石油沥青油毡作保护隔离层，铺设时可用少许聚氨酯混合料。涂膜防水层施工现场如图 14-41 所示。

图 14-41　涂膜防水层施工现场

③ 浇筑混凝土　在油毡保护隔离层上，直接浇筑 50～70mm 厚的细石混凝土作刚性保护层，砖衬模板墙立面抹防水砂浆保护层，施工时必须防止机具或材料损伤油毡层和涂膜防水层。如有损伤现象，必须用聚氨酯混合料修复后，方可继续浇筑细石混凝土，以免留下渗漏水的隐患。涂膜防水浇筑混凝土如图 14-42 所示。

防水砂浆保护层

图 14-42　涂膜防水浇筑混凝土

4. 施工注意事项

① 当涂料黏度过大，不便进行涂刷施工时，可加入少量二甲苯进行稀释，以降低黏度，加入量不得大于乙料的 10%。

② 当甲、乙料混合后固化过快，影响施工时，可加入少许磷酸作缓凝剂，但加入量不得大于甲料的 0.5%。

③ 当涂膜固化过慢，影响下一道工序时，可加入少许二丁基烯作促凝剂，但加入量不得大于甲料的 0.3%。

④ 若刮涂第一度涂层 24h 后仍有发黏现象时，可在第二度涂层施工前，先涂上一些滑石粉，再上人施工，可避免出现粘脚现象。

⑤ 如发现乙料有沉淀现象，应搅拌均匀后再使用，以免影响质量。

⑥ 施工温度宜在 0℃以上。

六、止水带防水

橡胶止水带是采用天然橡胶与各种合成橡胶为主要原料，掺加各种助剂及填充料，经塑炼、混炼、压制成型，其品种规格较多，有桥型、山型、P 型、R 型、U 型、Z 型、乙型、T 型、H 型、E 型、Q 型等。该止水材料具有良好的弹性、耐磨性、耐老化性和抗撕裂性能，适应变形能力强、防水性能好，使用温度范围 $-45 \sim +60℃$。当温度超过 70℃，以及有强烈的氧化作用或受油类等有机溶剂侵蚀时，均不得使用该产品。

1. 止水带防水搭接连接方法

① 固定止水带的混凝土界面保持平整、干燥，安装前清除界面的浮渣尘土及杂物，用钢钉或胶粘将止水条固定在已确定的安装部位。但必须将有注浆管的面安放在原混凝土界面上。

② 止水条连接时采用平行搭接方法，其中间不得留断点，连接处止水条用钢钉加强固定，并将止水条上的预留注浆连接管套入平齐的另一条止水条上连接的二通上。

③ 根据所安装止水条的长度，在约 30m 处装设三通一处，三通直线两端的一头插入止水条内，另一头插入注浆连接管内，另一丁字端头应插入备用注浆内，以备缝隙渗漏水时注化学浆止水使用。

④ 必须将所连接的止水条中的注浆连接管与三通连接件牢固黏结，必须保证所安装的止水条的注浆管完全通畅。

止水带防水搭接连接方法如图 14-43 所示。

2. 注意事项

① 止水带不得长时间露天曝晒，防止雨淋，勿与污染性强的化学物质接触。

② 在运输和施工中，防止机械、钢筋损伤止水带。

③ 施工过程中，止水带必须可靠固定，避免在浇筑混凝土时发生位移，保证止水带在混凝土中的正确位置。

图 14-43 止水带防水搭接连接方法

④ 固定止水带的方法有：利用附加钢筋固定、专用卡具固定、铅丝和模板固定等。如需穿孔时，只能选在止水带的边缘安装区，不得损伤其他部位。

⑤ 用户订货时应根据工程机构、设计图纸计算好产品长度，异型结构要有图纸说明，尽量在工厂中将止水带连接成整体，如需现场连接时，可采用电加热板硫化黏合或冷粘接（橡胶止水带）或焊接（塑料止水带）的方法。

第四节　厕浴间地面防水施工

一、厕浴间地面防水类别及构造

厕浴间和室内小面积复杂部位的地面防水，宜选用防水涂料或刚性防水材料做迎水面防水，也可选用柔性较好且易与基层黏结牢固的防水卷材，墙面防水层宜选用刚性防水材料或经表面处理后与粉刷层有较好结合性的其他防水材料。顶面防水层应选用刚性防水材料做防水层，厕浴间有较高防水要求时，应做两道防水层，防水材料复合使用应考虑其相容性。地面防水构造如图 14-44 所示。

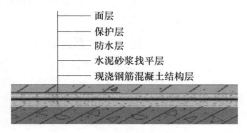

面层
保护层
防水层
水泥砂浆找平层
现浇钢筋混凝土结构层

图 14-44　地面防水构造

二、厕浴间防水设计基本要求

(1) 排水方式

厕浴间排水宜采用下层排水方式。目前部分项目中所采用的下沉式同层排水(即在下沉空间内布置排水管道并用炉渣或轻质混凝土充填)厕浴间设计,在工程施工和维修方面存在较多问题,应慎重采用。有特殊要求时(如需做同层排水),应在符合防水原理前提下做出正确的防水构造设计后,方可采用。

(2) 地面高差

厕浴间完成地面标高宜比楼面(含首层地面)完成地面标高低20~30mm,其实际高差应根据楼地面建筑做法确定,并在地面建筑设计及楼板结构设计图纸中经核算无误后予以注明。

(3) 后砌隔墙

厕浴间后砌隔墙应采用混凝土砌块等耐水性能好的材料,不宜采用加气混凝土、石膏板等吸湿性强的材料。后砌隔墙根部用强度等级不低于 C15 混凝土做 100mm 高的条带,条带与隔墙同宽。

(4) 防火材料的选用

厕浴间防水材料的种类应符合施工图及国家现行相关规范的要求。根据目前各项目防水材料的使用情况,从保证防水质量和方便施工的角度出发,厕浴间防水宜采用以聚氨酯为原料的涂膜防水材料(包括经国家或地方建设主管部门认可的其他涂膜原料)尽量避免使用卷材防水材料,原则上不采用刚性防水做法,禁止使用含有煤焦油成分的涂膜防水材料以及国家和地方法规明令禁止使用的其他防水材料。

(5) 防水层上翻高度

防水层在墙、柱等部位翻起高度(自室内地面完成面以上)不应小于 100mm;高湿度房间的墙或直接被水淋的墙应做防水层。

三、厕浴间涂膜防水施工

1. 施工准备

(1) 作业条件

① 厕浴间楼地面垫层已完成，穿过厕浴间地面及楼面的所有立管、套管已完成，并已固定牢固，经过验收。管周围缝隙用 1∶2∶4 豆石混凝土填塞密实（楼板底需吊模板）。

② 厕浴间楼地面找平层已完成，标高符合要求，表面应抹平压光、坚实、平整，无空鼓、裂缝、起砂等缺陷，含水率不大于 9%。

③ 找平层的泛水坡度应在 2%（即 1∶50）左右，不得局部积水，与墙交接处及转角处、管根部位，均要抹成半径为 100mm 的均匀一致、平整光滑的小圆角，要用专用抹子。凡是靠墙的管根处均要抹出 5%（1∶20）的坡度，避免此处积水。

④ 涂刷防水层的基层表面，应将尘土、杂物清扫干净，表面残留的灰浆硬块及高出部分应刮平、扫净。对管根周围不易清扫的部位，应用毛刷将灰尘等清除，如有坑洼不平处或阴阳角未抹成圆弧处，可用众霸胶∶水泥∶砂＝1∶1.5∶2.5 的砂浆修补。

⑤ 基层做防水涂料之前，在凸出地面和墙面的管根、地漏、排水口、阴阳角等易发生渗漏的部位，应做附加层增补。

⑥ 厕浴间墙面按设计要求及施工规定（四周至少上卷 300mm）有防水的部位，墙面基层抹灰要压光，要求平整，无空鼓、裂缝、起砂等缺陷。穿过防水层的管道及固定卡具应提前安装并在距管 50mm 周围内凹进表层 5mm，管根做成半径为 10mm 的圆弧。

⑦ 根据墙上的＋0.5m 水平控制线，弹出墙面防水高度线，标出立管与标准地面的交界线，涂料涂刷时要与此线平。

⑧ 厕浴间做防水之前必须设置足够的照明设备（安全低压灯等）和通风设备。

⑨ 防水材料一般为易燃有毒物品，储存、保管和使用时要远离火源，施工现场要备有足够的灭火器等消防器材，施工人员要着工作服，穿软底鞋，并设专业工长监管。

⑩ 施工环境温度保持在＋5℃以上。

⑪ 操作人员应经过专业培训考核合格后，持证上岗，先做样板间，经检查验收合格，方可全面施工。

（2）材质要求

单组分聚氨酯防水涂料（由于双组分、多组分聚氨酯防水涂料含有大量有机溶剂，对环境污染严重，已禁止此类材料使用于建筑物内部厕浴间等防水工程）是以异氰酸酯、聚醚为主要原料，配以各种助剂制成，属于无有机溶剂挥发的单组分柔性防水涂料。其性能指标见表 14-1。

表 14-1　防水涂料性能指标

项目		指标	
		L	H
固体含量/% ≥		80	
拉伸强度/MPa ≥		1.9	2.45
断裂伸长率/% ≥		350	450
不透水性		0.9MPa，30min 不透水	
低温柔性/℃		−40℃ 弯折无裂纹	
干燥时间	表干时间/h ≤	12	
	实干时间/h ≤	24	

注：L 指低强度高延伸率型；H 指高强度低延伸率型。

2. 施工工艺流程

现以聚氨酯防水涂料施工工艺流程为例来说明，主要流程如下：清扫基层→涂刷底胶→细部附加层施工→第一层涂膜→第二层涂膜→第三层涂膜和粘石渣→保护层施工→闭水试验。

3. 具体施工过程

（1）清扫基层

用铲刀将粘在找平层上地灰皮除掉，用扫帚将尘土清扫干净，尤其是管根、地漏和排水口等部位要仔细清理，如有油污时，应用钢丝刷和砂纸刷掉，表面必须平整，凹陷处要用 1∶3 水泥砂浆找平。

（2）涂刷底胶

将聚氨酯甲、乙两组分和二甲苯按 1∶1.5∶2 的比例配合搅拌均匀，即可使用。用滚动刷或油漆刷蘸底胶均匀地涂刷在基层表面，不得过薄或过厚，涂刷量以 0.2kg/m² 左右为宜。厕浴间涂膜防水涂刷底胶如图 14-45 所示。

涂刷后应干燥4h
以上，才能进行下
一工序的操作

图 14-45 厕浴间涂膜防水涂刷底胶

（3）细部附加层施工

将聚氨酯涂膜防水材料按甲组分：乙组分＝1：1.5 的比例混合搅拌均匀，用油漆刷蘸涂料在地漏、管道根、阴阳角和出水口等容易漏水的薄弱部位均匀涂刷，不得漏刷。细部附加层施工如图 14-46 所示。

地面与墙面交接
处，涂膜防水拐墙
上做100mm高

图 14-46 细部附加层施工

（4）涂膜

第一层涂膜：将聚氨酯甲、乙两组分和二甲苯按 1：1.5：0.2 的比例（质量比）配合后，倒入拌料桶中，用电动搅拌器搅拌均匀（约 5min），用橡胶刮板或油漆刷刮涂一层涂料，厚度要均匀一致，刮涂量以 $0.8 \sim 1.0 \mathrm{kg/m^2}$ 为宜，从内往外退着操作。

第二层涂膜：第一层涂膜后，涂膜固化到不粘手时，按第一遍材料配比方法，进行第二遍涂膜操作，为使涂膜厚度均匀，刮涂方向必须与第一遍刮涂方向垂直，刮涂量与第一遍同。

第三层涂膜和粘石渣：第二层涂膜固化后，仍按前两遍的材料配比搅拌好涂膜材料，进行第三遍刮涂，刮涂量以 $0.4 \sim 0.5 \mathrm{kg/m^2}$ 为宜，涂完之后未固化时，可在涂膜表面稀撒干净的 $\phi 2 \sim \phi 3$ 粒径的石渣，以增加与水泥砂浆覆盖层的黏结力。

在操作过程中根据当天操作量配料，不得搅拌过多。如涂料黏度过大不便涂刮时，可加入少量二甲苯进行稀释，加入量不得大于乙料的 10%。如甲、乙料混合后固化过快，影响施工时，可加入少许磷酸或苯磺酚氯化缓凝剂，加入量不得大于甲料的 0.5%；如涂膜固化太慢，可加入少许二月桂酸二丁基锡作促凝剂，但加入量不得大于甲料的 0.3%。厕浴间涂膜如图 14-47 所示。

图 14-47　厕浴间涂膜

涂膜防水做完，经检查验收合格后可进行闭水试验，24h 无渗漏方可进行面层施工。

（5）保护层施工

保护层施工如图 14-48 所示。

防水层完成后，要进行成品保护，不得上人走动

图 14-48　保护层施工

（6）闭水试验

闭水试验如图 14-49 所示。

4. 施工注意事项

① 保持下水通畅，卫生间所有的下水管道，包括地漏、卫生洁具

卫生间、厨房等部位在防水层干固后，在门槛部位砌一垄砖进行24h闭水试验，看楼下楼顶是否有湿水点，无则证明防水施工是合格的

图 14-49 闭水试验

的下水管等，都要保持通畅。

② 在施工过程中，严禁上人踩踏未完全干燥的涂膜防水层。操作人员应穿平底胶布鞋，以免损坏涂膜防水层。

5. 施工中质量问题的处理

（1）涂膜防水层空鼓、有气泡

主要是基层清理不干净，涂刷不匀或者找平层潮湿，含水率高于9%；涂刷之前未进行含水率检验，造成空鼓，严重者造成大面积鼓包。因此在涂刷防水层之前，必须将基层清理干净，并保证含水率合适。

（2）地面面层施工后，进行蓄水试验，有渗漏现象

主要原因是穿过地面和墙面的管件、地漏等松动，烟风道下沉，撕裂防水层；其他部位由于管根松动或黏结不牢、接触面清理不干净产生空隙，接槎、封口处搭接长度不够，粘贴不紧密；做防水保护层时可能损坏防水层；第一次蓄水试验蓄水深度不够。因此要求在施工过程中，对相关工序应认真操作，加强责任心，严格按工艺标准和施工规范进行操作。涂膜防水层施工后，进行第一次蓄水试验，蓄水深度必须高于标准地面 20mm，且 24h 不渗漏为止，如有渗漏现象，可根据渗漏的具体部位进行修补，甚至于全部返工。地面面层施工后，再进行第二遍蓄水试验，24h 无渗漏为最终合格，填写蓄水检查记录。

（3）地面排水不畅

主要原因是地面面层及找平层施工时未按设计要求找坡，造成倒坡或凹凸不平而存水。因此在涂膜防水层施工之前，先检查基层坡度是否符合要求，与设计不符时，应进行处理后再做防水，面层施工时也要按设计要求找坡。

（4）地面二次蓄水试验后，已验收合格，但在竣工使用后仍发现渗漏现象

主要原因是卫生器具排水口与管道承插口处未连接严密，连接后未用建筑密封膏封密实，或者是后安卫生器具的固定螺丝穿透防水层而未进行处理。在卫生器具安装后，必须仔细检查各接口处是否符合要求，再进行下道工序。要求卫生器具安装后，注意成品保护。

四、厕浴间防水堵漏技术

厕卫间用水比较频繁，防水处理不当就会发生渗漏。其主要表现在楼板管道滴漏水、地面积水、墙壁潮湿渗水，甚至下层顶板和墙壁也出现滴水等现象。治理厕卫间的渗漏，必须先查找渗漏的部位和原因，然后采取针对性的措施。

1. 板面及墙面渗水

（1）渗水原因

混凝土、砂浆施工质量不良，存在微孔渗漏；板面、隔墙出现轻微裂缝；防水涂层施工质量不好或被损坏。

（2）堵漏措施

① 拆除厕卫间渗漏部位饰面材料，涂刷防水材料。

② 如有开裂现象，则应对裂缝先进行增强防水处理，再涂刷防水材料。增强处理一般采用贴缝法、填缝法和填缝加贴缝法。贴缝法主要适用于微小的裂缝，可刷防水涂料并加贴纤维材料或布条做防水处理。填缝法主要适用于较显著的裂缝，施工时要先进行扩缝处理，将缝扩展成 15mm×15mm 左右的 V 形槽，清理干净后刮填嵌缝材料。填缝加贴缝法除采用填缝处理外，在缝表面再涂刷防水材料，并贴纤维材料处理。

③ 当渗漏不严重，饰面拆除困难时，也可直接在其表面刮涂透明

或彩色聚氨酯防水涂料。

2. 洁具及穿楼板管道、排水管口等部位渗漏

（1）渗漏原因

① 细部处理方法欠妥，洁具及管口周边填塞不严。

② 管口连接件老化；由于震动及砂浆、混凝土收缩等原因出现裂缝。

③ 洁具及管口周边未用弹性材料处理，或材料处理，或施工时嵌缝及防水涂料黏结不牢。

④ 嵌缝材料及防水涂料被拉裂或拉离黏结面。

（2）堵漏措施

① 将漏水部位彻底清理，刮填弹性嵌缝材料。

② 在漏水部位涂刷防水材料，并粘贴纤维材料增强。

③ 更换老化管口连接件。

第十五章

防腐蚀工程

　　建筑防腐蚀是为了防止工业生产中酸、碱、盐等侵蚀性物质以及大气、地面水、地下水、土壤中所含的侵蚀性介质对建筑物造成腐蚀而影响建筑物的耐久性，在建筑布局、结构造型、构造设计、材料选择等方面采取防护措施。

第一节　块材铺砌防腐蚀工程

一、材料要求

　　块材类防腐蚀工程是以各类防腐胶泥或砂浆为胶结材料来铺砌各种防腐块材的工程。块材铺砌防腐蚀工程材料如图 15-1 所示。

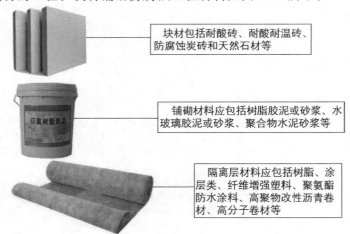

　　块材包括耐酸砖、耐酸耐温砖、防腐蚀炭砖和天然石材等

　　铺砌材料应包括树脂胶泥或砂浆、水玻璃胶泥或砂浆、聚合物水泥砂浆等

　　隔离层材料应包括树脂、涂层类、纤维增强塑料、聚氨酯防水涂料、高聚物改性沥青卷材、高分子卷材等

图 15-1　块材铺砌防腐蚀工程材料

二、块材防腐施工

1. 施工工艺流程

基层处理、清理→做隔离层→码砖试排→块材预热→块材铺砌。

2. 具体施工过程

（1）基层处理、清理

① 对混凝土基层应用钢丝刷将表面清除干净后，再刷不含酸性固化剂的稀胶泥或底漆两边。

② 对符合要求的钢基层，可采用喷砂、机械或人工等方法除锈，除锈后应立即涂刷稀胶泥或底漆（应涂刷均匀，不得漏涂或流挂）。

③ 对已做隔离层的基层，应在清理干净后涂刷稀胶泥或底漆。

基层处理、清理如图 15-2 所示。

（2）做隔离层

① 经过处理的基层表面涂刷底涂层，底涂层宜采用滚涂或刷涂。

② 面涂层宜采用刮涂施工。第一层面涂层施工应在底涂层固化后进行。

图 15-2　基层处理、清理

③ 每层涂层表面不得出现漏涂、起鼓、开裂等缺陷。

④ 聚氨酯防水涂料隔离层应完全固化后再进行后续施工。

做隔离层施工现场如图 15-3 所示。

（3）码砖试排

码砖试排如图 15-4 所示。

（4）块材预热

气温低于 5℃时，必须预热处理，预热温度为 40℃。

（5）块材铺砌

① 块材铺砌前应进行试排，试排时按砖的长度挑选，同一排（环）铺砌应采用相同长度的块材砌衬。平面块材铺砌应拉线控制面层的平整度和坡度，先按纵横向各铺砌一行作为基准，然后第二行采用同宽度的

图 15-3　做隔离层施工现场

图 15-4　码砖试排

砖板铺砌。

图 15-5　块材铺砌

② 铺砌时，铺砌顺序应由低往高，先地坑、地沟，后地面、踢脚板或墙裙。阴角处立面块材应盖住平面块材，阳角处平面块材应盖住立面块材。

块材铺砌如图 15-5 所示。

三、块材防腐施工常见问题

1. 常见问题

① 块材铺砌前应对基层或隔离

层进行质量检查，合格后再行施工。

② 块材铺砌前应先试排。铺砌顺序应由低往高，先地沟，后地面再踢脚、墙裙。

③ 平面铺砌块材时，不宜出现十字通缝。立面铺砌块材时，可留置水平或垂直通缝，如图 15-6 所示。

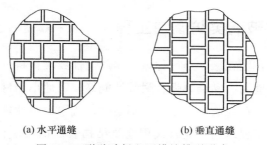

(a) 水平通缝　　　　　(b) 垂直通缝

图 15-6　耐酸砖板立面错缝排列形式

④ 铺砌平面和立面的交角处理如图 15-7 所示。

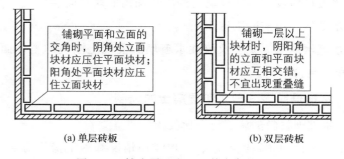

(a) 单层砖板　　　　　(b) 双层砖板

图 15-7　铺砌平面和立面的交角处理

⑤ 块材铺砌时应拉线控制标高、坡度、平整度，并随时控制相邻块材的表面高差及灰缝偏差。

⑥ 块材防腐蚀工程根据其不同的胶结材料，可采用不同的方法进行施工。

⑦ 块材加工机械应有防护罩设备，操作人员应戴防护眼镜。

2. 质量标准

① 环境温度为 25℃时，施工后 2～3d 应该达到实干，即硬度达到

完全固化的 80％左右。

② 表面不能出现发黏现象。

③ 流平性好，大面积接口处基本平整。

④ 无浮色发花，颜色均匀一致，大面积接口处允许有极不明显的色差。

第二节　水玻璃类防腐蚀工程

水玻璃又称泡花碱，是一种碱金属气硬性胶凝材料。水玻璃类防腐蚀材料具有强度高、黏结力强、耐酸性能好、毒性小、材料来源广、成本低等优点，但存在收缩性较大、不耐碱、抗渗耐水性较差等缺点。水玻璃类防腐蚀工程适用工业与民用建筑结构表面铺砌块材面层、抹面、整体浇筑地坪、设备基础、构筑物及坑池槽罐等防腐蚀工程。

水玻璃类防腐蚀工程包括：

① 水玻璃酸胶泥、水玻璃耐酸砂浆铺砌的块材面层；

② 水玻璃布耐酸砂浆抹面；

③ 水玻璃耐酸混凝土及改性水玻璃酸混凝土灌筑的整体面层、设备基础和构筑物。

一、水玻璃胶泥、砂浆和混凝土的配制

（1）水玻璃材料的施工配合比要求

应根据设计的防腐蚀要求、材料供应情况和施工操作需要等因素，由试验室试配确定。

（2）水玻璃胶泥稠度要求

① 水玻璃材料配制时，水玻璃胶泥稠度宜为（33±3）mm。

② 水玻璃砂浆圆锥沉入度，用于铺砌块材时，宜为 3～4cm；用于涂抹时，宜为 4～6cm。

③ 水玻璃混凝土坍落度，当机械捣实时，不应大于 2cm；当人工捣实时，不应大于 3cm。

（3）水玻璃胶泥和水玻璃砂浆配制的加料顺序

① 机械搅拌　先将按配合比准确称量的粉料、细骨料（配制水玻璃胶泥时不加入细骨料）与氟硅酸钠加入搅拌机内干拌 1min 使其均匀，然后加入水玻璃湿拌，湿拌时间不少于 2min。如需掺加外加剂，可与水玻璃同时加入。

② 人工搅拌　先将按配合比准确称量的粉料与氟硅酸钠混合，过筛两遍后，加入细骨料（配制水玻璃胶泥时不加入细骨料），在铁板上干拌三遍使其均匀，然后逐渐加入水玻璃湿拌，不少于三遍，直至均匀。如需掺外加剂，亦与水玻璃同时加入。

（4）水玻璃混凝土及改性水玻璃混凝土配制的加料顺序

① 机械搅拌　应采用强制式混凝土搅拌机，将细骨料、已混匀的粉料和氟硅酸钠、粗骨料依次加入搅拌机内，干拌 1min 使其均匀，然后加入水玻璃湿拌不少于 2min，直至均匀。当配制改性水玻璃混凝土时，若加入糠醇单体或多烃醚化三聚氰胺外加剂时，外加剂可与水玻璃同时加入，湿拌直至均匀。当加入木质素磺酸钙及水溶性环氧树脂外加剂时，应先计算出调整水玻璃密度所需的总加水量，将木质素磺酸钙溶解后，再与水溶性环氧树脂及水玻璃加入搅拌机内湿拌，直至均匀。

② 人工搅拌　应先将粉料和氟硅酸钠混合，过筛后加入细骨料、粗骨料，干拌均匀，最后加入水玻璃，湿拌不少于三遍，直至均匀。

拌好的水玻璃胶泥、水玻璃砂浆、水玻璃混凝土内严禁再加入任何物料，并应在初凝前用完。

二、水玻璃防腐工程施工

1. 施工概要

（1）主要机具设备

① 机械设备　双面浆式胶泥搅拌机、砂浆搅拌机、强制式混凝土搅拌机、插入式振动器、平板式振动器、附着式振动器、振动台、起重机（桥式、履带式或轮胎式）、皮带输送机、机动翻斗车、切割机等。

② 主要工具　铁抹子、木抹子、水桶、量筒、密度计、温度计、湿度计、0.63mm 孔径筛、汽油桶、水勺、扁头钢凿、灰刀、搅拌锅、灰浆桶、小平头锹、小搅拌铲、手推胶轮车、磅秤、油漆刷、油桶、喷

水玻璃防腐
工程施工

灯、活扳手等。

（2）作业条件

① 原材料应经检查符合有关质量标准和施工规范的要求，并储存足够的数量，材料应分别堆放，标记明显，防止混杂。

② 原材料堆放和施工场地应有防潮、防雨、防风、防晒、防寒等措施。

③ 铺设或浇筑水玻璃材料的基层已进行检查，并办理交接验收手续。混凝土基层应坚固、密实、平整，无蜂窝、麻面，干燥（表面20mm深，含水率不大于 6％），坡度应符合设计要求，阴阳角应做成圆弧。钢基层表面应无锈、平整，无焊疤、毛刺、焊瘤和凹凸不平等现象，不合要求的应修整。

④ 水玻璃类材料不能直接与碱性水泥基层接触，必须在基层表面设置隔离层，如油毡、玻璃钢、耐酸涂料等。采用油毡隔离层时，应在铺完的油毡上浇一层厚 2～3mm 的沥青胶泥，并同时均匀铺撒预热至100～120℃、粒径为 1.2～2.5mm 的砂粒；其他隔离层应在最后一遍涂料或胶料中加入较粗的填料。

⑤ 结构中的所有埋设铁件应事先埋设完毕，并预先进行除锈，涂刷环氧树脂漆或过氯乙烯漆等防腐涂料。

2. 施工工艺流程

基层处理、清理→涂刷稀胶泥→做隔离层→分层浇筑、振捣→抹平→养护。

3. 具体施工过程

（1）基层处理、清理

① 对混凝土基层应用钢丝刷将表面清除干净后，再刷不含酸性固化剂的稀胶泥或底漆两遍。

② 对符合要求的钢基层，可采用喷砂、机械或人工等方法除锈，除锈后应立即涂刷稀胶泥或底漆（应涂刷均匀，不得漏涂或流挂）。

基层处理、清理如图 15-8 所示。

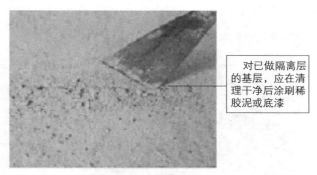

图 15-8　基层处理、清理

（2）涂刷稀胶泥

涂刷稀胶泥施工现场如图 15-9 所示。

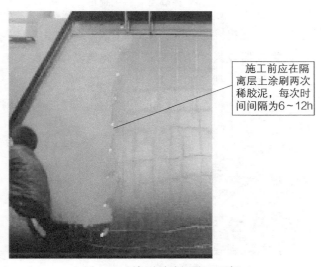

图 15-9　涂刷稀胶泥施工现场

（3）做隔离层

① 经过处理的基层表面涂刷底涂层，底涂层宜采用滚涂或刷涂。

② 面涂层宜采用刮涂施工。第一层面涂层施工应在底涂层固化后进行。

③ 聚氨酯防水涂料隔离层应完全固化后再进行后续施工。

做隔离层施工现场如图 15-10 所示。

每层涂层表面不得出现漏涂、起鼓、开裂等缺陷

图 15-10　做隔离层施工现场

（4）分层浇筑、振捣

采用平板式振动器或人工捣插时，分层浇筑厚度不宜大于 100mm。

分层浇筑、振捣施工现场如图 15-11 所示。

插入式振动器，插入下层的深度不宜大于200mm

图 15-11　分层浇筑、振捣施工现场

（5）抹平

抹平施工现场如图 15-12 所示。

（6）养护

① 不得浇水或蒸汽养护，并应防雨防晒。

② 宜在 15～30℃ 的干燥环境中自养。

混凝土振捣密实后，在混凝土初凝前对其表面压实抹平

图 15-12　抹平施工现场

③ 养护时间为 10～20d，不少于 12d。

养护现场如图 15-13 所示。

在养护期间，不得冲击和振动

图 15-13　养护现场

4. 水玻璃混凝土施工常见问题

① 水玻璃混凝土的搅拌、运输、浇筑等各道工序必须在初凝前完成。

② 当浇筑高度大的坑壁时，应分层连续浇筑，上一层应在下一层初凝前完成，避免留施工缝，但对耐酸贮槽的浇筑必须一次浇筑完成，严禁留设施工缝。

③ 酸化处理时，应穿戴防酸防护用具，如防酸手套、防酸靴、防酸裙等。

④ 当混凝土浇筑超过初凝时间时，应待下一层凝固后，按施工缝

的施工方法处理。

三、质量标准

1. 水玻璃

质量应符合现行国家标准《工业硅酸钠》（GB/T 4209—2008）及表 15-1 的规定，其外观应为无色、略带色的透明或半透明黏稠液体。水玻璃的密度（20℃时）：用于胶泥时为 1.40～1.43g/cm^3；用于砂浆时为 1.40～1.42g/cm^3；用于混凝土时为 1.38～1.42g/cm^3。

表 15-1　水玻璃的指标

项目	指标	项目	指标
密度(20℃)/g/cm^3	1.44～1.47	二氧化硅/%	≥25.7
氧化钠/%	≥10.2	模数/M	2.6～2.9

2. 氟硅酸钠

纯度不应小于 95%，含水率不应大于 1%，细度要求全部通过孔径为 0.15mm 的筛。当受潮结块时，应在不高于 100℃ 的温度下烘干并研细过筛后，方可使用。

3. 粉料

有辉绿岩粉、石英粉、瓷粉、69 号耐酸灰等，一般宜优先采用辉绿岩粉，不宜单独使用石英粉。粉料的耐酸率不应小于 95%，含水率不应大于 0.5%，细度要求通过 0.15mm 的筛孔筛余量不应小于 5%，通过 0.09mm 的筛孔筛余量为 10%～30%。

4. 细骨料

用石英砂，耐酸率不应小于 95%，含水率不应大于 1%，并不得含有泥土杂质。用符合要求的天然砂，含泥量不应大于 1%。用于配制水玻璃砂浆时，粒径不应大于 1.2mm。用于水玻璃混凝土时，细骨料的颗粒级配应符合表 15-2 的规定。

表 15-2　细骨料的颗粒级配

筛孔/mm	5	1.25	0.315	0.16
累计筛余量/%	0～10	20～55	70～95	95～100

5. 钾水玻璃胶泥、砂浆、混凝土混合料的质量要求

① 钾水玻璃胶泥混合料的含水率不应大于 0.5％，细度要求 0.45mm 方孔筛筛余量不应大于 5％，0.15mm 方孔筛筛余量宜为 30％～50％。

② 钾水玻璃砂浆混合料的含水率不应大于 0.5％，细度宜符合表 15-3 的规定。

表 15-3　钾水玻璃砂浆混合料的细度

最大粒径/mm	筛余量/％	
	最大粒径的筛	0.15mm 的方孔筛
1.18	0～5	60～65
2.36	0～5	63～68
4.75	0～5	67～72

③ 钾水玻璃混凝土混合料的含水率不应大于 0.5％。粗骨料的最大粒径不应大于结构截面最小尺寸的 1/4；用作整体地面面层时，不应大于面层厚度的 1/3。

④ 钾水玻璃制成品的质量应符合表 15-4 的规定。

表 15-4　钾水玻璃制成品的质量

项目		密实型			普通型		
		胶泥	砂浆	混凝土	胶泥	砂浆	混凝土
初凝时间/min		≥45	—	—	≥45	—	—
终凝时间/h		≤15	—	—	≤15	—	—
抗压强度/MPa		—	≥25.0	≥25.0	—	≥20.0	≥20.0
抗拉强度/MPa		≥3.0	≥3.0	—	≥2.5	≥2.5	—
与耐酸砖黏结强度/MPa		≥1.2	≥1.2	—	≥1.2	≥1.2	—
抗渗等级/MPa		≥1.2	≥1.2	≥1.2	—	—	—
吸水率/％				≤10.0			
浸酸安定性		合格			合格		
耐热极限温度/℃	100～300	—			合格		
	301～900	—			合格		

注：1. 表中砂浆抗拉强度和黏结强度，仅用于最大粒径 1.18mm 的钾水玻璃砂浆。

2. 表中耐热极限温度，仅用于耐热要求的防腐蚀工程。

第三节　沥青类防腐蚀工程

一、沥青胶泥、砂浆及混凝土的配制

1. 沥青胶泥的配制

① 沥青胶泥的施工配合比，应根据工程部位、使用温度和施工方法等因素确定。

② 沥青胶泥的配制，应符合下列规定：

a. 沥青应破成碎块，均匀加热至 160～180℃，不断搅拌、脱水，至不再起泡沫，并除去杂物；

b. 当建筑石油沥青升温至 200～230℃、普通石油沥青升温至 250～270℃时，按施工配合比，将预热至 120～140℃的干燥粉料（或同时加入纤维状填料）逐步加入，并不断搅拌，直至均匀。当施工环境温度低于 5℃时，应取最高值。熬好的沥青胶泥，可按要求取样做软化点试验。

③ 熬制好的沥青胶泥应一次用完，在未用完前，不得再加入沥青或填料。取用沥青胶泥时，应先搅匀，以防填料沉底。

2. 沥青砂浆和沥青混凝土的施工配合比

沥青砂浆和沥青混凝土的施工配合比宜按表 15-5 选用。

表 15-5　沥青砂浆和沥青混凝土的施工配合比（质量比）

种类	粉料和骨料混合物	沥青/％
沥青砂浆	100	11～14
细粒式沥青混凝土	100	8～10
中粒式沥青混凝土	100	7～9

注：本表是采用平板振动器振实的沥青用量，当采用碾压机或热滚筒压实时，沥青用量应适当减少。

3. 粉料和骨料混合物的颗粒级配

粉料和骨料混合物的颗粒级配应符合表 15-6 的规定。

表 15-6　粉料和骨料混合物的颗粒级配

种类	混合物累计筛余量/%								
	19mm	13.2mm	4.75mm	2.36mm	1.18mm	0.6mm	0.3mm	0.15mm	0.075mm
沥青砂浆			0	20～38	33～57	45～71	55～80	63～86	70～90
细粒式沥青混凝土		0	22～37	37～60	47～70	55～78	65～88	70～88	75～90
中粒式沥青混凝土	0	10～20	30～50	43～67	52～75	60～82	68～87	72～92	77～92

4. 沥青砂浆、沥青混凝土的配制

沥青砂浆、沥青混凝土的配制应符合下列规定：

① 将干燥的粉料和骨料加热到 140℃左右，混合均匀；

② 按施工配合比量，将加热至 200～230℃的沥青逐渐加入，不断翻拌至全部粉料和骨料被沥青覆盖为止，搅拌温度宜为 180～210℃。

二、沥青防腐工程施工

1. 施工工艺流程

基层处理、清理→配制和涂刷冷底子油→涂刷沥青胶泥→涂刷完毕。

2. 具体施工过程

（1）基层处理、清理

① 基层处理　清除基层上的乳皮、水泥净浆表面或松动颗粒，使表面外露新鲜骨料。

② 表面清理　用高压水或高压风清除表面砂粒、粉尘，待晾干后涂刷基液。

基层处理、清理现场如图 15-14 所示。

（2）配制和涂刷冷底子油

基层处理剂（冷底子油）具有较强的渗透性和憎水性，能增强沥青

图 15-14　基层处理、清理现场

胶结材料与找平层的黏结力。

配料工作要在室外进行，先按比例将汽油甲苯倒入预先准备好的大桶内，沥青加热温度不超过 280℃，待冷却到 160～180℃时将沥青徐徐注入汽油中，边加边搅拌，直至沥青全部溶化为止。配制时要注意勿使沥青温度过高，以致溶剂挥发剧烈而发生安全事故。基层处理剂的涂刷一般在找平层干燥后进行，涂刷应薄而均匀。涂完后干燥时间一般为 24h，要注意防尘，不能踩踏弄脏。涂刷冷底子油施工现场如图 15-15 所示。

不得有空白、麻点或气泡

图 15-15　涂刷冷底子油施工现场

（3）涂刷沥青胶泥

溶剂型沥青胶泥需要根据涂层施工厚度采用不同型号的沥青胶泥。一般涂层厚度在 0.3～2mm 的须采用薄浆溶剂型沥青胶泥，涂层厚度要求在 2mm 以上的需要采用厚浆溶剂型沥青胶泥。如果用于地砖铺设，需要采用厚浆型胶泥。涂刷沥青胶泥如图 15-16 所示。

（4）涂刷完毕

涂刷完毕后的现场如图 15-17 所示。

3. 沥青防腐工程施工常见问题

① 根据材料可施工时间估算需要配制的数量，以避免超过时间而

图 15-16 涂刷沥青胶泥

图 15-17 涂刷完毕后的现场

无法使用造成的浪费。拌合器具要及时清理干净。胶泥使用时间为 45～90min，砂浆使用时间为 30～60min，根据施工环境气温、通气条件不同，使用时间有所不同，批量使用前先少量配料，根据施工时间及当班用量调整配料。

② 严防日晒雨淋，应存放于干燥、通风、阴凉处，且远离火源。

③ 施工区域人员要特别注意通风和防护，封闭环境施工要设撤离通道及专人看管。

④ 施工基面需干燥，无灰尘，严禁在施工养护期 48h 内淋雨。

4. 施工注意事项

施工条件对基层具体要求如下。

（1）混凝土基面要平整

需做防腐面层的混凝土基面，在混凝土施工时要注意支模质量，混凝土表面要抹平，内部密实，并应一次做成，不要用砂浆二次找平，因砂浆与混凝土不是一个整体，容易起壳。即使在常温时不起壳，但在抹隔离层时，温度在 $100\sim200$℃的影响下，很容易起壳而造成返工。当混凝土表面不平整的凹深超过 20mm 的，可以用沥青胶泥砌筑瓷板找平，不超过 20mm 的用沥青胶泥找平即可。

（2）混凝土基层要干燥

设计要求持续含水率不超过 6%，一般拆模后 7d 凭经验测定，以手摸无潮气、表面发白即为合格。基面潮湿时，应通风或通热风风干。如用明火烘烤时，不得太急，以免损坏混凝土。

（3）混凝土基层要干净

表面的浮灰、油污、水泥渣及混凝土疏松部位都要用钢刷用力清除，如果这些工作做得不好，将使防腐层与基层黏结不牢，容易脱落。

（4）注意施工环境

周围环境要保持干净，在尘土较大的地方做沥青防腐层时要采取措施，防止灰尘落入，露天施工要有防雨措施。

三、质量标准

1. 石油沥青的标准

道路石油沥青、建筑石油沥青应符合国家现行标准《道路石油沥青》（NB/SH/T 0522—2010）、《建筑石油沥青》（GB/T 494—2010）及表 15-7 的规定。

表 15-7   道路、建筑石油沥青的质量

项目	道路石油沥青	建筑石油沥青		
	60 号	40 号	30 号	10 号
针入度(25℃,100g,5s)/ (1/10mm)	$50\sim80$	$35\sim50$	$26\sim35$	$10\sim25$
延度(25℃,5cm/min)/cm	≥70	≥3.5	≥2.5	≥1.5
软化点(环球法)/℃	$45\sim48$	≥60	≥75	≥95

注：延度中的"5cm/min"是指建筑石油沥青。

2. 粉料的选用

粉料宜选用石英粉。耐酸度不应小于 95%；细度要求为 0.15mm

方孔筛筛余量不应大于 5％，0.075mm 方孔筛筛余量应为 10％～30％；亲水系数不应大于 1.1。

3. 细骨料的选用

细骨料宜选用石英砂，宜采用粒径为 0.25～2.5mm 的中粗砂。耐酸度不应小于 95％，含泥量不应大于 1％，其颗粒级配应符合表 15-8 的规定。

表 15-8 细骨料颗粒级配

方孔筛/mm	4.75	1.18	0.3	0.15
累计筛余量/%	0～10	35～65	80～95	90～100

4. 粗骨料的选用

粗骨料宜选用石英石，沥青混凝土骨料粒径不宜大于 25mm，碎石灌沥青的石料粒径应为 30～60mm。耐酸度不应小于 95％。

5. 沥青砂浆和沥青混凝土的抗压强度

沥青砂浆和沥青混凝土的抗压强度：20℃时不应小于 3MPa；50℃时不应小于 1MPa。沥青砂浆的饱和吸水率（体积计）不应大于 1.5％。浸酸安定性应合格。

第四节 树脂类防腐蚀工程

一、树脂及配料质量

树脂包括环氧树脂、乙烯基酯树脂、不饱和聚酯树脂、呋喃树脂和酚醛树脂。树脂类防腐蚀工程应包括：树脂胶料铺衬的纤维增强塑料整体面层；树脂稀胶泥、砂浆、细石混凝土、自流平和玻璃鳞片胶泥制作的整体面层。

1. 液体树脂的质量

液体树脂的质量应符合下列规定。

① 环氧树脂品种包括 EP01441-310 和 EP01451-310 双酚 A 型环氧树脂，其质量应符合现行国家标准《双酚 A 型环氧树脂》（GB/T 13657—2011）的有关规定。

② 乙烯基酯树脂的质量应符合现行国家标准《乙烯基酯树脂防腐蚀工程技术规范》（GB/T 50590—2010）的有关规定。

③ 不饱和聚酯树脂品种包括双酚 A 型、二甲苯型、间苯型和邻苯型，其质量应符合现行国家标准《纤维增强塑料用液体不饱和聚酯树脂》（GB/T 8237—2005）的有关规定。

④ 呋喃树脂的质量应符合表 15-9 的规定。

表 15-9　呋喃树脂的质量指标

项目	指标
外观	棕黑色或棕褐色液体
黏度(涂-4 黏度计,25℃)/s	20～30
储存期	常温下 1 年

⑤ 酚醛树脂的质量应符合表 15-10 的规定，其外观宜为淡黄或棕红色黏稠液体。

表 15-10　酚醛树脂的质量指标

项目	指标	项目	指标
游离酚含量/%	<10	储存期	常温下不超过 1 个月；当采用冷藏法或加入 10% 的苯甲醇时,不宜超过 3 个月
游离醛含量/%	<2		
含水率/%	<12		
黏度(落球黏度计,25℃)/s	40～65		

2. 树脂自流平的质量

树脂自流平的品种包括乙烯基酯树脂和环氧树脂类，其质量应符合现行国家标准《乙烯基酯树脂防腐蚀工程技术规范》（GB/T 50590—2010）和《环氧树脂自流平地面工程技术规范》（GB/T 50589—2010）的有关规定。

二、树脂类防腐蚀材料的配制

1. 基础须知

① 配料用的容器及工具，应保持清洁、干燥、无油污、无固化残渣等。

② 环氧树脂胶料、胶泥、砂浆和细石混凝土的配制应符合下列规定。

a. 将环氧树脂预热至 40℃左右，与稀释剂按比例加入容器中，搅拌均匀并冷却至室温，配制成环氧树脂液备用。

b. 使用时，取定量的树脂液，按比例加入固化剂搅拌均匀，配制成树脂胶料。

c. 在配制成的树脂胶料中加入粉料，搅拌均匀，制成胶泥料。

d. 在配制成的树脂胶料中加入粉料和细骨料，搅拌均匀，制成砂浆料。

e. 在配制成的树脂胶料中加入粉料和粗细骨料，搅拌均匀，制成细石混凝土料。

f. 当有颜色要求时，应将色浆或用稀释剂调匀的颜料浆加入环氧树脂液中，混合均匀。

2. 具体工作

（1）树脂自流平料的配制应符合的规定

① 应采用工厂化生产的树脂自流平料及配套的固化剂。

② 将开桶后的环氧自流平料搅拌均匀，再按施工配合比加入固化剂，搅拌均匀后待用。

③ 将开桶后的乙烯基酯树脂自流平料搅拌均匀，按施工配合比加入促进剂混匀，再加入引发剂搅拌均匀后待用。

④ 当采用已含预促进剂的乙烯基酯树脂自流平料时，在开桶后先将料搅拌均匀，再按施工配合比加入引发剂，搅拌均匀后待用。

⑤ 在配制最后一遍施工的乙烯基酯树脂自流平胶料时，应加入苯乙烯石蜡液。

（2）树脂材料的配制

① 树脂类材料的施工配合比，根据设计防腐蚀要求、材料供应情况及操作需要由试验室试配确定。常用环氧树脂类、呋喃树脂类、酚醛树脂类、玻璃钢胶料、胶泥和砂浆、不饱和聚酯树脂类的施工配合比。

② 胶泥配制时应严格按配合比准确称量，搅拌均匀。配料容器及工具应保持清洁、干燥，无油污、无固化残渣等。

③ 环氧树脂、环氧酚醛、环氧呋喃和环氧煤焦油玻璃钢胶料、胶

泥和砂浆的配制：将预热至 40℃ 左右的环氧树脂及稀释剂或环氧树脂及稀释剂与酚醛树脂、呋喃树脂或煤焦油按比例加入容器中，搅拌均匀并冷却至室温，配制成环氧或环氧酚醛、环氧呋喃、环氧煤焦油等各种树脂备用。使用时取定量的各种树脂，按比例加入固化剂搅拌均匀，配制成各种玻璃钢胶料。若再加入粉料搅匀则制成胶泥，加入粉料和细骨料搅匀则制成砂浆。

④ 不饱和聚酯树脂玻璃钢胶料、胶泥和砂浆的配制：按施工配合比先将不饱和聚酯树脂与引发剂混匀，再加入促进剂混匀，配制成玻璃钢胶料，然后加入粉料或粉料与砂搅拌均匀，配制成胶泥或砂浆。

⑤ 呋喃树脂玻璃钢胶料、胶泥和砂浆的配制：在容器中将糠醇糠醛树脂按比例与糠醇糠醛玻璃钢粉、糠醇糠醛胶泥粉或糠醇糠醛胶泥粉与砂搅拌均匀，制成玻璃钢胶料、胶泥或砂浆。或在容器中将糠酮糠醛树脂与苯磺酸型固化剂混匀，加入粉料搅匀制成胶泥，加入粉料和砂搅匀制成砂浆。

三、树脂类防腐蚀工程的施工

1. 施工工艺流程

基层处理→涂刷封闭底漆→刮环氧树脂砂浆→批刮腻子→表面涂漆→养护。

2. 具体施工过程

（1）基层处理

清理基层露出坚实的原基层，用铁刷子打磨基层，局部用砂纸处理干净，表面用吹风机吹干净，使基底处于干燥、坚实、清洁状态，保证环氧树脂与基层粘贴牢固。用专业打磨机对基面进行打磨，并检查基底有无裂缝、空壳。基层处理，如图 15-18 所示。

（2）涂刷封闭底漆

稀释环氧树脂，使环氧树脂成糊状，涂刷在基层上。涂刷封闭底漆施工现场如图 15-19 所示。

（3）刮环氧树脂砂浆

用刮刀满刮地坪，达到规定厚度。刮环氧树脂砂浆施工现场如

基底有裂缝，需深层切割清理后用环氧树脂砂浆填补

图 15-18 基层处理

对基面吸尘干净后，在进行基底处理的同时，可进行环氧底漆的涂装

图 15-19 涂刷封闭底漆施工现场

图 15-20 所示。

（4）批刮腻子

砂浆中涂固化后，使用小型专业手磨机充分打磨环氧砂浆层，使之基本平整、顺滑。批刮腻子如图 15-21 所示。

（5）表面涂漆

环氧腻子固化后打磨修饰平整并吸尘干净，在确保封闭的表面上涂装面漆 2 遍。表面涂漆如图 15-22 所示。

（6）养护

面涂完成后将有关施工材料、工具搬离现场，严密封闭保护完成饰面，至少 24h 后才可允许人进入行走，并不可带进泥砂，漆膜完全固化

可增加地坪的厚度和增强抗冲击性

图 15-20　刮环氧树脂砂浆施工现场

完全吸尘干净后用平刀批刮环氧腻子，完全封闭砂眼和气孔

图 15-21　批刮腻子

图 15-22　表面涂漆

一般需 7d 时间，期间应避免进行其他工程施工、搬运、安装等施工。等确定满足其他质量管理要求后，再涂一道养护蜡，保护涂膜表面，等干燥后用抛光机打磨抛光。自然养护不少于 7d，方可交付使用。

3. 环氧树脂砂浆地坪施工常见问题

① 缩孔是环氧树脂地坪施工中常见问题之一，缩孔会导致地坪表面出现缺陷，使地面美观度和实用性大打折扣。环氧树脂地坪产生缩孔主要由于温度变化导致表面张力不均，流体从低表面张力处流向高表面张力处，从而形成凹陷。

解决措施：减少地坪缩孔重点在于设计适应性强的涂料生产配方、控制涂料制造工艺、加强涂料原料检测。

② 环氧树脂地坪漆硬化不完全问题。环氧树脂地坪漆硬化不完全的原因有以下几点：

a. 材料混合配比不正确；

b. 主剂含量过多或未加环氧固化剂；

c. 温度过低或湿度过高，使其材料未完全反应。

解决措施：按照标准的主剂与固化剂混合比准备材料，施工前搅拌均匀。避免低温多湿的条件下施工，低温下应选择低温反应的固化剂。对于已出现问题区域应用美工刀整齐割除，割除后将地面清理干净，用二甲苯擦拭，修补处四周用胶带贴合。

第十六章
保温隔热工程

第一节　松散材料保温隔热层

　　松散保温材料保温层是指采用炉渣、膨胀蛭石、膨胀珍珠岩、矿物棉等材料干铺而成的保温层。铺设松散材料保温层的基层应平整、干燥、洁净。松散保温材料应分层铺设并适当压实，其厚度与设计厚度的允许偏差为±5％，且不得大于4mm。压实后不得直接在保温层上行车或堆放重物。保温层施工完后，应及时进行下一道工序，尽快完成上部防水层的施工。

　　外保温是目前大力推广的一种建筑保温节能技术。外保温与内保温相比，技术合理，有其明显的优越性，使用同样规格、同样尺寸和性能的保温材料，外保温比内保温的效果好。外保温技术不仅适用于新建的结构工程，也适用于旧楼改造，适用于范围广，技术含量高；外保温包在主体结构的外侧，能够保护主体结构，延长建筑物的寿命；有效减少了建筑结构的热桥，增加建筑的有效空间。

一、材料和质量要求

1. 材料要求

　　① 宜采用无机材料，如使用有机材料，应先做好材料的防腐处理。

　　② 材料在使用前必须检验其容重、含水率和热导率，使其符合设计要求。

　　③ 常用的松散保温隔热材料应符合下列要求：炉渣和水渣，粒径

一般为 5~40mm，其中不应含有有机杂物、石块、土块、重矿渣块和未燃尽的煤块；膨胀蛭石，粒径一般为 3~15mm；矿棉，应尽量少含小珠，使用前应加工疏松；锯木屑，不得使用腐朽的锯木屑；稻壳，宜用隔年陈谷新轧的干燥稻壳，不得含有糠麸、尘土等杂物；膨胀珍珠岩粒径小于 0.15mm 的含量不应大于 8%。

④ 材料在使用前必须过筛，含水率超过设计要求时，应予晾干或烘干。采用锯末屑或稻壳等有机材料时，应做防腐处理，常用处理方法有钙化法和防腐法两种。

a. 钙化法Ⅰ（图 16-1） 先将锯木屑与生石灰按配合比干拌均匀，再加水适量搅拌，经钙化 24h 以上，使木质纤维软化。在使用前再按配合比加入定量的水泥（不加水），拌和均匀后即可使用。

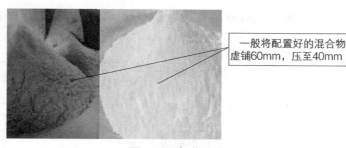

一般将配置好的混合物虚铺60mm，压至40mm

图 16-1 钙化法Ⅰ

b. 钙化法Ⅱ 将锯木屑、生石灰和水泥按配合比干拌均匀然后边加水边搅拌至潮湿、均匀。入模加压 8h，由 80mm 压至 50mm，出模后自然阴干 3 个昼夜，再在 50℃的环境中干燥 16h，即可使用。

2. 质量要求

松散材料的质量要求见表 16-1。

表 16-1 松散材料的质量要求

项目	膨胀蛭石	膨胀珍珠岩	炉渣
粒径	3~15mm	≥0.15mm，<0.15mm 的含量不大于 8%	5~40mm
堆积密度	≤300kg/m³	≤120kg/m³	500~1000kg/m³
热导率	≤0.14W/(m·K)	≤0.07W/(m·K)	0.19~0.256W/(m·K)

658 □□ 图解建筑工程施工手册

二、松散材料保温层施工

1. 施工概要

松散材料保温层施工应符合下列规定。

① 铺设松散材料保温层的基层应平整、干燥和干净。

② 保温层含水率不得超过规定要求，炉渣应过筛。

③ 松散保温材料应分层铺设，并适当压实；每层虚铺厚度不大于150mm；压实的程度与厚度应做试验确定；压实后不得直接在保温层上行车或堆放重物，施工人员宜穿软底鞋进行操作。

④ 保温层施工完成后，应及时进行下一道工序，完成上部防水层的施工。在雨季施工的保温层应采取遮盖措施，防止雨淋。

2. 施工工艺流程

基层处理→测量放线→粘贴翻包玻纤网→粘贴保温板→安装固定锚栓。

3. 具体施工过程

（1）基层处理

基层处理如图 16-2 所示。

用扫帚、铁铲等工具将基层表面的灰尘、杂物清理干净

图 16-2　基层处理

（2）测量放线

在各墙面勒脚处弹出控制基准线，作为首批保温板的粘贴控制线，尤其是窗框处应弹好阳角控制线，建筑物外墙阳角挂垂直基准钢线。测

量放线施工现场如图 16-3 所示。

每个楼层在适当位置挂水平线，以控制保温板的垂直度和平整度

图 16-3 测量放线施工现场

（3）粘贴翻包玻纤网

保温板安装起始部位及门窗洞口、女儿墙等收口部位应预粘翻包玻纤网，宽度为保温板厚加 200mm。粘贴翻包玻纤网施工现场如图 16-4 所示。

应在粘贴保温板之前完成预粘工作

图 16-4 粘贴翻包玻纤网施工现场

（4）粘贴保温板

板应自下而上，沿水平方向横向铺贴，保证连续结合，上下两排板应错缝 1/2 板长。粘贴保温板施工现场如图 16-5 所示。

（5）安装固定锚栓

保温板应粘贴牢固，正常情况下至少在 24h 后安装固定锚栓，每个

图 16-5　粘贴保温板施工现场

孔必须穿透密实轻集料砌块。根据胀钉直径，用冲击钻在保温板表面向内打孔，进墙深度与胀钉配套。安装固定锚栓如图 16-6 所示。

图 16-6　安装固定锚栓

4. 施工注意事项

（1）作业条件

① 基层已通过检查验收，质量符合设计和规范规定。

② 施工所需的各种材料已按计划进入现场，并经验收合格。

③ 基层变形缝和其他接缝已按设计要求处理完毕。

④ 禁止在雨天、雪天、五级风及五级风以上的环境中施工作业。

（2）松散材料保温层铺设施工应达到的要求

① 铺设松散材料保温层的基层应平整、干燥和干净。

② 保温层材料的含水率应符合设计要求。

③ 松散保温材料应分层铺设，并逐层压实，每层虚铺厚度和压实程度应经试验确定。

④ 保温材料铺设施工完成后，应及时进行找平层和防水层的施工；雨季施工保温层，应随时采取遮盖措施。

三、松散材料保温隔热层施工要点

1. 松散材料保温隔热层施工要点

① 铺设保温隔热层的结构表面应干燥、洁净，无裂缝、蜂窝、空洞。接触隔热保温层的木结构应做防腐处理。如有隔气层屋面，应在隔气层施工完毕经检查合格后进行。

② 松散保温隔热材料应分层铺设，并适当压实，压实程度应事先根据设计容重通过试验确定。平面隔热保温层的每层虚铺厚度不宜大于150mm；立面隔热保温层的每层虚铺厚度不宜大于300mm。完工的保温层厚度允许偏差为＋10％或－5％。

③ 平面铺设松散材料时，为了保证保温层铺设厚度的准确，可每隔800～1000mm放置一根木方（保温层经压实检查后，取出木方再填补保温材料），砌半砖矮隔断或抹水泥砂浆矮隔断（按设计要求确定高度）一条，以解决找平问题。垂直填充矿棉时，应设置横隔断，间距一般不大于800mm。填充锯末屑或稻壳等有机材料时，应设置换料口。铺设时可先用包装的隔热材料将出料口封好，然后再填装锯末屑或稻壳，在墙壁顶端处松散材料不易填入时，可加包装后填入。

④ 保温层压实后，不得直接在其上行车或堆放重物，施工人员宜穿平底软鞋。

⑤ 搬运和铺设矿物棉时，工人应穿戴头罩、口罩、手套、鞋套和工作服，以防止矿物棉纤维刺激皮肤和眼睛或吸入肺部。

2. 施工中需注意的质量和技术问题

① 进入现场的各种保温材料应分类堆放、防止混杂，并做防潮隔离和防雨遮盖。

② 用松散材料铺设保温层，应在屋面基层平行屋脊方向每隔800～

1000mm 预埋木龙骨，或砌半砖厚矮隔断，或抹水泥砂浆分隔带，用以防止松散材料滑动、保证隔热层和找平层结构与屋面基层的整体性。松散材料保温层上的找平层厚度宜增加 20～25mm，以增强松散材料保温层和找平层整体结构的受力性能，承受施工荷重和使用荷载。

③ 松散保温材料在上部封闭前含水率超出规定要求时，必须采取干燥措施或设置排气通道。

④ 松散材料铺设完成，应随即进行找平层铺抹。可先铺一层隔水材料如塑料薄膜等，再铺抹水泥砂浆或细石混凝土。

第二节　板状材料保温隔热层

板状材料保温层是指用泡沫混凝土板、矿物棉板、蛭石板、有机纤维板、木丝板等板状材料铺设而成的保温层。

板状保温材料适用于带有一定坡度的屋面。由于是事先加工预制，一般含水率较低，所以不仅保温效果好，而且对柔性防水层的质量影响小，适用于整体封闭式保温层。常用材料有水泥膨胀蛭石板、水泥膨胀珍珠岩板、沥青膨胀蛭石板、沥青膨胀珍珠岩板、加气混凝土板、泡沫混凝土板、矿棉、岩棉板、聚苯板、聚氯乙烯泡沫塑料板、聚氨酯泡沫塑料板等。

一、材料和质量要求

① 板状保温隔热材料有泡沫混凝土板、水泥蛭石板、沥青蛭石板、水泥膨胀珍珠岩板、沥青膨胀珍珠岩板、聚苯乙烯泡沫塑料板、木丝板、甘蔗板等。这些板制品在使用前，应检查其容重及强度是否符合设计要求。

② 板状材料应外形整齐，其厚度按设计要求确定，一般不小于3cm。当用沥青胶结材料粘贴时，厚度允许偏差为±2mm；在其他情况下为±4mm。

③ 板状保温隔热材料在运输、堆放过程中应精心操作，以保证板形完整、无断裂。运入施工现场的材料，要采取措施防止受潮。有机材

料板材要做好防腐、防虫、防火工作。

二、常用的板（块）材料

1. 沥青稻壳板

沥青稻壳板是用稻壳与沥青按 1：0.4 的比例进行配置。制作时，先将稻壳放在锅内适当加热，然后倒入 200℃ 沥青中拌和均匀，再倒入钢模（或木模）内压制成形，压缩比为 1.4。采用水泥纸袋作隔离层时，加压后六面包裹，连纸再压一次脱模备用。沥青稻壳板常用规格为 100mm×300mm×600mm 或 80mm×400mm×800mm。

2. 沥青膨胀珍珠岩板

膨胀珍珠岩应以大颗粒为宜，容重为 $100\sim120kg/m^3$，含水率为 10%。沥青以 60 号石油沥青为宜。

3. 聚苯乙烯泡沫塑料板

挤压聚苯乙烯泡沫塑料保温板（厚 100mm）铺贴在防水层上，用作屋面保温隔热，性能很好，并克服了高寒地区卷材防水层长期存在的脆裂和渗漏的老大难问题。在南方地区，如采用 30mm 厚的聚苯乙烯泡沫塑料板做隔热层（其热阻已满足当地热工要求），材料费不高，而且屋面荷载大大减轻，施工方便，综合效益较为可观。经某工程测试，当室外温度为 34.3℃ 时，聚苯乙烯泡沫塑料隔热层的表面温度为 53.7℃，而其下面防水层的温度仅为 33.3℃。聚苯乙烯泡沫塑料的表观密度为 $30\sim130kg/m^3$，热导率为 $0.031\sim0.047W/(m \cdot K)$，吸水率为 2.5% 左右。因而被认为是一种极有前途的理想屋面板材。

三、板状材料保温层施工

1. 施工概要

① 板状材料保温层有干铺、沥青胶结料粘贴、水泥砂浆粘贴三种铺设方法。干铺法可在负温下施工；沥青胶结料粘贴宜在气温 10℃ 以上时施工；水泥砂浆粘贴宜在气温 5℃ 以上时施工。如气温低于上述温度，要采取保温措施。

② 板状保温材料板形应完整，因此，在搬运时要轻搬轻放，整顺

堆码，堆放不宜过高，不允许随便抛掷，防止发生损伤、断裂、缺棱掉角等现象。

③ 铺设板状保温隔热层的基层表面应平整、干燥、洁净。

④ 板状保温材料铺贴时，应紧靠在需保温结构的表面上，铺平、垫稳，板缝应错开。保温层厚度大于 60mm 时，要分层铺设，分层厚度应基本均匀。用胶结材料粘贴时，板与基层间应满涂胶结料，以便相互黏结牢固。沥青胶结料的加热温度不应高于 240℃，使用温度不宜低于 190℃。沥青胶结材料的软化点：北方地区不低于 30 号沥青；南方地区不低于 10 号沥青。用水泥砂浆铺贴板状材料时，用 1∶2（水泥∶砂，体积比）的水泥砂浆粘贴。

⑤ 铺贴时，如板缝大于 6mm，则应用同类保温材料嵌填，然后用保温灰浆勾缝。保温灰浆配合比一般为 1∶1∶10（水泥∶石灰∶同类保温材料的碎粒，体积比）。

⑥ 干铺的板状保温隔热材料，应紧贴在需保温隔热结构的表面上，铺平、垫稳。分层铺设时，上下接缝应互相错开，接缝应用同类型材料的碎屑填嵌饱满。

⑦ 运入施工现场的材料要注意防雨、防潮、防火和防止混杂。

2. 施工工艺流程

基层处理→测量放线→粘贴翻包玻纤网→粘贴保温板→安装固定锚栓→保温板打磨→铺第一遍抗裂砂浆（铺压耐碱玻纤网格布）→铺第二遍抗裂砂浆→面层涂料或面砖施工。

3. 具体施工过程

（1）基层处理

① 墙面基面需清理干净，要求平整坚实，检验墙面平整度和垂直度，用 2m 靠尺检验，最大偏差不大于 3mm。

② 墙面基面以敲击法检查空鼓情况，如遇空鼓，应凿除，并以水泥砂浆补平；清除可能附着的浮浆、浮灰、油污等影响黏结效果的异常现场，铲除凸起处。基层处理如图 16-7 所示。

（2）测量放线

铺设板状保温隔热层的基层表面应平整、干燥、洁净

图 16-7　基层处理

在各墙面勒脚处弹出控制基准线，作为首批保温板的粘贴控制线，尤其是窗框处应弹好阳角控制线，建筑物外墙阳角挂垂直基准钢线。

（3）粘贴翻包玻纤网

保温板安装起始部位及门窗洞口、女儿墙等收口部位应预粘（在粘贴保温板前完成）翻包玻纤网。

（4）粘贴保温板

板应自下而上，沿水平方向横向铺贴，保证连续结合，上下两排板应错缝 1/2 板长。粘板时应轻柔均匀地挤压板面，随时用托线板检查平整度。粘贴保温板施工如图 16-8 所示。

应紧靠在需保温结构的表面上，铺平、垫稳，板缝应错开

图 16-8　粘贴保温板施工

（5）安装固定锚栓

保温板粘贴牢固后，正常情况下至少在 24h 后安装固定锚栓，每个

孔必须穿透密实的轻集料砌块。根据胀钉直径，用冲击钻在保温板表面向内打孔，进墙深度与胀钉配套。

（6）保温板打磨

在保温板铺贴完毕后，间隔24h后进行打磨。用美工刀割去从墙面凸出的部分，然后用打磨板抹去板缝处的不平整表面。保温板打磨如图 16-9 所示。

打磨时散落的保温板碎屑应随时用刷子、扫把或压缩空气清理干净

图 16-9　保温板打磨

（7）铺第一遍抗裂砂浆（铺压耐碱玻纤网格布）

① 检查、修补

a. 施工前检查板面是否干燥、清洁。

b. 使用胶浆对保温板拼接缝处进行修补和加固。

② 铺压网格布

a. 将整面墙使用抗裂砂浆进行满批打底。

b. 在抗裂砂浆完全凝固之前，将耐碱玻纤网格布压入抗裂砂浆中。

铺第一遍抗裂砂浆（铺压耐碱玻纤网格布）的工序如图 16-10、图 16-11 所示。

（8）铺第二遍抗裂砂浆

① 在第一层抗裂砂浆凝固前，涂抹第二层抗裂砂浆。

② 抗裂砂浆应充分把网格布包

图 16-10　检查、修补

网格布不可压入过深，不得使网格布产生皱褶、空鼓和翘边

图 16-11 铺压网格布

裹，具体以看不见网格布颜色，而看得见网格布格子的标准来控制。

③ 抗裂砂浆要求均匀平整压实，要拍打紧压，在砂浆湿状态下保证平整度与压紧收光一次成活，切忌不停揉搓，以免形成空鼓。

铺第二遍抗裂砂浆施工现场如图 16-12 所示。

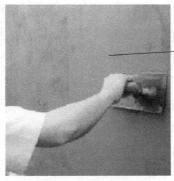

表面已干，可触碰时即可涂抹第二层

图 16-12 铺第二遍抗裂砂浆施工现场

（9）面层涂料或面砖施工

① 抗裂砂浆满批完成后，若有墙面不平整，可在 6～8h 后进行打磨平整。

② 1～2d 后，抗裂砂浆凝固后，经验收合格后即可进行面层涂料

或面砖施工。

面层涂料施工如图 16-13 所示。

图 16-13 面层涂料施工

4. 板状材料保温层施工常见问题

① 板状保温材料板形应完整，因此，在搬运时要轻搬轻放，整顺堆码，堆放不宜过高，不允许随便抛掷，防止发生损伤、断裂、缺棱掉角现象。

② 铺设板状保温隔热层的基层表面应平整、干燥、洁净。

③ 干铺的板状保温隔热材料，应紧贴在需保温隔热结构的表面上，铺平、垫稳。分层铺设时，上下接缝应互相错开，接缝应用同类型材料的碎屑填嵌饱满。

四、板状材料保温隔热施工注意事项

1. 板状材料保温层施工应符合的规定

① 铺设板状材料保温层的基层应平整、干燥、干净。

② 干铺的板状保温材料应紧靠在需保温的基层表面上，并应铺平垫稳。分层铺设的板块上下层接缝应相互错开；板间缝隙应采用同类材料嵌填密实。

③ 粘贴的板状保温材料应贴严、铺平。分层铺设的板块，上下层接缝应相互错开，并应符合下列要求。

a. 当采用玛蹄脂及其他胶结材料粘贴时，板状保温材料相互之间

及其与其他层之间应满涂胶结材料，以便互相粘牢。

　　b. 当采用水泥砂浆粘贴板状保温材料时，板间缝隙应采用保温灰浆填实并勾缝。保温灰浆的配合比宜为 1：1：10（水泥：石灰膏：同类保温材料的碎粒，体积比）。

2. 施工要点

　　① 蛭石型隔热保温屋盖，如图 16-14 所示。首先将基层打扫干净，然后先刷 1：1 水泥蛭石（或珍珠岩）浆一道，以保证粘贴牢固。板状隔热保温层的胶结材料最好与找平层材料一致，粘铺完后应立即做好找平层，使之形成整体，防止雨淋受潮。

　　② 预制木丝板隔热保温屋盖，如图 16-15 所示。施工时将木丝板（或其他有机纤维板）平铺于台座上，每块板钉圆钉 4～6 个，尖头弯钩，板面涂刷热沥青二道，然后支模，上部灌注混凝土使之成为一个整体。

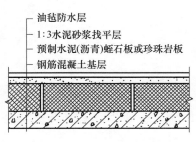

图 16-14　蛭石型隔热保温屋盖

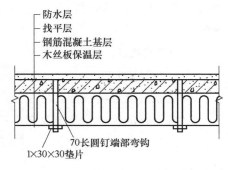

图 16-15　预制木丝板隔热保温屋盖

　　③ 搬运和吊装板材构件时要轻放，防止隔热保温层碎裂。吊装前要检查隔热保温板材与混凝土结合情况，有松动加固后才能吊装。

3. 质量控制要点

　　① 板状材料保温层采用粘贴法施工时，胶黏剂应与保温材料的材性相容，并应贴严、粘牢；板状材料保温层的平面接缝应挤紧拼严，不得在板块侧面涂抹胶黏剂，超过 2mm 的缝隙应采用相同材料的板条或片材填塞严实。

② 板状保温材料采用机械固定法施工时，应选择专用螺钉和垫片；固定件应固定在结构层上，固定件的间距应符合设计要求。

a. 当采用玛蹄脂及其他胶结材料粘贴时，板状保温材料相互之间及与其他层之间应满涂胶结材料，以便互相粘牢。

b. 当采用水泥砂浆粘贴板状保温材料时，板间缝隙应采用保温灰浆填实并勾缝。保温灰浆的配合比宜为 1 ∶ 1 ∶ 10（水泥∶石灰膏∶同类保温材料的碎粒，体积比）。

第三节 反射型保温隔热层

反射型保温隔热层中最重要的就是反射型隔热涂料。它是在涂料中添加相关的反射材料及颜填料制得的高反射率涂层，反射太阳光中的红外线及可见光来达到隔热目的，其隔热原理主要是热反射率高，有效降低辐射传热和对流传热。反射隔热涂料不但具备了隔绝传导型和辐射型隔热涂料的特点，同时，也解决了隔绝传导型和辐射型隔热涂料的缺陷。

1. 反射隔热涂料的优势

① 成膜厚度较薄；

② 漆膜表面温度较低；

③ 有良好的保护和装饰效果；

④ 反射隔热性能优异，太阳反射比达到 0.85，半球发射率高达 0.86；

⑤ 节能环保，节约成本。

2. 反射隔热涂料施工工艺

① 反射隔热保温涂料抑制太阳辐射热、红外辐射热和屏蔽热量传导，其热工性能优于其他绝热材料。

② 反射隔热保温涂料可应用于在体积、重量上受到限制的场所，1mm 厚的反射隔热保温涂料反射了所有热辐射的 $90\% \sim 95\%$，相当于 10mm 厚的表观密度 R 值为 20kg/m^3 的聚苯乙烯泡沫塑料。

③ 反射隔热保温涂料具有防潮、防水汽的功能，可阻碍水汽冷凝，

可防止被绝热体表面的氧化，更重要的是，在接触到潮湿环境时其隔热性能不会下降。

3. 反射隔热涂料在建筑工程领域的应用

反射隔热涂料应用环境非常广，当前应用领域包括：

① 企业厂房——厂房顶面及外墙；

② 集贸市场、展会式商场——如展览馆、商场、汽车展卖场等建筑的日照面；

③ 商业、办公及公共建筑——包括学校、医院等楼顶面；

④ 仓储、运输——粮仓、油库储油罐、油轮、运装油罐车等外表面。

一、铝箔波形纸板

铝箔波形纸板（图 16-16）由波形纸板和贴在其表面上的铝箔组成，它既能绝热，又能吸声、隔声，并可用作室内装饰材料，因而在国内外的建筑中得到广泛应用。

铝箔波形纸板具有许多明显的优点。比如具有较高的反热辐射性能，又有很高的蒸汽渗透阻，可使绝热与隔气统一；具有良好的吸声隔声特性，可以做到一材多用；具有厚度薄、重量轻、效能高的特点，一张铝箔波形纸板夹带一道3cm厚的空气间层，有相当于 50cm 厚砖墙的热阻，

图 16-16　铝箔波形纸板

而质量仅为砖墙的1‰；结构厚度也只有砖墙的1/15～1/10；具有成本低的优势，它的成本相当于常用绝热材料费的 20％～60％；其构造简单，施工方便，在建筑技术和设备较差的地区和部门，都可普遍采用。

二、反射型保温隔热卷材

反射型保温隔热卷材又名反射型外护层保温卷材，是一种新型、优良的保温隔热材料。它是以玻璃纤维布为基材，表面上经真空镀一层铝膜加工而成，是一种真空镀铝膜玻纤织物复合材料。该卷材镀铝层为

$400\sim1000\overset{\circ}{A}$（埃），即 $0.04\sim0.1\mu m$，用量极少，只相当于铝箔用铝量的 $1/750\sim1/300$。反射型保温隔热卷材如图 16-17 所示。

图 16-17　反射型保温隔热卷材

第四节　整体保温隔热层

整体保温隔热层是由水泥蛭石、乳化沥青膨胀珍珠岩和水泥膨胀珍珠岩铺设的保温层。

一、现浇水泥蛭石保温隔热层

现浇水泥蛭石保温隔热层是以膨胀蛭石为集料，以水泥为胶凝材料，按一定比例配制而成，一般用于屋面和夹壁之间。但不宜用于整体封闭式保温层，否则，应采取屋面排气措施。其主要施工流程如下。

1. 施工工艺流程

基层处理→搅拌保温砂浆→铺设、压实→找平。

2. 具体施工过程

（1）基层处理

基层应清洗干净、凿毛，最后在其上面喷洒一层 1∶1.5 的水泥砂浆底浆。基层处理如图 16-18 所示。

（2）搅拌保温砂浆

采用人工拌和，可先将定量的水与水泥调成均匀的水泥浆，然后将水泥浆均匀地铺泼在定量的膨胀蛭石上，随泼随拌，拌和均匀，同时要

图 16-18 基层处理

求搅拌的蛭石砂浆应随拌随用。保温砂浆的搅拌现场如图 16-19 所示。

图 16-19 保温砂浆的搅拌现场

（3）铺设、压实

① 屋面铺设时应采取分仓施工，每仓宽度为 700～900m，可采用木板分隔，控制宽度和厚度。

② 保温层的虚铺厚度，一般为设计厚度的 130%（不包括找平层），铺后用木拍板拍实抹平至设计厚度。

（4）找平

水泥蛭石浆压实抹平后应立即抹找平层，两者不得分两个阶段施工。找平层砂浆配合比为水泥：粗砂：细砂＝1：2：1。

3. 现浇水泥蛭石保温隔热层施工常见问题

① 由于膨胀蛭石吸水较快，施工时，最好把原材料运至铺设地点，随拌随铺，以确保水灰比准确和工程质量。

② 找平层抹好后，一般情况下可不必洒水养护。

③ 若采用机械搅拌，膨胀蛭石颗粒破损较大，有时能达 50%，且极易与搅拌筒黏结，故不宜采用。

二、喷、抹膨胀蛭石灰浆

1. 施工概要

（1）膨胀蛭石灰浆的概念

膨胀蛭石灰浆（简称蛭石灰浆）是以膨胀蛭石为主体，以水泥、石灰、石膏为胶凝材料，加水按一定配合比配制而成。它可以采用抹、喷涂和直接浇筑等方法，作为一般建筑内墙、顶棚等粉刷工程的墙面材料，也可以用它作为建筑物的隔热保温层和吸声层。

（2）材料要求

① 水泥　水泥在水泥蛭石保温隔热层中起骨架作用，因此应选用强度等级不低于 32.5 级的普通硅酸盐水泥，以用 42.5 级普通硅酸盐水泥为好，或选用早期强度高的水泥。

② 石灰膏　水泥石灰蛭石浆 [水泥：石灰膏：蛭石的体积比为 1：1：（5～8）]、石灰蛭石浆 [石灰膏与蛭石的体积比为 1：（2.5～4）]。

③ 膨胀蛭石　颗粒粒径应在 10mm 以下，并以 1.2～5mm 为主，1.2mm 占 15% 左右，小于 1.2mm 的不得超过 10%。机械喷涂时所选用的粒径不宜太大，以 3～5mm 为宜。

膨胀蛭石灰浆配合比见表 16-2。

表 16-2　膨胀蛭石灰浆配合比

做法	水泥	石灰膏	蛭石	塑化剂	备注
底层	1	—	4～8	适量	1. 砂浆密度 405～749kg/m³； 2. 热导率 0.152～0.194W/(m·K)
中层	1	1	5～8		
面层	—	1	2.5～4		

（3）主要机具设备

① 机械设备 砂浆搅拌机和粉碎淋灰机等。

② 主要工具 木抹子、铁皮抹子、钢皮抹子、塑料抹子、阴角抹子、阳角抹子、木杠、托线板、靠尺、方尺、卷尺、水平尺、粉线包、筛子、毛刷子、灰槽、灰桶、大水桶、小水桶、喷壶、工具袋等。

（4）作业条件

① 主体结构工程已施工完，并经有关部门（质量监督、质量监理、设计和建设单位等）检查合格验收后，方可进行内墙抹蛭石保温砂浆。

② 屋面防水工程应在抹灰前施工完，否则，应采用有效的防雨水措施。

③ 室内环境温度应在5℃以上，且近期天气无突然变化，无阴雨天气，房间应干燥通风。

④ 房间电器安装的接线盒、电开关、配电箱，家用电器的插座，采暖、水管、设备等的预埋件已埋设完毕，位置设置准确。

⑤ 抹蛭石砂浆的样板间经质检部门检查鉴定，符合设计要求及现行规范规定的标准，方可进行大面积抹灰。

⑥ 搭好抹灰用的脚手架或用木方钉的高马凳，并铺好跳板。

⑦ 房间的门窗扇、玻璃已安装完，只剩最后一遍涂漆工序。

⑧ 冬期抹蛭石保温砂浆应在采暖条件下进行，并设专人负责测温、开关房间门窗，使之通风换气。

2. 施工工艺流程

基层处理→搅拌保温砂浆→贴灰饼→抹砂浆→洒水养护。

3. 具体施工过程

（1）基层处理

基层处理如图16-20所示。

（2）搅拌保温砂浆

采用人工拌和，可先将定量的水与水泥调成均匀的水泥浆，然后将水泥浆均匀地铺泼在定量的膨胀蛭石上，随泼随拌，拌和均匀，同时要求搅拌的蛭石砂浆应随拌随用。

被喷抹的基层表面应清洗干净，并凿毛，然后涂抹一道底浆

图 16-20　基层处理

（3）贴灰饼

分别在门窗口、墙垛、墙面等处吊垂直，并做灰饼，灰饼宜做出 50mm×50mm 的规格，面层切齐，必须保证抹灰是刮尺能同时刮到两个以上灰饼。贴灰饼工作宜在正式抹灰前 24h 以上进行。贴灰饼施工如图 16-21 所示。

贴灰饼间距不宜大于1.5m

图 16-21　贴灰饼施工

（4）抹砂浆

共抹压三层，底层和中层抹厚为 12～15mm，面层为 2～3mm；底层待其凝固后再抹中层，以避免砂浆过厚产生裂缝；抹灰力度适当，用力过大则会影响砂浆与基体的黏结强度，用力过小，灰浆不密实强度差。

膨胀蛭石砂浆配好后 2h 内用完，边抹边拌。抹砂浆施工如图 16-22 所示。

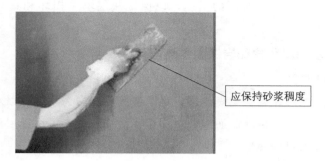

图 16-22　抹砂浆施工

（5）洒水养护

保温砂浆养护时间不得少于 7d。洒水养护现象如图 16-23 所示。

图 16-23　洒水养护现象

4. 喷、抹膨胀蛭石灰浆施工常见问题

① 内墙抹膨胀蛭石砂浆灰，要随抹随注意保护墙面上的预埋件、窗帘钩、通风箅子等，同时要注意墙面上的电线盒，电开关，家电插座，水暖、设备等的预留洞及空调线的穿墙孔洞等不得随意堵死。

② 抹膨胀蛭石砂浆灰应随抹随即将粘在门窗框上的残余砂浆清擦干净。对铝合金门窗框一定要粘贴塑料薄膜保护，并一直保持到竣工前需清擦玻璃时为止。

③ 抹完膨胀蛭石砂浆灰后，在凝结硬化之前，应采取防止快干、水冲、撞击、振动和挤压的措施，以保证灰层不受损坏和具有足够的强度。

三、水泥膨胀珍珠岩保温隔热层

1. 施工概要

水泥膨胀珍珠岩保温隔热层，是以膨胀珍珠岩为集料，以水泥为胶凝材料，按一定比例配制而成，可用于墙面抹灰，亦可用于屋面或夹壁等处做现浇隔热保温层。

膨胀珍珠岩是一种天然存在的酸性玻璃质火山熔岩，同时还是一种非金属的矿产，其以防火、防潮和防腐蚀的优势被广泛地应用在各种工程施工表面。尤其是在目前建筑工程屋面中被广泛采用，其是一种集隔热与保温和防水功能于一体的天然产品，同时还具有轻质且保温隔热性能良好的优势。在膨胀珍珠岩中，其主要组成方式是通过珍珠岩、松脂岩和黑曜岩三者之间的含水量的不同而使其在应用的方式也不尽相同。

水泥膨胀珍珠岩里面只有胶粉是有机物，其他化学成分如二氧化硅、三氧化二铝等都是无机化合物，所以不会产生毒气，如果水泥膨胀珍珠岩下方有聚氨酯、XPS（绝热用挤塑聚苯乙烯泡沫塑料）等有机保温层，则在高温时会挥发出剧毒气体。

2. 施工工艺流程

基层处理→搅拌保温砂浆→贴灰饼→分层抹砂浆→洒水养护。

3. 具体施工过程

（1）基层处理

在抹水泥膨胀珍珠岩保温砂浆之前，应事先检查基层，基层过于凹凸的部位，高出的部分须剔平，低处用水泥砂浆分层填实，基层表面的灰尘、污垢等应事先清除干净。

（2）搅拌保温砂浆

① 机械搅拌

a. 搅拌之前先将所需水量倒入搅拌机内，启动搅拌机 1～2min 后加入水泥膨胀珍珠岩保温砂浆粉料。

　　b. 搅拌时间以 1.5～2.0min 为宜。

　　c. 水泥膨胀珍珠岩保温砂浆的加水量以拌和好的料浆稠度为 7.5cm 左右为宜，密度控制在 950～1050g/L 之间，加水量一般为粉料：水＝1：1（质量比）。

　　d. 搅拌好的水泥膨胀珍珠岩保温砂浆要及时装车运至施工现场，超过使用时间的砂浆严禁加水后再用。

　　② 人工搅拌　人工搅拌时必须搅拌均匀，并严格控制加水量，不能使水泥膨胀珍珠岩保温砂浆过稀，同时要求在铁板或灰槽中搅拌，严禁在铺设面或室内地面搅拌。保温砂浆搅拌现场如图 16-24 所示。

搅拌时间以 1.5～2.0min为宜

图 16-24　保温砂浆搅拌现场

　　(3) 贴灰饼

　　分别在门窗口、墙垛、墙面等处吊垂直，并做灰饼，灰饼宜做成 50mm×50mm 的规格，面层切齐，间距不宜大于 1.5m，必须保证抹灰是刮尺能同时刮到两个以上灰饼。贴灰饼间距过大如图 16-25 所示。

　　(4) 分层抹砂浆

　　抹砂浆前适当洒水湿润，不宜过湿；底层厚度为 15～20mm，间隔 24h 后再抹中层，中层厚度为 5～8mm，中层抹灰收水稍干时，搓平，六七成干时再抹罩面；面层用纸筋灰，厚度为 2mm，随抹随压，总厚

大于2.5m
(灰饼间距过大)

贴灰饼工作
宜在正式抹灰
前24h以上进行

图 16-25　贴灰饼间距过大

度为 22～30mm。施工过程中不宜用力过大，否则将增加热导率而降低保温效果。分层抹砂浆施工现场如图 16-26 所示。

砂浆随用随
拌，2h内用完

图 16-26　分层抹砂浆施工现场

（5）洒水养护

保温砂浆养护时间不得少于 7d。由于珍珠岩灰浆含水量较少，且水分散发较快，因此保温层应在浇捣完毕一周以内浇水养护。在夏季，保温层施工完毕 10d 后可完全干燥，即可铺设卷材。施工过程中应注意以下几点：

① 施工人员在保温层上行走宜穿软底鞋；

② 不得直接在保温层上行车或堆放重物；

③ 在雨季施工时，保温层应采取遮盖措施，防止雨淋；

④ 保温层施工完后，应及时进行下道工序的施工。

洒水养护如图 16-27 所示。

保温层应在浇捣完毕一周以内浇水养护

图 16-27　洒水养护

4. 水泥膨胀珍珠岩保温隔热层施工常见问题

① 膨胀珍珠岩保温板在墙面转角处应先排好尺寸，裁切膨胀珍珠岩保温板时注意使其垂直交错连接，并保证墙角垂直度；膨胀珍珠岩保温板的接缝应紧密，且平齐。

② 保温层施工完后，应及时进行下道工序的施工。

第五节　其他保温隔热结构层

一、架空通风隔热屋盖

架空通风隔热屋盖是根据通风空气间层散热快的特点，以提高建筑维护结构的隔热能力。它一般由隔热构件（表 16-3）、通风空气间层、支承构件和基层（结构层或加防水层）所组成，如图 16-28 所示。屋面隔热层的架空高度按照屋面宽度和坡度大小而变化，如设计无特别要求，一般以 130～260mm 为宜，屋面宽度大于 10m 时，应设置通风屋脊。

表 16-3 隔热构件类型及制作要点

名称	简图	制作要点
土瓦		一般土瓦(小青瓦),土窑烧制面成
大阶砖		土窑烧制,规格可根据设计要求制作,一般分寸方大阶砖和半寸方大阶砖两种
1/4 砖拱		用 M2.5～M5 水泥砂浆砌筑,表面用 1∶2.5 水泥砂浆抹光
素混凝土半圆拱		用 C20 细石混凝土浇筑而成,其直径和厚度根据设计要求决定
倒山字形素混凝土构件		用 C20 细石混凝土浇筑面成
混凝土小板		屋面不上人时,可用 C20 细石混凝土浇制;上人时,板内放 φ4@200 冷拔丝网片
水泥大瓦		C20 细石混凝土浇制,上表面抹压水泥浆

续表

名称	简图	制作要点
单翼水泥大瓦	600 × 50 15 500 80	
双翼水泥大瓦	600 × 50 15 80 500 80	C20 细石混凝土浇制,上表面抹压水泥浆

架空隔热制品的质量必须符合设计要求,严禁有断裂和露筋等缺陷。架空板铺设应平整、稳固,相邻两板不得有过大高差。架空板间应用混合砂浆勾缝密实,架空板下应清理干净,不得堵塞;架空高度应符合设计要求;架空板距女儿墙、山墙一定距离,以避免架空板受热膨胀顶裂女儿墙、山墙,并有利于通风。架空隔热屋面的质量检验一般项目如下:架空隔热制品的铺设应平整、稳固,缝隙勾填应密实;隔热制品

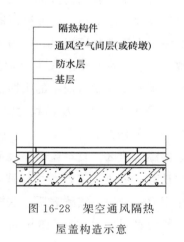

隔热构件
通风空气间层(或砖墩)
防水层
基层

图 16-28　架空通风隔热
屋盖构造示意

距山墙或女儿墙不得小于 250mm。架空层中不得堵塞,架空高度及变形缝做法应符合设计要求。相邻两块制品的高低差不得大于 3mm。

二、蓄水屋面

1. 基础须知

(1) 蓄水屋面

蓄水屋面是指在屋面防水层上蓄一定高度的水,它既可以隔热又可以保温,还能保护防水层,延长防水材料的寿命。

(2) 蓄水屋面的分类

蓄水屋面可根据蓄水的深浅将蓄水屋面分为深蓄水屋面与浅蓄水屋面，根据蓄水屋面的构造分为开敞式蓄水屋面和封闭式蓄水屋面两种类型。

① 深蓄水屋面与浅蓄水屋面　深蓄水屋面的蓄水深度在 300mm 以上，浅蓄水屋面的蓄水深度为 150～200mm。

深蓄水屋面中水的荷载相当大，势必影响到下部的结构体系，若有防震要求则更为不利（应单独对屋面结构进行设计）。浅蓄水屋面虽然荷载不算大，但需经常补充水，加重了城市供水系统的负担。因此，除非有自备水源，对蓄水屋面应慎重考虑各种影响因素。

近年来，我国南方部分地区有采用深蓄水屋面做法的，其蓄水深度可达 600～700mm，这可视各地气象条件而定。采用这种做法是出于水源完全由天然降雨提供，不需人工补充水的考虑。为了保证池中蓄水不致干涸，蓄水深度应大于当地气象资料统计提供的历年最大雨水蒸发量，也就是说蓄水池中的水即使在连晴高温的季节也能保证不干。

② 开敞式蓄水屋面和封闭式蓄水屋面

a. 开敞式蓄水屋面。适用于夏季需要隔热而冬季不需要保温或兼顾保温的地区。夏季屋面外表面温度最高值随蓄水层深度增加而降低，并具有一定热稳定性。水层浅，散热快，理论上以 25～40mm 的水层深度散热最快。实践表明，这样浅的水层容易蒸发干涸。在工程实践中一般浅水层采用 100～150mm，中水层采用 200～350mm，深水层采用 500～600mm。如在蓄水屋顶的水面上培植水浮莲等水生植物，屋面外表面温度可降低 5℃左右。开敞式蓄水屋面可用刚性防水屋面，也可用柔性防水屋面。

Ⅰ. 刚性防水屋面层可用 200 号细石混凝土做防水层。混凝土由于长期在水中养护，不易干缩开裂。屋面因蓄水而温度变化小，温度应力也小，混凝土同空气隔绝，不易碳化和风化，可以增强屋面的抗渗能力。

Ⅱ. 柔性防水屋面层可用油毡或聚异丁烯橡胶薄膜做防水层。冬季需保温的地区采用开敞式蓄水屋面还应在防水层下设置保温层和隔气层。在檐墙的压檐连同池壁部分，用配筋混凝土筑成斜向保护层，有利于阻挡水层结冰膨胀时产生的水平推力而防止檐墙开裂。柔性防水蓄水屋面的油毡等材料，因同空气和阳光隔绝，可以减慢氧化过程，推迟老化时间，可以增强屋面的抗渗水能力。

b. 封闭式蓄水屋面的水面上设置有盖板的蓄水屋面。盖板有固定式和活动式两种。

Ⅰ. 固定式盖板。有利于冬季保温，做法是在平屋面的防水层上用水泥砂浆砌筑砖或混凝土墩，然后将设有隔蒸汽层的保温盖板放置在混凝土墩上。板间留有缝隙，雨水可从缝隙流入。蓄水高度大于 160mm，水中可养鱼。人工供水的水层高度可由浮球自控。如果落入的雨水超过设计高度时，水经溢水管排出。此外，在女儿墙上设有溢水管供池水溢泄。

Ⅱ. 活动式盖板。可在冬季白昼开启保温盖板，利用阳光照晒水池蓄热，夜间关闭盖板，借池水所蓄热量向室内供暖。夏季相反，白天关闭隔热保温盖板，减少阳光照晒，夜间开启盖板散热，也可用冷水更换池内温度升高的水，借以降低室温。

③ 其他形式的蓄水屋面。除上述几种典型蓄水屋面构造模式外，蓄水屋面还包括以下几种模式。

a. 植萍蓄水屋面　植萍蓄水屋面一般是在水深为 150～200mm 的浅水中种植浮萍、水浮莲、水藤菜、水葫芦及白色漂浮物。

b. 含水蒸发屋面　含水蒸发屋面是在屋面分仓内堆填多孔轻质材料，上面覆盖预制混凝土板块。

c. 蓄水种植隔热屋面　是将一般种植屋面与蓄水屋面结合起来，进一步完善其构造后所形成的一种新型隔热屋面。设计时同样应注意防水层、蓄水层、滤水层和种植层等问题。

2. 蓄水屋面的设计要求

① 蓄水屋面的坡度不宜大于 0.5%。

② 蓄水屋面应划分为若干蓄水区，每区的边长不宜大于 10m，在变形缝的两侧应分成两个互不连通的蓄水区；长度超过 40m 的蓄水屋

面应做横向伸缩缝一道；蓄水区的隔墙可为混凝土，亦可为砖砌体，并可兼做人行通道。

③ 蓄水屋面应设排水管、溢水口和给水管，排水管应与水落管或其他排水出口连通。

④ 蓄水屋面的蓄水深度宜为 150～200mm。

⑤ 蓄水屋面的泛水或隔墙均应高出蓄水层表面 100mm，并在蓄水层表面处留置溢水口；过水孔应设在分仓墙底部；分仓缝内应嵌填沥青麻丝，上部用卷材封盖，然后加扣混凝土盖板。

⑥ 蓄水屋面应设置人行通道。池内的走道板为非固定形式，可根据需要灵活布置。

蓄水屋面的构造如图 16-29 所示。

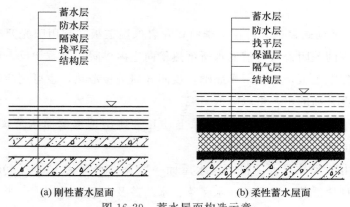

（a）刚性蓄水屋面　　　　　　（b）柔性蓄水屋面

图 16-29　蓄水屋面构造示意

3. 具体工作

（1）蓄水层深度及屋面坡度

蓄水屋面要求屋面全年蓄水，水源应以天然雨水为主，补充少量自来水。从理论上讲，50mm 深的水层即可满足降温与保护防水层的要求，但实际比较适宜的水层深度为 150～200mm。水层太浅易蒸发，需经常补充自来水，造成管理麻烦。为避免水层成为蚊蝇滋生地，需在水中饲养浅水鱼及种植浅水水生植物，这就要求水层应有一定深度。但水层过深，将过多地增加结构荷载。因此，综合上述因素，一般选用

200mm 左右的深度为宜。

要设计一个隔热性能好，又节能的蓄水屋面，必须对它的传热特性进行动态分析和计算，以确定蓄水的深度究竟取多大才比较合适。为了保证屋面蓄水深度的均匀，蓄水屋面的坡度不宜大于 0.5%。

（2）防水层

蓄水屋面除了增加结构的荷载外，如果防水处理不当，还可能漏水、渗水。蓄水屋面是把平屋面凹成水池，将间歇的屋面防水转为长期蓄水，防水材料应具有优良的耐水性，不因泡水而降低物理性能，更不能减弱接缝的密闭程度。同时，考虑蓄水屋面要定时进行清理，采用柔性防水层还应具有耐腐蚀、耐霉烂、耐穿刺性能。防水层上应设置保护层，最好在卷材、涂膜防水层上再做刚性复合防水层。采用刚性防水层时应按规定做好分格缝，应符合《地下工程防水技术规范》（GB 50108—2001）中有关防水混凝土的规定。

采用卷材防水层时，应注意避免在潮湿条件下施工。例如，可设置一个细石混凝土防水层，但同时也可在细石混凝土中掺入占水泥质量 0.05% 的三乙醇胺或 1% 的氧化铁，使其成为防水混凝土，以提高混凝土的抗渗能力，防止屋面渗漏。蓄水屋面一般不设排水坡度，若为了清扫屋面方便，也可在浇筑防水层时，使其略有微坡。

（3）蓄水屋面的补水方式

屋面蓄水的水源，主要是利用雨水。为了尽量减少人工补水和便于综合利用，要做到建筑小区的水循环。这种水循环可以在高低错落的屋面之间，或在蓄水屋面与地面水池或地下室水池之间，通过水泵来实现。其目的是在雨季尽可能多储存雨水，并通过循环使水质净化和活化，以满足多种使用的需要，最大限度地减少对地区供水的依赖。

为了保证屋面不干水，根据当地的气候条件，适当深蓄水，可减少人工补水，节省能源。一般情况下，屋面增加 $200 \sim 300 \text{kg/m}^3$ 的水重所增加的结构费用是很有限的，和它的效益相比是可以忽略的。

由于气候变化规律不能完全掌握，蒸发与降雨没有直接比例关系，设计上要考虑补充水源，可与屋顶水箱中的生产、生活用水统一布置。

（4）蓄水屋面细部构造

为避免大风时引起波浪和便于分区段检修及清扫屋面，可根据蓄水屋面面积划分若干个蓄水区段，每个区段长不宜超过 10m，且用混凝土分仓壁隔开。

为使每个蓄水区段的水体连通，可在分仓壁的根部设过水孔。遇到屋面有变形缝时，可根据变形区段设计成互不连通的蓄水池。每区段蓄水池外壁的根部，应设 1～2 个泄水孔，便于检修或清扫屋面时将水排干。在蓄水池外壁上，还应根据水层的设计深度，设置直径不大于 150mm 的溢水孔，以便排除过多的雨水。当屋面面积较大或降雨较多地区，溢水孔间距宜为 3～4m，而且在檐部应设檐沟，使过多雨水先流入檐沟，再排至雨水管。也可将多余的雨水通过溢水孔直接排入雨水管，此时溢水孔位置应同雨水口相对应。

蓄水屋面泛水高度应比水面高出 250～300mm，即从防水层面算起，为水层深度与 100mm 之和。

另外，蓄水屋面不仅有排水管，一般还应设给水管，以保证水源的稳定。所有的给排水管、溢水管、泄水管均应在做防水层之前安装好，并用油膏等防水材料妥善嵌填接缝。综上所述，蓄水屋面与普通平屋顶防水屋面不同的就是增加了一壁三孔：所谓一壁是指蓄水池的仓壁，三孔是指溢水孔、泄水孔、过水孔，一壁三孔概括了蓄水屋面的构造特征。

4. 施工注意事项

① 每个蓄水系统必须一次浇筑完毕，不得留施工缝，所有孔洞必须预留，不得后凿。施工前安装好给水管、排水管、溢水管等，不得在防水层施工后再在其上凿孔打洞。

② 每一蓄水区内应将泛水与屋盖同时做好，泛水部分的高度应高出水面不小于 100mm。防水混凝土必须机械振捣密实，随捣随抹，初凝后覆盖养护，终凝后浇水养护不小于 14d。所浇筑的防水混凝土的抗渗性能，应根据试块试验结果评定。

③ 试块应在浇筑地点制作，并同条件下养护。试块的养护期不少

于 28d。蓄水屋盖完工后，应及时蓄水，防止混凝土干涸开裂。

④ 完工后再连接排水管与水落管，最后加防水处理。屋面结构层若为装配式钢筋混凝土面板时，其板缝应用强度等级不超过 C20 细石混凝土嵌填，并细石混凝土中宜掺膨胀剂。接缝必须以优质密封材料嵌封严密，再通过充水试验无渗漏后，再在其上施工找平层和防水层。

三、种植屋面

1. 基础须知

（1）种植屋面的概念

在建筑屋面和地下工程顶板的防水层上铺以种植土，并种植植物，使其起到防水、保温、隔热和生态环保作用的屋面称为种植屋面。

（2）种植屋面的分类

① 简单式种植屋面　仅以地被植物和低矮灌木绿化的屋面。

② 花园式种植屋面　以乔木、灌木和地被植物绿化，并设有亭台、园路、园林小品和水池、小溪等，可提供人们进行休闲活动的屋面。

（3）种植屋面的构造层次

① 种植土层　种植土层一般采用野外可耕作的土壤为基土，再掺以松散物混合而成的种植土铺设而成。

② 隔离层　隔离层可采用无纺布、玻璃丝布，也可用塑料布，为了透水，搭接不黏合。

③ 蓄水层　蓄水层用 5cm 厚的泡沫塑料铺成，还有一种海绵状毡，作蓄水层也很好。

④ 排水层　排水层是用 2～3cm 粒径的碎石或卵石铺就，厚度为 10～15cm。

⑤ 保护层　一般选用铝箔面沥青油毡、聚氯乙烯卷材或中密度聚乙烯土工布。

⑥ 防水层　防水层要二道设防。如用合成高分子卷材和涂料，可选择上层为 1.5mm 厚的 P 型宽幅聚氯乙烯卷材或厚 1mm 的高密度聚乙烯，下层为 2mm 厚聚氨酯或硅橡胶涂膜；也可选择上层为高密度聚乙烯卷材，下层为硅橡胶或聚氨酯涂膜。如用沥青基卷材，可采用叠

层，均为聚酯胎的 SBS、APP 改性沥青卷材，厚度为 5mm 以上，采用满粘法粘接，覆面材料为金属箔。

⑦ 砂浆找平层　水泥砂浆找平层直接抹在屋面板上，不必找坡。

⑧ 保温层　保温层首先要轻，堆积密度不大于 $100kg/m^3$。宜选用 $18kg/m^3$ 的聚苯板、硬质发泡聚氨酯板。

⑨ 结构层　种植屋面的屋面板最好是现浇钢筋混凝土板，要充分考虑屋顶覆土、植物以及雨雪水荷载。

2. 施工工艺流程

保温隔热层的处理→铺设找平层→铺设两道防水层→铺设阻根防水层（耐根穿刺层）→铺设蓄、排水板→铺设隔土层→铺设种植土。

3. 具体施工过程

（1）保温隔热层的处理

可以采用铺 70mm 厚挤塑聚苯板作为屋面保温层。保温隔热层的铺设如图 16-30 所示。

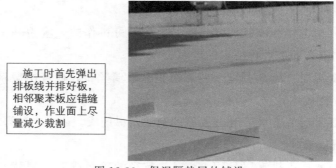

施工时首先弹出排板线并排好板，相邻聚苯板应错缝铺设，作业面上尽量减少裁割

图 16-30　保温隔热层的铺设

（2）铺设找平层

在铺设过程中，采用找坡贴饼为标志，控制好虚铺厚度，用铁锹粗略找平，然后用木刮杠刮平。铺设完成后，用喷壶喷洒清水，让水泥焦渣可以充分地结合，同时，使用平板振捣器反复振捣。找平层的铺设如图 16-31 所示。

（3）铺设两道防水层

图 16-31　找平层的铺设

当采用热熔铺贴大面积防水卷材时，首先在基层弹好基准线，将卷材定位后，重新卷好，点燃火焰喷枪，烘烤卷材底面与基层交界处，使卷材底边的改性沥青熔化，边加热边沿卷材长边向前滚铺，排除空气，使卷材与基层黏结牢固。卷材在屋面与立面转角处、女儿墙泛水处及穿屋面管等部位需向上铺贴至种植土层面上 250mm 处才可进行末端收头处理。铺设防水层施工如图 16-32 所示。

图 16-32　铺设防水层施工

（4）铺设阻根防水层（耐根穿刺层）

① 采用水泥砂浆保护层时，应抹平压实，厚度均匀，并设分格缝，分格缝间距宜为 6m。

② 采用聚乙烯膜、聚酯无纺布或油毡作保护层时，宜采用空铺法

施工，搭接宽度不应小于 200mm。

③ 采用细石混凝土作保护层时，保护层下面应铺设隔离层。

阻根防水层（耐根穿刺层）示意如图 16-33 所示。

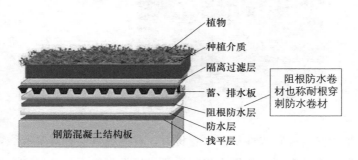

图 16-33　阻根防水层（耐根穿刺层）示意

当采用聚氯乙烯防水卷材作耐根穿刺层的施工注意点如下。

① 聚氯乙烯防水卷材宜采用冷粘法铺贴。

② 大面积采用空铺法施工时，距屋面周边 800mm 内的卷材应与基层满粘。

③ 当搭接缝采用热风焊接施工时，卷材长边和短边的搭接宽度均不应小于 100mm，单焊缝的有效焊接宽度应为 25mm，双焊缝的有效焊接宽度应为空腔宽度再加上 20mm。

（5）铺设蓄、排水板

可采用搭接法施工，短边搭接 100mm，长边搭接 150mm，且沿顺水方向铺设，在阴阳角处，采用整块排水板铺设，上翻至屋面种植土层以上。排水板如图 16-34 所示。

① 排水层必须与排水系统连通，保证排水畅通。

② 塑料排（蓄）水板宜采用搭接法施工，搭接宽度不应小于 100mm。

③ 网状排（蓄）水板宜采用对接法施工。

④ 采用轻质陶粒作排水层时，铺设应平整，厚度应一致。

⑤ 过滤层空铺于排（蓄）水层之上时，铺设应平整、无皱折，搭

遇屋面排气管等管道时，应采用附加层加强措施铺设

图 16-34　排水板

接宽度不应小于 100mm。

⑥ 过滤层无纺布的搭接，应采用黏合法或缝合法。

（6）铺设隔土层

铺设一层聚酯纤维无纺布隔土层，搭接缝用线绳缝合连接，四周上翻至土层以上 100mm，端部及收头 50mm 范围内用胶黏剂与基层粘牢。

（7）铺设种植土

① 乔木、灌木、地被植物的种植应根据植物的习性在生长季节进行。

② 植被层施工必须加设人员安全防护措施，施工过程中应避免对周围环境造成污染。

③ 铺设的种植土必须疏松，地形整理应按照竖向设计进行。

铺设好的种植土如图 16-35 所示。

平整度和坡度应符合设计要求

图 16-35　铺设好的种植土

4. 施工注意事项

种植屋面的基本规定及原则如下。

① 种植屋面的结构层宜采用现浇钢筋混凝土。新建种植屋面工程的结构承载力设计必须包括种植荷载。既有建筑屋面改造成种植屋面时，荷载必须在屋面结构承载力允许的范围内。

② 种植屋面工程设计应遵循"防、排、蓄、植并重，安全、环保、节能、经济，因地制宜"的原则，并考虑施工环境和工艺的可操作性。

③ 种植屋面防水层的合理使用年限应≥15年。应采用二道或二道以上防水层设防，最上道防水层必须采用耐根穿刺防水材料。防水层的材料应相容。寒冷地区种植土与女儿墙及其他泛水之间应采取防冻胀措施。

④ 当屋面坡度大于20％时，其保温隔热层、防水层、排（蓄）水层、种植土层等应采取防滑措施；屋面坡度大于50％时，不宜做种植屋面。

⑤ 倒置式屋面不应做满覆土种植。

⑥ 种植设计将覆土种植与容器种植相结合，生态和景观相结合。

⑦ 简单式种植屋面的绿化面积，宜占屋面总面积的80％以上；花园式种植屋面的绿化面积，宜占屋面总面积的60％以上。

⑧ 常年有六级风以上地区的屋面，不宜种植大型乔木。

⑨ 屋面种植应优先选择滞尘和降温能力强，并适应当地气候条件的植物。

四、屋面隔热防水涂料

1. 屋面隔热防水涂料

防水涂料隔热屋面是由底层和面层组成。底层为防水涂料，表层为反射涂料，它以丙烯酸丁酯-丙烯腈-苯乙烯（AAS）等多元共聚乳液为基料，掺入反射率高的金红石型氧化钛和玻璃粉等填料制成，它兼有防水与隔热功能。

2. 防水隔热粉

防水隔热粉亦称隔热镇水粉、拒水粉、治水粉、避水粉等（以下简称防水粉），是以多种天然矿石为主要原料，与高分子化合物经化学反应加工而成，是一种表现密度较小，热导率小于 0.083W/(m·K) 的憎水性极强的白色粉剂防水材料。用 10mm 厚松散粉末铺设的屋面，可不用隔热板，夏天室内温度仍可下降 5℃，该产品在高温 500℃下防水、隔热、保温性能不变。该材料化学性能稳定、无毒、无臭、无味、不燃、不污染环境，并能在潮湿基面上迅速施工，耐候性较好，高温可耐 130℃，低温可耐－50℃。由于是粉末防水，其本身应力分散，所以抗震、抗裂性能好，具有很好的随遇应变性，遇有裂缝会自动填充、闭合。

防水隔热粉如图 16-36 所示。

防水隔热粉是一种集防水、隔热、保温功能于一体的新型材料

图 16-36　防水隔热粉

用建筑防水粉做防水层，施工时不需加热或用火，其防水层之上没有保护层，所以这样的防水屋面，既防水又防火，因而广泛用于屋面、仓库、地下室等防水、隔热、保温等工程。但缺点是只适用于平基面或坡度不大于 10%的坡屋面，及女儿墙、立墙、压顶、檐口、天沟等部位，因为粉末易下滑，容易造成厚薄不均，还必须采用其他柔性材料配套使用。

参 考 文 献

[1] JGJ/T 414—2018. 建筑施工模板和脚手架试验标准 [S].

[2] DB11/T 339—2016. 工程测量技术规程 [S].

[3] GB 50202—2018. 建筑地基基础工程施工质量验收标准 [S].

[4] 马小林. 建筑施工测量 [M]. 成都：西南交通大学出版社，2016.

[5] 刘勇，高景光，刘福臣. 地基与基础工程施工技术 [M]. 郑州：黄河水利出版社，2018.

[6] 谭正清，夏念恩，汪耀武. 地基与基础工程施工 [M]. 成都：电子科技大学出版社，2016.

[7] 孙培祥. 砌体工程施工技术 [M]. 北京：中国铁道出版社，2012.

[8] 向亚卿. 砌体工程施工 [M]. 北京：中国环境出版社，2017.

[9] 赵小云. 混凝土与钢筋混凝土工程 [M]. 郑州：河南科学技术出版社，2010.

[10] 杨波. 建筑工程施工手册 [M]. 北京：化学工业出版社，2012.

[11] 王建群. 混凝土工程 [M]. 武汉：华中科技大学出版社，2011.

[12] 张厚先，王志清. 建筑施工技术 [M]. 北京：机械工业出版社，2020.

[13] 济洋. 钢结构 [M]. 北京：北京理工大学出版社，2018.

[14] 李伟. 防水工程 [M]. 北京：中国铁道出版社，2012.

[15] 张国栋. 防腐、隔热、保温工程 [M]. 郑州：河南科学技术出版社，2010.

[16] 李继业，黄延麟. 模板工程基础知识与施工技术 [M]. 北京：中国建材工业出版社，2012.

[17] 周海涛. 模板工程施工技术 [M]. 太原：山西科学技术出版社，2009.

[18] 王林海. 脚手架及模板工程施工技术 [M]. 北京：中国铁道出版社，2012.

[19] 李栋，李伙穆. 建筑装饰装修施工技术 [M]. 厦门：厦门大学出版社，2013.